AF234358

COLLECTION

DES

SUITES A BUFFON

FORMANT

AVEC LES ŒUVRES DE CET AUTEUR

UN

COURS COMPLET D'HISTOIRE NATURELLE

PUBLIÉES AVEC LA COLLABORATION

de Membres de l'Institut de France,
de Professeurs du Muséum d'Histoire naturelle de Paris,
et de diverses Facultés,
de Membres de la Société Entomologique de France, etc.

ANNELÉS

PARIS

RORET, LIBRAIRE-ÉDITEUR

RUE HAUTEFEUILLE, 12.

HISTOIRE NATURELLE

DES

ANNELÉS

MARINS ET D'EAU DOUCE

HISTOIRE NATURELLE

DES

ANNELÉS

MARINS ET D'EAU DOUCE

———

LOMBRICINIENS, HIRUDINIENS, BDELLOMORPHES, TÉRÉTULARIENS ET PLANARIENS

PAR

M. LÉON VAILLANT

PROFESSEUR AU MUSÉUM D'HISTOIRE NATURELLE DE PARIS

———

TOME TROISIÈME

SECONDE PARTIE

———

PARIS

LIBRAIRIE ENCYCLOPÉDIQUE DE RORET

RUE HAUTEFEUILLE, 12

1890

HISTOIRE DES ANNELÉS

ORDRE

LOMBRICINIENS (LUMBRICINI)

ou

ÉRYTHRÈMES

II. S.-Ord. NAIDINEÆ.

IV. Fam. NAIDIDÆ.

Lombriciniens à corps allongé, composé d'un grand nombre d'anneaux. Tête distincte, très semblable aux autres segments (1). Les soies disposées suivant quatre groupes par anneau formant autant de rangées longitudinales le long du corps (2). Soies fourchues, sauf de rares exceptions, non articulées, accompagnées très souvent de soies piliformes et, dans certains cas, de soies affectant des formes spéciales. Système des vaisseaux clos toujours bien distinct, ordinairement même très développé, surtout à la partie postérieure du corps, bien que les branches dorso-ventrales soient toujours peu compliquées ; le liquide qu'il contient est rouge brillant ou jaunâtre. Organes segmentaires manquant dans les anneaux où se trouvent les

(1) ? G. IX. *Aulophorus* Schmar.
(2) Les *Chirodrilus* Verr., genre imparfaitement connu, auraient six séries de soies.

Annelés. Tome III. 23

organes de la génération. Parfois des points oculiformes. Appareil nerveux nettement distinct. Organes mâles et femelles, les premiers surtout, présentant des complications très variées. La reproduction sexuelle s'observe tantôt seule, tantôt accompagnée d'une reproduction asexuée gemmipare. Mœurs aquatiques.

Ces vers offrent de très grands rapports avec les LUMBRICINEÆ et particulièrement avec les LUMBRICULIDÆ, qui pendant longtemps y ont été réunis. Ils s'en séparent cependant par des caractères très nets d'infériorité, leur corps est plus grêle, leur taille en général plus petite. Les soies bifurquées ne font qu'exceptionnellement défaut; ainsi certains individus de l'*Hemitubifex insignis*, Eis. ont les soies simples, quoique la plupart les aient fourchues, il faut dire que la présence de soies piliformes éloigne ce genre des LUMBRICULIDÆ; toujours, ces soies fourchues sont d'une seule pièce, jamais articulées comme chez les *Lumbriculus*. On observe dans certains genres, *Bohemilla*, Vejd., *Psammoryctes*, Vejd., *Heterochæta*, Clap., par exemple, des soies de formes toutes spéciales, caractère qu'on peut regarder comme un acheminement aux soies compliquées des Annélides s. str.

La tête a le plus souvent la forme d'un cône court, parfois elle se prolonge en une extrémité effilée, *Pristina*, Ehr., *Stylaria*, Lam., à laquelle on a donné le nom de *trompe*. Même dans ce cas, la partie principale de cette tête diffère peu, comme aspect et comme grandeur, des anneaux suivants, caractère qui distingue ces vers des CHÆTOGASTRIDÆ.

Le segment pygidien est le plus souvent simple, chez les *Dero*, Oken, on le trouve digité, il en serait de même pour les *Aulophorus*, Schmar.

Le tube digestif fournirait, sans doute, des caractères pour la distinction des genres, il n'est malheureusement pas connu d'une manière suffisante chez un très grand nombre d'entre eux. Dans les *Stylaria*, Lam., les *Nais*, Müll., on trouve une dilatation en gésier qui manque chez les *Tubifex*, Lam. et quelques genres voisins. Il serait utile que les zoologistes eussent l'attention fixée sur ces particularités d'un emploi commode, on l'a vu, dans la classification des LUMBRICIDÆ.

On ne rencontre jamais chez les NAIDIDÆ de cœcums vasculaires contractiles, comme cela se voit habituellement chez les LUMBRICULIDÆ.

Les organes reproducteurs mâles n'offrent jamais non plus de canaux déférents pairs doubles à direction divergente. On a montré et dans ces derniers temps M. Eisen (1878-1880) a insisté sur ce point, que l'extrémité du canal déférent ou pénis, chitineux ou non, est invaginé dans l'oviducte, et ce caractère a été regardé comme pouvant servir à distinguer les Tubificinea, chez lesquels il se rencontre, des Naidinea ; mais outre que ce rapport anatomique est d'une constatation souvent très difficile, il est impossible d'affirmer qu'elle existe pour tous les genres, et dans ses travaux les plus récents, M. Vejdovsky (1) convient que la disposition de l'oviducte n'est pas connue avec certitude dans bon nombre d'entre eux.

La reproduction présente des particularités qui ne sont pas sans importance. Tous ces animaux, comme les autres Lumbricini, se reproduisent par voie sexuelle ; les œufs sont volumineux, et tantôt renfermés chacun dans une coque distincte, *Nais*, Müll., tantôt plusieurs réunis dans une enveloppe commune, qui rappelle le cocon des Lombrics, *Tubifex*, Lam. Autant qu'on en peut juger, car les observations sont loin d'avoir toute la généralité désirable, chez les Naidinea la reproduction est habituellement asexuelle, des bourgeons se forment à la partie postérieure du corps, produisant une chaîne d'individus, qui se détachent successivement. Le fait est souvent très facile à constater chez le *Stylaria lacustris*, Lin., la trompe, qui caractérise cette espèce, apparaît de bonne heure à l'extrémité antérieure de chaque bourgeon, indiquant avec netteté l'origine de chacun d'eux. Chez les Tubificinea, la reproduction sexuelle seule existerait.

Les reproductions gemmipares et scissipares chez les Naïdiens doivent, comme l'ont remarqué M. Schultze (1849), M. W. C. Minor (1863), être regardées comme un degré d'un même processus physiologique ; la position du bourgeon placé à la partie postérieure, en continuité avec le corps même du parent, la communication directe du tube digestif et des vaisseaux de l'un à l'autre, toutes ces particularités se rapportent plutôt à un fractionnement qu'à un bourgeonnement. On a voulu établir une distinction, suivant que, le partage se faisant sur la continuité du corps de la nourrice, le nombre des anneaux restant le même en avant du point de section future (scissiparité) ou suivant que, la production des anneaux ayant lieu toujours à la partie postérieure du corps, le nouvel individu placé en arrière de ce point recule de plus en plus (bourgeonnement), mais pour les espèces les mieux étudiées sous ce rapport des genres *Nais*, Müll. et *Stylaria*, Lam., on observe pour une même espèce de trop grandes variations dans la position du point de sectionnement, pour que la distinction entre ces deux modes puisse être regardée comme nettement établie.

La famille des Naididæ ainsi comprise n'est en quelque sorte que l'extension de l'ancien genre *Nais* de Müller (1773), dont toutefois il faut retirer le *Nais vermicularis* devenu le type des *Lumbriculus*, Gr. ; les autres espèces sont restées dans le genre (*Nais elinguis*, *Nais barbata*) ou ont formé des genres spéciaux (*Opsonais serpentina*,

____

(1) Vejdovsky, 1884, p. 44.

Stylaria proboscidea, Dero digitata). Quelques années plus tard, dans le *Zoologia Danica* du même auteur, se trouvent indiqués, parmi d'autres vers, le *Lumbricus arenarius* et le *Lumbricus tubifex*, regardés depuis comme devant former deux genres distincts; malheureusement dans cet ouvrage, publié après la mort du savant zoologiste qui l'avait composé, existe une certaine confusion et, comme on le verra plus tard, il n'est pas douteux que ces planches ne contiennent des espèces différentes regardées comme appartenant à un même type.

Les auteurs suivants se contentent de fonder de nouvelles subdivisions génériques aux dépens des types admis par Müller; tel est le genre *Dero* de Oken (1815). Lamarck (1816) fonde de même les genres *Stylaria* et *Tubifex*, et Savigny établit (1820) le genre *Clitellio*. Ces coupes, quoiqu'assez mal caractérisées au début, ont été adoptées généralement, car elles s'appliquent à des espèces parfaitement définies. Ehrenberg y ajouta (1828) le genre *Pristina* pour deux vers nouveaux.

Dix ans plus tard, Paul Gervais indique, dans les *Bulletins de l'Académie royale des Sciences de Belgique*, une disposition systématique de la famille des Naïs, qui, parmi les premiers essais de classification générale pour ces animaux, est sans doute l'un des plus complets, mais l'auteur, comme cela arrive forcément en pareil cas, n'ayant pu examiner par lui-même tous les êtres dont il parle, a dû s'en remettre aux descriptions déjà données, lesquelles, souvent assez incomplètes, l'ont plusieurs fois induit en erreur, et la détermination des espèces laisse à désirer; quoi qu'il en soit, cette tentative mérite d'être citée et le tableau suivant, emprunté à ce travail, pourra indiquer dans quel esprit il est conçu :

Fam. NAIS (Gervais 1838).

Des soies latérales et point de crochets ventraux. . . . . . . 1. ÆOLONAIS.

> *Æ. Hemprichii*, Ehr.
> » *decorum,* Ehr.
> » *quaternarium*, Ehr.

Des crochets ventraux et point de soies latérales. . . . . 2. CHÆTOGASTER.

> *Ch. Limnæi*, Baër.
> » *furcatus*, Ehr.
> » *niveus*, Ehr.

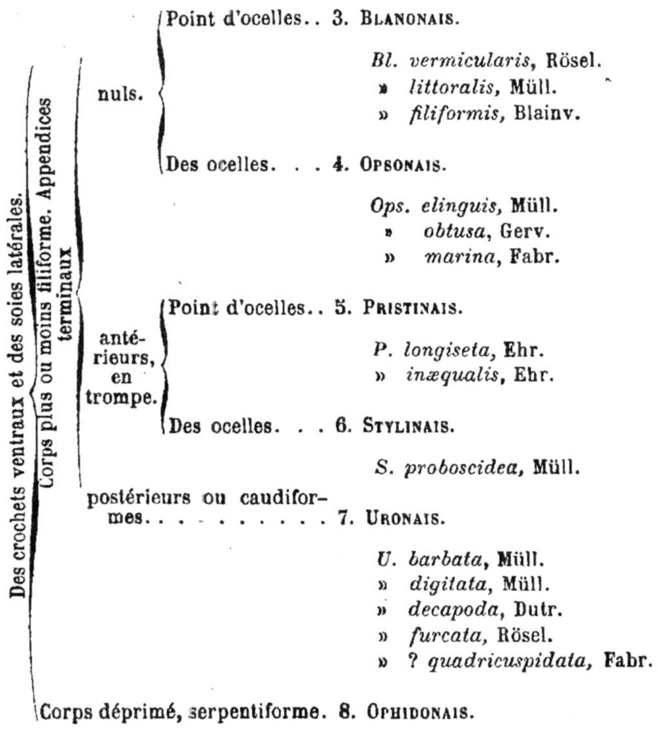

Des crochets ventraux et des soies latérales. Corps plus ou moins filiforme. Appendices terminaux

nuls.
- Point d'ocelles.. 3. BLANONAIS.
  - *Bl. vermicularis,* Rösel.
  - » *littoralis,* Müll.
  - » *filiformis,* Blainv.
- Des ocelles. . . 4. OPSONAIS.
  - *Ops. elinguis,* Müll.
  - » *obtusa,* Gerv.
  - » *marina,* Fabr.

antérieurs, en trompe.
- Point d'ocelles.. 5. PRISTINAIS.
  - *P. longiseta,* Ehr.
  - » *inæqualis,* Ehr.
- Des ocelles. . . 6. STYLINAIS.
  - *S. proboscidea,* Müll.

postérieurs ou caudiformes......... 7. URONAIS.
  - *U. barbata,* Müll.
  - » *digitata,* Müll.
  - » *decapoda,* Dutr.
  - » *furcata,* Rösel.
  - » ? *quadricuspidata,* Fabr.

Corps déprimé, serpentiforme. 8. OPHIDONAIS.
  - *O. vermicularis,* auct.
  - » *serpentina,* Müll.

Faisons remarquer tout d'abord que cette classification, dont j'ai cru devoir ici reproduire l'ensemble, répond non à la famille des NAIDIDÆ, mais plutôt au sous-ordre des NAIDINEÆ, puisqu'il comprend deux genres : *Æolonais* (= *Æolosoma,* Ehr.) et *Chætogaster,* Baër, qui actuellement constituent les groupes des AMEDULLATA et des CHÆTO-GASTRIDÆ; nous n'avons donc ici à nous occuper que des six derniers genres. Pour ceux-ci, comme pour le premier d'ailleurs, on peut reprocher à Paul Gervais, dans le but simplement d'obtenir une ter-minologie plus uniforme, d'avoir sans nécessité changé, ou plutôt mo-difié, les noms imposés par ses prédécesseurs, le genre *Pristinais* est l'identique de *Pristina* Ehr., *Stylinais* est l'équivalent de *Stylaria* Lam., *Uronais* de *Dero* Oken. Les genres *Blanonais* et *Opsonais* renferment à côté d'espèces appartenant aux genres *Nais*, Müll. et *Clitellio*, Sav., d'autres vers mal connus et ne peuvent être conservés. Le seul qui mérite de rester dans la nomenclature, serait le genre *Ophidonais*, encore faut-il observer que le caractère principal donné dans le tableau est inexact, l'*Ophidonais serpentina*, Müll. n'ayant que des soies bifurquées, sans soies piliformes.

En 1842, Dujardin indique un genre *Ripistes* pour une espèce décrite depuis par Schmarda, le *Stylaria parasita*, sans donner malheureusement d'épithète spécifique. Peu après, Hoffmeister (1843) établit le genre *Sænuris*, qui ne peut être conservé, car il fait double emploi avec les *Tubifex* de Lamarck.

M. Œrsted, vers la même époque, publia plusieurs travaux relatifs à l'étude des vers, dont l'un spécialement consacré à l'étude des *Nais* du Danemarck (1842-1843); il y figure les soies d'un assez bon nombre d'espèces. Dans son ouvrage : *De regionibus marinis* (1844), se trouve un genre *Mesopachys* imparfaitement déterminé et que je crois devoir laisser aux *incertæ sedis,* bien que M. Czerniavsky ait depuis (1880) cité l'espèce, qu'il renferme, comme appartenant à la faune de la Mer Noire, sans ajouter d'ailleurs des détails suffisants pour justifier la coupe générique.

Nous trouvons à la suite de ces auteurs bon nombre de genres établis, le plus souvent d'une manière isolée, par différents zoologistes, qui se bornèrent à décrire les espèces nouvelles que leurs recherches leur faisaient découvrir ; tels sont les genres *Naidium*, O. Schm. (1847), *Peloryctes*, Leuck. (1849) et *Strephuris*, Leidy (1850), de ces deux derniers, l'un doit être réuni aux *Clitellio*, le second aux *Tubifex*. Citons encore les *Aulophorus* de M. Schmarda (1861), *Limnodrilus* de Claparède (1862), *Heterochæta* du même auteur (1863) et *Chirodrilus* Verrill (1871). Quant au genre *Valla* de Johnston (1865), il doit être regardé comme identique aux *Capitella*, Blainv., que l'on s'accorde aujourd'hui à placer parmi les Annélides proprement dits (1).

Vers la même époque (1859), Udekem publiait la *Classification des Lombricins,* dont il a été donné plus haut une analyse générale (2). On a vu qu'il admettait en particulier deux familles des Tubifécidées et des Naicidées, qui répondent à peu près à l'ensemble de la famille des Naididæ, telle qu'elle est ici limitée; il importe de remarquer en effet que, sur les trois genres admis dans la première, deux, les *Lumbriculus*, Grube et *Euaxes*, Grube (= *Rhynchelmis*, Hoffm.), font pour nous partie des Lumbriculidæ, il ne reste que les *Tubifex*, Lam., dans lesquels se trouvent compris les *Clitellio*, Sav. Quant aux Naicidées, deux genres, *Dero*, Oken et *Nais*, Müll. (ce dernier, très étendu, com-

(1) Voy. t. II, p. 254.
(2) Voir t. III, p. 43.

prend des espèces des genres *Stylaria*, Lam., *Ophidonais*, Gerv., *Pristina*, Ehr.), seraient conservés, les deux autres, *Chætogaster*, Baër, et *Æolosoma*, Ehr., devant former deux groupes distincts. La division proposée par Udekem est spécialement fondée sur la différence dans le mode de propagation, qui chez les TUBIFÉCIDÉES aurait exclusivement lieu par voie sexuelle, tandis que pour les NAICÏDÉES, à ce mode s'ajoute une reproduction asexuelle par bourgeonnement, qui serait la plus habituelle. A cela on pourrait joindre, d'après les caractéristiques données par l'auteur, que, chez les premiers, il n'y a pas d'estomac musculeux, les organes copulateurs mâles sont, en très grande partie au moins, seuls distincts des organes femelles, les canaux efférents étant parfois confondus vers les orifices extérieurs; enfin plusieurs œufs sont réunis dans une même capsule; chez les NAICIDÉES, au contraire, on observe une ou plusieurs dilatations stomacales, l'organe copulateur mâle est entièrement invaginé dans l'organe femelle, chaque œuf est isolé dans une capsule distincte.

Quelle que soit l'importance des phénomènes liés à la conservation de l'espèce, je ne crois pas que chez ces êtres le mode de reproduction par bourgeonnement, ajouté à la génération sexuée, soit de nature à motiver une division aussi importante. C'est là un fait d'ordre physiologique qui ne me paraîtrait devoir être pris en considération, que s'il imprimait à l'organisation générale des animaux des caractères anatomiques différentiels suffisants pour justifier la valeur qui lui est attribuée. Or, les différences dont il a été question sont ou de médiocre importance, comme la disposition du tube digestif, la nature du cocon ovifère, ou très contestables, comme les rapports des organes mâles et femelles; ce point a été traité à propos des caractères généraux de la famille. Cependant cette classification montre une tendance scientifique beaucoup plus élevée que les précédentes.

M. Eisen (1878-1880) a publié un travail spécial anatomique et zoologique sur les TUBIFICIDÆ, dans lequel il s'attache à l'étude de la disposition réciproque des tubes vecteurs mâle et femelle, et décrit plusieurs genres nouveaux fort intéressants : *Telmatodrilus*, *Spirosperma*, *Ilyodrilus*, *Hemitubifex*, *Camptodrilus;* ce dernier n'est sans doute pas distinct des *Limnodrilus*, Clap., c'est-à-dire des *Clitellio*, Sav. Des tableaux synoptiques pour la division en genres et la distinction des espèces se trouvent dans le corps du mémoire.

On peut rappeler ici le travail de M. Czerniavsky sur la faune pontique (1880), dans lequel se trouvent établis les genres *Pterostylarides*, *Paranais*, *Pododrilus*, *Archæoryctes;* ils sont malheureusement basés sur des caractères d'une si faible importance, qu'il n'est pas possible de les admettre comme coupes génériques.

Enfin M. Vejdovsky, qui en 1876 avait formé le genre *Psammoryctes* pour le *Nais umbellifer*, Kessl., fit connaître un peu plus tard (1883) les *Bohemilla* et les *Slavina*, ces derniers très voisins des *Nais*. Dans son grand et beau travail général (1884), cet auteur admet les vues d'Udekem et range ces vers dans les deux familles des NAIDOMORPHA et des TUBIFICIDÆ, comme on l'a vu sur le tableau synoptique de cette classification donné plus haut (1). Le caractère dominateur est toujours tiré du mode de reproduction scissipare ou exclusivement sexuelle ; quant aux autres caractères dans le tableau ci-dessous, on les trouvera tels que M. Vejdovsky les énonce, ils y sont seulement ordonnés de manière à faciliter la comparaison.

NAIDOMORPHA.	TUBIFICIDÆ.
Tête formée d'un lobe céphalique et d'un lobe buccal. Fluide sanguin jaune ocreux ou rouge	Oligochètes normalement segmentés, de couleur rouge, corps avec un grand nombre d'anneaux,
Soies quadrisériées, fourchues et piliformes, toujours plus de 2 par faisceau	qui portent quatre rangées de faisceaux de soies. Ces derniers se composent de 3-10 soies en crochet, fourchues, auxquels, la plupart du temps, s'adjoignent dans les rangées dorsales des soies piliformes.
	Les replis vasculaires périviscéraux latéraux communiquent directement avec le tronc ventral.
Une dilatation en gésier sur le tube digestif dans le 7ᵉ ou 8ᵉ anneau	
Pendant l'activité génitale on trouve les testicules au 5ᵒ anneau, l'ovaire au 6ᵉ.	Testicules dans le 9ᵒ, ovaire dans le 10ᵉ anneau
Le canal déférent débouche extérieurement au 6ᵉ anneau, les poches copulatrices au 5ᵉ.	Le canal déférent, simple, débouche dans le 10ᵉ anneau, poches copulatrices dans le 9ᵉ.
Orifices faisant fonction d'oviductes dans le VIᵉ intersegment	Les œufs sortent vraisemblablement au dehors dans le IXᵒ intersegment
	Des spermatophores contenus dans les poches copulatrices.
Aquatiques.	Aquatiques.

(1) Voir t. III; p. 53.

Bon nombre des caractères donnés dans ce tableau, il faut en faire la remarque, sont destinés à différencier l'une ou l'autre famille de groupes homologues voisins et sont sans importance au point de vue spécial, qui nous occupe ici ; tels sont la composition de la tête chez les NAIDOMORPHA, la disposition des replis vasculaires viscéraux chez les TUBIFICIDÆ. Quant à ceux qu'on peut regarder comme comparatifs, ils se rapportent surtout aux organes de la génération, car les soies n'offrent aucune différence sensible. Or, pour ces organes tout se réduit à une différence de position, ils sont vers les 5e et 6e anneaux chez les NAIDOMORPHA, reculés au 9e et 10e pour les TUBIFICIDÆ, la disposition des différentes parties étant d'ailleurs très analogue chez les uns comme chez les autres. C'est sans aucun doute un fait assez important, mais cela ne paraît réellement pas de nature à justifier une distinction d'ordre aussi élevé. Il en serait de même pour la présence ou l'absence de gésier, dans le cas où ce dernier caractère serait général chez les TUBIFICIDÆ, ce qu'il n'est pas encore possible d'affirmer pour tous.

Dans un travail sur l'anatomie de l'*Ilyodrilus coccineus*, Vejd. sp. (= *Tubifex rivulorum*, Lam.), M. Stolc (1885) va plus loin et propose de partager la famille des TUBIFICIDÆ (s. str.) en trois sous-familles :

ILYODRILINI : des soies génitales, ni pénis, ni glandes agglutinantes (*Kiffdrüsen*), ni spermatophores, formation de l'œuf d'après le type des Naïdomorphiens.

TUBIFICINI : pas de soies génitales, pénis, glandes agglutinantes, spermatophores, distincts, formation de l'œuf d'après le type des Oligochætes élevés.

TELMATODRINI : glandes agglutinantes nombreuses.

Cette division présentée sans autres développements, ne peut être adoptée avant que l'auteur ait fourni quelques détails complémentaires. Il faudrait de plus déterminer quel est cet *Ilyodrilus coccineus*, puisque, d'après M. Vejdovsky, auteur de l'espèce, l'animal, qu'il avait observé, n'est pas distinct du *Tubifex rivulorum*, Lam.

En résumé, dans l'état actuel de nos connaissances, il paraît plus conforme à la classification naturelle de réunir tous ces vers en une seule famille, qu'on partagerait en deux divisions d'ordre secondaire, correspondant aux groupes admis par Ukedem et définies plus complètement par M. Vejdovsky, ce qu'indique le tableau ci-après.

IV. Fam. NAIDIDÆ.

Glandes sexuelles

dans les 5e et 6e anneaux.

I. S. Fam. NAIDINEA

Soies piliformes

- distinctes. Extrémité postérieure du corps
  - sans digitations. Soies piliformes apparaissant
    - sur le même anneau que les soies fourchues. Lobe céphalique
      - simple. . . . . II. NAIDIUM, O. Schm.
      - prolongé en trompe. . . . III. PRISTINA, Ehr.
    - au 4e ou 6e anneau sétigère seulement. Lobe céphalique
      - prolongé en trompe. . . . . IV. STYLARIA, Lam.
      - simple. Soies piliformes
        - lisses. . . . . V. NAIS, Müll.
        - dentelées en scie. . . . . VI. BOHEMILLA, Vejd.
  - munie de digitations. Tête
    - conique, simple. . . . . VII. DERO, Oken.
    - élargie en disque, chargée de cils vibratiles. . . . . . VIII. AULOPHORUS, Schmar.

dans les 9e et 10e anneaux.

II. S. Fam TUBIFICINEA

Sur chaque anneau

- quatre faisceaux de soies; celles-ci
  - de plusieurs sortes,
    - en partie de formes spéciales; celles-ci
      - à extrémité aplatie en peigne, en raquette, etc. Ganglion céphalique
        - sans prolongement antérieur sensible. Canal déférent
          - long et étroit. IX. PSAMMORYCTES, Vejd.
          - court et large. X. ILYODRILUS, Eis.
        - avec un prolongement conique antérieur. Faisceaux dorsaux antérieurs composés de soies pectinées
          - et piliformes. . XI. SPIROSPERMA, Eis.
          - seulement. . . XII. PSAMMOBIUS, Lev.
      - à extrémité renflée et creusée en coupe. . . . . XIII. HETEROCHÆTA, Clap.
    - fourchues et piliformes. Pénis exsertile
      - non chitineux. . . . . XIV. TUBIFEX, Lam.
      - chitineux. . . . . XV. HEMITUBIFEX, Eis.
  - d'une seule sorte. Vaisseau ventral
    - relevé vers la région supérieure, près du vaisseau dorsal. . . XVI. TELMATODRILUS, Eis.
    - à la partie inféro-médiane du corps. . . . . XVII. CLITELLIO, Sav.
- six faisceaux de soies. . . . . XVIII. CHIRODRILUS, Verr.

Incertæ sedis.

XIX. MESOPACHYS, Œrst.

Fam. NAIDIDÆ.

	EUROPE.			ASIE.	AFRIQUE.	AMÉRIQUE.		OCÉANIE.
	septentrionale.	moyenne.	méridionale.			Nord.	Sud.	
I. Ophidonais, Gerv.	+	+	·	·	·	·	·	·
II. Naidium, O. Schm.	·	+	·	·	·	?	·	·
III. Pristina, Ehr.	·	+	·	·	·	+	·	·
IV. Stylaria, Lam.	+	+	+	·	·	+	?	·
V. Nais, Müll.	+	+	+	+	·	·	·	·
VI. Bohemilla, Vejd.	·	+	+	·	·	+	·	·
VII. Dero, Oken.	+	+	+	+	·	+	·	·
VIII. Aulophorus, Schmar.	·	·	·	·	·	·	·	·
IX. Psammoryctes, Vejd.	+	+	+	·	·	+	·	·
X. Ilyodrilus, Eis.	·	·	·	·	·	·	·	·
XI. Spirosperma, Eis.	+	+	·	·	·	+	·	·
XII. Psammobius, Lev.	+	•	·	·	·	·	·	·
XIII. Heterochæta, Clap.	·	+	·	·	·	·	·	·
XIV. Tubifex, Lam.	+	+	+	+	·	+	·	·
XV. Hemitubifex, Eis.	+	·	·	·	·	·	·	·
XVI. Telmatodrilus, Eis.	·	·	·	·	·	+	·	·
XVII. Clitellio, Sav.	+	+	+	·	·	+	·	·
XVIII. Chirodrilus, Verr.	·	·	·	·	·	+	·	·
XIX. Mesopachys, Œrst.	+	·	+	·	·	·	·	·

Les espèces qui composent le groupe des NAIDIDÆ sont absolument aquatiques, habitant le fond des ruisseaux, des mares, des lacs, à des profondeurs parfois assez grandes, ou à des altitudes variées. Le plus grand nombre se rencontrent dans les eaux douces, quelques-unes dans la mer : *Nais marina*, Fabr., *Heterochæta costata*, Clap., *Tubifex papillosus*, Clap., tous les *Clitellio* s. str. ; sauf ces derniers, les trois autres vers ne peuvent être regardés comme bien connus. Cet habitat rapproche encore ces LUMBRICINI des Annélides proprement dits, et peut expliquer bon nombre d'analogies morphologiques.

Quant à la répartition géographique, nos connaissances sont trop imparfaites pour qu'on puisse s'en faire une idée juste, la petitesse de ces animaux, la difficulté de les capturer et de les conserver en collection, sont autant d'obstacles, par suite desquels ils n'ont été que rarement rapportés par les voyageurs, en revanche partout où des observateurs préparés à ce genre d'étude les ont cherchés, ces vers se sont montrés en abondance.

Il ne faudrait pas perdre de vue ces considérations dans l'examen du tableau (voir page 351) où se trouve indiquée la distribution des différents genres des NAIDIDÆ à la surface du globe.

C'est en Europe qu'on voit de beaucoup le plus grand nombre de genres représentés et surtout dans l'Europe moyenne où sur dix-neuf nous en trouvons douze, l'Europe septentrionale en présentant dix et l'Europe méridionale sept seulement. Bon nombre sont communs aux trois régions : *Stylaria, Nais, Dero, Psammoryctes, Tubifex, Clitellio*. Plusieurs se trouvent dans deux à la fois : *Ophidonais, Spirosperma,* enfin *Mesopachys ;* ce dernier existerait dans les régions septentrionale et méridionale, manquant dans la région intermédiaire. Quatre seraient limitées à l'Europe moyenne : *Naidium, Pristina, Bohemilla, Heterochæta;* deux à l'Europe septentrionale : *Psammobius, Hemitubifex*.

Ici comme pour beaucoup d'autres groupes, lorsqu'il s'agit surtout d'animaux aquatiques, on observe de remarquables analogies entre les faunes de l'Europe et de l'Amérique du Nord. Dans cette dernière, onze genres sont représentés, sept communs aux deux continents, on y comprend à la vérité le genre *Naidium* dont la présence est douteuse; quatre seraient propres au Nouveau-Monde : *Aulophorus, Ilyodrilus, Telmatodrilus, Chirodrilus*.

En Asie, trois genres seulement ont été trouvés jusqu'ici : *Nais, Dero, Tubifex;* très typiques de la famille et communs à toutes les régions précédemment citées.

La présence du genre *Nais* dans l'Amérique du Sud ne peut être regardée comme certaine. Quant à l'Afrique et à l'Océanie, aucun représentant de la famille n'y aurait été jusqu'ici signalé.

I. S.-Fam. NAIDINEA.

Naidomorpha, VEJDOVSKY.

Voir pour les caractères le tableau comparatif p. 348.

I. Genre OPHIDONAIS.

('Oφις, serpent; *Nais*, Naïade.)

Ophidonais, GERVAIS, VEJDOVSKY.
Serpentina, ŒRSTED.
Uncinais (pars), LEVINSEN.

Corps serpentiforme, subdéprimé ; lobe céphalique non prolongé en trompe ; segment pygidien simple.

Soies locomotrices courtes, fourchues, les soies piliformes font complètement défaut.

Des yeux distincts.

Les organes de la reproduction ne diffèrent pas de ceux des *Nais*.

Habitent les eaux douces.

Ce genre établi par P. Gervais, dans les subdivisions proposées par cet auteur pour les *Nais*, avait été généralement abandonné. M. Vejdovsky l'a repris et avec raison, l'absence de ces soies piliformes qu'on rencontre dans tous les genres voisins donnant à ces animaux un facies spécial.

Toutefois la compréhension en est modifiée, car P. Gervais y faisait entrer deux espèces : *Nais vermicularis* Müll. et *Nais serpentina* Müll. ; et la seconde seule mérite d'y rester. La première étant un *Chætogaster*, doit être reportée dans une autre famille.

Il pourrait y avoir doute d'après la diagnose donnée par M. Œrsted, pour savoir si le genre *Serpentina* n'est pas identique aux *Ophidonais*, car il est défini : *Setæ superiores subulatæ, inferiores uncinatæ*; et le terme de soies subulées est souvent synonyme de soies piliformes, mais pour l'espèce décrite par cet auteur sous le nom de *Serpentina quadristriata* l'expression *setis superioribus..... validis* indique assez leur forme réelle. D'ailleurs, à propos des *Nais*, M. Œrsted fait parfaitement la distinction en employant le terme de *setæ capillares*.

Le genre *Uncinais* proposé par M. Levinsen se confond évidemment, d'après sa diagnose, avec celui des *Ophidonais* qui, ainsi compris, renferme deux espèces.

1. OPHIDONAIS SERPENTINA.

(Pl. XXIII, fig. 12.)

Nais serpentina, MULLER, 1774, p. 20.
    Id.   *id.*   BRUGUIÈRE, 1791 ; pl. 53, fig. 1 à 4 (empruntées à MULLER).
    Id.   *id.*   LAMARCK, 1816, t. III, p. 223, et 1840, t. III, p. 674.
    Id.   *id.*   BLAINVILLE, 1828, p. 498.
Ophidonais serpentina, P. GERVAIS, 1838, p. 19.
Serpentina quadristriata, ŒRSTED, 1842-1843, p. 134 ; pl. III, fig. 3.
Nais serpentina, GRUBE, 1851, p. 104 et 147.
    Id.   *id.*   WILLIAMS, 1858, p. 95.
    Id.   *id.*   UDEKEM, 1855, p. 551.
    Id.   *id.*   UDEKEM, 1859, p. 21.
Serpentina quadristriata, JOHNSTON, 1865, p. 70.
Nais serpentina, LANKESTER, 1869, p. 102.
    Id.   *id.*   TAUBER, 1879, p. 74.
    Id.   *id.*   TIMM, 1883, p. 154.
Ophidonais serpentina, VEJDOVSKY, 1883, p. 5. (Tirage à part.)
    Id.   *id.*   VEJDOVSKY, 1884, p. 27; pl. III, fig, 14, 15, 16.
Nais serpentina, LEVINSEN, 1884, p. 220.

Soies locomotrices courtes avec un renflement sur la tige; celles des faisceaux supérieurs, qui commencent vers le 6e anneau, sont droites, faiblement bifurquées à l'extrémité libre, le renflement est plus près de celle-ci que de l'extrémité radiculaire; aux faisceaux inférieurs soies sigmoïdes, nettement fourchues, les branches de cette fourche inégales ; pour celles des anneaux antérieurs le renflement se trouve vers la partie moyenne, aux anneaux postérieurs il se rapproche de l'extrémité interne.

Tube digestif à œsophage élargi dans sa partie antérieure, mais sans autre dilatation sensible sur le reste de son parcours. Une seule branche vasculaire dorso-ventrale dans chaque anneau.

Deux ocelles, présentant d'ordinaire des cristallins distincts.

Couleur brunâtre, corps peu transparent, trois ou quatre raies sombres transversales sur les premiers espaces intersegmentaires.

Longueur 15^mm à 20^mm ; 30 à 40 segments.

HAB. — Les eaux douces de presque toute l'Europe moyenne et septentrionale (France, Angleterre, Belgique, Allemagne, Danemarck, etc.).

Le peu de transparence de ce Ver à l'état adulte, les lignes transversales, pigmentaires sombres de la partie antérieure, ne permettent de le confondre avec aucune autre espèce; les anciennes figures de Rösel, celles d'O. F. Müller, reproduites par Bruguière dans l'Encyclopédie, indiquent déjà clairement ce caractère.

Dans son tableau synoptique, Grube attribue à tort au *Nais serpentina* Müll., des soies piliformes aux faisceaux supérieurs, la bifurcation peu visible des soies dorsales lui aura échappé, dans ce cas toutefois on pourrait les regarder comme subulées mais non comme piliformes.

La reproduction par bourgeonnement s'observe souvent sur cette espèce et la présence des yeux indique la tête des nouveaux individus, on peut les trouver au nombre de trois ou quatre, la longueur totale de la colonie étant alors presque double de celle de l'individu adulte isolé.

M. Lankester a publié d'intéressantes observations sur les changements que subit l'animal pour atteindre ce qu'il regarde comme étant l'état parfait. Suivant cet éminent observateur, la reproduction gemmipare caractérise l'état larvaire. A un certain moment, ce mode de propagation cesse, un anneau supplémentaire se développe entre les 4e et 5e segments, c'est là qu'aboutissent les organes générateurs; sur cet anneau se voient des soies ventrales (soies génitales) au nombre de trois par faisceau, plus rapprochées de la ligne médiane que les faisceaux normaux et se distinguant en outre par leur longueur moindre et une pointe simple, en même temps dans les autres faisceaux, qui n'étaient composés que de deux soies en action, en apparaît une troisième. Ce fait, rapproché de ce qu'il a observé sur le *Chætogaster*, porte ce savant à penser qu'il s'agit là d'une véritable métamorphose.

2. OPHIDONAIS UNCINATA.

Nais uncinata, ŒRSTED, 1842-43, p. 136.
   Id.   *id.*   GRUBE, 1851, p. 104 et 147.
Enchytræus triventralopectinatus, MINOR, 1863, p. 325.
   Id.   *id.*   VERRILL, 1873, p. 624.
   Id.   *id.*   VEJDOVSKY, 1879, p. 10.
Nais uncinata, TAUBER, 1879, p. 75.
   Id.   *id.*   TIMM, 1883, p. 154.
Paranais uncinata, CZERNIAVSKY, 1880, p. 311.
Ophidonais uncinata, VEJDOVSKY, 1884, p. 24.
Uncinais uncinata, LEVINSEN, 1884, p. 218.

Soies fourchues aussi bien aux faisceaux supérieurs qu'aux inférieurs, réunies par 4 dans chacun d'eux, semblables dans tous les anneaux.

Corps transparent.

Longueur 11mm; 20 à 25 segments.

Hab. — Le Danemarck.

Bien que cette brève diagnose, empruntée à M. Œrsted, soit insuffisante aujourd'hui pour faire convenablement connaître l'espèce, elle
permet cependant de déterminer le genre avec exactitude et de ne pas
la confondre avec l'*Ophidonais serpentina*, Müll.

II. Genre NAIDIUM.

(de *Nais*, Naïade.)

Naidium, O. Schmidt, Vejdovsky.

Corps allongé, lobe céphalique court, segment pygidien
simple.

Soies locomotrices de deux sortes, les unes sigmoïdes, bifurquées, les autres piliformes, ces dernières n'existent que dans
les faisceaux supérieurs et commencent dès le 2e anneau.

Un gésier. Une seule branche dorso-ventrale par anneau.
Pas d'yeux.

La reproduction par bourgeonnement a seule été observée.
Habitent les eaux douces.

Ce genre n'avait été qu'imparfaitement défini par O. Schmidt,
mais M. Vejdovsky ayant pu observer l'une des deux espèces décrites, a donné des détails anatomiques, qui permettent de formuler
une diagnose beaucoup plus complète.

Elle ne s'applique toutefois exactement qu'au *Naidium luteum*,
O. Schm. Pour le *Naidium breviceps*, Oscar Schmidt disant que cet
animal a les soies simples, il est douteux qu'il ait eu sous les yeux
un véritable Naïdien. M. Vejdovsky pense, on le verra, qu'il s'agit
d'un *Pachydrilus*.

Les *Naidium* ne paraissent pas jusqu'ici avoir été avec certitude
rencontrés ailleurs que dans l'Europe centrale, l'espèce citée comme
d'Amérique est fort imparfaitement connue.

1. Naidium luteum.

Naidium luteum, O. Schmidt, 1847, p. 322.
? *Nais cæca*, C. Mayer, 1859, p. 214.
Naidium luteum, Vejdovsky, 1883, p. 7. (Tirage à part.)
    Id.   id.   Vejdovsky, 1884, p. 31; pl. III, fig. 7 à 13.

Corps médiocrement allongé, anneaux très peu plus larges
que longs. Lobe céphalique allongé, déprimé; segment pygidien simple.

Soies locomotrices commençant, tant aux faisceaux supérieurs qu'aux faisceaux inférieurs, dès le second anneau. Chaque faisceau dorsal composé de 2 ou 3 soies dont une piliforme, les autres fourchues plus ou moins coudées; aux faisceaux ventraux de 5 à 7 soies toutes courtes et bifides.

Pas d'yeux.

Gésier placé vers le 7e anneau. Le tronc dorsal émet des branches, qui le réunissent au ventral, dans les 4e, 5e et 6e anneaux; sang d'un rouge brillant.

Couleur jaunâtre ou rouge pâle.

Longueur 15mm ; 24 à 30 segments.

Hab. — Les bords de l'Elbe, tourbières des environs de Marienbad.

Cette espèce ne m'est connue que par les descriptions données par O. Schmidt et M. Vejdovsky, auxquels sont empruntés les détails ci-dessus.

2. Naidium ? breviceps.

Naidium breviceps, O. Schmidt, 1847, p. 323.
   Id.   *id.*   Vejdovsky, 1884, p. 23.

Lobe céphalique plus court que dans l'espèce précédente, indistinctement bi-annelé.

Soies courbées seulement dans leur partie interne, grêles, renflées vers le milieu de leur longueur, à pointes simples, on en trouve de 2 à 4 par faisceau, en général elles sont peu saillantes.

Gésier plus reculé que chez le *Naidium luteum.*

Organes génitaux développés en mars et avril. On n'a pas observé la reproduction par bourgeonnement.

Environ 20 segments.

Hab. — Près d'un village nommé Arien, sur l'Elbe.

D'après ces caractères donnés par l'auteur de l'espèce, il est très douteux qu'elle puisse être mise dans un même genre avec le *Naidium luteum*, O. Schm. pris pour type, M. Vejdovsky pense qu'il s'agit d'un *Pachydrilus*. Il serait désirable qu'on le recherchât dans la localité où il a été primitivement trouvé.

3. Naidium ? ternarium.

Nais ternaria, Schmarda, 1861, p. 8; pl. XVII, fig. 150.
   Id.   *id.*   Vejdovsky, 1884, p. 24.

Annelés. Tome III.   24

Tête et segment pygidien simples.

Soies réunies par 3 dans chaque faisceau, piliformes aux supérieurs, crochues aux inférieurs.

Pas d'yeux.

Intestin en spirale.

Couleur jaunâtre, tégument transparent, les vaisseaux rougeâtres apparaissent au travers de celui-ci.

Longueur $1^{mm},20$.

Hab. — Louisiane, Amérique centrale, Cuba, la Jamaïque.

D'après la figure, qui n'a pas tout le fini désirable, il y aurait 16 anneaux sétigères, les faisceaux supérieurs et inférieurs commenceraient sur le même anneau. Ceux-ci étant peu accusés, il n'est pas possible de savoir combien il peut y avoir en avant et en arrière d'anneaux inermes.

La reproduction par bourgeonnement a été observée.

Ces détails empruntés à la description de M. Schmarda sont trop incomplets, pour qu'on puisse dire exactement à quel genre appartient ce ver ; d'après le point où commencent les soies supérieures, c'est auprès des *Naidium* qu'il paraît devoir être placé jusqu'à plus ample étude.

III. Genre PRISTINA.

(Diminutif de *Pristis*, Poisson-scie.)

Pristina, Ehrenberg, Vejdovsky.
Pristinais, Gervais.

Corps filiforme, plutôt court ; lobe céphalique prolongé en trompe molle, styliforme, avec des cils assez forts, bien visibles sur les côtés ; segment pygidien simple.

Soies des faisceaux supérieurs sétacées, commençant dès le 2ᵉ anneau ; celles des faisceaux inférieurs bifurquées, sigmoïdes.

Pas d'yeux.

Un gésier. Sang rougeâtre ou jaunâtre. Tronc vasculaire dorsal et tronc ventral réunis par quatre ou cinq branches dont la postérieure est dilatée en cœur et pulsatile.

Organes de la reproduction non connus.

Habitent les eaux douces.

Ce genre a été créé par Ehrenberg pour deux espèces des environs de Berlin, 1 *Pristina longiseta* et 2 *P. inæqualis*. Il le caractérise surtout par l'absence de points oculiformes et le lobe céphalique prolongé en

trompe. Les zoologistes ne l'avaient cependant pas généralement
adopté, P. Gervais en modifiant le nom, pour l'uniformité de sa
nomenclature, n'ajoutait rien à la connaissance des espèces, qu'il
cite d'après l'auteur allemand, et Ukedem, qui retrouvait le *Pristina
longiseta* en Belgique, le plaça dans le genre *Nais*.

Le nom générique fut repris par M. Leidy (1850-1854) pour un ver
qu'il assimile à la première espèce d'Ehrenberg et plus récemment
(1880), le même auteur fit connaître, sous le nom de *Pristina flagellum*, un Naïdien nouveau, qui ne paraît pas toutefois devoir légitimement entrer dans ce genre, car il présente des digitations à la partie
postérieure du corps et ce caractère, plus important sans contredit
que celui tiré de l'existence d'un prolongement proboscidiforme du
lobe céphalique, me porte à le rapprocher plutôt des *Dero*.

Enfin, M. Vejdovsky a donné des détails complémentaires sur l'espèce typique, lesquels permettent de se faire une idée beaucoup
plus nette de la compréhension de ce genre, bien qu'il soit impossible d'affirmer que tous les caractères admis conviennent également
au *Pristina inæqualis*, qui depuis Ehrenberg n'a pas été revu.

Les *Pristina* ont été signalés dans l'Europe centrale et en Amérique, l'espèce principale serait commune aux deux continents.

1. Pristina longiseta.

Pristina longiseta, EHRENBERG, 1831, Turbell. feuille *b*, 4e page (note).
Pristinais longiseta, GERVAIS, 1838, p. 17.
Pristina longiseta, MILNE EDWARDS (in LAMARCK, 2e édit.), 1840, t. III,
      p. 612.
   Id.   id.   GRUBE, 1851, p. 105.
Nais longiseta, UDEKEM, 1855, p. 552; pl.   , fig. 2.
   Id.   id.   UDEKEM, 1859, p. 22.
Pristina longiseta, LEIDY, 1850-1854, p. 44; pl. II, fig. 3, *a* et *b*.
Stylaria longiseta, TAUBER, 1879, p. 73.
Nais longiseta, TIMM, 1883, p. 153.
Pristina longiseta, VEJDOVSKY, 1883, p. 7 (Tirage à part).
   Id.   id.   VEJDOVSKY, 1884, p. 31 ; pl. II, fig. 13, 14, 15.

Soies piliformes par 2 ou 3 dans chaque faisceau, celles du
second de ceux-ci beaucoup plus développées que les autres
et, si on les ramène en avant, dépassant souvent la trompe ;
aux faisceaux inférieurs elles peuvent être au nombre de 7
ou 8.

Dilatation stomacale cordiforme, placée dans le 8e anneau.

Les branches vasculaires dorso-ventrales sont au nombre
de cinq, du 3e au 7e segment.

On distingue des glandes septales dans les 3e, 4e et 5e anneaux. Les organes segmentaires commencent dans le 10e.

Longueur au plus 8mm; 17 à 20 segments.

HAB. — Environs de Berlin, Moldavie, Belgique ; près de Philadelphie (Amérique du Nord).

L'espèce observée par M. Leidy dans les environs de Philadelphie est-elle bien la même que l'espèce européenne ? elle en présente les caractères, mais serait beaucoup plus petite, car elle n'atteint que 2mm environ (1 ligne). L'auteur américain a observé des exemplaires portant un bourgeon de longueur égale à celle de l'individu souche ; les organes de la génération, incomplètement déterminés, s'étendraient du 3e au 6e anneau. Enfin des œufs blanchâtres, isolés, mesurant 0mm,191 sur 0mm,195 sont rapportés par lui à cette espèce.

M. Vedjovsky n'a pas rencontré d'individus pourvus d'organes reproducteurs, ni portant de bourgeons. Ehrenberg sur cette espèce aussi bien que sur la suivante a observé la division spontanée du corps.

2. PRISTINA INÆQUALIS.

Pristina inæqualis, EHRENBERG, 1831, Turbell. feuille *b*, 4e page (note).
Pristinais inæqualis, GERVAIS, 1838, p. 17.
Pristina inæqualis, MILNE EDWARDS (in LAMARCK, 2e édit.), 1840, p. 612.
    Id.   *id.*   GRUBE, 1851, p. 105.
    Id.   *id.*   VEJDOVSKY, 1884, p. 24.

« *Setis quaternis inæqualibus, una longissima, reliquis brevissimis, pari secundo non diverso, uncinis subquinis subulatis.*»

HAB. — Environs de Berlin.

Cette courte diagnose, empruntée à Ehrenberg, est tout ce qu'on connaît de cet animal, que les auteurs suivants ont simplement mentionné.

IV. GENRE STYLARIA.

(Dim. de *Stylus*, tige.)

Nereis, LINNÉ.
Nais, MULLER, GMELIN, GRUITHUISEN, UDEKEM, DALYELL, SEMPER, LEVINSEN.
Stylaria, LAMARCK, EHRENBERG, ŒRSTED, JOHNSTON, TAUBER, CZERNIAVSKY, TIMM, VEJDOVSKY.
Stylinais, GERVAIS.
Ripistes, DUJARDIN.
Pterostylarides, CZERNIAVSKY.

Corps allongé, lobe céphalique prolongé en un stylet effilé, proboscidiforme. Segment pygidien simple.

Soies en crochets bifides, aussi bien aux faisceaux supérieurs qu'aux inférieurs, avec des soies piliformes à partir du 4ᵉ ou 6ᵉ anneau dans les faisceaux supérieurs.

Deux points oculaires réniformes sur l'anneau céphalique de chaque côté de la bouche.

Tube digestif muni d'une ampoule, sorte de gésier, sur le trajet de l'œsophage vers le 5ᵉ anneau. Sang rouge ou jaunâtre. Tronc dorsal simple, seul contractile, tronc ventral divisé en avant ; branches latérales simples, il n'y en aurait qu'une paire par anneau, périgastrique, joignant les deux troncs principaux. Organes segmentaires d'une observation difficile, paraissant simples, sans renflement glandulaire vers le pavillon vibratile.

La reproduction gemmipare est très habituelle.

Habitent les eaux douces.

Ce genre, très voisin des *Nais*, ne s'en distingue, pour la plupart des auteurs, que par le caractère le plus saillant, le prolongement proboscidiforme de la trompe, qui avait fixé l'attention de Lamarck. Depuis M. W. C. Minor (1) a fait remarquer que la dilatation en gésier du tube digestif n'a pas tout à fait la même disposition et que la reproduction asexuelle est aussi un peu différente dans les deux genres. Gemmipare chez les *Stylaria*, elle serait scissipare chez les *Nais*. Cette dernière distinction peut être dans bien des cas délicate à constater, et suivant M. Minor lui-même, n'est pas absolue dans une même espèce, mais d'après la première, cette division des Naïcidées est généralement adoptée aujourd'hui.

Pendant longtemps, on n'a admis qu'une espèce, déjà connue de Linné, et désignée par lui sous le nom de *Nereis lacustris*, la synonymie en a été malheureusement fort embrouillée par les auteurs suivants, même Müller, qui, dès 1774, lui imposa un nouveau nom. Une seconde espèce fut décrite en 1847 par O. Schmidt, le *Stylaria parasita*, appartenant également à la faune européenne. Enfin, en 1852, M. Leidy signala dans les environs de Philadelphie deux *Stylaria*, le premier qu'il identifie avec l'espèce Linnéenne sous le nom impropre de *Stylaria paludosa*, Lam., la seconde nouvelle *Stylaria fossularis*.

M. Czerniavsky, dans sa faune pontique (1880), donne un aperçu des espèces qui, suivant lui, doivent être distinguées dans ce genre. Il ne pense pas que le *Stylaria paludosa* de l'helminthologiste américain soit identique au *Stylaria lacustris*, Lin. d'Europe et, en effet, la description donnée par M. Leidy, comme on le verra plus loin, permet

(1) W.-C. Minor, 1863, p. 325, note.

de constater quelques légères différences, M. Czerniavsky propose d'appeler ce ver *Stylaria phyladelphiana*. Il donne aussi le nom de *Stylaria scotica* à un Naïdien décrit et figuré par M. Dalyell sous le nom de *Nais proboscidea*, Lam., cette distinction paraît moins justifiée. Malheureusement, le travail explicatif auquel renvoie M. Czerniavsky étant manuscrit, il n'est pas encore possible de savoir les raisons qui l'engagent à proposer ce changement.

Le même auteur pour une espèce créée par Oscar Schmidt, le *Stylaria parasita*, propose l'établissement d'un nouveau genre *Pterostylarides* fondé sur la longueur des soies aux anneaux antérieurs, particulièrement celles de la troisième paire, qui atteignent l'extrémité de la trompe. Ces caractères doivent être regardés comme du même ordre que ceux qui distinguent le *Pristina longiseta*, Ehr., du *Pristina inæqualis*, Ehr., et n'ayant, par conséquent, qu'une valeur spécifique.

En résumé, on ne peut guère admettre que quatre *Stylaria*, deux appartenant à la faune européenne : 1 *Stylaria lacustris*, Lin., 4 *Stylaria parasita*, O. Schm. ; les autres de l'Amérique du Nord : 2 *Stylaria phyladelphiana*, Czern., 3 *Stylaria fossularis*, Leidy.

1. STYLARIA LACUSTRIS.

(Pl. XXII, fig. 12 et 13.)

Nereis lacustris, LINNÉ, 1767, p. 1085.
Nais proboscidea, MULLER, 1774, p. 21.
   Id.   *id.*   MULLER, 1776, p. 219.
   Id.   *id.*   GMELIN, 1789, p. 3121.
   ?   ?   BRUGUIÈRE, 1791, pl. 53, fig. 5 à 8.
Stylaria paludosa, LAMARCK, 1816, t. III, p. 224, et 1840, t. III, p. 675.
Nais (Stylaria) proboscidea, BLAINVILLE, 1828, p. 498 ; pl. XXIV, fig. 3, 3ᵃ, 3ᵇ.
Stylaria proboscidea, EHRENBERG, 1831, Turbell. feuille *b*, 4ᵉ page.
Nais proboscidea, GRUITHUISEN, 1823, p. 235.
Stylinais proboscidea, P. GERVAIS, 1838, p. 18.
Stylaria paludosa, ŒRSTED, 1842-1843, p. 133.
Nais proboscidea, CUVIER, 1849, Annélides, pl. 21, fig. 2, 2ᵃ
Nais proboscidea, DALYELL, 1853, p. 131 ; pl. XVII, fig. 6 et 7.
   Id.   *id.*   UDEKEM, 1855-1856, p. 53 ; pl. III, fig. 17 à 21.
   Id.   *id.*   UDEKEM, 1855, p. 550.
   Id.   *id.*   UDEKEM, 1859, p. 19.
Stylaria lacustris, JOHNSTON, 1865, p. 70.
Nais proboscidea, SEMPER, 1876, p. 161.
Stylaria proboscidea, TAUBER, 1879, p. 73.
Stylaria paludosa, CZERNIAVSKY, 1880, p. 309.
Stylaria scotica, CZERNIAVSKY, 1880, p. 309.
Stylaria proboscidea, TIMM, 1883, p. 153.
   Id.   *id.*   VEJDOVSKY, 1883, p. 7. (Tirage à part.)
Stylaria lacustris, VEJDOVSKY, 1884, p. 30 ; pl. III, fig. 27 ; pl. IV, fig. 1 à 31 (moins fig. 25).
Nais proboscidea, LEVINSEN, 1884, p. 219.

Lobe céphalique échancré, muni d'un prolongement proboscidiforme, ayant environ la longueur de la tête jointe aux cinq premiers anneaux.

Soies ventrales au nombre de 4 à 6 par faisceau, sigmoïdes, très nettement bifurquées, existant dès le 1er anneau ; les faisceaux supérieurs, n'apparaissant qu'après le 5e, composés de soies piliformes le plus souvent au nombre de 2 et inégales, la plus petite n'ayant guère que la moitié ou le tiers de la longueur de l'autre, dont la dimension est supérieure à la largeur du corps, leur disposition et leur aspect sont d'ailleurs sensiblement les mêmes pour tous les anneaux.

Renflement stomacal au 7e anneau.

Longueur 10mm à 15mm ; 16 à 20 et 25 segments.

Hab. — Toute l'Europe.

Cette espèce, excessivement commune, est l'une des premières bien connues du groupe ; Rœsel, O. F. Müller, dont les figures ont été reproduites par Bruguière dans l'Encyclopédie, en ont dès longtemps fixé les caractères, toutefois pour en trouver une description méthodique complète et une représentation iconographique plus satisfaisante, il faut arriver à la petite monographie de Gruithuisen, à laquelle, au point de vue descriptif, il n'a guère été ajouté depuis.

Dans ces derniers temps, l'étude anatomique a été poussée très loin, surtout en ce qui concerne les organes de la génération, Ukedem a exposé le résultat de ses recherches dans son *Mémoire sur le développement du Lombric terrestre*. M. Vejdovsky a étendu considérablement nos connaissances sur ce sujet et a pu faire connaître l'évolution complète de ces appareils sur cette espèce, l'une des mieux suivies aujourd'hui sous ce rapport.

Il est assez difficile de connaître le nombre exact des segments, parce qu'à la partie postérieure du corps ils sont souvent fort étroits, serrés les uns contre les autres ; ce nombre peut d'ailleurs être augmenté au début de la production du bourgeon, car on ne peut en bien constater l'existence qu'après l'apparition des taches oculaires ou de la trompe.

Cette reproduction par bourgeonnement a été étudiée avec beaucoup de soin, car c'est un des animaux sur lequel le fait est le plus évident par suite de la présence assez tôt sur les jeunes des organes dont il vient d'être fait mention. Je citerai en particulier le travail de M. Schultze (1849, p. 293) et celui plus récent de M. Semper (1876, p. 161).

2. STYLARIA PHYLADELPHIANA.

Stylaria paludosa, LEIDY (nec LAMARCK), 1852, p. 286.
Stylaria phyladelphiana, CZERNIAVSKY, 1880, p. 309.
Stylaria paludosa, VEJDOVSKY, 1884, p. 24.

Lobe céphalique large, échancré, avec un prolongement en trompe de 1^{mm} environ.

Soies ventrales au nombre de 7 à 10 par faisceau, allongées, sigmoïdes, crochues et bifurquées à l'extrémité libre. Soies dorsales ne commençant qu'après le 5e anneau, isolées dans chaque faisceau, rarement au nombre de 2, leur longueur varierait de $0^{mm},06$ à $0^{mm},38$.

Bouche triangulaire, pharynx élargi, œsophage cylindrique se terminant dans l'intestin au 3e anneau setigère.

Incolore, transparent.

Longueur 4^{mm} à 8^{mm}, l'appendice proboscidiforme mesurant $0^{mm},7$ à $0^{mm},8$; largeur $0^{mm},35$; 15 à 20 anneaux sur les individus simples, jusqu'à 40, s'il y a au moins deux bourgeons.

HAB. — Environs de Philadelphie.

On a vu plus haut (p. 361) dans l'historique du genre, qu'il avait paru nécessaire à M. Czerniavsky de changer le nom primitif de l'espèce.

3. STYLARIA FOSSULARIS.

Stylaria fossularis, LEIDY, 1852, p. 287.
   Id.   *id.*   CZERNIAVSKY, 1880, p. 309.
   Id.   *id.*   VEJDOVSKY, 1884, p. 24.

Lobe céphalique large, demi-ovale, comprimé, non échancré, portant une trompe semblable à celle du ***Stylaria phyladelphiana***, Czer.

Soies ventrales au nombre de 5 à 7 par faisceau. Soies dorsales piliformes, commençant après le 5e anneau, ordinairement doubles, longues de $0^{mm},38$.

Pharynx élargi, étendu jusqu'au 4e anneau; œsophage cylindrique, tortueux, se prolongeant jusqu'au 7e.

Longueur totale d'un ver, composé de deux générations, $9^{mm},5$; largeur $0^{mm},35$; 24 segments pour l'individu souche, 22 pour le bourgeon.

HAB. — Environs de Philadelphie.

Cette espèce et la précédente ne me sont connues que par les descriptions de M. Leidy. On doit les regarder comme très voisines du 1 *Stylaria lacustris*, Lin., surtout le 2 *Stylaria phyladelphiana*, Czer. Le nombre et la disposition des soies sont les seuls caractères d'un peu de valeur qu'on puisse invoquer pour justifier la distinction.

4. STYLARIA PARASITA.

Ripistes sp. DUJARDIN, 1842, p. 93.
Stylaria parasita, O. SCHMIDT, 1847, p. 321.
Nais parasita, GREBNITSKY, 1873.
Pterostylarides parasita, CZERNIAVSKY, 1880, p. 310.
Stylaria parasita, VEJDOVSKY, 1883, p. 7. (Tirage à part.)
    Id.   *id.*   VEJDOVSKY, 1884, p. 31 ; pl. II, fig. 8 à 12.

Trompe relativement courte, n'étant guère plus longue que le segment buccal.

Soies ventrales toutes sigmoïdes, en crochet, fourchues ; les 3e et 4e anneaux en sont privés ; sur les deux premiers, elles sont beaucoup plus longues que sur le reste du corps et au nombre de 5 à 6 par faisceau, tandis qu'à partir du 5e anneau on en compte 7 à 8. La disposition des soies piliformes aux faisceaux supérieurs est particulièrement caractéristique ; elles commencent sur le 5e anneau où, ainsi que sur les deux suivants, 6e et 7e, elles sont très nombreuses, 11 à 15, et démesurément longues, car elles atteignent au moins la base de la trompe et parfois dépassent l'extrémité de cet organe ; sur les autres anneaux, elles mesurent à peine le quart ou le cinquième de la longueur des précédentes, et chaque faisceau n'en contient plus que 4 ou 5.

Pharynx élargi, étendu dans les quatre premiers anneaux ; œsophage cylindrique, la dilatation stomacale au 8e.

Longueur 4^{mm} à 6^{mm} ; 20 segments environ.

HAB. — France, la Vilaine ; les bords de l'Elbe, différents points de la Bohême, Russie méridionale.

Cette intéressante espèce, bien différente des précédentes, a été parfaitement caractérisée par O. Schmidt ; toutefois les recherches de M. Vejdovsky et les excellentes figures publiées par cet auteur ne contribuent pas peu à la bien définir.

La caractéristique du genre *Ripistes* donnée par Dujardin ne me paraît laisser aucun doute sur l'assimilation à établir entre le ver qu'il avait sous les yeux et l'espèce dont il est ici question (1). Si, adoptant

(1) Vaillant, 1866, p. 157.

l'idée de M. Czerniavsky, on croyait devoir regarder les caractères de ce *Nais* comme de valeur générique, le nom proposé par Dujardin devrait être préféré à celui de *Pterostylarides*.

V. Genre NAIS.

(*Nais*, Naïade.)

Nais, Muller et auct.
Opsonais, Gervais.
Slavina, Vejdovsky.

Corps allongé arrondi, tégument muni parfois d'élévations verruqueuses, anneaux d'ordinaire plus larges que longs. Lobe céphalique peu ou pas prolongé, segment pygidien simple.

Quatre faisceaux de soies par anneau, les supérieurs composés, au moins en partie, de soies setacées et ne commençant qu'après le 4ᵉ anneau sétigère, les inférieurs exclusivement composés de soies en crochets, bifides.

Yeux tantôt distincts, tantôt nuls.

Un renflement gastrique plus ou moins simple. Vaisseau dorsal seul contractile.

Reproduction sexuelle et plus ordinairement encore, gemmipare. OEufs volumineux, isolés chacun dans une capsule.

Les *Nais* sont bien distincts des genres précédents par la composition des faisceaux dorsaux sétigères, et le point où ceux-ci apparaissent, ainsi que par l'aspect du lobe céphalique.

M. Vejdovsky a proposé de regarder comme formant un genre spécial, *Slavina*, le *Nais appendiculata*, Udek., remarquable par l'élongation beaucoup plus grande du premier faisceau des soies dorsales et la présence de papilles cutanées disposées en zone annulaire autour de chaque anneau. Ces caractères ne paraissent pas avoir une importance suffisante pour justifier, jusqu'à plus ample informé, une semblable division.

Le genre *Nais* étant l'un des premiers fondés et ayant, on peut dire, compris jusqu'à une certaine époque, toutes les espèces de Lombriciniens en dehors des *Lumbricus* proprement dits, son histoire se confond avec celle des Lumbriculidæ, des Naididæ et même des Enchytræidæ, des Chætogastridæ et des Amedullata auxquels on peut se reporter pour plus de détails, et je me bornerai à énumérer ici les espèces qui, aujourd'hui, sont considérées comme ne devant pas être maintenues dans le genre.

Liste des espèces à exclure du genre NAIS.

N. albida, Carter.	=	*Enchytræus Carteri*, Vaill.
» *appendiculata*, Udek.	=	*Slavina appendiculata*, Udek.
» *aurigena*, Eichw.	=	*Æolosoma aurigena*, Eichw.
» *bipunctata*, Chieje.	=	*? Polyophthalmus pictus*, Duj.
» *cæca*, Mayer.	=	*? Naidium luteum*, O. Schm.
» *diaphana*, Gruith.	=	*Chætogaster diaphanus*, Gruith.
» *diastropha*, Gruith.	=	*Chætogaster vermicularis*, Müll.
» *filiformis*, Dug.	=	*Tubifex rivulorum*, Lam.
» *gigantea*, Kessl.	=	*Limnodrilus giganteus*, Kessl.
» *hamata*, Timm.	=	*Bohemilla comata*, Vejd.
» *lacustris*, Dalyell.	=	*Chætogaster diaphanus*, Gruith.
» *laticeps*, Dug.	=	*? Chætogaster laticeps*, Dug.
» *littoralis*, Mü'l.	=	*Clitellio arenarius*, Müll.
» *longiseta*, Udek.	=	*Pristina longiseta*, Ehr.
» *lurco*, Pritch.	=	*Chætogaster diaphanus*, Gruith.
» *papillosa*, Kessl.	=	*? Spirosperma ferox*, Eis.
» *parasita*, O. Schm.	=	*Stylaria parasita*, O. Schm.
» *picta*, Duj.	=	*Polyophthalmus pictus*, Duj.
» *proboscidea*, Müll.	=	*Stylaria lacustris*, Lin.
» *quadricuspidata*, Fabr.	=	*Scoloplos quadricuspida*, Fabr.
» *sanguinea*, Doyère.	=	*Tubifex rivulorum*, Lam.
» *scotica*, Johnst.	=	*Chætogaster diaphanus*, Gruith.
» *serpentina*, Müll.	=	*Ophidonais serpentina*, Müll.
» *ternaria*, Schmar.	=	*Naidium ternarium*, Schmar.
» *tubifex*, Oken.	=	*Tubifex rivulorum*, Lam.
» *uncinata*, Œrst.	=	*Ophidonais uncinata*, Œrst.
» *vermicularis*, Müll.	=	*Chætogaster vermicularis*, Müll.

Les espèces à maintenir dans le genre *Nais* ne seraient plus qu'au nombre de sept; on peut y joindre trois espèces incertaines, trop imparfaitement connues pour qu'on puisse décider le rang exact qu'elles doivent occuper dans la série. Les premières se distinguent les unes des autres par la présence (*Opsonais*, Gervais) ou l'absence des points oculiformes, par l'aspect des faisceaux supérieurs suivant la longueur, le nombre et la forme des soies. Le tableau synoptique ci-joint résume ces principaux caractères.

Espèces du genre NAIS.

Yeux — distincts. Soies du premier faisceau dorsal — semblables aux suivantes. Faisceaux supérieurs, à partir du 6ᵉ ou 7ᵉ, avec des soies au nombre de 4 à 7. . . . . 1. *N. barbata*, Müll.

3. Tige des soies ventrales — avec un renflement. . 2. *N. elinguis*, Müll.

sans renflement. . . . 3. *N. rivulosa*, Leidy.

notablement plus grandes que les suivantes. Tégument — avec de gros tubercules verruqueux. . 4. *N. appendiculata*, Udek.

sans tubercules verruqueux. . . . . . 5. *N. gracilis*, Leidy.

Yeux — nuls. Faisceaux supérieurs — avec des soies fourchues. . . . . 6. *N. Josinæ*, Vejd.

ne présentant que des soies piliformes.. . . . . 7. *N. fusca*, Cart.

Incertæ sedis. . . . . 8. *N. marina*, Fabr.

9. *N. caudata*, Schmar.

10. *N. Carolina*, Blanch.

Les *Nais* se rencontrent dans toute l'Europe : 1 *Nais barbata*, Müll., 2 *N. elinguis*, Müll., 6 *N. Josinæ*, Vejd., 7 *N. ? marina*, Fabr., 4 *N. appendiculata*, Udek., et dans l'Amérique du Nord ; 3 *Nais rivulosa*, Leidy, 5 *N. gracilis*, Leidy. Leur présence en Asie est moins certaine, cependant on peut citer le 7 *Nais fusca*, Cart. ; le 9 *N. ? caudata*, Schmar., est très douteux. Il en est de même pour une espèce signalée dans l'Amérique du Sud ; 10 *Nais ? Carolina*, Blanch.

1. NAIS BARBATA.

(Pl. XXII, fig. 14 et 15.)

Nais barbata, MULLER, 1774, p. 23.
   Id.   id.   GMÉLIN, 1789, p. 3122.
Opsonais obtusa, GERVAIS, 1838, p. 17.
Nais barbata, ŒRSTED, 1842-1843, p. 135.
   Id.   id.   GRUBE, 1851, p. 104 et 147.
   Id.   id.   UDEKEM, 1855, p. 551.
   Id.   id.   UDEKEM, 1859, p. 20.
   Id.   id.   TAUBER, 1879, p. 74.
   Id.   id.   TIMM, 1883, p. 154.
   Id.   id.   VEJDOVSKY, 1883, p. 6. (Tirage à part.)
   Id.   id.   VEJDOVSKY, 1884, p. 29.
   Id.   id.   LEVINSEN, 1884, p. 219.

Cette espèce est tout à fait comparable à l'espèce suivante, type du genre, sauf la disposition et la conformation des soies.

Pour les faisceaux inférieurs, on les trouve sur les 4 premiers anneaux, assez semblables aux soies fourchues de l'autre espèce, mais sur le reste du corps, elles sont notablement plus petites, moitié des soies antérieures, plus robustes et le renflement est plus rapproché de l'extrémité libre. Le faisceau supérieur se compose de 4 à 7 soies, toutes simples, dont deux à quatre longues, les autres moitié plus courtes, bien qu'elles aient le type piliforme, ces soies sont légèrement dilatées, ce qui leur donne un aspect très différent de celles du 2 *Nais elinguis*, Müll.

HAB. — Toute l'Europe, dans les ruisseaux.

D'après la terminologie adoptée par M. Semper, cette espèce serait l'une de celles qui ont particulièrement servi à ses études du processus de reproduction par bourgeonnement chez les vers.

2. NAIS ELINGUIS.

Nais elinguis, MULLER, 1774, p. 22.
   Id.   id.   GMELIN, 1789, p. 3121.

Opsonais elinguis, GERVAIS, 1838, p. 17.
Nais elinguis, ŒRSTED, 1842-1843, p. 135.
   Id.   *id.*   GRUBE, 1851, p. 104 et 147.
   Id.   *id.*   UDEKEM, 1855, p. 551.
   Id.   *id.*   UDEKEM, 1859, p. 20.
   Id.   *id.*   TAUBER, 1879, p. 73.
   Id.   *id.*   CZERNIAVSKY, 1880, p. 308.
   Id.   *id.*   VEJDOVSKY, 1883, p. 6. (Tirage à part.)
   Id.   *id.*   TIMM, 1884, p. 154.
   Id.   *id.*   VEJDOVSKY, 1884, p. 28.
   Id.   *id.*   LEVINSEN, 1884, p. 219.

Ver de petite taille, atténué postérieurement. .

Faisceaux inférieurs existant sur tous les anneaux, composés en général de 4 soies fourchues, légèrement sigmoïdes, renflées en leur milieu et très peu plus grandes sur les quatre premiers anneaux que sur les postérieurs; faisceaux supérieurs ne commençant que sur le 5e anneau, composés de 1 à 3 soies, ordinairement une longue, une seconde plus robuste, courte, souvent légèrement bifide, la troisième petite, subulée, cette dernière ne manque jamais, la seconde peut être remplacée par une soie de même forme que la première.

Yeux rapprochés des côtés de la bouche. La tête et une portion du premier anneau sont ornées de sortes de soies, parfois très développées, qu'on peut considérer comme des organes du toucher.

Organes segmentaires des 7-8es anneaux munis, contre le dissépiment, d'une portion notablement plus renflée que pour tous les organes homologues suivants.

Couleur blanc rougeâtre, ou rouge, suivant l'intensité de coloration du fluide sanguin.

Longueur 5mm à 6mm; 15 à 20 segments.

HAB. — Toute l'Europe.

Cette petite espèce doit être considérée comme le type du genre *Nais* tel qu'il est actuellement défini.

3. NAIS RIVULOSA.

Nais rivulosa, LEIDY, 1850-1854, p. 43; pl. II, fig. 2.
? *Nais elinguis,* UDEKEM, 1859, p. 20.
Nais rivulosa, VEJDOVSKY, 1884, p. 23.

Ver de petite taille, n'ayant jamais été rencontré qu'en état de reproduction gemmipare. Lobe céphalique triangulaire.

Chaque anneau muni d'un faisceau ventral de 5 à 6 soies, longues de 0^{mm},10, grêles, légèrement sigmoïdes, fourchues. A partir du 5e anneau, un faisceau dorsal de deux soies piliformes, longues d'environ 0^{mm},34, dont l'une est généralement courte et rudimentaire.

Yeux placés de chaque côté du segment buccal. Des cils courts, raides sur le lobe céphalique et sur le segment pygidien.

Couleur blanc jaunâtre.

Longueur environ 6^{mm}; diamètre 0^{mm},3; une vingtaine d'anneaux.

HAB. — Ruisseaux des environs de Philadelphie.

La longueur est donnée abstraction faite des bourgeons placés à la partie postérieure de l'individu souche, sans cela elle serait de 14^{mm} avec trois bourgeons, le premier long de 1^{mm},6, le second de 2^{mm},6, le troisième de 4^{mm},2.

La description donnée par M. Leidy, est tout ce qu'on connaît de cette espèce, et Udekem incline à penser qu'elle est identique au 2 *Nais clinguis*, Müll. Cependant, d'après la figure et les dimensions données par l'auteur américain, les soies fourchues ventrales sont notablement plus grêles et plus longues que pour l'espèce d'Europe, elles ne présenteraient pas de renflement sur la tige, aussi paraît-il plus convenable de la regarder comme distincte, en attendant des études ultérieures.

4. NAIS APPENDICULATA.

? *Nais escharosa,* GRUITHUISEN, 1828, p. 409.
Nais appendiculata, UDEKEM, 1855, p. 552, pl.   , fig. 3.
   Id.   *id.*   UDEKEM, 1859, p. 21.
Slavina appendiculata, VEJDOVSKY, 1883, p. 6.(Tirage à part.)
Nais appendiculata, TIMM, 1883, p. 153.
Nais lurida, TIMM, 1883, p. 153.
Slavina appendiculata, VEJDOVSKY, 1884, p. 30.

Ver de petite taille, d'ordinaire il habite un tube formé de mucus agglutinant des particules vaseuses, des débris de végétaux, etc. Tégument orné d'élévations hémisphériques ou coniques, disposées circulairement autour de chaque anneau, au nombre parfois d'une vingtaine. Lobe céphalique court.

Soies des faisceaux inférieurs, au nombre de 3 ou 4, longues, bifurquées; faisceaux supérieurs commençant sur le 5e anneau par un groupe de 3 ou 4 soies piliformes, excessivement allongées au point de dépasser souvent l'extrémité du lobe céphalique, sur les anneaux suivants elles sont du même type mais très courtes, moindres que le diamètre du corps.

Deux yeux, aux côtés de la bouche. Le lobe céphalique est hérissé de cils tactiles courts; il faut rapprocher de ce système sensorial des poils tactiles qui couvrent chaque élévation cutanée.

Organes segmentaires très allongés, transparents.

Appareil reproducteur non connu.

Incolore, transparent.

Longueur 2^{mm},5 à 15^{mm}; 30 à 35 segments.

Hab. — Willebrœck (Belgique), environs de Prague.

Cette curieuse espèce est jusqu'ici rare, ce qui tient sans doute à ce qu'elle est fort difficile à découvrir à cause de sa petite taille et de son habitude de vivre enfoncée dans la vase, couverte de son tube. Pour se la procurer, il faut, suivant la remarque de M. Vejdovsky, placer cette vase avec de l'eau dans un récipient et l'y laisser séjourner, les petits *Slavina* ne tardent pas à errer çà et là, il est alors facile de les recueillir dans un verre de montre où, abandonnés à eux-mêmes, ils quittent spontanément leur enveloppe terreuse.

Gruithuisen cite en passant un *Nais escharosa*, qui porterait toujours une écorce jaune brunâtre. D'après cette particularité, M. Vejdovsky le rapporte, avec doute, à cette espèce.

Quant au *Nais lurida*, Timm., l'auteur n'ayant pas donné de diagnose différentielle, il paraît impossible de le distinguer du *Nais appendiculata,* Udek.

5. Nais gracilis.

Nais gracilis, Leidy, 1850-1854, p. 43; pl. II, fig. 1.
Slavina gracilis, Vejdovsky, 1884, p. 24.

Ver allongé, filiforme, les cinq premiers anneaux remarquablement courts; lobe céphalique triangulaire à angles arrondis, bordé de soies courtes, espacées, raides.

Faisceaux inférieurs composés chacun de 4 soies locomotrices faiblement fourchues : les faisceaux supérieurs manquent sur les quatre premiers anneaux, sur le 5e ils sont formés chacun de 3 soies allongées mesurant 0^{mm},46 à 0^{mm},65, les anneaux suivants n'ont de chaque côté qu'une soie moitié moins longue, 0^{mm},30, elles décroissent sur les anneaux tout à fait postérieurs et manquent même aux deux derniers.

Yeux distincts, sur les côtés du segment buccal.

Bouche arrondie; tube digestif sans gésier, un peu dilaté seulement vers le 7ᵉ anneau.

Couleur blanchâtre.

Longueur 10ᵐᵐ, largeur 0ᵐᵐ,28; 50 segments.

HAB. — Environs de Philadelphie, parmi les algues, dans les ruisseaux.

Udekem fait remarquer la ressemblance qui existe entre cette espèce et son *4 Nais appendiculata*, surtout en ce qui concerne la présence d'une première paire de faisceaux de soies dorsales remarquablement développées. Avant d'admettre définitivement cette assimilation, il serait important de vérifier si le *Nais gracilis*, Leidy, présente des tubercules cutanés.

6. NAIS JOSINÆ.

Nais Josinæ, VEJDOVSKY, 1883, p. 6 (tirage à part).
   Id.   *id.*   VEJDOVSKY, 1884, p. 29; pl. II, fig. 25 *bis*, 26, 27 et 28; III, fig. 1 à 4.

Lobe céphalique en cône obtus.

Soies locomotrices aux faisceaux inférieurs toutes de même taille, fourchues, renflées vers leur milieu, leur nombre dans chacun de ceux-ci varie de 6 à 8, ce dernier chiffre étant celui des anneaux de la partie moyenne du corps. Aux faisceaux supérieurs, qui commencent sur le 5ᵉ anneau, on trouve 2 à 5 soies piliformes, entre lesquelles alternent 4 à 6 soies fourchues, arquées, sur les derniers segments la division de l'extrémité libre devient peu distincte.

Pas d'yeux. Bouche transversale.

Couleur rougeâtre.

Longueur 6ᵐᵐ à 8ᵐᵐ.

HAB. — Teufelsee (Lac du Diable) Bohême, dans les profondeurs, il vient cependant aussi à la surface.

A la partie antérieure du corps, le système des vaisseaux clos forme un réseau d'anastomoses plus riche que chez aucun autre ver du même groupe. Dans les anneaux postérieurs, une branche, unique de chaque côté, relie le vaisseau dorsal au ventral, elle forme inférieurement une anse allongée avant de se jeter dans ce dernier.

Cette espèce n'a jusqu'ici été observée qu'en Bohême par M. Vejdovsky. L'absence d'yeux la rapproche du *7 Nais fusca*, Cart.; elle s'en distinguerait rien que par la présence de soies fourchues dans le faisceau dorsal.

7. Nais fusca.

Nais fusca, Carter, 1858, p. 21 ; pl. II, fig. 1 à 4 (1).
Id. id.   Vejdovsky, 1884, p. 24 et 29.

Corps filiforme, extrémité antérieure renflée, conique, extrémité postérieure légèrement atténuée, obtuse.

Soies ventrales sur tous les anneaux somatiques, 2 à 4 par faisceau, courtes, sigmoïdes, fourchues, renflées vers leur milieu ; les soies dorsales ne commencent qu'après la ceinture, elles sont piliformes, au nombre de 2 ou 3, dont l'une, beaucoup plus développée que les autres, égale la largeur du corps.

Pas d'yeux distincts.

Bouche infère, un peu en arrière de l'extrémité du corps ; œsophage à parois non glandulaires ; intestin d'abord sinueux, puis droit, sans dilatation sur son parcours. Cellules libres de la cavité abdominale sphériques, incolores. Organes segmentaires constitués par un entonnoir cilié, une portion glandulaire et un tube efférent très longs, fort sinueux.

Ceinture commençant avec le 5ᵉ anneau. Poches copulatrices s'ouvrant immédiatement en avant de celle-ci. Orifice génital femelle situé vers le bord antérieur de la ceinture.

Couleur brun rosé.

Longueur, à l'état sec, un peu moins de 6^{mm}.

Hab. — Ile de Bombay, dans les mares et les étangs, parmi les filaments des Oscillatoria, se reproduisant toute l'année.

C'est cette espèce que M. Carter a spécialement étudiée au point de vue de la spermatogénèse.

Le *Nais fusca,* Cart., par la disposition des soies, se rapprocherait du 2 *Nais elinguis,* Müll., l'absence d'yeux l'en distingue au premier coup d'œil. Le nombre des anneaux, d'après la figure, paraît plus considérable que dans les autres espèces du genre, et de nouvelles recherches seraient nécessaires pour qu'on pût regarder ce ver comme suffisamment connu au point de vue zoologique.

8. Nais ? marina.

Nais marina, Fabricius, 1780, p. 315.
Id. id.   Grube, 1851, p. 105.

(1) La plupart des figures, au nombre de 50, qui accompagnent ce mémoire se rapportent aux observations anatomiques faites sur cette même espèce.

Corps filiforme convexe en dessus, aplati en dessous, atténué en arrière. L'animal fait sortir, à certains intervalles, un petit tube par l'extrémité antérieure.

Une soie isolée de chaque côté par anneau.

Deux points noirs oculiformes à peine visibles, très petits.

Couleur blanchâtre avec une ligne médiane gris fauve, interrompue à chaque segment.

Longueur 23ᵐᵐ.

Hab. — Plages du Groënland, sous les plantes marines, surtout dans les cavités où l'eau séjourne après le flot. Le ver est dans un tube, qu'il transporte avec lui, soit lorsqu'il parcourt le fond, soit lorsqu'il grimpe sur les plantes marines.

Il est difficile, d'après ces caractères, donnés par Fabricius, de savoir exactement à quel groupe, soit des Annélides s. str., soit des Lombriciniens, rapporter ces vers. Cependant certains détails de la description permettraient sans doute à un zoologiste, étudiant sur place les animaux dans cette région, de le reconnaître.

9. Nais ? caudata.

Nais caudata, Schmarda, 1861, p. 8.
    Id.   id.   Vejdovsky, 1884, p. 24.

 « *Segmentum ultimum teniæforme prolongatum.*

Fasciculus superior in segmentis anticis quatuor, in posticis quinque setis capillaribus brevibus; fasciculus inferior uncinis tribus minimis.

Oculi duo.

Hab. — Candy (Ceylan) » (Schmarda).

Cette espèce, que le caractère tiré du dernier anneau prolongé permettrait de retrouver facilement sans doute, est trop incomplètement connue pour qu'on puisse même décider du genre auquel il convient de la rapporter, d'autant que le dessin, qui la représentait, a été perdu. Les soies piliformes commencent-elles dès le second anneau comme cela paraît être pour le *Nais ternaria* (= 3 *Naidium ternarium*) du même auteur ? en ce cas l'espèce se rapprocherait plutôt des *Naidium*. Le prolongement caudal établit-il au contraire un lien avec les *Dero?*

Le *Nais caudata* ne peut être cité que pour appeler de nouvelles recherches.

10. Nais? Carolina.

Nais Carolina, Blanchard (in Gay), 1849, p. 39.
　Id.　　id.　　Vejdovsky, 1884, p. 25.

Très petite espèce transparente, médiocrement grosse à proportion de sa longueur.

Soies longues, simples, de couleur noire.

Deux yeux vers la partie postérieure de la région céphalique.

Œsophage assez grêle, estomac élargi et plissé transversalement ; l'intestin décrit des sinuosités assez prononcées.

Longueur 3^{mm} ; segments peu distincts, au nombre de 20 environ.

Hab. — San Carlos (Chili), parmi les conferves.

Il est dificile, d'après ces caractères empruntés à la description donnée dans l'ouvrage de Gay, de juger la valeur de cette espèce et de savoir si elle appartient bien au genre *Nais*, tel qu'il est compris aujourd'hui.

VI. Genre BOHEMILLA.

(Latinisation moderne de *Bohême*).

Bohemilla, Vejdovsky.
Nais, Timm.

Caractères du genre *Nais*, sauf la composition des faisceaux supérieurs, lesquels ont des soies nombreuses, dont une partie sont très longues et dentelées en scie.

Ce genre est encore très voisin des *Nais*, toutefois les soies dentelées des faisceaux supérieurs permettent d'établir une distinction basée sur une différence de forme et non seulement de taille, qu'on peut regarder à la rigueur comme de valeur générique.

Il ne renferme qu'une espèce de l'Europe centrale.

BOHEMILLA COMATA.

Bohemilla comata, Vejdovsky, 1883, p. 5 (tirage à part).
Nais hamata, Timm, 1883, p. 152.
Bohemilla comata, Vejdovsky, 1884, p. 28 ; pl. II, fig. 1 à 7.

Corps médiocrement allongé, tégument sans élévations verruqueuses sensibles. Lobe céphalique court et arrondi.

Faisceaux inférieurs composés de soies courtes, fourchues, on en trouve généralement 4 sur le premier anneau, leur nombre décroît sur les deux suivants au point que le troisième n'en a plus que 2, lesquelles parfois manquent ; sur les autres il y en a de 3 à 6, jusqu'à la partie postérieure du corps. Les faisceaux supérieurs ne commencent qu'à partir du 4ᵉ anneau, le nombre des soies y est considérable, car il en existe d'abord au moins 4 à 6, longues, le triple du diamètre du corps, dentelées d'un côté, puis entre elles s'en trouve un nombre égal d'autres beaucoup plus courtes, alternant avec ces soies spéciales.

Deux yeux.

Un renflement en gésier vers le 7ᵉ anneau, il est séparé de l'intestin par une portion rétrécie, qui occupe environ deux anneaux.

Les organes sexuels n'ont pas encore été observés.

Longueur 4ᵐᵐ à 6ᵐᵐ ; 38 segments au plus.

HAB. — Environs de Prague, de Wurtzburg.

Parmi les détails anatomiques donnés par M. Vejdovsky, on doit remarquer la disposition de la branche vasculaire antérieure, qui du tronc dorsal s'étend au ventral en formant une double dichotomisation. Les corpuscules cavitaires sont discoïdes, ovalaires, avec un noyau distinct.

L'animal meut ses longues soies supérieures en différents sens les relevant sur le dos, les étendant en dehors, ou les rapprochant le long du corps, avec une très grande facilité, aussi offre-t-il un aspect très spécial.

VII. GENRE DERO.

(Δέρω, j'écorche.)

Dero, OKEN, GRUBE, UDEKEM, CZERNIAVSKY, VEJDOVSKY, LEVINSEN.
Proto, ŒRSTED, JOHNSTON.
Uronais, GERVAIS.

Corps allongé, anneaux subégaux à peu près quadrilatères, sauf le dernier, qui est plus développé, élargi en entonnoir muni de six à huit appendices digitiformes branchiaux.

Quatre faisceaux de soies locomotrices, les supérieurs composés de soies piliformes, avec ou sans soies courtes, à extrémité, crochues et bifides ; cette dernière sorte de soies constitue seule les faisceaux inférieurs.

Yeux nuls.

Intestin simple. Sang rouge.

La reproduction par scissiparité est seule connue jusqu'ici.

Ce genre a été formé par Oken pour le *Naïs digitata* de Müller. Blainville, M. OErsted adoptent le nom de *Proto*, qui serait également dû à Oken, mais, suivant la remarque de Grube, sans qu'on puisse savoir à quel ouvrage de celui-ci il est emprunté. Les dénominations de *Xantho*, Dutrochet, d'*Uronaïs*, Paul Gervais doivent être rejetées comme postérieures à la précédente.

Ce sont des Naïdiens de petite taille atteignant au plus 10 à 12 millimètres, tout à fait transparents, distinctement annelés, pourvus, à la partie moyenne de quatre faisceaux de soies, les supérieures sont, au moins en partie, capillaires, les inférieures sont toutes bifides (1). Sur les quatre anneaux antérieurs les faisceaux dorsaux manquent, excepté chez le *Dero flagellum*, Leidy, espèce douteuse comme appartenant à ce genre; il en est de même parfois pour les deux ou trois anneaux qui précèdent la portion caudale.

L'anneau céphalique est simplement arrondi, sans yeux, d'où Müller avait d'abord pris pour son espèce l'épithète de *cœca* (2). Mais ce qui caractérise spécialement ce genre, c'est la conformation singulière du ou mieux des derniers anneaux, car il est plus que probable qu'il faut voir là un appareil résultant de la réunion de plusieurs de ceux-ci. Tout à fait à l'extrémité postérieure du corps se trouve, en effet, à l'état de contraction un renflement ovoïde, d'ailleurs peu distinct surtout quand l'animal se présente de côté, et qui renferme visiblement différents organes; lorsque cet appareil se déploie (3), on voit l'enveloppe former une sorte d'entonnoir ou pavillon et les parties contenues s'étendre en manière de prolongements ciliés, dans lesquels on s'accorde à reconnaître des appendices branchiaux. On doit remarquer que cette disposition n'est qu'un perfectionnement de la conformation générale de la partie postérieure du corps chez d'autres Naïdiens, les *Tubifex*, par exemple, chez lesquels les derniers segments du corps sont plus spécialement affectés à la respiration.

L'appareil digestif se compose d'un œsophage, qui occupe les quatre premiers anneaux dépourvus de soies capillaires; dans tout le reste de son étendue c'est un tube d'un diamètre uniforme, quelque peu rétréci à chaque dissépiment et parsemé de granulations obscures sous forme de points, qui représentent sans doute les glandules dites hépatiques.

(1) Pl. XXII, fig. 22 et 23.
(2) *Vermium historia*, t. I, pars 2, p. 23; 1774.
(3) Pl. XXII, fig. 21.

Le système des vaisseaux colorés est des plus simples, il comprend un vaisseau dorsal et un vaisseau ventral, réunis dans chaque anneau par une anastomose directe, en avant seulement, à la hauteur de l'œsophage, ces branches se ramifient; en arrière, le vaisseau inférieur se divise en deux branches qui donnent une anse pour chacune des digitations et se réunissent enfin dans le vaisseau dorsal situé au milieu de celles-ci. Les contractions ondulatoires postéro-antérieures sont bien visibles dans le tronc dorsal. Le liquide est jaune, légèrement verdâtre ou rougeâtre.

A l'espèce de Müller, mieux définie par Udekem, ce dernier auteur, en 1855, a ajouté le *D. obtusa.* Grube (1) indiquait avec doute comme pouvant peut-être se rapporter à ce genre deux espèces décrites par Dujardin, les *Nais equisetina* (2) et *N. picta* (3). Avec le savant professeur de Breslau, je crois que ces animaux, tous deux marins, se rapportent à des Annélides de la famille des Serpuliens, voisins des *Fabricia.* Suivant lui, la première serait peut-être l'*Amphicora sabella* Ehr., mais la figure donnée par Dujardin indique un animal ayant des prolongements branchiaux simples tandis que, pour justifier le rapprochement, ils devraient être pinnés, il s'agirait donc plutôt d'un *Amphicorina* (4). On pourrait en dire autant du *Nais picta,* lequel avec ses points oculaires disposés par paires entre les faisceaux de soies, la teinte verte signalée, provenant sans doute du liquide coloré des vaisseaux, se rapproche un peu de l'*Amphicorina argus,* Quatr. (5); cependant la brièveté et la forme des prolongements figurés par Dujardin, peuvent faire penser avec M. de Quatrefages qu'il s'agit là d'une espèce appartenant aux Polyophtalmes (6); il est également possible, suivant l'idée de Grube, qu'il faille encore joindre à cette espèce comme synonyme le *Nais bipunctata* de St. delle Chiaje (7). Pour la dernière espèce, le rapprochement fait par Dujardin ne manque pas de justesse, car les Polyophtalmes offrent des rapports évidents avec les Naïdiens; quant à la première, chez laquelle cet auteur a en réalité pris la tête pour la portion caudale, les zoologistes, qui ont eu l'occasion d'examiner ces petits Serpuliens à l'état de vie, s'expliqueront cette erreur, car les deux extrémités étant également pourvues de points oculiformes et la progression, lorsque l'animal est plongé à nu dans l'eau de mer, se faisant presque toujours à reculons, la

(1) *Die Familie der Annelliden,* p. 105; 1851.
(2) Ann. Sc. nat. 2ᵉ Ser. t. VIII, p. 31 ; pl. I, fig. 24 et 25; 1837.
(3)   Id.   id.   t. XI, p. 293; pl. VII, fig. 9 à 12; 1839.
(4) Voy. t. II, p. 474.
(5) Voy. t. II, p. 478.
(6) Voy. t. II, p. 205.
(7) *Memorie sulla storia e notomia degli animali sensa vertebre,* t. II, p. 405; pl. XVIII, f. 19.

confusion est facile si l'on ne recherche avec soin la disposition des organes internes, surtout de l'appareil nerveux.

Le *Xantho decapoda* de Dutrochet (1819) est trop incomplètement connu pour qu'on puisse savoir si c'est une espèce réelle. D'autres paraissent moins incertaines : tel est le *Dero palpigera*, de Grebnitzky, plus complètement décrit par M. Semper sous le nom de *Dero Rodriguezi*. Enfin, l'*Aulophorus oxycephalus*, Schmar., me semble également devoir être réuni aux *Dero*.

Le genre serait d'ailleurs largement répandu à la surface du globe, M. Leidy a fait connaître de l'Amérique du Nord trois Naïdiens, qui doivent y être rapportés : *Dero limosa, Pristina flagellum, Aulophorus vagus*; et M. Semper a observé dans l'Extrême-Orient le *Dero philippinensis*, il faudrait encore citer l'*Aulophorus oxycephalus*, Schmar., de Ceylan.

En ajoutant que l'anatomie de trois espèces : 5 *Dero obtusa*, Udek., 3 *Dero vaga*, Leidy, 2 *Dero palpigera*, Grebn.; a été faite avec le plus grand soin par MM. Perrier (1872), Reighard (1884), Stolc (1885), on conviendra que peu de groupes des Lombriciniens ont été aussi soigneusement étudiés.

La détermination des espèces laisse cependant encore beaucoup à désirer. Les distinctions, sans parler de celles moins importantes tirées de la composition des faisceaux de soies, sont en effet spécialement basées sur la forme du pavillon pygidien et le nombre des lobes branchiaux. Or, sur l'animal mort tout disparaît, et sur le vif l'observation de ces parties, agitées de mouvements continus, présente une réelle difficulté, de plus, l'état variable de contraction des différents organes en change singulièrement l'aspect, enfin le nombre des lobes branchiaux ne peut-il pas varier dans certaines limites? Sans doute, parmi les espèces les mieux connues du groupe, on peut distinguer deux formes principales, celle dans laquelle le pavillon pygidien porte de longs tentacules, l'autre où les bords de cet organe sont simples, mais au-delà les caractères manquent de précision.

Ces vers vivent dans les ruisseaux et les eaux dormantes, se creusant dans la vase un trou; l'animal, la partie antérieure en bas fait sortir l'extrémité caudale, qu'il agite en sens divers. Quelques espèces empruntent, comme l'a fait remarquer P. Gervais, des tubes de Plumatelles, d'autres construisent une enveloppe avec de petites pierres, des débris végétaux ou animaux, se formant ainsi une sorte de fourreau comparable à celui des Frigancs, les parties antérieures et postérieures du *Dero* font saillie au dehors dans l'extension, il transporte cette gaîne protectrice avec lui et peut s'y retourner en se repliant sur lui-même.

C'est sans doute l'existence de cette enveloppe, qui a porté quelques naturalistes à distinguer sous le nom d'*Aulophorus* certains

Dero, qui présentent cette particularité, mais aucun caractère positif intrinsèque ne permettant jusqu'ici de reconnaître ces espèces, on ne peut établir la distinction du genre sur ce fait biologique.

Les différentes espèces peuvent se grouper de la manière suivante :

§ I. Un pavillon pygidien muni d'appendices tentaculaires :

1. *D. digitata*, Müll.		Europe.
2. » *palpigera*, Grebn.		Europe.
3. » *vaga*, Leidy.		Etats-Unis.
4. » *flagellum*, Leidy.		Etats–Unis.

§ II. Un pavillon pygidien à bords simples ou faiblement festonnés.

5. *D. obtusa*, Udek.		Europe.
6. » *limosa*, Leidy.		Etats-Unis.
7. » *philippinensis*, Semper.		Philippines.

Incertæ sedis.

8. *D. decapoda*, Dutr.		France.
9. » *oxycephala*, Schmar.		Ceylan.

1. DERO DIGITATA.

(Pl. XXII, fig. 21 et 22).

Nais digitata, O. F. MULLER, 1774, p. 22.
   ?   ?   BRUGUIÈRE, 1791 ; pl. LIII, fig. 12 à 18.
Dero digitata, OKEN, 1815, p. 363.
? *Xantho hexapoda*, DUTROCHET, 1819, p. 155.
Nais (Proto) digitata, BLAINVILLE, 1828, p. 498.
Uronais digitata, GERVAIS, 1838, p. 18.
Proto digitata, ŒRSTED, 1842-1843, p. 133.
Dero digitata, GRUBE, 1851, p. 105.
  Id.   *id.*   UDEKEM, 1855, p. 549.
  Id.   *id.*   UDEKEM, 1859, p. 18.
Proto digitata, HOUGTON, 1860, p. 393.
  Id.   *id.*   JOHNSTON, 1865, p. 69.
Dero digitata TAUBER, 1879, p. 75.
  Id.   *id.*   TIMM, 1884, p. 154.
  Id.   *id.*   VEJDOVSKY, 1884, p. 24.
  Id.   *id.*   LEVINSEN, 1884, p. 218.

Corps allongé cylindrique. Lobe céphalique simple plus ou moins obtus. Segment pygidien terminé par deux appendices tentaculaires très longs, au-dessus desquels se trouve l'entonnoir terminal avec quatre lobes branchiaux digitiformes.

Soies ventrales sur tous les anneaux somatiques, bifides, allongées, ordinairement 5 par faisceau, rarement 4 ou 3; faisceaux supérieurs de 2 ou 3 soies, une piliforme égale en longueur au diamètre du corps, les autres plus petites même que les soies ventrales et faiblement bifides.

Pas d'yeux.

Couleur blanchâtre ou rougeâtre, cette dernière teinte plus vive en arrière.

Longueur 5^{mm}; 40 segments ou plus.

Hab. — Les ruisseaux ; France, Danemarck, Belgique, Allemagne, (? Angleterre).

Cette espèce, qu'on doit considérer comme le type du genre, n'est bien connue que depuis les travaux d'Ukedem, qui en a le premier nettement établi les caractères distinctifs. Les auteurs qui l'ont précédé, souvent, sans doute, confondaient ce *Dero* avec l'espèce suivante. Il n'est au reste pas facile de dire à laquelle des deux se rapporte la description primitive et les figures d'O. F. Müller.

L'anatomie du *Dero digitata*, Müll. a été très soigneusement faite dans ces derniers temps par M. Stolc, c'est sur cet animal qu'il a découvert les muscles interfolliculaires, moteurs accessoires des soies.

La disposition de l'anneau pygidien ne se voit que sur l'animal vivant en parfait état de repos. Lorsque les appendices tentaculaires se contractent, ils se replient en dedans avec les appendices branchiaux et l'extrémité postérieure du corps prend alors la forme d'une massue.

Suivant Ukedem, le faisceau supérieur ne contiendrait que des soies piliformes, ceci ne paraît pas être le cas général.

P. Gervais fait remarquer que cette espèce se loge souvent dans les tubes de Plumatelles.

2. Dero palpigera.

Dero palpigera, Grebnitzky, 1873.
Dero Rodriguezi, Semper, 1877-1878, p. 106 ; pl. IV, fig. 15 et 16.
   Id.   id.   Czerniavsky, 1880, p. 312.
Dero palpigera, Vejdovsky, 1884, p. 24.
? *Dero digitata,* Stolc, 1885.

Segment pygidien terminé par un large entonnoir cutané, qui se prolonge en deux longs tentacules, dans l'intérieur se trouvent, autour de l'anus, trois paires de branchies vibratiles, courtes, renfermant des vaisseaux, qui manquent aux appendices tentaculaires,

Faisceaux à la partie ventrale de 4 à 5 soies fourchues sur tous les anneaux ; à la partie dorsale, les faisceaux, qui ne commencent qu'au 5e anneau, sont composés de 2 soies, une piliforme longue, l'autre courte fourchue ; on trouve parfois sur le 4e anneau des soies dorsales rudimentaires.

HAB. — Ruisseau près de Mahon (Baléares), le Dnieper (Russie méridionale), Bohême.

La description ci-dessus est empruntée au travail de M. Semper, celle de M. Grebnitzky m'est inconnue, elle serait fort incomplète (*perbrev. descr.*) d'après M. Czerniavsky, qui ne lui accorde pas le droit de priorité. D'après ces caractères l'espèce est évidemment très voisine du **1** *Dero digitata*, Oken, tel qu'il a été défini par Udekem. La seule différence paraît être la présence d'une troisième paire de branchies, aussi serait-ce plutôt à cette espèce qu'il faudrait rapporter le ver dont M. Stolc a donné une étude anatomique approfondie sous le nom de *Dero digitata*.

Ce caractère a-t-il réellement une importance spécifique ? on peut en douter.

Dans les papiers d'Udekem se trouvent des dessins et une description d'un *Dero* observé par lui en septembre 1854 et qu'il regarde comme nouveau ; ils paraissent se rapporter à cette espèce, elle se trouverait donc en Belgique. Une anse vasculaire est toutefois indiquée dans chacun des tentacules.

3. DERO VAGA.

Aulophorus vagus, LEIDY, 1880, p. 423, fig. 3 et 4.
    Id.   id.   VEJDOVSKY, 1884, p. 23.
    Id.   id.   REIGHARD, 1885, p. 88 ; pl. I à III.

Lobe céphalique variant de forme, obtus ou subaigu, hérissé de petites soies. Segment pygidien muni d'une paire de longs appendices divergents, droits ou faiblement courbés, obtus, hérissés également de petites soies ; orifice anal entouré d'une demi-douzaine de papilles coniques, obtuses (lobes branchiaux).

Soies ventrales sigmoïdes, renflées en leur milieu, fourchues au nombre de 7 à 9 par faisceau sur les quatre premiers anneaux, sur les autres au nombre de 5 à 6 ; les faisceaux supérieurs, qui ne commencent que sur le 5e anneau, ne sont en général composés chacun que de 2 soies, l'une piliforme médiocrement allongée, l'autre courte, droite, élargie en pelle à son extrémité.

Yeux nuls.

Corps transparent blanchâtre avec le sang rouge et l'intestin brun jaunâtre ; habite un tube ouvert à ses deux bouts et formé de différents matériaux, œufs d'hiver (*Statoblastes*) de Plumatelle, spicules d'éponge, débris de végétaux, sable, etc.

Longueur 6^{mm} à 8^{mm}; 25 à 35 segments.

HAB. — Amérique du Nord, fossés des environs de Cambridge et de Philadelphie.

L'anatomie de cette espèce a été faite par M. Reighard. Suivant cet auteur, le nombre de soies ventrales sur les premiers anneaux peut s'élever jusqu'à 8 et 14 et aux faisceaux supérieurs jusqu'à 6, partie sétacées, partie en pelle. La forme de ces dernières soies paraît être le meilleur caractère pour distinguer cette espèce du 1 *Dero digitata*, Müll.

Sur ce Naïdien on a pu observer l'action du pharynx comme aidant à la locomotion.

La reproduction gemmipare est seule connue. M. Reighard signale dans les 6e et 7° anneau des masses granuleuses, qui représentent, sans doute, les organes de la génération sexuelle à l'état d'ébauche.

4. Dero ? flagellum.

Pristina flagellum, Leidy, 1880, p. 425, fig. 5 et 6.
? *Id.*   *id.*   Vejdovsky, 1884, p. 24.

Lobe céphalique prolongé en un tentacule digitiforme, long de 0^{mm},25, formant une sorte de trompe. Segment pygidien terminé par trois prolongements (? tentaculaires), un médian et deux latéraux, ces deux derniers du double plus longs que l'autre, ils mesurent 0^{mm},75.

Faisceaux inférieurs composés de 4 soies fourchues, les supérieurs de 3 à 6 soies piliformes, dont la longueur varie de 0^{mm},250 à 0^{mm},375. Les uns et les autres se voient sur tous les anneaux, excepté les segments céphalique et pygidien.

Pas d'yeux.

Longueur 6^{mm} à 7^{mm}; largeur 0^{mm},3; 60 anneaux. (Ces chiffres se rapportent à un ver composé de deux zooïdes à peu près égaux.)

HAB. — Sur les plantes aquatiques dans les étangs du New-Jersey et de Pensylvanie.

Bien que les caractères extérieurs principaux de cette espèce, donnés par M. Leidy dans la diagnose ci-dessus, puissent être suffisants pour permettre de la retrouver dans les localités où l'observation a été faite, le genre dans lequel elle doit être placée reste incertain. Le

savant professeur, d'après la forme du lobe céphalique, la met dans
le genre *Pristina*. La division du segment pygidien me paraît avoir
plus d'importance et rapprocher davantage cette espèce du genre
Dero. Remarquons toutefois que la nature des prolongements reste
douteuse, s'agit-il de tentacules comme ceux qui ornent l'entonnoir
du 1 *Dero digitata* ou de véritables appendices branchiaux ? c'est le
point qu'il serait important de juger pour décider si l'espèce appartient à ce dernier groupe.

Ce ver présente aussi un caractère exceptionnel dans la disposition des faisceaux supérieurs des soies, lesquels existent dès le premier anneau.

5. DERO OBTUSA.

(Pl. XXII, fig. 23).

Dero obtusa, UDEKEM, 1855, p. 549 ; pl. fig. 1.
   Id.   *id.*   UDEKEM, 1859, p. 18.
   Id.   *id.*   PERRIER, 1872, p. 65 ; pl. I, (6 fig.).
   Id.   *id.*   TAUBER, 1879, p. 75.
   Id.   *id.*   VEJDOVSKY, 1883, p. 5 (tirage à part).
   Id.   *id.*   VEJDOVSKY, 1884, p. 27.
   Id.   *id.*   LEVINSEN, 1884, p. 218.

Très voisin du 1 *Dero digitata*, Müll., mais avec le segment
pygidien dilaté en forme d'entonnoir simple, muni de quatre
lobes branchiaux digitiformes.

Soies ventrales fourchues sur tous les anneaux, réunies au
nombre de 4 à 6 ; aux faisceaux supérieurs, qui commencent
avec le 5ᵉ anneau, une soie piliforme et une soie fourchue
seulement.

Yeux nuls.

Couleur rougeâtre ; 40 à 50 segments environ, peu distincts
en arrière.

Longueur 5ᵐᵐ à 10ᵐᵐ.

HAB. — France, Belgique, Bohême.

6. DERO LIMOSA.

Dero limosa, LEIDY, 1852, p. 226.
   Id.   *id.*   LEIDY, 1880, p. 422, fig. 1 et 2.
   Id.   *id.*   VEJDOVSKY, 1884, p. 24.

Lobe céphalique conique, plus ou moins obtus. Segment
pygidien en entonnoir simple avec quatre paires de lobes branchiaux, les antérieurs papilliformes, les autres digitiformes.

Faisceaux inférieurs sur tous les anneaux, composés de 4 à 5 soies sur les quatre premiers, de 3 à 4 sur les suivants, toutes bifurquées, sigmoïdes, renflées au-delà de leur milieu ; aux faisceaux dorsaux, qui commencent avec le 5ᵉ anneau, deux soies, une piliforme, l'autre courte, fourchue.

Pas d'yeux.

Faiblement rougeâtre, transparent.

Longueur 4^{mm} à 6^{mm} ; 48 segments, les dix à douze derniers de moins en moins distincts.

HAB. — Environs de Philadelphie.

M. Leidy fait cette remarque singulière, que, sur des individus en état de reproduction asexuelle, chez lesquels la longueur peut atteindre 12^{mm} à 19^{mm}, le nombre des segments n'est pas plus considérable et peut même être moindre, 48 à 42. Si cette observation était confirmée on pourrait trouver là un nouvel argument en faveur de la reproduction scissipare chez les Naïdiens.

Le même auteur, attachant plus d'importance au nombre des lobes branchiaux qu'à la forme de l'entonnoir pygidien, pense que son espèce pourrait bien ne pas différer du 1 *Dero digitata*, Müll. D'après la description donnée de ce dernier par Udekem, il semble au contraire qu'il se rapproche plutôt du 5 *Dero obtusa*, Udek., à entonnoir pygidien simple.

7. DERO PHILIPPINENSIS.

Dero philippinensis, SEMPER, 1877-1878, p. 107.
   Id.   id.   VEJDOVSKY, 1884, p. 24.

Segment pygidien à bords de l'entonnoir simples, sans prolongements tentaculaires ; intérieurement trois paires de branchies anales, grandes, foliacées, et deux autres plus petites, coniques.

Les quatre premiers segments n'ont que les soies ventrales.

Longueur 3^{mm}.

HAB. — Marais de Gusu, près Zamboanga (S.-O. de Mindanao).

Ce ver, observé par M. Semper, habite un tube formé de débris de végétaux.

8. DERO ? DECAPODA.

Xantho decapoda, DUTROCHET, 1819, p. 155.
Proto digitata (pars), ŒRSTED, 1842-1843, p. 133.

« Queue figurée en une sorte de triangle, dont la base, tournée en arrière, est échancrée dans son milieu ; cette surface aplatie supporte dix appendices mobiles et charnus. »

Cette courte diagnose empruntée à Dutrochet est trop incomplète pour permettre une détermination spécifique quelconque, le texte signale une figure, que je n'ai pu trouver.

M. Œrsted assimile ce ver au 1 *Dero digitata*, Müll., il est, en effet, possible qu'il s'agisse là d'un individu appartenant à cette espèce ou à une espèce voisine ayant des paires de lobes branchiaux supplémentaires anormalement développés, pour, avec les tentacules pygidiens, porter à 10 le nombre des appendices. Bien qu'on puisse regarder cette hypothèse comme probable, il est impossible de rien affirmer à cet égard.

9. DERO ? OXYCEPHALA.

Aulophorus oxycephalus, SCHMARDA, 1861, p. 9 ; pl. XVII, fig. 152.
    Id.   id.   VEJDOVSKY, 1884, p. 24.

Corps allongé, lobe céphalique long, obtus ; segment pygidien muni de deux appendices courts.

Chaque faisceau composé de 3 soies, aussi bien au supérieur, où elles sont piliformes, qu'à l'inférieur, où elles sont en crochet.

Environ 40 segments.

HAB. — Les eaux stagnantes aux environs de Pointe-de-Galle et dans l'intérieur de Ceylan.

Chaque anneau renferme une dilatation intestinale infundibuliforme couverte d'une masse hépatique d'un brun jaunâtre. L'animal habite un tube long de 5^mm, large de 0^mm,25.

Cette espèce demanderait de nouvelles recherches pour savoir réellement quelles sont ses affinités avec les autres NAIDIDÆ. Je n'ai pas cru devoir la laisser avec les *Aulophorus*, la forme de la tête n'étant pas celle qui me paraît devoir caractériser ce dernier genre. La présence de digitations pygidiennes établit un certain rapport avec les *Dero*, toutefois il est essentiel de remarquer que M. Schmarda insiste formellement sur l'absence d'appendices branchiaux.

VIII. Genre AULOPHORUS.

(Αὐλός, tuyau ; φορέω, je porte).

Aulophorus, Schmarda, Vejdovsky.

Corps médiocrement allongé, anneaux peu distincts. Tête discoïde chargée de cils vibratiles. Segment pygidien terminé par deux prolongements cirrhiformes.

Soies locomotrices, sur quatre rangs, les faisceaux supérieurs composés de soies capillaires, les inférieurs de soies en crochet.

Yeux nuls.

Tube digestif cylindrique simple, sans aucune dilatation.

La dénomination générique est tirée de ce que l'animal se construit un tube formé de vase et de différents débris agglutinés, lisse intérieurement, rugueux à l'extérieur, avec lequel il se meut à la manière des Friganes. Cette particularité biologique, qui s'observe chez bon nombre d'autres Naïdinéens, ne pourrait justifier l'établissement d'un genre en l'absence d'autre caractère anatomique positif, aussi dans la diagnose ai-je cru devoir introduire celui tiré de la conformation de la tête, étalée en disque et couverte de cils vibratiles. Cette particularité distinguerait les *Aulophorus* de tous les autres Naididæ et les rapproche, peut-on penser, des *Æolosoma* suivant la remarque faite par M. Vejdovsky.

Ainsi défini, le genre *Aulophorus* diffère essentiellement de celui établi par M. Schmarda. Avec l'*Aulophorus discocephalus*, il comprenait l'*Aulophorus oxycephalus*, lequel se rapproche plutôt des *Dero* véritables parmi lesquels (n° 9) j'ai cru devoir provisoirement le placer, le premier restant le seul type du groupe.

La description, bien qu'accompagnée de dessins, qui donnent l'aspect extérieur de l'animal, est trop incomplète pour qu'on puisse se faire une idée suffisante de ce ver, et ses véritables rapports zoologiques sont encore à établir.

AULOPHORUS DISCOCEPHALUS.

(Pl. XXIII, fig. 17, 18, 19).

Aulophorus discocephalus, Schmarda, 1861, p. 9 ; pl. XVII, fig. 151.
    Id.   *id.*   Vejdovsky, 1884, p. 24.

Faisceaux supérieurs composés de 2 soies piliformes ; les inférieurs de 3 soies en crochet, courtes et épaisses.

Couleur légèrement lavée de sépia, avec le tube digestif plus sombre (d'après la figure).

Longueur 3^{mm}; largeur 0^{mm},25; 20 segments environ.

Hab. — Eaux stagnantes autour de Kingston (Jamaïque).

L'animal adhère aux corps par le moyen de son disque céphalique et se meut à la manière des chenilles arpenteuses. On a vu plus haut un mode de locomotion analogue chez le 3 *Dero vaga*, Leidy, qui se fixe à l'aide d'un pharynx exsertile.

II. S.-Fam. TUBIFICINÆ.

Tubificidæ, Vejdovsky.

Voir pour les caractères le tableau comparatif, p. 348.

IX. Genre PSAMMORYCTES.

(Ψάμμος, sable ; ὀρύσσω, je fouille.)

Sænuris, *Tubifex*, auct.
Psammoryctes, Vejdovsky.

Vers de forme allongée, anneaux élargis. Lobe céphalique non prolongé, segment pygidien simple.

Soies formant quatre faisceaux sur chaque anneau, quadri-sériés sur toute la longueur du corps. Celles des faisceaux supérieurs du 1er au 9e anneau de deux formes : 1° sétacées allongées; 2° pectinées (mieux : palmées, Perrier), courtes ; aux faisceaux inférieurs de ces mêmes anneaux et sur le reste de la longueur du corps, tant aux faisceaux dorsaux qu'aux faisceaux ventraux, soies en crochet, fourchues.

Tube digestif sans dilatation stomacale. Système des vaisseaux clos avec un liquide fortement coloré. Tronc dorsal simple, le ventral comme d'ordinaire bifurqué vers le 4° anneau; une branche périgastrique repliée et recourbée suivant la longueur de l'anneau, se rendant du tronc dorsal au tronc ventral ; une branche gastrique forte, formant un riche réseau à la surface de l'intestin.

Pas d'yeux.

Une ceinture ordinairement distincte, occupant deux anneaux (les 10e et 11e). Les testicules s'étendent du 8e aux 13e et 14e anneaux. Une seule paire de canaux déférents longs et étroits dont les pavillons vibratiles sont placés au Xe dissépiment, le canal descend jusque vers le 13e anneau, et remonte pour déboucher enfin au 10e ; garni de cils vibratiles dans la première portion de son trajet, il est interrompu par une dilatation (vésicule séminale) qui reçoit les produits d'une glande particulière (*glande agglutinante*), puis vers sa terminaison le canal se dilate en un atrium entouré de glandules pour aboutir à un pénis chitineux exsertile. Une paire de poches copulatrices formées d'un canal simple terminé par une dilatation piriforme. Ovaire étendu du 11e au 13e anneau. Oviducte engaînant la portion terminale du canal déférent, pour déboucher au même anneau que celui-ci. Pas de glande albuminipare. Spermatophores ciliés avec une sorte de trompe épineuse.

Ce genre, admirablement étudié par M. Vejdovsky sur le *Psammoryctes umbellifer*, Kessl. (= 1 *P. barbatus*, Gr.), se distingue nettement des autres genres de Tubificinea par la forme des soies aux faisceaux supérieurs des premiers anneaux.

M. Schmankewicz a décrit, sous le nom de *Sænuris*, deux espèces qui se rapportent évidemment à ce genre. Je n'ai pu malheureusement consulter le travail original de cet auteur, qui m'est seulement connu par les citations faites dans le mémoire de M. Czerniavsky sur la faune pontique. Ce dernier auteur a proposé pour l'une d'elles, le 3 *Sænuris batillifera*, l'établissement d'un genre *Archæoryctes*, caractérisé par la présence aux faisceaux antérieurs dorsaux de soies en partie tridentées, tandis que chez les *Psammoryctes* ces mêmes faisceaux seraient composés de soies en partie pectinées, en partie piliformes. Ce sont là des différences au plus spécifiques.

Les *Psammoryctes* sont propres jusqu'ici à l'Europe, leur extension y est très grande puisqu'ils ont été trouvés au Nord et au Sud de la Russie, dans toute l'Europe centrale, l'Angleterre et la France.

1. Psammoryctes barbatus.

Sænuris barbata, Grube, 1860, p. 114; pl. IV, fig. 10.
Sænuris (Naidina) umbellifera, Kessler, 1868.
Tubifex umbellifer, Lankester, 1871, p. 93, fig. des soies.
    Id.   *id.*   Perrier, 1875, p. VI.
Psammoryctes umbellifer, Vejdovsky, 1876, p. 137; pl. VIII.
    Id.   *id.*   Czerniavsky, 1880, p. 339.
Psammoryctes barbatus, Vejdovsky, 1883, p. 12 (tirage à part).
    Id.   *id.*   Vejdovsky, 1884, p. 46; pl. VIII, fig. 9 à 12;
                                     IX, fig. 1; X, fig. 17, 18.

Du 1ᵉʳ au 9ᵉ anneau, les soies spéciales des faisceaux supérieurs ont leur extrémité aplatie, en forme de pelle à bord terminal pectiné. Les soies crochues bifurquées des autres faisceaux sont courbées en S, avec un renflement ovoïde à la partie médiane; du 1ᵉʳ au 9ᵉ anneau, pour les faisceaux inférieurs, la branche supérieure de la fourche est la plus longue et l'ouverture en V dirigée de côté, sur les autres faisceaux, c'est la branche inférieure qui est la plus saillante et l'orifice du V est dirigé un peu plus en haut.

Couleur rosée.

Longueur 30ᵐᵐ à 80ᵐᵐ; 70 à 90 anneaux.

HAB. — La plus grande partie de l'Europe tempérée et septentrionale (Lac Onega, Angleterre, France, Bohême, etc.), dans les eaux douces.

Pour les caractères anatomiques se reporter à ceux du genre, cette espèce ayant été plus particulièrement étudiée par les auteurs.

La description du *Sænuris barbata* donnée par Grube et la figure qui l'accompagne, sont trop imparfaites pour permettre par elles-mêmes une assimilation avec le *Sænuris umbellifera* de Kessler. Mais M. Vejdovsky ayant eu l'occasion d'examiner les types mêmes, qui ont servi aux études du professeur de Breslau, a constaté sur ceux-ci la présence de soies spéciales. Il est étonnant que cette particularité ait échappé à Grube, qui figure les soies en crochet à un grossissement plus que suffisant pour reconnaître avec facilité les terminaisons en pelle. Toutefois comme un exemplaire authentique doit toujours faire foi, alors que la description ne renferme pas de caractères positivement contradictoires, la rectification synonymique est proposée avec toute raison.

2. PSAMMORYCTES REMIFER.

Sænuris remifera, SCHMANKEWICZ, 1873, p. 275, 282, 342; pl. IV, D, fig. 2,
    a-d. (sec. Czerniavsky).
Psammoryctes remifer, CZERNIAVSKY, 1880, p. 339.

« Lobe céphalique un peu prolongé, conique. Bouche infère. Segment buccal pourvu de soies. Anneaux médians un peu plus allongés que les autres.

Faisceaux des soies supérieures : sur 17 ou plus des anneaux antérieurs des soies piliformes (antérieurement 2; postérieurement 1); à l'anneau buccal 2 à 3 crochets tridentés ; du 1ᵉʳ (3ᵉ) au 10ᵉ (13ᵉ) anneau des soies remifères, à extrémités obliques, au nombre de 3-7 ou 2 ; à partir du 11ᵉ (13ᵉ) anneau et sur le reste du corps des soies bifurquées, crochues. Faisceaux inférieurs formés de soies en crochets fourchus, du 10ᵉ (12ᵉ) au 11ᵉ (13ᵉ) anneau au nombre de 3, la fourche en forme de pince, sur les autres anneaux au nombre de 2, crochues comme les supérieures.

Pas de clitellum. Orifices mâles ouverts dans le 9ᵉ anneau.

Couleur rougeâtre ou rosée, sang rouge.

Longueur 52ᵐᵐ ; 50 segments.

HAB. — Golfe de Berezan (près Odessa), dans des eaux saumâtres, au milieu de substances en décomposition par une profondeur de 4 mètres. »

Autant qu'il est possible d'en juger par la description, cette espèce ne diffère de la précédente que par la forme des soies spéciales supérieures des anneaux antérieurs, caractère d'ailleurs suffisant pour justifier une distinction spécifique.

3. PSAMMORYCTES BATILLIFER.

Sænuris batillifera, SCHMANKEWICZ, 1873, p. 275, 278, 282, 285, 382 ; pl. IV, D, fig. 1, *a-c*, 2. *d* (sec. Czerniavsky).
Archæoryctes batillifer, CZERNIAVSKY, 1880, p. 337.
        Id.   id.   VEJDOVSKY, 1884, p. 45.

« Lobe céphalique conique assez prolongé.

Faisceaux supérieurs composés sur l'anneau buccal de deux soies tridentées et d'une soie subfourchue ; sur les anneaux suivants jusqu'au 9ᵉ ou 10ᵉ, de soies en raquettes, au nombre de quatre d'abord, allant ensuite jusqu'à quatorze pour retomber à quatre ; du 11ᵉ au 16ᵉ anneau, soies mixtes (*subbatilli* et *subuncini*) ; sur les anneaux du 19ᵉ à la partie postérieure du corps, soies sigmoïdes, fourchues, réunies par 2. Les faisceaux inférieurs formés de soies sigmoïdes, fourchues, peu nombreuses, semblables à celles composant les faisceaux supérieurs. Les fourches des soies sigmoïdes ont l'extrémité peu ouverte aux faisceaux ventraux de la partie antérieure, les branches sont plus divergentes au contraire sur les anneaux postérieurs.

Couleur rougeâtre presque rosée.

Longueur 52ᵐᵐ ; 53 segments.

HAB. — Environs d'Odessa, dans les eaux saumâtres du golfe Berezan, à une profondeur de 4 mètres. »

M. Czerniavsky ajoute dans cette description, la seule que j'aie pu consulter, que l'orifice mâle se trouve au 9e anneau et que la ceinture manque.

X. Genre ILYODRILUS.

('Ἰλύς, limon; ὄρῖλος, ver de terre.)

Ilyodrilus, Eisen, Vejdovsky.

Lobe céphalique et segment pygidien simples.

Soies de trois sortes, piliformes, en crochets et palmées, bien qu'on ne trouve pas toujours toutes ces sortes à la fois sur certains individus.

Pas d'yeux. Ganglion sus-œsophagien légèrement échancré antérieurement et en arrière.

Canaux déférents plus larges que dans aucun autre genre de la famille, plus courts ou très peu plus longs que l'atrium et le pénis pris ensemble.

Sauf ce dernier caractère, ces vers ne peuvent se distinguer des *Psammoryctes* ni des *Tubifex.*

En ce qui concerne les soies palmées, quand elles existent, M. Eisen fait remarquer que les dents ou tiges rayonnantes sont beaucoup plus étroites que dans le genre *Psammoryctes* et la membrane striée étendue entre les branches externes d'une structure beaucoup plus délicate, ceci peut être utilement employé comme caractère spécifique.

Trois espèces sont comprises dans ce genre, toutes ont été observées en Californie. Elles ne me sont connues que par les descriptions données par M. Eisen, aussi sont-elles conservées sans changement sur l'autorité de ce savant helminthologiste, bien que, on le verra plus loin, les caractères génériques ne paraissent pas s'appliquer complètement à l'un des types.

1. Ilyodrilus Perrieri.

Ilyodrilus Perrieri, Eisen, 1878-1880, p. 11.
　　Id.　　　id.　　Vejdovsky, 1884, p. 45.

Corps renflé en son milieu, s'atténuant fortement aux deux extrémités.

Trois sortes de soies : pectiniformes, fourchues et piliformes.

Canal déférent très peu plus grand que l'atrium seul ; pénis très court, conique, son extrémité libre n'étant pas plus épaisse que la partie moyenne, il ne paraît pas avoir de gaîne chitineuse. Poches copulatrices courbées à leur sommet et non globuleuses. Oviducte double, l'intérieur chitineux, infundibuliforme, un peu courbé et graduellement atténué vers le porc externe ; l'extérieur en sac s'atténuant aussi considérablement vers l'extrémité externe.

Longueur 15^{mm}.

HAB. — Californie, Fresno.

2. ILYODRILUS SODALIS.

Ilyodrilus sodalis, EISEN, 1878–1880, p. 11.
    Id.   *id.*   VEJDOVSKY, 1884, p. 45.

Corps renflé en son milieu, s'atténuant fortement aux deux extrémités.

Trois sortes de soies : pectiniformes, fourchues et piliformes.

Vaisseaux pulsatiles dans les 7e, 8e et 9e anneaux, non dilatés en véritables cœurs.

Testicules étendus du 10e ou 12e au 22^c anneau. Canal déférent très peu plus long que l'atrium et le pénis réunis ; l'extrémité inférieure du pénis proprement dit globuleuse et étranglée immédiatement au-dessus, pas de gaîne péniale. Poches copulatrices fortement courbées en S, le sommet étant très élargi. Oviducte simple, campanuliforme plus large à l'extrémité inférieure ou externe. OEufs placés en arrière de la ceinture, du 19e au 22e anneau.

Longueur 25^{mm} ; largeur 1^{mm}.

HAB. — San Francisco (Californie).

3. ILYODRILUS FRAGILIS.

Ilyodrilus fragilis, EISEN, 1878–1880, p. 12.
    Id.   *id.*   VEJDOVSKY, 1884, p. 45.

Corps très faiblement atténué, presque cylindrique.

Des soies fourchues et piliformes seulement.

Canal déférent plus long que l'atrium, l'oviducte et le pénis ensemble. Pénis comparativement plus long que dans les 1 *Ilyodrilus Perrieri*, Eis. et 2 *I. sodalis*, Eis., sans gaîne péniale. Poches copulatrices droites avec le sommet très gros, parfaite-

ment globuleux, pellucide. Oviducte infundibuliforme, chitineux, entouré de muscles longitudinaux.

Longueur 15^{mm} ; largeur 5^{mm}.

HAB. — Sierra Nevada, Fresno (Californie), au fond de sources
vives, à une altitude de 2,134 mètres.

Cette espèce, remarquable par le niveau auquel elle a été trouvée,
s'écarte beaucoup des deux précédentes et même ne présente pas les
caractères les plus typiques du genre ; le canal déférent, on le voit,
est plus long et les soies pectiniformes manquent ; aussi, d'après la
description, qui seule m'est connue, serait-on tenté de croire qu'elle
trouverait mieux sa place dans le genre *Hemitubifex*.

XI. GENRE SPIROSPERMA.

(Σπείρα, spirale ; σπέρμα, semence.)

Spirosperma, EISEN, VEJDOVSKY.

Lobe céphalique et segment pygidien simples. Tégument
couvert de papilles convexes, noires, rapprochées les unes des
autres.

Soies locomotrices de trois sortes : fourchues, piliformes,
pectinées ; ces deux dernières se trouvent à la fois dans un
même faisceau.

Pas d'yeux. Ganglion cérébroïde avec un gros prolongement
conique antérieur, non divisé dans le lobe céphalique ; le
bord postérieur du ganglion est concave.

Une ceinture très distincte chez l'adulte. Gaîne du pénis
chitineuse. Spermatophores contournés.

Une seule espèce est connue jusqu'ici.

SPIROSPERMA FEROX.

? *Nais papillosa*, KESSLER, 1868.
Spirosperma ferox, EISEN, 1878-1880, p. 10.
    Id.   id.   VEJDOVSKY, 1884, p. 45.
    Id.   id.   LEVINSEN, 1884, p. 224.

La caractéristique du genre peut servir en partie de diagnose, quelques-unes des particularités y énoncées doivent être
simplement regardées comme spécifiques.

C'est sur les anneaux antérieurs que se voient les soies
fourchues à prolongements multiples.

La gaîne chitineuse du pénis est moitié moindre que le pénis lui-même, lequel est excessivement renflé en dehors de celle-là. Oviducte simple, musculeux, non chitineux et plus long que le pénis proprement dit. Spermatophores allongés, étroits, contournés en spirale, entourés d'une membrane en forme de sac transparent.

Longueur environ 20^{mm}.

Hab. — La rivière Motala en Suède ; le lac Ifö dans le sud de la Norwège, où il a été trouvé par une profondeur de 46 mètres ; lac Tatra, Europe centrale.

M. Vejdovsky, d'après les dessins du *Spirosperma ferox*, qui lui ont été communiqués par M. Eisen, incline à penser que cette espèce est identique au *Nais papillosa* de M. Kessler.

XII. Genre PSAMMOBIUS.

(Ψάμμος, sable ; 6ίος, vie.)

Psammobius, Levinsen.

Voisin des *Spirosperma*, mais sans papilles sur le tégument.

Les faisceaux, qui renferment des soies pectinées, n'en ont que de cette sorte.

Spermatophores non contournés en spirale et sans crochets à l'extrémité.

Ce genre n'est connu que par la mention faite par M. Levinsen dans ses tableaux dichotomiques, il paraît différer du précédent par les faisceaux antérieurs ne présentant que des soies pectinées sans soies piliformes dans le même faisceau. Est-ce bien là un caractère d'ordre générique ? cela me paraît douteux, mais n'ayan. pas eu l'occasion d'examiner l'animal je conserve ici tel quel le groupe proposé par le savant helminthologiste danois.

PSAMMOBIUS HYALINUS.

Psammobius hyalinus, Levinsen, 1884, p. 224.

Soies pectinées commençant sur le 3e ou 4e anneau et se continuant sur les dix ou onze suivants, au nombre de 15 à 7 par faisceau.

Gaîne chitineuse du pénis, large et très courte, avec une dilatation terminale en collet.

Hab. — Danemarck, dans le sable.

Aucun détail anatomique n'étant donné touchant, soit les organes reproducteurs, soit l'appareil nerveux, la position de ces animaux dans le groupe des Naididæ ne peut être fixée d'une manière sûre et n'est établie que sur les affinités probables avec les *Spirosperma*.

XIII. Genre HETEROCHÆTA.

("Ετερος, différent; χαίτη, chevelure.)

Heterochæta, Claparède, Vejdovsky.

Corps allongé. Segment buccal non prolongé.

Sur chaque anneau quatre faisceaux de soies locomotrices, le plus grand nombre faiblement courbées, un peu renflées en leur milieu, à extrémité libre fourchue; celles des faisceaux supérieurs, du 5e au 13e anneau, droites, dilatées et creusées en gobelet à leur extrémité libre.

Appareil circulatoire très simple composé d'un vaisseau dorsal et d'un vaisseau ventral, reliés à la partie postérieure de chaque anneau par une anse tortueuse.

Pas d'yeux.

Par son habitat marin et la présence de ces soies spéciales ce genre doit être regardé comme l'un de ceux faisant passage aux Annélides proprement dits.

Heterochæta costata.

Heterochæta costata, Claparède, 1863, p. 25; pl, XIII, fig. 16 à 19.
   Id.   *id.*   Vejdovsky, 1884, p. 45.

Lobe céphalique large, arrondi.

Chaque anneau est subdivisé par des rides en quatre annulicules, le tégument étant de plus couvert de sillons longitudinaux, il en résulte un aspect chagriné très spécial.

Longueur 16^{mm}; largeur $0^{mm},5$.

Hab. — Saint-Vaast-la-Hougue.

Cette espèce ne peut être considérée comme parfaitement connue, les individus observés par Claparède n'étaient pas encore arrivés à l'état de maturité sexuelle.

XIV. Genre TUBIFEX.

(*Tubus,* tuyau ; *facio,* je fabrique.)

Lumbricus (pars), Muller, etc.
Tubifex, Lamarck, Udekem, Claparède, Eisen, Vejdovsky, Tauber, Levinsen.
Sænuris, Hoffmeister, Grube, Czerniavsky.
Strephuris, Leidy.

Corps allongé. Lobe céphalique et segment pygidien simples.

Faisceaux de soies au nombre de quatre par anneau, quadrisériés sur la longueur du corps ; les soies de deux sortes, les unes en crochet, fourchues, les autres piliformes, ces dernières n'existant que dans les faisceaux supérieurs.

Pas de dilatation stomacale en gésier. Tronc dorsal simple, tronc ventral bifurqué en avant vers le 2e anneau ; tous deux unis dans les anneaux, sauf les premiers, par deux branches, l'une pariétale plus ou moins sinueuse, l'autre viscérale directe. Outre le tronc dorsal contractile, une branche dorso-ventrale dilatée faisant fonction de cœur dans le 7e ou 8e anneau ; les trois anses situées dans le voisinage des organes de la génération sont également pulsatiles, quoique non dilatées. Organes segmentaires présentant des dilatations (? glandulaires) sur le trajet du tube entortillé.

Pas d'yeux. Ganglion cérébroïde échancré, aussi bien en avant qu'en arrière.

Canal déférent long, renflé, vers sa partie terminale, en un atrium glanduleux recevant une vésicule séminale ; un pénis ; ces organes sont engaînés par l'oviducte et s'ouvrent dans le 10e ou 11e anneau. Une paire de poches copulatrices débouchant au 9e ou 10e anneau.

Habitent d'ordinaire les eaux douces.

Ce genre, l'un des plus anciennement créés pour un ver décrit et figuré par Müller, des mieux connu dans son organisation depuis le travail monographique publié par Udekem sur l'espèce type (1855), le *Lumbricus tubifex,* est cependant l'un de ceux où règne la plus grande confusion au point de vue des espèces, qu'il convient d'y comprendre.

Abstraction faite du genre voisin *Hemitubifex,* Eis., dont on trouvera plus loin les caractères différentiels, il se distingue facilement des autres Naididæ, à glandes sexuelles reculées au 10e anneau, par la présence de soies en partie piliformes, en parties crochues aux faisceaux supérieurs au moins antérieurement, pour ne citer que le caractère externe le plus sensible.

Lamarck, dans son genre, très imparfaitement caractérisé, place deux espèces de Müller, le *Lumbricus tubifex*, pris pour type puisque le nom générique lui est emprunté, et le *Lumbricus tubicola*, ce dernier d'un tout autre groupe, celui des Annélides proprement dits (1), donnant à la première le nom de *Tubifex rivulorum*, à la seconde celui de *Tubifex marinus*; ce dernier changement de l'épithète ne s'explique pas. Une troisième espèce du zoologiste danois devrait peut-être encore faire partie de ce groupe d'après Grube, le *Lumbricus ciliatus*, qu'il place, mais avec grande réserve, parmi les *Sænuris*. Les renseignements donnés par Müller sur ce ver, qu'il n'avait pu observer vivant, sont trop incomplets pour qu'on puisse savoir de quelle espèce il peut bien être rapproché, j'ajouterai que l'extrême brièveté des soies, l'habitat marin semblent plutôt devoir le faire ranger avec les *Clitellio* et, en tous cas, l'éloignent des *Tubifex*, tels qu'ils doivent être compris aujourd'hui (2). Il en est de même du *Lumbricus lineatus*, Müll., qui lui, doit être regardé comme assez bien connu, depuis les détails donnés par Rathke et Hoffmeister, pour qu'il ne puisse guère rester de doute qu'il appartient réellement au genre *Clitellio* à propos duquel il en sera question plus loin.

Citons pour mémoire deux espèces établies par Dugès (1837): *Tubifex gentilinus* et *Tubifex uncinarius;* très incomplètement décrites et imparfaitement figurées, la première est peut-être identique au 1 *Lumbriculus variegatus* (3), la seconde se rapprochant plutôt des *Clitellio*.

Hoffmeister (1842) peut être regardé comme ayant le premier étudié et défini le genre d'une manière scientifique, bien que la diagnose qu'il en donne soit encore insuffisante :

Corpus teres, distincte annulatum annulis raris, quadrifariam ternis ad senis pedicellis inæqualibus aculeatum, numerus annulorum 140-160. Diaphragmata arcta, color sanguinis ruberrimus. Ventriculus musculosus nullus.

Les détails anatomiques et les figures, qui accompagnent la description, ne laissent par contre aucun doute sur l'identité du Naïdien qu'Hoffmeister a eu à examiner, avec le *Tubifex rivulorum*, Lam., lui-même fait cette assimilation, mais il paraît surtout préoccupé d'identifier l'animal qu'il a sous les yeux avec le *Lumbricus variegatus*, Müll., point sur lequel il revient, en y insistant, dans un mémoire

(1) Genre *Clymene*, voy. Grube, 1851, p. 77.
(2) Voir plus loin page 413, note.
(3) Voir page 214.

publié l'année suivante dans les Archives de Wiegmann (1843). Il pense que les longues soies des faisceaux supérieurs peuvent accidentellement disparaître ou se raccourcir, ce qui doit faire supposer une confusion avec d'autres vers voisins, *Limnodrilus* ou même *Lumbriculus*. Ce travail, très remarquable d'ailleurs, a eu par suite une fâcheuse influence, car il n'a pas peu contribué à obscurcir les questions de synonymie relatives à ces espèces. En effet, le nom générique de *Tubifex* était changé en celui de *Sænuris*, malgré l'antériorité incontestable du premier, et, comme la diagnose donnée par Hoffmeister paraissait plus précise, beaucoup d'auteurs, parmi lesquels Grube, adoptèrent cette nouvelle dénomination, qui se trouva ainsi généralement admise à l'étranger. La confusion fut augmentée par d'autres zoologistes, lesquels firent deux genres distincts des *Tubifex* et des *Sænuris* sans les définir d'une manière précise, ou en leur attribuant des caractères, qu'on ne peut admettre comme appartenant à l'espèce typique, c'est ainsi que M. Verrill, à propos du *Sænuris canadensis*, Nichol., dit que chez les vers de ce genre « les soies ne sont jamais fourchues (1). Cette opinion peut s'expliquer sans doute par la confusion faite par Hoffmeister entre le *Tubifex rivulorum*, Lam., qu'il décrit et figure, et le *Lumbriculus variegatus*, Müll., qu'il veut y réunir, cependant l'erreur ne devrait plus avoir cours dans la science depuis la publication, déjà ancienne, du travail de Grube (2) où sont établies de la manière la plus exacte les différences essentielles qui séparent le *Lumbricus variegatus*, Müll., du *Sænuris variegata*, Hoffm. Quoi qu'il en soit, les auteurs subséquents rapportant tantôt à l'un, tantôt à l'autre type, les vers nouveaux qu'ils découvraient, le genre *Sænuris*, au lieu d'être le simple synonyme de *Tubifex*, est devenu des plus hétérogènes et sous ce nom ont été décrites les espèces les plus disparates.

Bien que M. Œrsted ait nettement formulé le caractère générique principal en indiquant dans son ouvrage, *De regionibus marinis*, le *Tubifex serpentinus*, on ne peut que mentionner simplement cette espèce, le nom n'étant accompagné d'aucune description.

Grube, en 1851, admettait, comme on l'a vu plus haut dans son genre *Sænuris* les *S. variegata*, Hoffm. (= *Tubifex rivulorum*, Lam., d'après la synonymie même), *S. lineata*, Müll., *S. (Lumbricus) ciliata*, Müll., ce dernier avec doute, il y joint le *S. neurosoma*, Frey et Leuckart, décrit quelques années auparavant (1847). La première espèce appartient seule au genre *Tubifex*, les autres doivent être placées dans le genre *Clitellio*.

On peut faire la même remarque sur le travail d'Udekem (1859). Sauf le *Tubifex rivulorum*, Lam., auquel cet auteur, le premier, resti-

(1) Verrill., 1873, p. 388.
(2) Grube, 1844, p. 200 et 207.

tue son véritable nom, les autres espèces, d'après la compréhension actuelle du genre, doivent être reportées, le *Tubifex elongatus*, Udek. parmi les *Limnodrilus*, les *Tubifex hyalinus*, Udek., *T. lineatus*, Müll., *T. Benedii* parmi les *Clitellio*. Udekem fait remarquer avec justesse que le genre *Strephuris*, Leidy, ne mérite pas d'être distingué des *Tubifex*, et que l'espèce mentionnée *Strephuris agilis* est bien voisine du *Tubifex rivulorum*, Lam., sinon identique.

On est assez d'accord pour regarder le *Tubifex Bonneti*, de Claparède, comme se rapportant au *Tubifex rivulorum*. Quant au *Tubifex papillosus* du même auteur, la peau verruqueuse et l'habitat marin, le rendent bien étrange dans le genre, et il est fâcheux qu'il soit aussi incomplètement décrit.

Le *Sænuris longicauda* ne m'est connu que par la citation faite par M. Leuckart (1869, p. 275) ; la présence de soies piliformes aux faisceaux supérieurs peut suffire pour le faire regarder comme un *Tubifex* en attendant des détails complémentaires sur son organisation. Il en serait de même du *Tubifex profundicola*, Verr., mais le *Sænuris abyssicola*, Verr., est plutôt un *Clitellio*.

Il ne m'est pas possible de me prononcer sur les *Sænuris canadensis* de Nicholson (1) et *Tubifex deserticola* de Grimm (2), n'ayant pu consulter les descriptions originales.

Le *Tubifex diaphanus*, Taub., n'est pas décrit assez en détail pour juger de la valeur de cette espèce.

Quant au *Sænuris velutina*, les caractères brièvement donnés par Grube, sans figures, rendent assez difficile de décider quelle position il occupe dans la série. Cependant les faisceaux supérieurs formés de soies piliformes rendent probable que ce vers appartient bien au genre *Tubifex*.

Des renseignements beaucoup plus précis sont donnés par M. Eisen sur le *Tubifex campanulatus*, et il ne peut y avoir d'hésitation que sur la valeur des caractères spécifiques.

Il est encore plus difficile d'admettre comme espèces distinctes les *Sænuris taurica*, Czern., *S. peculiaris*, Czern., *S. diversisetosa*, Czern., qui appartiennent, il est vrai, au genre *Tubifex*, mais ne sont sans doute que des variétés du *Tubifex rivulorum*, Lam.

Je citerai pour compléter cette énumération le *Tubifex*, sans désignation spécifique, indiqué par M. Forel. Trouvé avec les *Tubifex rivulorum*, Lam., *T. velutinus*, Gr., *Bythonomus Lemani*, Gr., dans les profondeurs du lac de Genève, il pourrait bien appartenir à l'un de ces trois types.

En résumé, le genre contiendrait encore une dizaine d'espèces, mais il faut avouer que la plupart sont assez mal caractérisées et

(1) Cité par Verrill, 1873, p. 388.
(2) Cité : Zoological Record, 1877, *Vermes*, p. 18.

qu'un certain nombre devront sans doute disparaître de la nomenclature.

Liste des espèces à exclure du genre TUBIFEX (1).

Sænuris abyssicola, Verr.	=	*Clitellio abyssicola*, Verr.
Sænuris barbatus, Gr.	=	*Psammoryctes barbatus*, Gr.
Tubifex Benedii, Udek.	=	*Clitellio Benedii*, Udek.
Sænuris ciliata, Müll. (Gr.).	=	*Clitellio ciliatus*, Müll.
Tubifex elongatus, Udek.	=	*Clitellio elongatus*, Udek.
Tubifex gentilinus, Dug.	=	? *Lumbriculus variegatus*, Müll.
Tubifex hyalinus, Udek.	=	*Clitellio arenarius*, Müll.
Sænuris limicola, Verr.	=	*Clitellio limicola*, Verr.
Sænuris lineata, Hoffm.	=	*Clitellio lineata*, Hoffm.
Tubifex marinus, Lam.	=	*Clymene*, Sp.
Sænuris neurosoma, Fr. et L.	=	*Clitellio neurosoma*, Fr. et L.
Tubifex umbellifera, Kessl.	=	*Psammoryctes barbatus*, Gr.
Tubifex uncinarius, Dug.	=	? *Clitellio uncinarius*, Dug.

Les seules espèces qu'on puisse regarder comme suffisamment connues sont donc les : 1 *Tubifex rivulorum*, Lam., 2 *T. campanulatus*, Eis., auxquelles on pourrait ajouter les 3 *T. diaphanus*, Taub., 4 *T. longicauda*, Kessl., et 5 *T. velutinus*, Gr. Quant aux autres : 6 *T. profundicola*, Verr., 7 *T. papillosus*, Clap., 8 *T. serpentinus*, OErst., 9 *T. deserticola*, Grimm, 10 *T. canadensis*, Nichol. ; on est moins éclairé sur leur valeur.

Les *Tubifex* se rencontrent dans toute l'Europe et existent incontestablement aussi dans l'Amérique du Nord ; leur présence en Asie est plus douteuse, on ne peut guère citer que le *Tubifex deserticola*, Grimm, de la mer Caspienne.

1. TUBIFEX RIVULORUM.

(Pl. XXII, fig. 7, 8 et 9.)

Vers à tuyau des eaux douces, BONNET, 1745, p. 179 ; pl. II, fig. 9.
Lumbricus tubifex, MULLER, 1771, p. 102, note 29.
   Id.   *id.*   MULLER, 1774, p. 27.
   Id.   *id.*   LINNÉ-GMELIN, 1789, p. 3084.
   Id.   *id.*   MULLER, 1788-1806, p. 4 ; pl. LXXXIV, fig. 1, 2[a], 2[b] (2).
   ?   ?   BRUGUIÈRE, 1791 ; pl. XXXIV, fig. 4 ; LIV, fig. 1.
Nais tubifex, OKEN, 1815, p. 364.

(1) Le genre *Sænuris*, Hoff. est regardé ici comme synonyme de *Tubifex*.
(2) O. F. Müller donne comme variété fig. 3, *a*, *b*, *c* de la même planche un ver, évidemment d'une autre espèce, qu'il n'est pas facile de déterminer. Serait-ce un *Limnodrilus?* la confusion a plusieurs fois été faite. Johnston (1865, p. 65) le décrit sous le nom de *Sænuris vagans*.

Tubifex rivulorum, Lamarck, 1816, t. III, p. 225; 1840, t. III, p. 676.
   Id.   *id.*   Blainville, 1828, p. 497.
Nais filiformis, Dugès, 1828, p. 286; pl. VII, fig. 1 à 7. (Figures en partie
          reproduites : Règne animal illustré. Annélides ; pl. II,
          fig. 8, 9, 10.)
Blanonais filiformis, Gervais, 1838, p. 15.
Sænuris variegata (pars), Hoffmeister, 1842, p. 9 ; pl. II, fig. 19 à 23.
   Id.   *id.*   Grube, 1851, p. 103 et 146.
? *Strephuris agilis*, Leidy, 1850-1854, p. 45 ; pl. II, fig. 4 à 7.
Tubifex rivulorum, Udekem, 1855, p. 1 ; pl. I à IV.
   Id.   *id.*   Udekem, 1855, p. 543.
Nais sanguinea (pars), Doyère, 1856, p. 306.
Tubifex rivulorum, Udekem, 1859, p. 11.
Tubifex Bonneti, Claparède, 1862, p. 14 ; pl. II, fig. 2 à 6; IV, fig. 5.
Sænuris tubifex, Johnston, 1865, p. 64 et 332.
Tubifex coccineus, Vejdovsky, 1875.
Tubifex rivulorum, Tauber, 1879, p. 70.
   Id.   *id.*   Eisen, 1878-1880, p. 14.
Tubifex coccineus, Eisen, 1878-1880, p. 14.
Tubifex Bonneti, Eisen, 1878–1880, p. 15.
? *Sænuris taurica*, Czerniavsky, 1880, p. 332 ; pl. IV, fig. 23, *a*, *b*, *c*.
? *Sænuris peculiaris*, Czerniavsky, 1880, p. 333; pl. IV, fig. 24, *a*, *b* (1).
? *Sænuris diversisetosa*, Czerniavsky, 1880, p. 334.
          (*Forma Charcoviensis*) ; pl. III, fig. 1, 2.
          (*Forma Suchumina*) ; pl. III, fig. 3.
Tubifex rivulorum, Vejdovsky, 1883, p. 12 (tirage à part).
   Id.   *id.*   Vejdovsky, 1884, p. 46.
   Id.   *id.*   Levinsen, 1884, p. 224.
   Id.   *id.*   Grube, 1879, p. 116.
Ilyodrilus coccineus, Stolc, 1885, p. 638 et 656.

Corps allongé, ordinairement renflé en avant, atténué en arrière; lobe céphalique obtusément conique, segment pygidien simple.

Aux faisceaux supérieurs se voient à la fois des soies piliformes, qui peuvent disparaître à la partie postérieure du corps, et des soies sigmoïdes, fourchues, à crochets égaux, à partir du 13ᵉ ou 14ᵉ anneau, mais sur les antérieurs pouvant avoir l'extrémité divisée en trois ou quatre pointes; aux faisceaux ventraux toutes les soies sont sigmoïdes, fourchues, à crochets inégaux, le supérieur plus grand que l'inférieur.

Tube digestif simple, sans renflement gastrique. Des anses vasculaires dorso-ventrales, contractiles, dans un nombre restreint d'anneaux, l'une d'elles particulièrement développée,

(1) Il y a comme indication fig. 24, *a*, *d*. Les renvois manquent parfois d'exactitude dans ce travail.

d'ordinaire dans le 7ᵉ anneau. Sang rouge. Organe segmentaire commençant, dans la partie profonde qui fait suite à l'entonnoir vibratile, par un tube étroit, se renflant plus loin par l'adjonction d'une paroi épaisse, glanduleuse, parfois bosselée, pour se rétrécir de nouveau avant d'atteindre l'orifice de sortie.

Pas d'yeux. Ganglion cérébroïde plus large que long, émarginé en arrière.

Ceinture nettement distincte, à l'époque de la reproduction, sur les 10ᵉ et 11ᵉ anneaux, s'étendant parfois sur le 9ᵉ. Pores sexuels dans le 10ᵉ anneau ; pénis court, très peu plus long que large à l'état de rétraction, étranglé en son milieu, en forme de gourde, s'il est exserte. Testicules dans le 8ᵉ anneau. Poches copulatrices dans le 9ᵉ anneau, en tube simple, renflé à son extrémité en ampoule sphérique ; ovaires dans le 10ᵉ anneau.

Couleur rouge assez vif.

Longueur 50ᵐᵐ à 60ᵐᵐ ; 80 segments et plus.

Hab. — Toute l'Europe et peut-être l'Amérique du Nord.

Ce ver, le plus commun des Naïdiens, se trouve en abondance dans tous les ruisseaux, les mares, etc. Enfonçant dans la vase (1) les deux tiers antérieurs de son corps, il agite continuellement au dehors son extrémité caudale d'un beau rouge, et construit parfois, mais non toujours, un tube formé de particules terreuses, ténues, qui se détruit au moindre choc. Tiré de sa retraite, le *Tubifex rivulorum*, Lam., contourne son corps en spirale, formant une petite masse ovoïde, ce qu'avaient noté les premiers observateurs et ce qu'a fort bien figuré Udekem (1855, pl. I, fig. 2).

M. Vejdovsky a constaté dans ces derniers temps la présence de soies multifides aux faisceaux supérieurs des premiers anneaux, ce fait est d'un grand intérêt comme établissant un lien intime entre les genres *Tubifex* et *Psammoryctes*.

Il est difficile de savoir si le *Strephuris agilis*, Leidy, doit réellement être rapporté à cette espèce. Tout ce qu'on peut dire, c'est qu'aucun des caractères donnés par l'auteur américain ne permet de l'en distinguer, suivant la remarque d'Udekem ; de nouvelles recherches seraient nécessaires pour décider définitivement cette question.

Quant au *Tubifex Bonneti*, Clap., les zoologistes sont aujourd'hui assez généralement d'accord pour le réunir à l'espèce typique du genre. Les différences les plus sensibles portent sur la situation de différents organes dans les anneaux, la branche dorso-ventrale contractile dilatée ou cœur serait au 8ᵉ anneau, le premier testicule

(1) Pl. XXII, fig. 7.

au 9ᵉ, l'ovaire au 11ᵉ, c'est-à-dire toujours un rang plus loin que pour le *Tubifex rivulorum* Lam., tel qu'il vient d'être décrit. Il est difficile de ne pas croire qu'il s'agisse là d'une divergence résultant simplement de la manière de compter les anneaux. Ceci est à rapprocher de différences analogues qu'on remarque dans les descriptions du *Sænuris variegata* données par Hoffmeister et Grube, le premier plaçant la poche copulatrice dans le 10ᵉ, le pore sexuel sur le 11ᵉ anneau, tandis que pour le second ces organes répondent respectivement aux 9ᵉ et 10ᵉ.

Il me paraît impossible d'admettre comme distincts les *Sænuris taurica*, *Sænuris peculiaris* et les deux formes du *Sænuris diversisetosa*, indiqués par M. Czerniavsky, de légères variations dans la forme des soies doivent être regardées comme purement individuelles, et quant aux caractères qui distingueraient la première espèce du *Tubifex rivulorum*, Lam., on peut d'autant moins les admettre que l'auteur n'a pas eu de types de ce dernier à sa disposition et, pour étudier comparativement la forme des soies d'aussi près qu'il a voulu le faire, se fier à des figures ne peut être regardé comme suffisant.

2. TUBIFEX CAMPANULATUS.

Tubifex campanulatus, EISEN, 1878-1880, p. 16, fig. 2.
   Id.   *id.*   VEJDOVSKY, 1884, p. 45.
? *Tubifex rivulorum*, LEVINSEN, 1884, p. 224.

Branches de la fourche des soies presque de même dimension et de même force.

Ganglion céphalique plus long que large, et en avant beaucoup plus dilaté qu'en arrière, où il présente une échancrure profonde et étroite.

Pore sexuel dans le 10ᵉ anneau. Pénis et sa gaîne renflés en leur milieu, fusiformes. Poches copulatrices dans le 9ᵉ anneau, courbées en S, avec la terminaison élargie en sac. Oviducte campanuliforme à extrémité large tournée vers l'extérieur, sa longueur est moitié moindre que celle du pénis, mais sa largeur est triple.

HAB. — Suède.

Cette espèce diffère-t-elle réellement du *Tubifex rivulorum*, Lam. ? Les caractères spécifiques, comme on le voit, sont spécialement tirés de l'aspect et des dimensions d'organes, qui, la plupart, sont assez variables sous ce rapport sur un même individu, pour que l'examen comparatif en soit fort difficile, et M. Levinsen n'est pas éloigné de croire qu'il convient de les réunir.

3. Tubifex diaphanus.

Tubifex diaphanus, Tauber, 1879, p. 70.
    Id.   id.   Vejdovsky, 1884, p. 45.

Aux dix faisceaux antérieurs dorsaux, 3 à 6 très longues soies, piliformes, facilement caduques; les soies fourchues, qui les accompagnent, non palmées.

Hab. — Danemarck.

L'auteur ajoute à cette diagnose que la couche des corpuscules chloragéniques est jaunâtre.

Deux individus à l'état de maturité sexuelle ont été trouvés avec des 13 *Clitellio elongatus*, Udek.

4. Tubifex longicauda.

Sænuris longicauda, Kessler, 1868.
    Id.   id.   Vejdovsky, 1884, p. 45.

Aux anneaux antérieurs les faisceaux dorsaux sont composés partie de soies piliformes, partie de soies fourchues, 3 ou 4 de ces dernières composent les faisceaux inférieurs; en arrière les soies piliformes à la rangée dorsale, fourchues à la rangée ventrale, décroissent en nombre et en grandeur.

Couleur blanche, transparente.

Longueur 60^{mm} à 70^{mm}.

Hab. — Lac Onega.

Cette brève diagnose est empruntée non au texte original mais à l'analyse donnée par M. Leuckart (Arch. f. Naturgesch., 2e Part., p. 274, 1869). Il est difficile de juger en quoi cette espèce et la précédente diffèrent du 1 *Tubifex rivulorum*, Lam.

5. Tubifex velutinus.

Sænuris velutina, Grube, 1879, p. 116.

Corps entièrement couvert de courtes papilles blanchâtres. Lobe céphalique triangulaire un peu plus large que long, très rétractile, ainsi que le premier anneau, en sorte que le second, avec ses soies, paraît commencer l'animal.

Soies des séries supérieures piliformes, des inférieures en crochet, au nombre de 2 par faisceau, les dernières parfois même uniques, et se montrant bifurquées à un fort grossissement.

Une ceinture distincte du 9e au 12e anneau.

Couleur grisâtre ou brun ocreux, la ceinture blanchâtre.

Hab. — Les profondeurs du lac de Genève.

Cette espèce, curieuse par la disposition particulière de son tégument, mériterait d'être étudiée d'une manière plus approfondie. On remarquera que, d'après la description donnée, les faisceaux supérieurs seraient exclusivement constitués par des soies piliformes, ce qui n'est pas ordinaire chez les *Tubifex*.

6. Tubifex ? profundicola.

Tubifex profundicola, Verrill, 1871, p. 451.

« Ver robuste pour le genre. Lobe céphalique court, conique. Anus terminal large, avec environ dix petits lobes.

Sur chaque anneau, quatre faisceaux de soies, au nombre de 3, parfois seulement 2, dans les supérieurs, de 4 à 6 dans les inférieurs, les premières courtes, faiblement courbées, la plupart à extrémités pourvues d'une très petite fourche et crochues, les secondes trois ou quatre fois plus longues, très courbées, les extrémités également fourchues et faiblement crochues.

Bouche large, semi-circulaire. Intestin moniliforme. Système vasculaire composé de deux vaisseaux simples, courant sur toute la longueur de l'intestin, et réunis au niveau des annélations. Dans les cinq ou six premiers segments on trouve des vaisseaux grêles, d'à peu près égale dimension formant des brides latérales dans chacun d'eux.

Apparence de deux petits ocelles sur un des specimens.

Longueur 25^{mm} à 43^{mm}; largeur 1^{mm} en avant, moitié moindre en arrière.

Hab. — Lac Supérieur (Amérique N.), par 58 mètres de profondeur. »

Ce ver appartient-il réellement au genre *Tubifex*? Je ne vois pas dans la description qu'on ait fait mention de soies piliformes. On remarquera également ce caractère exceptionnel des soies inférieures notablement plus longues que les supérieures. Comment doit-on interpréter la présence de *lobes* autour de l'anus? est-ce un passage aux *Dero*?

7. TUBIFEX ? PAPILLOSUS.

Tubifex papillosus, CLAPARÈDE, 1863, p. 25 ; pl. XIII, fig. 14, 15.
    Id.   id.   VEJDOVSKY, 1884, p. 45.

Lobe céphalique court, conique. Tégument couvert de papilles verruciformes, aplaties, blanchâtres à la lumière directe, grises par la lumière transmise.

Les soies sont au nombre de 2 ou même 1 dans chaque faisceau, sauf tout à fait en avant, où l'on en trouve 4 ou 5. Dans les faisceaux supérieurs on rencontre à la fois des soies piliformes et des soies fourchues (ces dernières moitié moins longues que les premières, d'après les figures); des soies fourchues existent seules dans les faisceaux inférieurs.

Sang d'un beau rouge pourpre, le vaisseau dorsal extraordinairement large.

Couleur rouge rosé.

Longueur 50^{mm} ; largeur 0,75.

HAB. — Saint-Vaast-la-Hougue.

Claparède compare les papilles cutanées de cette espèce aux accidents analogues qu'on connaît chez le 2 *Clitellio Benedii*, Udek. Les organes de la reproduction n'étaient pas mûrs lorsque cet animal fut observé, sa description est donc forcément incomplète.

8. TUBIFEX ? SERPENTINUS.

Tubifex serpentinus, ŒRSTED, 1844, p. 68.

HAB. — Taarbœk, au nord de Copenhague.

Aucune caractéristique n'est donnée de cette espèce, sauf une diagnose différentielle entre les genres *Tubifex* et *Lumbricillus*, Œrst. (= *Clitellio*, Sav.), laquelle rend très probable que ce ver appartient au premier de ces genres.

9. TUBIFEX ? DESERTICOLA.

Tubifex deserticola, GRIMM, 1877.
    Id.   id.   VEJDOVSKY, 1884, p. 45.

HAB. — Mer Caspienne.

10. TUBIFEX ? CANADENSIS.

Sænuris canadensis, NICHOLSON.
    Id.   id.   VERRILL, 1873, p. 388.

Pour ces deux dernières espèces il ne m'a pas été possible de consulter les mémoires originaux, elles ne me sont connues que par les simples citations, soit de M. Vejdovsky soit de M. Verrill.

XV. Genre HEMITUBIFEX.

('Ημι, demi ; *Tubifex,* nom de genre.)

Hemitubifex, Eisen.

Lobe céphalique et segment pygidien simples.

Soies de deux sortes, piliformes dans une partie au moins des faisceaux antérieurs, la plupart toutefois en crochets, fourchues.

Tube digestif sans dilatation bien visible en gésier.

Pas d'yeux. Ganglion céphalique émarginé antérieurement et postérieurement.

L'atrium est dilaté supérieurement en une chambre globuleuse (vésicule séminale) sur laquelle se greffe la prostate ; son extrémité inférieure est glandulaire. Gaîne du pénis chitineuse, plus courte que l'oviducte. Celui-ci paraît double, chacun des tubes, qui le composent, étant chitineux et infundibuliforme, tous deux presqu'exactement semblables ; des muscles longitudinaux entourent le tube extérieur. Poches copulatrices garnies, autour de leur base, de plusieurs glandes en forme d'ailes ; le sommet en est élargi et constitue la poche copulatrice proprement dite. Spermatophores droits ou faiblement courbés.

En ce qui concerne les soies, M. Eisen fait remarquer que sur certains individus les soies piliformes manquent complètement, que sur d'autres elles sont rares.

Sauf par la gaîne péniale et les glandules qui se trouvent à la base des spermathèques, ce genre ne diffère pas des *Tubifex.*

On ne connaît qu'une espèce habitant la Suède.

Hemitubifex insignis.

Hemitubifex insignis, Eisen, 1878-1880, p. 13.
    Id.   *id.*   Vejdovsky, 1884, p. 45.
    Id.   *id.*   Levinsen, 1884, p. 224.

Les caractères du genre, auxquels M. Eisen ajoute la forme de l'oviducte, énorme, enveloppant entièrement le pénis.

Longueur 25^{mm}.

Hab. — Rivière Motala (Suède), dans les eaux peu profondes.

XVI. Genre TELMATODRILUS.

(Τέλμα, mare ; δρῖλος, ver de terre.)

Telmatodrilus, Eisen.

Corps allongé. Lobe céphalique et segment pygidien simples.

Soies locomotrices formant quatre faisceaux sur chaque anneau et autant de rangées longitudinales le long du corps ; elles sont courtes, nombreuses dans chaque faisceau, simples chez les adultes, faiblement fourchues chez les jeunes individus.

Le tronc ventral n'est pas directement opposé au tronc dorsal, mais remonte près de celui-ci, si bien que tous deux sont en réalité à la partie supérieure. On ne trouve pas de cœurs proprement dits, mais cinq paires de branches indistinctement pulsatiles, du 6ᵉ au 10ᵉ anneau, le tronc ventral n'est pas contractile.

Pas d'yeux. Les connectifs de la chaîne ventrale sont partout reliés en travers par des anastomoses nerveuses.

Atrium muni de nombreuses glandes prostatiques. Poches copulatrices ouvertes dans le 9ᵉ anneau, le canal déférent débouche à l'extérieur dans le 10ᵒ.

La multiplicité des glandes prostatiques de l'atrium est, suivant M. Eisen, un caractère d'une importance assez grande pour justifier l'établissement d'une sous-famille des Telmatodrilini. J'avoue que cette particularité me paraîtrait à peine devoir être regardée comme de valeur générique, s'il ne s'y joignait la singulière disposition des vaisseaux à liquide coloré. De nouvelles études seraient en somme nécessaires avant d'admettre définitivement ce groupe.

Le genre *Telmatodrilus* ne comprend jusqu'ici qu'une espèce trouvée en Californie à une altitude considérable.

Telmatodrilus Vejdovskyi.

Telmatodrilus Vejdovskyi, Eisen, 1878-1880, p. 8, fig. 1.
   Id.   *id.*   Vejdovsky, 1884, p. 45.

Corps allongé.

Chacun des quatre faisceaux composé de 8 à 10 soies.

Ganglion cérébroïde échancré en avant, avec un gros prolongement pointu en arrière.

Organes segmentaires couverts de grosses cellules, partie oblongues, partie globuleuses.

Atrium courbé en demi-cercle portant à peu près une douzaine de glandes prostatiques placées de chaque côté de l'organe. Pénis composé d'un tube étroit revêtu d'une enveloppe musculaire, épaisse, piriforme, son extrémité débouche dans le repli du tégument qui constitue l'oviducte.

Couleur chair, grisâtre, vaisseaux apparaissant par transparence.

Longueur 40^{mm} à 50^{mm}; largeur 1^{mm}5.

Hab. — Fresno, Sierra Nevada (Californie) à une altitude de 2,133 mètres. Trouvé dans des marais à demi-desséchés, parfois sur des bois flottants ou immergés; jamais dans le fond des mares ou des sources.

XVII. Genre CLITELLIO.

(de *Clitellum*, ceinture des Lombrics.)

Lumbricus, sp., Muller, Fabricius, Dalyell.
Nais, sp., Muller, Bruguière, Kessler.
Clitellio, Savigny, Grube, Claparède, Johnston, Vaillant, Verrill, Czerniavsky.
? *Lumbricillus*, Œrsted.
Peloryctes, Leuckart, Senger.
Tubifex, sp., Udekem.
Limnodrilus, Claparède, Ratzel, Vejdovsky, Eisen.
Camptodrilus, Eisen.
Pododrilus, Czerniavsky.
Monopylephorus, Levinsen.

Corps allongé, anneaux ordinairement aussi longs que larges. Segment buccal peu saillant, arrondi ou faiblement appointi.

Quatre faisceaux de soies locomotrices par anneau, toutes peu courbées, fourchues, 2 à 6 par faisceau.

Tube digestif cylindrique dans sa portion antérieure, moniliforme dans le reste de son étendue. Sang coloré en rouge. Troncs dorsal et ventral occupant leur situation ordinaire.

Pas d'yeux.

Une ceinture du 9e au 11e anneau. Canal déférent sans vésicules séminales, son orifice sur le 11e anneau. Pénis généralement très allongé.

Habitent la mer ou les eaux douces.

Le genre *Clitellio* a été établi par Savigny pour deux espèces indiquées par O. F. Müller et décrites plus en détail, dans le *Fauna*

Groenlendica de Fabricius, les *Lumbricus arenarius*, Müll., et *L. minutus*, Müll. Le caractère sur lequel il le fondait est inexact, car la distinction principale aurait été la présence de deux rangées de soies seulement, les deux rangées supérieures ayant échappé à l'attention de ces éminents zoologistes. Mais la difficulté a été résolue par Leuckart, qui, d'après l'un des types, le *Lumbricus arenarius*, étudié par lui, a rectifié la diagnose et défini le genre de Savigny d'une manière précise en donnant malheureusement un nouveau nom, celui de *Peloryctes*.

Les recherches de Claparède (1861 et 1862) achevèrent de fixer les limites du genre par la connaissance anatomique des principaux appareils ; depuis cette époque l'étude ne paraît pas avoir été reprise pour l'espèce typique. Ce même auteur crée dans ce travail un genre *Limnodrilus* différant des *Clitellio* par la présence d'une vésicule séminale (*glande agglutinante ; Kittdrüse, Cementdrüse ;* pour M. Vejdovsky), greffée sur le canal déférent. Est-ce un caractère suffisant pour justifier cette distinction générique ? M. Vejdovsky ne cite qu'avec doute l'absence de cet organe chez les *Clitellio*, ce qui amènerait à confondre ces deux groupes. Il est aussi facile de voir que dans bien des cas les auteurs, dans l'impossibilité de constater cette disposition anatomique, ont placé les animaux dans l'un ou l'autre genre, sur la simple considération de l'habitat, qui, chez les espèces suffisamment bien déterminées, est la mer pour les *Clitellio*, les eaux douces pour les *Limnodrilus,* mais ceci ne peut être considéré comme ayant une valeur taxinomique. En somme, bien qu'on puisse regarder comme très probable, que la distinction sera plus tard justifiée, à l'heure actuelle, on est obligé de réunir toutes ces espèces en un seul genre, comme je l'avais proposé en 1868.

Malgré l'autorité du naturaliste qui l'a indiqué, le genre *Camptodrilus*, Eis., ne peut non plus être regardé comme distinct. Il ne diffère des *Limnodrilus* que par la disposition en spirale des fibres musculaires qui entourent le pénis, or en se reportant aux figures et aux descriptions données par Claparède sur les espèces typiques, on peut déjà constater que l'arrangement de ces mêmes fibres est bien voisin, sinon même identique. M. Vejdovsky a achevé de démontrer que cette disposition pouvait exister sur les vrais *Limnodrilus*, cette différence ne peut donc être considérée que comme au plus de valeur spécifique.

Est-ce bien à ce genre que doivent être réunis les *Lumbricillus*, d'OErsted, comme l'a déjà fait Grube ? Ceci paraît fort probable. Bien que le genre soit très incomplètement caractérisé et les espèces non décrites, l'habitat et la disposition des soies parlent en faveur de cette manière de voir.

Le genre *Pododrilus* établi par M. Czerniavsky différerait des *Clitellio* par les soies portées aux anneaux antérieurs sur des replis cutanés, élevés. Cette disposition, qui rappellerait le pied des Annélides Polychætes, demande des études plus approfondies.

Enfin, je place encore ici le genre *Monopylephorus*, de M. Levinsen, dont l'espèce typique me parait douteuse. Cependant, les divisions proposées par cet auteur, mais qui ne s'appliquent encore qu'à un trop petit nombre des espèces, mériteront sans doute d'être prises plus tard en considération. Ce savant helminthologiste admet, en effet, trois genres :

CLITELLIO : soies en partie simples, en partie obscurément bifides, pénis sans gaîne chitineuse.

MONOPYLOPHORUS : soies nettement bifides, orifice sexuel simple, médian, pénis sans gaîne chitineuse.

LIMNODRILUS : soies nettement bifides, orifice sexuel double, pénis avec une gaîne chitineuse.

Caractérisé comme je le propose ici, le genre *Clitellio* comprendrait près d'une trentaine d'espèces, mais bon nombre d'entre elles, il faut l'avouer, ne sont que fort imparfaitement connues, et on doit particulièrement ici regretter l'absence de méthode définie dans les descriptions des auteurs, ce qui rend impossible toute comparaison de leurs travaux ; aussi, dans l'énumération suivante, se trouvent sans doute un grand nombre d'espèces nominales et beaucoup d'autres si mal connues, qu'elles méritent à peine d'être conservées dans la série zoologique.

Pour la simple commodité de l'exposition, les espèces, d'après l'habitat, seront groupées en marines, *Clitellio sens. str.* et des eaux douces, *Limnodrilus*.

Parmi les premières, deux seulement sont bien connues : 1 *Clitellio arenarius*, Müll., 2 *C. Benedii*, Udek. O. F. Müller a distingué trois autres espèces, 3 *Lumbricus lineatus*, 4 *L. minutus*, 5 *L. inæqualis* (1), qui doivent sans doute s'y joindre, mais ne sont peut-être que des états particuliers de la première espèce. Le 6 *Sænuris neurosoma*, Fr. et L., appartient aussi vraisemblablement à ce groupe, de même que

(1) Il est plus difficile encore d'assigner une place au *Lumbricus ciliatus* du même auteur (1774, p. 30 et 1776, p. 215, n° 2607), ver marin, placé par lui à côté des précédents, qui montrerait, à la loupe, des soies aux intersegments sans parler des quatre rangées caractéristiques. Grube (1851, p. 103), on l'a vu (p. 399), le place avec doute parmi les *Sænuris* (*Tubifex*). Müller ne signalant pas les soies comme sétacées et insistant même sur la brièveté de ces organes, il conviendrait plutôt de le placer avec les *Clitellio*.

les 7 *Lumbriculus tenuis*, Leidy, 8 *Clitellio irroratus*, Verr., 9 *C. dubius*, Czern.

Pour les espèces de la section des *Limnodrilus*, trois ont été décrites en détail, des diagnoses comparatives ont été données par plusieurs auteurs, aussi peuvent-elles être regardées comme des mieux établies, ce sont les 10 *Limnodrilus Udekemianus*, Clap., 11 *L. Hoffmeisteri*, Clap., 12 *L. Claparedianus*, Ratz. Le 13 *Tubifex elongatus*, Udek., se rapporte sans doute à l'une de celles-ci, mais il est impossible de déterminer laquelle, même d'une façon approchée, ce nom sans cela devrait avoir l'antériorité. M. Eisen a fait connaître de l'Amérique du Nord (Californie) six espèces qu'il rapporte à ce même genre : 14 *Limnodrilus ornatus*, Eis., 15 *L. Steigerwaldi*, Eis., 16 *L. monticola*, Eis., 17 *L. alpestris*, Eis., 18 *L. Silvani*, Eis. ; il faut y joindre les quatre Naïdiens composant son genre *Camptodrilus ;* 19 *C. spiralis*, Eis., 20 *C. igneus*, Eis., 21 *C. corallinus*, Eis., 22 *C. californicus*, Eis. L'autorité de ce savant, sa connaissance des êtres de ce groupe et des travaux, dont ils ont été l'objet, doivent faire prendre en sérieuse considération les distinctions spécifiques qu'il a ainsi présentées, toutefois les diagnoses sont peu comparables à celles de ses prédécesseurs, on peut craindre aussi qu'il ne se soit laissé entraîner à exagérer la valeur de certains caractères et par conséquent à multiplier les types spécifiques. Cependant, jusqu'à ce que ces vers aient été revus et étudiés de nouveau, ce sont là de simples présomptions, qui ne peuvent être présentées qu'avec réserve.

M. Czerniavsky a fait connaître du Sud de la Russie les 23 *Clitellio Suchumicus*, et 24 *C. heterotosus*, trop incomplètement caractérisés pour qu'on puisse établir une diagnose différentielle. Il en est de même des 25 *Sænuris abyssicola*, Verr., et 26 *S. limicola*, Verr. Quant au 27 *Tubifex uncinarius*, Dug., il est difficile de savoir même à quel genre il conviendrait de le rapporter. Le 28 *Nais gigantea,* Kessl., ne paraît guère mieux établi.

Les descriptions des 29 *Clitellio inquilinus*, Senger, et 30 *Limnodrilus Bogdanowi*, Grimm, m'étant inconnues, je ne puis juger de leur légitimité.

Les espèces du genre *Clitellio* sont réparties sur de vastes espaces ; on en connaît de toute l'Europe, tant moyenne que septentrionale, et de l'Amérique du Nord depuis les côtes de l'Atlantique jusqu'en Californie.

1. CLITELLIO (CLITELLIO) ARENARIUS.

(Pl. XXIII, fig. 13 et 14.)

Lumbricus arenarius, O. F. MULLER, 1776, p. 216, n° 2614.
  Id.   *id.*   FABRICIUS, 1780, p. 280.
? *Nais littoralis*, O. F. MULLER, 1788-1806, II, p. 54 ; pl. LXXX, fig. 1 à 6.

? *Nais littoralis*, Linné-Gmelin, 1789, p. 3122.
Lumbricus littoralis, Bruguière, 1791 ; pl. LIV, fig. 4, 5, 7, 8 et 10.
Clitellio arenarius, Savigny, 1820, p. 104.
? *Nais littoralis*, Œrsted, 1842-1843, p. 136; pl. III, fig. 1.
Peloryctes arenarius, Leuckart, 1849, p. 161.
Clitellio arenarius, Grube, 1851, p. 103 et 147.
Lumbricus littoralis, Dalyell, 1853, p. 139 ; pl. XVII, fig. 17, 18.
? *Tubifex hyalinus*, Udekem, 1855, p. 544.
?   *Id.*   *id.*   Udekem, 1859, p. 11.
Clitellio arenarius, Claparède, 1861, p. 102.
    Id.   *id.*   Claparède, 1862, p. 252.
    Id.   *id.*   Johnston, 1865, p. 67.
    Id.   *id.*   Vaillant, 1868, p. 251.
Peloryctes inquilina, Senger, 1870, p. 221.
Paranais littoralis, Czerniavsky, 1880, p. 311.
? *Uncinais littoralis*, Levinsen, 1884, p. 218.
Clitellio arenarius, Levinsen, 1884, p. 225.
? *Monopylephorus rubroniveus*, Levinsen, 1884, p. 225.
Nais littoralis, Vejdovsky, 1884, p. 24.
Clitellio arenarius, Vejdovsky, 1884, p. 45.

Corps cylindrique, rigidule, légèrement atténué, surtout en arrière, anneaux plus larges que longs. Lobe céphalique obtusément conique ; segment pygidien simple.

Soies quadrisériées, au nombre de 3 à 5, même 6 par faisceau antérieurement, réduites à 2, parfois une seule en arrière. Elles sont toutes semblables, sigmoïdes, sans renflement sensible sur la tige, fourchues, mais les branches de la fourche à peu près égales, très petites, ne se voient que si la soie se présente de côté et à un grossissement suffisant, leur longueur est de $0^{mm},06$ à $0^{mm},12$, leur diamètre de $0^{mm},005$.

L'œsophage occupe les quatre premiers anneaux, l'intestin, qui y fait suite, n'offre pas de dilatation stomacale, sa teinte est brune par suite de la présence des culs-de-sac dits hépatiques, claviformes, larges au fond de $0^{mm},016$, longs de $0^{mm},063$. Sang rouge ou jaunâtre. La disposition des vaisseaux, surtout du vaisseau dorsal, s'observe difficilement ; ce dernier est pulsatile. Organe segmentaire formé d'un entonnoir vibratile développé, à parois épaisses (? glandulaires) et d'un tube simple, contourné en glomérule vers son quart distal.

Ganglion cérébroïde en quadrilatère allongé d'avant en arrière, carrément coupé ou arrondi postérieurement.

Ceinture distincte à l'époque de la reproduction, bien visible surtout aux 10e et 11e anneaux. Testicule commençant dans ces anneaux et s'étendant jusqu'au 13ᵉ ou 14ᵉ; canal déférent très allongé, terminé par un pénis chitineux, placé dans l'oviducte, mesurant $0^{mm},049$ à $0^{mm},075$ de diamètre; l'orifice efférent est au 9ᵉ anneau. Poches copulatrices dans le 8ᵉ segment, en sacs simples, dilatés au fond.

Couleur plus ou moins rosée, les quatre ou cinq premiers anneaux sont transparents, la ceinture est blanchâtre, dans la moitié postérieure les téguments plus pâles laissent bien voir les vaisseaux qui apparaissent en rouge vif.

Longueur de 20^{mm} à 30^{mm}, pouvant, dans quelques cas, aller jusqu'à 60^{mm}; 45 à 55 segments d'ordinaire, parfois plus de 100.

Hab. — Toutes les côtes de l'Europe septentrionale et moyenne dans la région littorale, surtout dans la seconde zone; vit dans les sables vaseux où l'animal se creuse des galeries à la manière des Lombrics ou mieux des Naïs.

Ce ver est seulement bien connu depuis les recherches de Claparède (1861), qui a donné la description des principaux appareils organiques avec grands détails, il doit être regardé comme le type du genre.

Aux caractères anatomiques donnés plus haut, j'ajouterai en ce qui concerne l'appareil des vaisseaux clos, qu'ils sont constitués par un tronc dorsal et un ventral; le premier, visiblement contractile en arrière, se prolonge jusqu'à la hauteur du ganglion sus-œsophagien, où il se divise en deux branches recourbées en bas sur les côtés du tube digestif, qu'elles entourent, pour se réunir et donner le vaisseau ventral vers le 4ᵉ ou 5ᵉ anneau. Il existe en outre des branches dorsoventrales très près et en avant des dissépiments, elles sont longues et entortillées; du 11ᵉ au 14ᵉ anneau, ces anastomoses fournissent des branches longitudinales au nombre de quatre qui couvrent la partie postérieure des organes génitaux. Je n'ai pas retrouvé l'anse cardiaque antérieure dont parle Claparède, et dans des circonstances favorables on observe dans l'épaisseur de la peau de fines réticulations d'une couleur jaunâtre orangé rappelant assez la couleur du liquide des vaisseaux rouges; serait-ce un réseau cutané? cela paraît probable.

Le liquide sanguin de la cavité viscérale est, comme toujours, incolore et renferme des corpuscules discoïdes qui, vus de côté, sont en forme de navette.

Dans le 4ᵉ segment j'ai reconnu un organe constitué par un tube long d'environ $0^{mm},24$, large de $0^{mm},08$ avec une paroi épaisse de $0^{mm},007$ à $0^{mm},008$ dont le fond était garni d'une multitude d'acini glandulaires formant une masse en chou-fleur. Cet appareil, qui débouche à l'extérieur au niveau de l'intersegment IV par un petit orifice arrondi, est strié longitudinalement dans sa portion tubuleuse, laquelle paraîtrait de nature musculaire. Ceci m'avait d'abord paru devoir se rapporter aux poches copulatrices, mais la position est trop différente de ce qu'on connaît dans les animaux voisins, et d'ailleurs, on trouve ces organes plus loin dans le 9e anneau, je reste donc dans le doute quant à la signification physiologique de ces parties observées au mois de mai 1871.

A la même époque, ayant isolé dans un vase un certain nombre de ces animaux, j'ai observé des corps obscurs par la lumière transmise, rougeâtres par réflexion, ovoïdes, longs de $0^{mm},22$ à $0^{mm},28$, larges de $0^{mm},19$ à $0^{mm},16$, avec une paroi excessivement mince, épaisse d'à peine $0^{mm},001$. La présence de granules réfringents, granules vitellins sans doute, de $0^{mm},001$ à $0^{mm},004$, mélangés à des cellules transparentes de $0^{mm},011$, ne permet pas de douter que ce ne soient de véritables œufs, d'autant qu'on apercevait sur plusieurs d'entre eux une sphérule blanche mesurant $0^{mm},029$, laquelle représenterait la vésicule germinative. Il est très probable qu'ils étaient produits par ces vers, toutefois cette observation demanderait à être confirmée.

Le *Clitellio arenarius*, Müll., résiste pendant un certain temps à l'action de l'eau douce. Au bout de huit à dix heures l'animal devient raide, privé de mouvements, mais si on le replace alors dans l'eau de mer il ne tarde pas à reprendre sa vivacité première ; j'ai cependant observé dans un grand nombre de cas que la partie postérieure se détruisait.

Lorsqu'on les sectionne, la partie antérieure, encore est-il nécessaire d'y comprendre un certain nombre d'anneaux au delà de la ceinture, reste seule vivante, le fragment postérieur se décompose. Ces expériences sont d'ailleurs très difficiles à réaliser, attendu que si on laisse ces vers, même intacts, simplement dans l'eau, ils souffrent visiblement et finissent par mourir, ils ne vivent bien qu'à condition de se loger dans le sable vaseux où ils peuvent creuser leurs galeries et se nourrir, mais il est alors difficile d'empêcher la corruption de l'eau, et d'être certain qu'on n'introduit pas d'autres individus, qui pourraient donner le change sur la redintégration des parties.

Le *Clitellio arenarius*, Müll., est excessivement commun sur les côtes de Bretagne, à Saint-Malo il est facile de se le procurer en abondance en lavant dans un cristallisoir ou sur un tamis au travers duquel les fines particules terreuses peuvent passer, quelques poignées de sable vaseux pris au pied des rochers dans les zones littorales indiquées plus haut. Lorsqu'on les isole ainsi, ces vers se pelotonnent habituellement en tire-bouchon comme les *Tubifex*.

Le *Clitellio arenarius* est regardé comme répondant au *Lumbricus arenarius* de Müller, cependant celui-ci est si imparfaitement caractérisé qu'il pourrait y avoir doute, d'autant que cet auteur et Fabricius, après lui, le décrivent comme ne présentant que deux rangées de soies, on a vu plus haut que c'est même cette particularité qui a engagé Savigny à former pour cette espèce un nouveau genre. Depuis cette époque les auteurs s'accordent à reconnaître que c'est là une erreur, les faisceaux de soies supérieurs ont sans doute échappé par leur petitesse à l'observateur danois. Ce qui complique la question, c'est que Müller a figuré dans un autre ouvrage (1788) sous le nom de *Nais littoralis* un ver qu'on ne peut distinguer de cette même espèce en s'en tenant toutefois à une partie des figures, car il y a évidemment confusion sur la planche LXXX du *Zoologia danica* et des Annélides proprement dits (*Cirrhatulus* ou *Ophelia*) y sont regardés comme le développement achevé de véritables Lombriciniens (1). Il me paraît également probable que le *Tubifex hyalinus* d'Ukedem appartient à cette même espèce, quoique la description donnée soit un peu sommaire.

2. Clitellio (Clitellio) Benedii.

? *Lumbricillus verrucosus*, Œrsted, 1844, p. 68.
? *Clitellio verrucosus*, Grube, 1851, p. 104.
Tubifex Benedii, Udekem, 1855, p. 544, fig.
? *Nais pusulosa*, Williams, 1858, p. 96.
Tubifex Benedii, Udekem, 1859, p. 11.
Clitellio ater, Claparède, 1862, p. 253 ; pl. IV, fig. 7 à 12.
Clitellio Benedii, Vaillant, 1868, p. 251.
Clitellio ater, Vejdovsky, 1884, p. 45.
    Id.   id. Levinsen, 1884, p. 225.

Corps sombre par suite de la présence sur le tégument d'une multitude de petites éminences verruqueuses, noires, disposées régulièrement en quinconce, sur environ douze à vingt rangées circulaires par anneau sur le milieu du corps, ces éminences mesurent $0^{mm},006$ à $0^{mm},011$ de diamètre et sont un peu élargies transversalement. La tête et le lobe céphalique, avec l'anneau ou les deux anneaux suivants, seuls ne présentent pas cette particularité.

Soies réunies par 3 ou 4 dans chaque faisceau à la partie antérieure, puis par 2 et enfin isolées postérieurement. La di-

---

(1) Dans le travail de M. Œrsted (1842-1843) cette planche est citée pour le *Nais elinguis* et le *Nais littoralis*, de plus une figure originale de ce dernier est donnée, mais éclaire peu la question, car il est difficile de savoir à quel animal la rapporter, la présence de petits faisceaux de soies sur la tête peut faire penser aux *Capitella*. (Cff. Claparède : *Annélides chétopodes du golfe de Naples* ; pl. XXVII, fig. 1 et 2, 1868). N'y a-t-il pas non plus confusion entre les figures 1 et 6 dans la planche de M. Œrsted ?

mension des soies varie de 0^{mm},07 à 0^{mm},12 de long sur 0^{mm},002 de large, la pointe en est bifide, mais les branches de la fourche sont souvent difficiles à observer à cause de leur faible développement.

Couleur noire en avant, mélangée de rouge en arrière, le tégument, en ce point, laissant apercevoir les vaisseaux par transparence.

Longueur 50^{mm} à 60^{mm}; 65 à 70 segments.

Hab. — Les côtes de l'Europe moyenne et septentrionale.

Cette espèce se rencontre avec le 1 *Clitellio arenarius* et aussi abondamment, la coloration différente permet de l'en distinguer à première vue.

Il n'est pas douteux que ce ne soit le *Tubifex Benedii*, Udek., décrit plus en détail quelques années plus tard par Claparède sous le nom de *Clitellio ater*.

Quant aux *Lumbricillus verrucosus*, Œrst, et *Nais pusulosa*, Williams, ces espèces n'ont pas été décrites; ce qui peut justifier un rapprochement, en tous cas douteux, c'est, d'une part, que ces vers ont été rencontrés dans la même zone littorale, d'autre part que les épithètes choisies font sans doute allusion à l'état du tégument.

3. Clitellio (Clitellio) lineatus.

Lumbricus lineatus, Muller, 1774, p. 29.
    Id.   *id.*   Fabricius, 1780, p. 278.
    Id.   *id.*   Rathke, 1843, p. 230 ; pl. XII, fig. 8.
Sænuris lineata, Hoffmeister, 1843, p. 195.
Lumbricillus lineatus, Œrsted, 1844, p. 68.
Sænuris lineatus, Grufe, 1851, p. 103.
? *Id.*   *id.*   Udekem, 1855, p. 545.
? *Tubifex lineatus*, Udekem, 1859, p. 11.
Sænuris lineata, Johnston, 1865, p. 66.
Pododrilus Rathkii, Czerniavsky, 1880, p. 336.

Lobe céphalique large, obtus, extrémité postérieure atténuée.

Soies au nombre de 8 à 9 par faisceau, courtes. d'égales longueurs aussi bien à la région dorsale qu'à la région ventrale.

Les ovaires s'étendent du 10° au 12° anneau, l'oviducte débouche au 5° ou 6°.

Longueur 14^{mm} à 18^{mm}; 70 à 80 segments.

Hab. — Rivages de la mer Baltique, autour de Rugen, commun sous les Fucus arrachés et pourris.

L'habitat et la forme générale des soies rendent très probable que ce ver appartient au genre *Clitellio*. Ukedem place ce ver, qu'il n'a pu observer lui-même, avec les *Tubifex*, comme ayant « des soies subulées entremêlées avec des crochets fourchus dans le même faisceau ». Je ne trouve cependant rien dans les descriptions de Müller et d'Hoffmeister, qui indique cette disposition.

M. Czerniavsky, sans donner sur ce point des explications suffisantes, regarde le *Lumbricus lineatus* de Rathke comme différant spécifiquement du *Lumbricus lineatus* d'O. F. Müller et le place dans son genre *Pododrilus*.

4. CLITELLIO (CLITELLIO) MINUTUS.

Lumbricus minutus, O. F. MULLER, 1776 ; p. 216, n° 2616.
    Id.   *id.*   FABRICIUS, 1780, p. 281.
Clitellio minutus, SAVIGNY, 1820, p. 104.
    Id.   *id.*   GRUBE, 1851, p. 104.

Ceinture de trois anneaux commençant avec le 9e, située vers le milieu du corps, lequel est cylindrique, court, proportionnellement épais, légèrement atténué en arrière.

Couleur rouge.

Longueur 14^{mm}, largeur très peu moins de 1^{mm} ; environ 24 anneaux.

HAB. — Danemarck et Groënland, sur les rivages maritimes.

Bien que la phrase caractéristique très brève donnée par O. F. Müller ait été complétée par la description de Fabricius, il est impossible de savoir exactement si ce ver doit être regardé comme une espèce distincte, ou si ce n'est pas un état de développement, une variété du *Clitellio arenarius*, Müll.

5. CLITELLIO ? (CLITELLIO) INÆQUALIS.

Lumbricus inæqualis, O. F. MULLER, 1776, p. 216, n° 2612.
Clitellio ? inæqualis, GRUBE, 1851, p. 104.

   « *Papillis lateralibus simplicibus ; setis solitariis.* »

HAB. — Danemarck.

Grube se demande si cette espèce ne doit pas être placée dans le genre *Clitellio*. L'habitat marin est la seule raison qui plaide en faveur de cette manière de voir, les caractères sont trop succinctement donnés pour permettre une détermination même approchée.

6. Clitellio ? (Clitellio) neurosoma.

Sænuris neurosoma, Frey et Leuckart, 1847, p. 150.
   Id.   *id.*   Grube, 1851, p. 103.
? Lumbriculus neurosoma, Udekem, 1855, p. 545.
   Id.   *id.*   Udekem, 1859, p. 12.
Pododrilus neurosoma, Czerniavsky, 1880, p. 337.

Faisceaux de 4 à 5 soies en avant, réduits à 2 ou 1 en arrière.

Branches vasculaires dorso-ventrales très distinctes et très contournées, surtout dans les anneaux antérieurs.

Hab. — Rivages maritimes de l'île d'Helgoland, dans la vase, et près d'Odessa (golfe Berezan).

La description de MM. Frey et Leuckart, comme l'a déjà fait remarquer Ukedem, est très insuffisante et ne permet pas de détermination précise. Ce dernier auteur, d'après la disposition des branches vasculaires latérales se demande si ce ver n'appartient pas plutôt au genre *Lumbriculus*. Cependant l'habitat et le rapprochement fait par les auteurs de l'espèce avec les *Lumbricillus* de M. Œrsted font plutôt penser qu'il s'agit d'un *Clitellio*, peut-être simplement du 1 *Clitellio arenarius*, Müll.

M. Czerniavsky donne cette espèce comme type de son genre *Pododrilus*, qui ne me paraît pas devoir être admis dans l'état actuel de nos connaissances.

7. Clitellio ? (Clitellio) tenuis.

Lumbriculus tenuis, Leidy, 1855-1858, p. 148 ; pl. XI, fig. 64.
   Id.   *id.*   Vejdovsky, 1884, p. 51.

Corps cylindrique linéaire, un peu renflé (? ceinture) du 9ᵉ au 11ᵉ anneau inclusivement.

Soies locomotrices sigmoïdes, fourchues, sur quatre rangs, 5 à 6 par faisceau antérieurement, 3 ou 4 en arrière.

Deux orifices génitaux sur le 9ᵉ anneau.

Couleur d'un rouge brillant.

Longueur 40ᵐᵐ, largeur 0ᵐᵐ,5 ; 60 segments ou plus.

Hab. — Pointe Judith (Rhode Island), commun parmi les racines des herbes.

La forme des soies, leur nombre dans chaque faisceau, l'habitat, portent à croire que ce ver appartient plutôt au genre *Clitellio* qu'aux *Lumbriculus*. Les caractères donnés ne permettent pas d'ailleurs de déterminer l'espèce avec précision.

8. Clitellio ? (Clitellio) irroratus.

Clitellio irroratus, Verrill, 1873, p. 324 et 622 (1).
Clitellio irrorata, Vejdovsky, 1884, p. 45.

Tête conique, sub-aiguë.

Soies au nombre de 2 à 3 par faisceau à la partie antérieure du corps, de 3 ou 4 plus en arrière ; elles sont sigmoïdes, plus ou moins crochues à l'extrémité, en partie au moins fourchues ; aux faisceaux supérieurs, surtout en arrière, se voient parfois des soies piliformes, qui manquent fréquemment, les soies ordinaires sont courtes mesurant le tiers du diamètre du corps, ou très peu plus.

Clitellum étendu du 9ᵉ au 10ᵉ anneau.

Couleur d'un rouge brillant.

Longueur 60ᵐᵐ, largeur 0ᵐᵐ,75.

Hab.— Rivages du Massachussets (Etats-Unis), zones littorales supérieures.

Ce ver appartient-il au genre *Clitellio* ? la présence de soies piliformes rend la chose très douteuse.

9. ? Clitellio (Clitellio) dubius.

? *Clitellio dubius*, Czerniavsky, 1880, p. 327 ; pl. IV, fig. 19 *a, b, c.*
   Id.   id.   Vejdovsky, 1884, p. 45.

« *Setarum fasciculi* 4, *uncinis modo* 2, *gracilibus sat sigmoideis in basi leviter inflatis incrassatione mediana supra medium sita, subrhomboidea, angulis sat prominentibus, dentibus furcæ tenuibus, curvatis, æqualibus, sat hiantibus.* »

Hab. — Golfe Suchum, dans la vase argileuse compacte de la zone littorale.

Ce ver n'est connu que par un fragment de la partie postérieure du corps, long de 1ᵐᵐ. M. Czerniávsky donne d'après ce débris quelques détails sur la forme des soies et des corpuscules du liquide périviscéral, qu'il figure les unes et les autres. Il est impossible de savoir, d'après cela, quel peut bien être cet animal et s'il mérite réellement qu'on le distingue comme espèce.

(1) M. Verrill écrit à la seconde des pages citées *Clitellio irrorata ;* cette orthographe ne me paraît pas devoir être adoptée.

10. Clitellio (Limnodrilus) Udekemianus.

(Pl. XXII, fig. 18, 19 et 20.)

Limnodrilus Udekemianus, Claparède, 1862, p. 243 ; pl. I, fig. 4 à 7 ; III,
           fig. 13 ; IV, fig. 1.
Id.   *id.*   Lankester, 1871, p. 91.
Id.   *id.*   Vejdovsky, 1875.
Id.   *id.*   Eisen, 1878-1880, p. 20.
Clitellio Udekemianus, Czerniavsky, 1880, p. 325.
Limnodrilus Udekemianus, Vejdovsky, 1883, p. 12 (tirage à part).
Id.   *id.*   Vejdovsky, 1884, p. 47 ; pl. VIII, fig. 18 à 21,
           IX, fig. 20 ; X, fig. 12 à 20 ; XI, fig. 1 à 3.
Id.   *id.*   Levinsen, 1884, p. 225.

Corps résistant, par suite de l'épaisseur remarquable du tégument, qui peut atteindre le sixième du diamètre du corps.
Lobe céphalique conique, plus long que le segment buccal.
Anneaux nettement séparés, les cinq premiers subdivisés en
deux par une ride, la portion antérieure, la plus développée,
porte les soies.

Faisceaux antérieurs composés de 5 à 8 soies, moins nombreuses en arrière, renflées vers leur milieu, la branche supérieure de la fourche, plus développée que l'autre, est obtuse.

Pharynx se prolongeant jusque dans le 4e anneau.

Cerveau présentant aux angles antérieurs deux forts prolongements, presque aussi longs que lui, légèrement échancré en
arrière en son milieu, où se trouve une petite éminence arrondie.

Pénis chitineux, allongé, cylindrique, à extrémité libre en
croissant. Gaîne environ trois fois aussi longue que large, entourée de couches musculaires en spirale.

Couleur rougeâtre en avant, brune ou jaunâtre en arrière,
des taches de cette même couleur sur plusieurs rangs à la
partie postérieure.

Longueur 30^{mm} à 50^{mm}, largeur 0^{mm},8 ; jusqu'à 160 segments.

Hab.. — Toute l'Europe moyenne et septentrionale, dans les ruisseaux.

L'épaisseur du tégument, et surtout de la cuticule, qui y entre pour
au moins moitié, la coloration, permettent de distinguer cette espèce
au premier coup d'œil.

Après avoir été découverte en Suisse, elle a été rencontrée en Angleterre, en Allemagne, en Danemark, en Russie, je l'ai trouvée en
Bretagne (Ruisseau des Vaux-Garny).

11. CLITELLIO (LIMNODRILUS) HOFFMEISTERI.

Limnodrilus Hoffmeisteri, CLAPARÈDE, 1862, p. 248 ; pl. I, fig. 1 à 3 ; III,
fig. 12 ; IV, fig. 6.
    Id.   *id.*   VEJDOVSKY, 1875.
    Id.   *id.*   EISEN, 1878-1880, p. 20.
Clitellio Hoffmeisteri, CZERNIAVSKY, 1880, p. 325.
Limnodrilus Hoffmeisteri, VEJDOVSKY, 1883, p. 12 (tirage à part).
    Id.   *id.*   VEJDOVSKY, 1884 ; pl. VIII, fig. 13 à 17 ; XI, fig. 4.
    Id.   *id.*   LEVINSEN, 1884, p. 225.

Corps médiocrement allongé, à parois peu épaissies. Lobe céphalique court, obtus.

Soies au nombre de 4 à 8 par faisceaux sur les parties antérieures du corps, moins nombreuses et enfin isolées aux parties postérieures ; la fourche est faible, les branches en sont fortement appointies.

Pharynx ne se prolongeant pas au-delà du 3° anneau.

Ganglion cérébroïde volumineux, à peu près carré avec deux prolongements épais aux angles antérieurs, sans échancrure sensible en arrière.

Pénis chitineux, allongé, cylindrique, avec l'extrémité libre en croissant, quatre à cinq fois plus long que large ; fibres musculaires entourant la gaîne disposées en spirale.

Couleur rouge ou rose plus ou moins brunâtre.

Longueur 25^{mm} à 35^{mm} ; 55 à 95 segments.

HAB. — Toute l'Europe moyenne et septentrionale, dans les ruisseaux.

Cette espèce se distingue facilement du 10 *Clitellio Udekemianus*, Clap., par la moindre épaisseur de son tégument, qui a l'aspect habituellement connu chez les NAIDIDÆ. Ces deux vers se rencontrent habituellement ensemble.

12. CLITELLIO (LIMNODRILUS) CLAPAREDIANUS.

Tubifex rivulorum, BUDGE, 1850, p. 1 ; pl. I.
Limnodrilus Claparedianus, RATZEL, 1868, p. 590 ; pl. XLII, fig. 24.
? *Camptodrilus spiralis*, EISEN, 1878-1880, p. 22, fig. 5.
? *Camptodrilus californicus*, EISEN, 1878-1880, p. 24, fig. 6.
Clitellio Claparedianus, CZERNIAVSKY, 1880, p. 325.
Limnodrilus Claparedianus, VEJDOVSKY, 1883, p. 12 (tirage à part).
    Id.   *id.*   VEJDOVSKY, 1884, p. 48 ; pl. VIII, fig. 22 à 23 ;
XI, fig. 5 à 8.

Cuticule très épaisse et iridescente. Lobe céphalique allongé.

Soies au nombre de 6 à 8 par faisceau aux anneaux antérieurs; elles sont légèrement renflées en leur milieu, fourchues, la branche supérieure de la fourche beaucoup plus longue que l'autre et obtuse.

Pharynx prolongé jusqu'au 4ᵉ anneau.

Pénis chitineux excessivement développé, ses dimensions peuvent être de 1ᵐᵐ de long sur 0ᵐᵐ,035 de large, la longueur et la largeur étant généralement dans le rapport de 50 ou 20 à 1, chez certains individus le rapport ne serait que de 10 à 1; l'extrémité libre s'élargit en entonnoir; fibres musculaires, entourant la gaîne, disposées en spirale.

Couleur pâle.

Longueur 60ᵐᵐ à 70ᵐᵐ.

Hab. — Europe centrale, environs de Carlsruhe, différents points de la Bohême.

Cette espèce, remarquable par sa grande taille et sa couleur blanche, ne paraît pas jusqu'ici avoir été aussi fréquemment rencontrée que les **10** *Clitellio Uœkemianus*, Clap., et **11** *C. Hoffmeisteri*, Clap. Elle se rapproche de cette dernière par la forme des soies, mais se distingue de toutes deux par les dimensions considérables du pénis chitineux, dont l'extrémité libre, dilatée, est pourvue d'un système spécial de valvules; il a été soigneusement décrit et figuré par **M.** Vejdovsky.

On a donné aussi la forme de la poche copulatrice comme propre à distinguer cette espèce. elle serait étranglée sur trois points, formant ainsi trois dilatations, une médiane ovoïde, la plus considérable, une terminale profonde spherique, la dernière, la plus petite, entre la médiane et le tube efférent. Elle serait munie de glandes jaune orangé.

Le *Clitellio Claparedianus* a été observé pour la première fois par **M.** Budge, qui a donné une figure remarquablement exacte de l'appareil copulateur, mais il regardait le ver observé comme identique au *Tubifex rivulorum*, Lam. **M.** Ratzel a distingué l'espèce avec netteté en donnant les caractères différentiels qui la séparent des **10** *Clitellio Udekemianus*, Clap., et **11** *C. Hoffmeisteri*, Clap.

M. Vejdovsky se demande si on ne doit pas réunir à cette espèce les **19** *Camptodrilus spiralis*, Eis., et **22** *C. californicus*, Eis. Il est incontestable, d'après les figures données par **M.** Eisen, que la largeur et la forme du pénis dans ces deux espèces parlent en faveur de cette manière de voir. Toutefois, **M.** Eisen donne une diagnose différentielle des deux espèces qui ne permet guère d'admettre que cet auteur, expérimenté en ces matières, se soit trompé en les distinguant. Avec laquelle des deux devrait être faite l'assimilation au *Clitellio Claparedianus*, Ratz. ? c'est ce qu'il est encore impossible de décider.

13. Clitellio (Limnodrilus) elongatus.

Tubifex elongatus, Udekem, 1855, p. 544.
　　Id.　　　id.　　　Udekem, 1859, p. 11.
Limnodrilus elongatus, Tauber, 1879, p. 71.
　　Id.　　　　id.　　　Vejdovsky, 1884, p. 43 et 47.

« Téguments transparents ; corps mince très allongé ; des crochets fourchus dans tous les faisceaux. »

Hab. — Environs de Bruxelles.

Il n'est pas douteux que ce ver n'appartienne au genre *Clitellio*, section des *Limnodrilus*, mais la description donnée par Udekem est trop incomplète pour permettre de le déterminer. Il est probable qu'il se rapporte soit au 10 *Clitellio Udekemianus*, Clap., soit au 11 *C. Hoffmeisteri*, Clap., ou même au 12 *C. Claparedianus*, Ratz. M. Levinsen (1884, p. 225) émet une opinion analogue.

14. Clitellio (Limnodrilus) ornatus.

Limnodrilus ornatus, Eisen, 1878-1880, p. 17.
? 　Id.　　　id.　　　Vejdovsky, 1884, p. 45.

Corps long, mince, non atténué, son épiderme est dur.

Ganglion cérébroïde plus élargi en arrière, avec les deux lobes postérieurs arrondis et distincts.

Pénis long et mince, élargi à son extrémité interne, s'atténuant graduellement à partir de ce point jusqu'à l'extrémité terminale, qui est toutefois légèrement renflée. Sa gaîne longue, cylindrique, élargie à l'orifice inférieur et rétrécie en son milieu ; *l'extrémité supérieure, près du point d'entrée de l'oviducte, est entourée d'une couronne de concrétions stelliformes* paraissant de consistance chitineuse. Poches copulatrices allongées en forme de bouteille, parfois rétrécie en son milieu. *Oviducte simple*, en sac, et plus long que la gaîne pénienne.

Longueur 30^{mm}, largeur 0^{mm},6.

Hab. — Rivière San-Joaquim (Californie), sur des bois morts flottants à la surface d'un étang peu profond.

M. Vejdovsky, tout en rangeant cette espèce parmi ses Tubificidæ, ne la place qu'avec doute dans le genre *Limnodrilus*.

15. Clitellio (Limnodrilus) Steigerwaldi.

Limnodrilus Steigerwaldi, Eisen, 1878-1880, p. 18, fig. 3.
  ?   *Id.*   *id.*   Vejdovsky, 1884, p. 45.

Corps très allongé.

Ganglion céphalique plus large à sa partie antérieure, où se trouvent plusieurs gros lobes glanglionnaires dirigés vers le lobe céphalique ; sa partie postérieure, à bord terminal brusquement émarginé, est globuleuse.

Le pénis forme en dehors de l'orifice externe de la gaîne péniale un renflement globuleux du double au moins plus large que cet orifice.

Poches copulatrices droites, renflées à leur extrémité interne. *Oviducte double*; l'interne, musculaire, appliqué sur le pénis et sa gaîne, prolongé au delà du renflement de ce dernier en une extrémité atténuée ; l'externe en sac élargi, sa partie membraneuse contient de nombreuses cellules nucléolées.

Longueur jusqu'à 80^{mm}, largeur 0^{mm},75 à 1^{mm}.

Hab. — Sierra Nevada (Californie), dans des ruisseaux arrosant des prairies à une altitude de plus de 2,000 mètres.

On peut, d'après M. Vejdovsky, faire pour cette espèce la même remarque que pour la précédente.

16. Clitellio (Limnodrilus) monticola.

Limnodrilus monticola, Eisen, 1878-1880, p. 18.
  Id.   *id.*   Vejdovsky, 1884, p. 45.

Corps allongé.

Ganglion céphalique à peu près carré, avec deux lobes ganglionnaires antérieurs dirigés vers le lobe céphalique.

Pénis presque cylindrique, extrémité externe tronquée, faiblement élargie ; gaîne péniale de même forme et de même longueur, seulement un peu élargie à son extrémité interne. Poches copulatrices droites, sacciformes. *Oviducte double*; l'interne chitineux, fort analogue comme aspect à la gaîne péniale, si ce n'est que son extrémité inférieure, dans les individus adultes, se dilate en plaque ; l'externe sacciforme comme d'ordinaire.

Longueur 30^{mm}, largeur 0^{mm},5.

Hab. — Sierra Nevada (Californie), à Seven Springs Meadow, sur le côté Est du bras Nord de Kingsriver à une altitude de 2,700 à 3,000 mètres.

17. Clitellio (Limnodrilus) alpestris.

Limnodrilus alpestris, Eisen, 1878-1880, p. 19.
   Id.   *id.*   Vejdovsky, 1884, p. 45.

Corps très fragile.

Ganglion céphalique élargi en arrière, trilobé parfois chez les individus âgés ; saillies du ganglion ventral presque circulaires.

Organes segmentaires relativement courts, mais entourés d'une masse épaisse de substance granuleuse.

Pénis et oviductes comparativement plus longs que dans aucune autre espèce du genre. *Le premier en pointe à son extrémité externe*; les deux orifices de la gaîne du pénis infundibuliformes, l'externe le plus large. Poche copulatrice élargie à ses deux extrémités, l'extrémité distale contournée en hélice. *Oviducte double*; l'interne, semblable à la gaîne péniale, c'est-à-dire plus large à l'orifice extérieur qu'au milieu, est un peu plus long que l'externe, qui a son orifice profond très étroit, exactement appliqué sur l'extrémité inférieure de l'atrium, son orifice extérieur est sacciforme.

Longueur 25^{mm}, largeur 0^{mm},5.

Hab. — Sierra Nevada (Californie), dans la vase de sources situées à une altitude de plus de 2,000 mètres.

18. Clitellio (Limnodrilus) Silvani.

Limnodrilus Silvani, Eisen, 1878-1880, p. 19, fig. 4.
   Id.   *id.*   Vejdovsky, 1884, p. 45.

Vers revêtus d'un tégument très résistant. On peut distinguer, d'après la taille, deux variétés.

Ganglion céphalique près de deux fois aussi large que long et parfois trilobé dans la variété de grande taille, beaucoup plus long que large et jamais trilobé dans l'autre.

Organes segmentaires longs et étroits, non entourés de cellules globuleuses.

Pénis moitié plus court que sa gaîne chitineuse, très peu plus épais que la partie terminale de l'atrium, *pointu ou arrondi ou quelque peu gonflé à son extrémité externe* ; gaîne du pénis offrant un aspect assez différent suivant qu'on l'examine de côté ou de face, dans le premier cas il s'atténue graduellement vers l'extrémité extérieure, sauf un élargissement brusque au milieu, juste au point où se termine le pénis proprement dit, vu de face il aurait l'apparence d'une pointe de flèche avec un manche arrondi, court. Poches copulatrices munies d'un vaste élargissement sacciforme à la partie profonde, cet élargissement est courbé en haut dans la variété petite. *Oviducte double* ; l'interne *beaucoup plus étroit à son extrémité extérieure qu'au milieu ou à sa partie profonde* n'a que les trois-quarts de la longueur du pénis, c'est le quart supérieur qui manque ; vu de côté, il présente un peu l'apparence d'un carquois ; vu de face, on trouve qu'il embrasse étroitement l'extrémité terminale de la gaîne pénienne, son tiers supérieur est plus large que la partie correspondante de celle-ci ; l'oviducte externe sacciforme entoure lâchement les organes génitaux internes.

Var. max. : longueur 180^{mm}, largeur 2^{mm} ; var. min. : longueur 50^{mm}, largeur 1^{mm}.

Hab. — San-Francisco (Californie), dans les réservoirs et les étangs, la première variété à l'hôpital de la Marine, la seconde aux Laguna Merced et Laguna del Tache.

Les passages qu'on peut établir de l'une des formes à l'autre engagent l'auteur à les réunir en une seule espèce, malgré les différences anatomiques qu'il a pu reconnaître entre elles.

19. Clitellio (Limnodrilus) spiralis.

Camptodrilus spiralis, Eisen, 1878-1880, p. 22, fig. 5.
? *Limnodrilus Claparedianus*, Vejdovsky, 1884, p. 48.

Tégument mince.

Soies légèrement courbées, branches de la fourche plus écartées aux segments postérieurs qu'aux antérieurs.

Organe segmentaire sans cellules globuleuses et son orifice interne non entouré d'agglomérations glandulaires.

Gaîne péniale longue et étroite, presque rectiligne, *élargie brusquement à son extrémité externe, mais non en plaque* (1). Poche copulatrice longue, sacciforme et coudée au milieu. *Oviducte double, l'interne chitineux,* l'externe sacciforme à son extrémité inférieure. Muscles spiraux plus délicats que dans aucune autre espèce.

Couleur bleu d'acier.

Longueur environ 25^{mm}, largeur 1^{mm}.

Hab. — Sierra Nevada (Californie), toujours dans les eaux stagnantes.

Lorsqu'on le touche, cet animal se replie sur lui-même.

20. Clitellio (Limnodrilus) igneus.

Camptodrilus igneus, Eisen, 1878-1880, p. 23.
Limnodrilns igneus, Vejdovsky, 1884, p. 45.

Corps plutôt épais, tégument extrêmement mince.

Ganglion cérébroïde plus large en avant qu'en arrière, profondément échancré à son bord postérieur ; les processus antérieurs couverts de plusieurs bosselures globuleuses.

Liquide cavitaire contenant des cellules flottantes libres. Organes segmentaires pourvus dans tous les anneaux d'un revêtement de cellules en globes parfaits, avec des noyaux distincts.

Gaîne du pénis longue et extrêmement étroite, *son extrémité inférieure ou extérieure brusquement dilatée en plaque ;* à partir de là cette gaîne s'épaissit graduellement jusqu'à l'extrémité supérieure ou interne de la gaîne. Poche copulatrice courbée et sacciforme ; on n'a pas trouvé de spermatophores. *Oviducte simple non chitineux,* sacciforme, surtout à son extrémité inférieure dans laquelle des cellules nucléaires sont nettement visibles. Muscles spiraux entourant les organes de la copulation très forts et très distincts, ne ressemblant pas à ceux du 19 *Clitellio spiralis,* Eis.

(1) Il y a contradiction quant à cette dernière particularité entre le tableau synoptique donné par M. Eisen (même page) et la description, celui-là portant : *plate-like ;* mais la figure et l'étude détaillée des caractères montrent suffisamment que c'est une simple erreur typographique. L'auteur convient d'ailleurs (p. 24) que ses espèces sont fort difficiles à distinguer les unes des autres.

Couleur rouge feu à la lumière directe, jaunâtre par la lumière transmise.

Longueur 30ᵐᵐ, largeur 0ᵐᵐ,75.

Hab. — Oakland, San-Francisco, Santa-Clara (Californie), dans les mares.

Ce ver se rencontre à l'état adulte en mars. Sa couleur est particulièrement remarquable et frappe par sa vivacité dans les eaux où il se trouve.

La gaîne du pénis est encore plus longue proportionnellement à sa largeur que chez les 19 *Clitellio spiralis*, Eis. et 22 *C. californicus*, Eis., qui cependant sont comparables sous ce rapport au 12 *Clitellio Claparedianus*, Ratz.

21. Clitellio (Limnodrilus) corallinus.

Camptodrilus corallinus, Eisen, 1878-1880, p. 23.
Limnodrilus corallinus, Vejdovsky, 1884, p. 45.

Corps présentant une certaine résistance par suite de la nature du tégument; anneau pygidien cinq à six fois plus grand que le précédent.

Ganglion céphalique presque carré, avec son échancrure postérieure rectangulaire.

Les organes segmentaires, en avant de la ceinture, munis de cellules globuleuses, les autres en étant privés; point de cellules glandulaires autour de leur orifice interne.

Gaîne du pénis graduellement élargie vers son extrémité externe, qui est un peu courbe. Poche copulatrice courte, recourbée et sacciforme. Ovaires courts et repliés en un angle droit où se trouvent les œufs les plus développés. L'oviducte embrasse exactement la gaîne du pénis, sauf l'extrémité inférieure, qui est sacciforme.

Couleur rouge jaunâtre, avec une bande claire ou incolore à chaque intersegment.

Longueur 25ᵐᵐ à 30ᵐᵐ, parfois 60ᵐᵐ à 70ᵐᵐ, largeur 1ᵐᵐ à 1ᵐᵐ,5.

Hab. — Fresno, Kingsriver, Big Drej Creek (Californie), dans les mares et aussi l'eau courante.

Les bandes transversales blanches font, d'après l'auteur, que le corps de ce ver offre l'apparence de perles de Corail enfilées (a string of Coralls).

22. Clitellio (Limnodrilus) californicus.

Camptodrilus californicus, Eisen, 1878-1880, p. 24; fig. 6.
? *Limnodrilus Claparedianus*, Vejdovsky, 1884, p. 48.

« Tégument mince, queue nettement annelée.

Ganglion céphalique carré quoiqu'*un peu élargi postérieurement*, arrondi avec une faible échancrure en arrière.

Organes segmentaires sans cellules globuleuses.

Pénis robuste, sa gaîne *brusquement élargie en entonnoir à son extrémité, mais non en plaque. Oviducte simple, non chitineux*, entourant exactement le pénis, sauf à la partie externe, qui est dilatée en sac. Muscles spiraux plus gros que dans aucune autre espèce du genre.

Couleur rouge feu à la lumière directe, jaunâtre par transparence.

Longueur 30^{mm}, largeur 0^{mm},75.

Hab. — Environs de San-Francisco, dans les mares et dans les eaux stagnantes, rarement dans les eaux courantes. »

Cette espèce est comparée par l'auteur au 20 *Clitellio (Limnodrilus) igneus*, Eis., pour l'aspect; la disposition de l'oviducte est celle observée chez le 21 *Clitellio (Limnodrilus) corallinus*, Eis.

23. Clitellio (Limnodrilus) suchumicus?

Clitellio suchumicus, Czerniavsky, 1880, p. 328; pl. IV (I), fig. 20 *a, b*.
   Id.   id.   Vejdovsky, 1884, p. 45.

« *Fasciculi setarum uncinis plerumque 3, rariter (plerumque in parte posteriore et proparte antice) 2-nis, rarissime (postice) singulis formati. Uncini* 0^{mm},1 *ad* 0^{mm},12 *longi, fortiter sigmoidei, magis fortes, basim versus sensim angustati et apicem versus sensim dilatati, in basi obtusi incrassatione mediana sat prominente sed asymmetrica et sæpe modo unilaterali, furca apicali circiter* 0^{mm},007 *longa, maxime curvata et magis hiante, dentibus sat obtusis et maxime inæqualibus, superiore magis angusto, inferiore multo longiore et basim versus maxime dilatato.* »

Longueur 17^{mm}.

Hab. — Suchum (Abchasie), sous les pierres dans les ruisseaux.

24. CLITELLIO (LIMNODRILUS) HETEROSETOSUS?

Clitellio heterosetosus, CZERNIAVSKY, 1880, p. 328; pl. IV (I), fig. 21, *a,*
b, c et 22.
Id.   id.   VEJDOVSKY, 1884, p. 45.

« *Corpus parum pellucidum, gracile, anticè parum angustatum, postice fortiter sensimque angustatum. Caput magis breve,
rotundate-triangulare.*

*Fasciculi setarum setis retrorsum numero magis decrescenti-
bus, antice 7, postice tantum singulis formati. Uncini fortiter
sigmoidei, basin et apicem versus leviter angustati, in basi ro-
tundati vel obtusi, anteriores et posteriores maxime dissimiles,
sed transitione gradata juncti : 1° in segmentis 4-7 anticis ma-
jores $0^{mm},07$-$0^{mm},1$ longi, magis fortes incrassatione mediana,
magna, ovata magisque prominente, furca permagna ad $0^{mm},01$
longa, maxime valida et magis hiante, dentibus acutissimis, un-
guiformibus et maxime inæqualibus, superiore longissimo et
fortissimo, inferiore-fere duplo breviore, sed longo et magis te-
nui ; 2° segmenta sequentia in triente anteriore corporis uncinis
sensim transitantibus instructa ; 3° in segmentis ceteris, uncini
sat minuti, vix ad $0^{mm},066$ longi, fortes, incrassatione mediana
mediocri et ovata ; furca apicali valida, sed parum elongata,
maxime hiante, dentibus maxime inæqualibus, obtusis, dente
superiore multo longiore, angustato et leviter curvato, dente
inferiore maxime curvato et maxime dilatato.*

*In dimidio anteriore fortiter rubescens, in dimidio posteriore
sat pallide-rubescens.* »

Longueur 28^{mm}, largeur à peine $0^{mm},5$; 93 anneaux.

H~AB~. — Eaux douces des environs de Charcov.

Il est difficile, sur ces diagnoses, que j'ai cru devoir reproduire *in
extenso,* d'admettre cette espèce non plus que la précédente comme
légitimes.

25. CLITELLIO ? (LIMNODRILUS) ABYSSICOLA.

Sænuris abyssicola, VERRILL, 1871, p. 449.
Id.   id.   VEJDOVSKY, 1884, p. 45.

Corps mince, atténué postérieurement. Anneaux sur la moitié antérieure peu allongés, séparés par de faibles constrictions;
plus longs en arrière. Lobe céphalique court, subconique, ar-

rondi en avant ; anus terminal, avec trois ou quatre lobes peu apparents.

Soies commençant sur le second segment après la bouche, quatre faisceaux pectiniformes par anneaux, les inférieurs écartés environ du double de la longueur des soies, composés chacun de 5 à 6 de celles-ci, simples, aiguës, faiblement courbées, mesurant environ le sixième du diamètre du corps ; les faisceaux dorsaux sont composés de 3 à 5 soies un peu plus courtes et plus droites.

Bouche large semi-circulaire. Intestin étroit, moniliforme, rempli de sable.

Quatre petits ocelles sur le côté supérieur de la tête. (Ceci n'a été constaté que sur un exemplaire.)

Longueur 8^{mm}, largeur en avant 0^{mm},7 ; environ 28 anneaux.

Hab. — Lac Supérieur (Amérique N.), par des profondeurs de 31 à 291 mètres.

26.   Clitellio ? (Limnodrilus) limicola.

Sænuris limicola, Verrill, 1871, p. 450.

Ver plus mince que l'espèce précédente, atténué en arrière. Lobe céphalique obtus, conique.

Soies formant quatre faisceaux sur chaque segment, au nombre de 6 à 8 antérieurement, 4 à 5 en arrière. Ces soies sont relativement longues, grêles, courbes, aiguës.

Intestin moniliforme.

Deux vaisseaux rouges, tortueux, longent l'intestin, formant une bride dans chaque anneau.

Longueur 8^{mm},3, largeur 0^{mm},5 ; 44 segments environ.

Hab. — Lac Supérieur (Amérique N.), par une profondeur de 291 mètres.

Il est impossible, d'après cette diagnose, d'assigner la place même générique de ce ver avec quelque certitude.

27.   Clitellio ? (Limnodrilus) uncinarius.

Tubifex uncinarius, Dugès, 1837, p. 33 ; pl. I, fig. 28, 29 et 30.
Clitellio? uncinarius, Grube, 1851, p. 104.
? Tubifex uncinarius, Vejdovsky, 1884, p. 42.

La description donnée par Dugès, de cette espèce, est très succincte, et les figures sont trop imparfaites pour permettre de la reconnaître.

Il n'est même pas possible d'en déterminer le genre. Grube la place, sous toute réserve il est vrai, parmi les *Clitellio*, cependant il habite les eaux douces. L'auteur de l'espèce parle de « vaisseaux latéraux fort sinueux presque pelotonnés ». Est-ce à la disposition connue chez bon nombre de *Tubifex* qu'il est fait allusion ? s'agit-il de culs-de-sac vasculaires comme ceux que l'on trouve chez les *Lumbriculus ?*

La localité précise n'est pas connue.

28. CLITELLIO ? (LIMNODRILUS) GIGANTEUS.

Nais gigantea, KESSLER, 1868.
Limnodrilus giganteus, VEJDOVSKY, 1884, p. 23.

HAB. — Lac Onéga.

« Le fait que cette espèce n'a que des soies en crochet au nombre de 8 à 3 sur les premiers segments, et de plus que les orifices sexuels (sans doute les orifices mâles seulement) se trouvent sur le 11ᵉ, me portent à penser que l'on doit voir dans le *Nais gigantea* plutôt un *Limnodrilus* ». (Vejdovsky).

29. CLITELLIO INQUILINUS.

Peloryctes inquilina, SENGER, 1870, p. 221.
Clitellio ....., CZERNIAVSKY, 1880, p. 325.

30. CLITELLIO (LIMNODRILUS) BOGDANOWI.

Limnodrilus Bogdanowi, GRIMM, 1877, p. 110; pl. V, fig. 13.

Pour cette espèce et la précédente, il ne m'a pas été possible de consulter les travaux originaux, et je dois me borner à ces indications bibliographiques.

XVIII. GENRE CHIRODRILUS.

(Χείρ, main ; δρῖλος, ver de terre).

Chirodrillus, VERRILL.

« Chaque segment porte six faisceaux de soies disposées en éventail : deux ventraux, deux latéraux, deux subdorsaux ; dans les quatre premiers on compte de 4 à 9 soies simples, aiguës, minces, courbées en *f* italique ; dans les faisceaux supérieurs il y en a 3 à 6 plus robustes et moins courbes.

Intestin large, parfois moniliforme. Anus grand, terminal. » (Verrill.)

Ce genre est rapproché des *Tubifex* (*Sænuris*) par M. Verrill, les soies sont-elles toutes simples comme le dit cet auteur? La présence d'un troisième faisceau de soies de chaque côté, le distingue au reste de tous les autres Naididæ, et même ce caractère est si singulier qu'il rend fort douteuse la position des *Chirodrilus* dans ce groupe.

Deux espèces sont citées l'une et l'autre de l'Amérique septentrionale.

1. Chirodrilus larviformis.

Chirodrilus larviformis, Verrill, 1871, p. 450.
   `Id.`   *id.*   Vejdovsky, 1884, p. 45.

Corps assez court et non aminci, cylindrique, obtus aux deux extrémités, distinctement annelé. Lobe céphalique court, conique.

Faisceaux ventraux rapprochés, composés d'environ 5 soies assez courtes, simples, aiguës, un peu courbes; les latéraux de 5 à 6 soies de même forme et de même grandeur; les subdorsaux sont semblables.

Bouche large, semi-circulaire en dessous.

En arrière du 10° anneau se voit une zone lisse, épaissie occupant environ quatre segments (? ceinture.)

Couleur blanche, translucide. Intestin légèrement verdâtre.

Longueur environ 7^{mm} à 8^{mm}, largeur 1^{mm}; 38 segments.

Hab. — Lac Supérieur, par 31 mètres et 108 mètres, sur des fonds sablonneux ou argilo-vaseux.

2. Chirodrilus abyssorum.

Chirodrilus abyssorum, Verrill, 1871, p. 450.
     Id.   *id.*   Vejdovsky, 1884, p. 45.

Corps subcylindrique, plus épais antérieurement, distinctement annelé.

Aux faisceaux ventraux, de 8 à 9 soies antérieurement, 5 à 6 postérieurement; elles sont longues, minces, aiguës, fortement courbées, celles du côté inférieur des faisceaux près du double plus longues que celles du côté supérieur; aux faisceaux latéraux 5 ou 6 soies grêles presqu'aussi longues que celles des faisceaux ventraux et de même forme; aux faisceaux dorsaux de 4 à 5 soies aiguës plus courtes, plus robustes et plus droites.

Bouche large, semi-circulaire.

Longueur 6^{mm}, largeur 0^{mm},5 ; 42 segments.

Hab. — Lac Supérieur, par 86 mètres et 291 mètres de profondeur.

INCERTÆ SEDIS

XIX. Genre MESOPACHYS.

Mesopachys, Œrsted, 1844, p. 79.
    Id.   Grube, 1851, p. 104 et 146.
    Id.   Carus et Gerstæker, 1863, p. 448.
    Id.   Czerniavsky, 1880, p. 305.

« *Corpus fusiforme ex segmentis* 24-25 *indistinctis brevissimis constans, caput nullum distinctum, os inferum, setarum fasciculi* 4 *in omnibus segmentis, setis capillaribus. Tubo cibario torto libero, omni constrictione destituto, ab omnibus aliis generibus hujus familiæ distinguitur.* »

Ce genre, admis sur l'autorité de M. Œrsted, n'est qu'imparfaitement connu d'après la diagnose reproduite textuellement ici. Les auteurs n'en font depuis que simple mention, sauf M. Czerniavsky, lequel aurait retrouvé l'espèce sur la mer Noire.

Ces vers, s'ils font toutefois partie du groupe des Naididæ, offriraient cependant un caractère distinctif bien net étant pourvus uniquement de soies capillaires, ce qui est plutôt le propre des Amedullata.

Une seule espèce est citée, celle qu'indique M. Œrsted.

Mesopachys marina.

Hab. — Détroit du Sund, région des Buccins; golfe Jalten, dans la zone littorale, par une profondeur d'à peine un mètre.

Cette espèce n'a été caractérisée que par la diagnose générique reproduite plus haut; on devra se reporter également pour la bibliographie à celle donnée pour le genre.

Vᵉ Fam. CHÆTOGASTRIDÆ.

Lombriciniens de petite taille, médiocrement allongés, composés d'un petit nombre de segments. Tête confondue avec les anneaux suivants, sans lobe céphalique distinct, l'annelation du corps étant d'ailleurs peu accusée. Soies d'ordinaire très nettement fourchues, parfois pectinées, habituellement disposées sur deux rangées ventrales, plus rarement quadrisériées. Système des vaisseaux clos rudimentaire, toujours très simple; le liquide qu'il contient, incolore. Système des organes segmentaires peu développé. Appareil nerveux nettement distinct.

Organes reproducteurs très simples ; la reproduction asexuée, gemmipare, est la plus habituelle. Mœurs aquatiques, parfois parasites de certains Mollusques.

Les Chætogastridæ forment un groupe dans lequel s'accentue la dégradation du type Lombricinien, soit qu'on ait égard à l'apparence extérieure soit qu'on étudie l'organisation intime.

Ce sont des animaux de petite taille, les plus grands mesurent à peine 10^{mm} à 15^{mm} et encore compte-t-on dans cette longueur des bourgeons placés en arrière qui, à proprement parler, sont des individus distincts. L'annélation est vague, souvent on ne peut se rendre compte du nombre des anneaux que par celui des faisceaux sétigères. La transparence des téguments étant très grande, certaines espèces se prêtent fort bien à l'étude de la disposition anatomique des appareils.

La forme de la tête est caractéristique, le plus ordinairement le corps se termine en ce point par une sorte de disque à la partie inférieure duquel se voit la bouche. Chez le *Chætogaster vermicularis*, Müll. on trouve un prolongement en cône, rudiment du lobe céphalique, mais il est loin d'être aussi distinct que chez les *Nais* et les *Lumbricus*. Le segment pygidien est simple.

Deux faisceaux de soies, toujours plus développées que celles du reste du corps, se voient de chaque côté du disque et se portent très en avant. Cette paire de faisceaux est séparée de la suivante par un espace, qui souvent n'est pas moindre que la moitié de la longueur du corps, non compris les bourgeons qui peuvent exister ; les trois ou quatre faisceaux suivants sont espacés également, encore assez distants comparés à quatre ou cinq faisceaux postérieurs, très rapprochés les uns des autres, qui terminent le corps, c'est le point où l'annélation est la plus nette.

Les soies locomotrices sont nombreuses dans chaque faisceau, de 5 à 12 et même davantage, d'après M. Lankester, chez les individus sexués ; on les trouve disposées par paire simple au côté ventral sur chacun des anneaux, d'où le nom imposé au genre typique. M. Tauber a, dans ces dernières années, fait connaître une espèce où les anneaux sétigères offrent, comme retour en quelque sorte à la disposition habituelle, quatre faisceaux, une paire dorsale s'ajoutant à celle que possèdent les *Chætogaster* proprement dits. Les soies (1) sont toujours grêles, sigmoïdes, renflées en leur milieu, égales dans un même faisceau, sauf parfois pour les antérieurs ; extrémité libre nettement fourchue, mais les branches de la fourche, soit dans leur forme, soit dans leurs dimensions réciproques, soit dans leur

(1) Pl. **XXII**, fig. 25.

direction par rapport à la tige, présentent des différences assez tranchées pour permettre dans bien des cas de distinguer les espèces d'après leur simple examen et avec d'autant plus de facilite qu'elles sont relativement fortes et que la transparence de la peau les fait facilement découvrir.

Le tégument est composé des couches habituelles que la transparence des tissus dans certaines espèces permet d'étudier avec plus de facilité que partout ailleurs. La cuticule présente parfois des sortes de bâtonnets désignés assez improprement par Udekem sous le nom de spicules. On trouve en outre plus ordinairement des sortes d'élévations chargées de petits poils ayant l'apparence de cils vibratiles, mais n'en possédant pas le mouvement, et, à la partie céphalique, de longues soies évidemment tactiles comme sans doute aussi les précédents, au reste l'animal observé à l'état de vie se sert du disque antérieur pour toucher les objets et en reconnaître la nature à la façon des Sangsues avec leurs ventouses céphaliques. Ce sont là les seules traces d'organes de sens spéciaux qu'on puisse reconnaître chez ces vers.

L'appareil nerveux offre la disposition ordinaire avec toutefois une complication et, suivant les espèces, des différences peut-être plus grandes que chez beaucoup de Lombriciniens, mais ceci n'est-il pas plus apparent que réel et sans doute attribuable à ce que l'étude, grâce à la transparence des tissus, a été poussée plus loin que dans d'autres groupes. Le ganglion cérébroïde est le plus ordinairement composé de deux masses simples latérales, reliées par une portion médiane commissurale plus étroite. Chez le *Chætogaster vermicularis*, Müll., il s'y ajoute deux prolongements postérieurs d'un volume supérieur aux masses latérales elles-mêmes, lesquels recouvrent en grande partie le pharynx. De la partie externe des ganglions cérébroïdes, à l'origine de la commissure, naît de chaque côté un tractus plus ou moins chargé de cellules ganglionnaires, qui s'accolle au pharynx et se dirige en arrière, c'est l'origine du nerf vague, lequel s'étend sur l'appareil digestif et se complique sur divers points de l'œsophage et de l'estomac par l'adjonction d'anneaux, composés de cellules au moins bipolaires, peut-être multipolaires, anneaux entourant le tube intestinal, les cellules y sont disposées sur une seule rangée circulaire, ordinairement contiguës les unes aux autres. La chaîne ventrale n'offre rien de particulier, en avant les deux connectifs sont réunis de distance en distance par des anastomoses transversales d'où résulte une apparence scalariforme. Une dizaine de ganglions antérieurs sont bien séparés, en arrière on en trouve quelques autres de moins en moins distincts. Ce qu'il y a de plus remarquable, et M. Vejdovsky insiste avec raison sur ce point, c'est que le nombre des ganglions est loin de concorder, surtout en avant, avec celui des anneaux indiqué par les dissépiments, l'intervalle compris entre deux de ceux-ci pouvant en renfermer deux ou trois. Ce caractère exceptionnel, en dehors du type des Lombriciniens et même des Annelés en général, établirait, jusqu'à un certain point, une liaison éloignée avec les Mollusques.

Le tube digestif offre une complication, qui n'est pas en rapport avec l'état d'infériorité des autres appareils de la vie de nutrition en général. Il comprend outre la bouche, un pharynx, un œsophage, un estomac, un intestin, en ne prenant pas toutefois ces termes dans un sens trop absolu, les phénomènes physiologiques de la digestion chez ces animaux étant fort mal connus.

La bouche triangulaire ou quadrangulaire, d'ailleurs très polymorphe, se trouve placée, on l'a vu, plus ou moins près du bord inférieur de la portion discoïde céphalique. Elle débouche immédiatement dans un pharynx remarquable par l'abondance des fibres musculaires qui l'entourent, et par son développement, il occupe toute l'épaisseur du corps en ce point et sa longueur est triple ou quadruple de son diamètre. L'œsophage est étroit, sa longueur offre des variations qui peuvent être utilisées pour la détermination des espèces. Le renflement stomacal, ovoïde, rétréci en avant et en arrière pour se continuer d'une part avec l'œsophage, d'autre part avec l'intestin, remplit à peu près complètement la cavité viscérale ; sa paroi mince, transparente, renferme un réseau vasculaire serré à mailles polygonales parfois très régulièrement en trapèzes, formé d'autres fois de rameaux directs, transversaux, d'où résulte une apparence doliiforme.

On peut regarder comme intestin la portion du tube digestif dont les parois sont chargées de glandules dits hépatiques, laquelle s'étend jusqu'à l'orifice anal, les glandules manquent toutefois à la partie postérieure. Une première portion dilatée est comparable dans sa forme et ses dimensions à l'estomac lui-même, on y trouve également un réseau vasculaire, moins visible cependant en raison de la teinte sombre due aux granulations hépatiques. En arrière l'intestin est étroit, se dilatant à peine entre les dissépiments pour aboutir à l'anus, qui est terminal.

Les espèces qui vivent à l'état libre se nourrissent d'infusoires et autres organismes inférieurs. Pour les espèces, qu'on rencontre sur les Mollusques ou aussi dans l'épaisseur de leurs tissus, on admet qu'elles sont parasites de ces animaux et, comme on le verra plus loin, certains faits de coloration du tube digestif donnent quelque poids à cette manière de voir.

L'appareil vasculaire comprend un tronc dorsal et un tronc ventral sus-nervien, une branche dorso-ventrale particulièrement importante existe au niveau de l'œsophage, elle est visiblement contractile, et même chez le *Chætogaster Limnææ*, Baër, se renfle en ampoule cardiaque. Les réseaux de l'estomac et de la portion renflée de l'intestin communiquent avec le tronc dorsal directement et, au moins pour le dernier, avec le tronc ventral. Le liquide qui remplit le système des vaisseaux clos est incolore. Il existe des corpuscules cavitaires, mais on ne paraît pas les avoir étudiés d'une manière spéciale.

Les organes segmentaires sont assez simples et ne se voient pas dans tous les anneaux, M. Vejdovsky les a particulièrement bien fait connaître chez le *Chætogaster diaphanus*, Gruith. et en a suivi le développement. A leur état parfait ils se composent d'une partie profonde glandulaire, formée de cellules rassemblées en un acinus globuleux, retenu au dissépiment antérieur par un ligament, de là part un tube vecteur fin, longuement replié sur lui-même, car après s'être approché de l'orifce externe il remonte jusqu'au glomérule glandulaire pour venir enfin déboucher dans une ampoule contractile dont l'autre orifice s'ouvre à l'extérieur ; pendant tout ce trajet le canal vecteur est entouré d'une masse granuleuse, qui forme au tube, en double sur lui-même, une sorte de gaine, celui-ci n'est pas régulièrement calibré et présente de distance en distance des dilatations ampullaires.

Les organes de la reproduction sont assez imparfaitement connus par suite de la rareté des individus sexués, cependant Udekem, dès 1853, en a donné la disposition fondamentale, depuis cette époque M. Lankester (1869) et Vejdovsky (1884) ont complété sur plusieurs points les recherches de cet auteur. On trouverait une ceinture à la hauteur de l'estomac, il n'est pas facile de la reconnaître à raison de la transparence des tissus ; elle est formée de cellules nucléées plus ou moins polyédriques par compression réciproque. Les testicules sont réduits à des amas de cellules mères accumulées, en masse non limitée, en arrière du premier dissépiment. Les spermatozoïdes tombent dans la cavité viscérale et sont recueillies par les entonnoirs du canal déférent, qui traverse le second dissépiment. Après s'être replié en S, ce canal se dilate en une ampoule, sorte de réservoir séminal, qui débouche à l'extérieur par un court canal dans lequel on observe deux *soies copulatrices*, d'une forme particulière, renflées un peu en crosse à leur partie profonde, aiguës à leur extrémité libre. Les poches copulatrices sont situées près des glandes testiculaires dans le voisinage du premier dissépiment, elles sont en sacs simples, ovoïdes ou sphériques, avec un canal excréteur peu étendu.

L'appareil femelle, réduit à l'ovaire, est placé en arrière du second dissépiment dans l'anneau où se trouve le canal déférent. Les œufs tombent dans la cavité de cet anneau, et s'y accumulent en quantité plus ou moins considérable ; arrivés à leur entier développement ils sont volumineux, jusqu'à $0^{mm},5$ de diamètre, entourés d'un vitellus tantôt incolore, tantôt d'un rouge cinabre intense. Udekem croit qu'on peut trouver là une différence spécifique, ce qui demanderait de nouvelles recherches, les observations étant encore peu nombreuses. On ignore le point par lequel l'œuf fait issue hors du corps ; après la ponte, il est entouré d'une capsule fort bien figurée par Udekem, elle adhère par un pédicule aux corps submergés.

Mais le mode le plus habituel de reproduction est la reproduction par bourgeonnement, étudiée avec grand soin sur l'*Enchytræus diaphanus*, Gruith., par M. Semper (1876), il est très rare de trouver un de ces animaux sans qu'il ait à sa partie postérieure un ou deux bourgeons.

Les *Chætogaster* se rencontrent dans les eaux douces, courantes ou dormantes, soit errant librement sur les corps submergés, soit sur différents Mollusques gastéropodes et même dans la profondeur des organes de ceux-ci. C'est là qu'on devra les chercher, chose souvent assez difficile par suite de leur petitesse et de leur transparence, cependant quelques espèces, d'un blanc de lait, se distinguent à l'œil nu sur un fond noir. L'animal se meut en partie à la manière des Sangsues, se fixant au moyen de sa portion antérieure et de sa bouche très dilatable, qui agissent comme une ventouse, il s'aide en même temps de ses soies locomotrices étalées en éventail. D'autres fois la progression se fait au moyen des faisceaux somatiques seuls, la portion antérieure étant relevée, ce qu'a figuré M. Lankester (1).

C'est O. F. Müller qui, le premier, a étudié scientifiquement une espèce de ce groupe, il la rangeait dans le genre *Nais*. En 1827 Baër, remarquant les caractères spéciaux de ces vers, proposa d'en former sous le nom de *Chætogaster* un genre spécial, qui fut adopté par le plus grand nombre des zoologistes. Dans ces dernières années, M. Tauber fit connaître un nouveau type fort curieux par la présence de quatre faisceaux de soies sur chaque anneau au lieu de deux, il le nomma *Amphichæta* ; ces animaux ne diffèrent pas, sauf ce caractère, des *Chætogaster* proprement dits.

La question d'affinité est moins certaine en ce qui concerne le genre *Parthenope*, O. Schm. ou mieux *Ctenodrilus*, Clap., que j'ai proposé autrefois de placer auprès de ces mêmes *Chætogaster*, ce point sera discuté plus loin en examinant les caractères de ce groupe encore imparfaitement connu, mais peut-être moins mal placé ici que partout ailleurs.

Reste à savoir quel rang il convient d'attribuer à cet ensemble dans la série des LUMBRICINI. Udekem, dans son Essai de classification générale de ses Annélides sétigères abranches regarde les *Chætogaster* comme un simple genre de sa Famille des Naïcidées. Cependant, comme on l'a vu plus haut, soit par leur apparence extérieure,

(1) Lankester, 1870 ; pl. LXVIII, fig. 3ᵃ.

soit par l'infériorité générale de leur organisation, ces vers se distinguent trop nettement des Naididæ pour ne pas mériter de former un groupe à part d'égale valeur, comme je l'ai indiqué en 1868.

Cette manière de voir a été adoptée par M. Ray Lankester et par M. Vejdovsky, ce dernier en fait sa famille des Chætogastridæ.

Les trois genres qui composent le groupe peuvent facilement être distingués de la manière suivante :

V. Fam. CHÆTOGASTRIDÆ.

Soies à extrémité
fourchue. Faisceaux disposés sur le corps en	quatre séries. . .	I. Amphichæta, Taub.
	deux séries seulement.	II. Chætogaster, Baër.
ordinairement pectinée, jamais fourchue..		III. Ctenodrilus, Clap.

I. Genre AMPHICHÆTA.

('Αμφί, des deux côtés; χαίτη, chevelure).

Amphichæta, Tauber, Vejdovsky.

« Prostome dilaté. Bouche infère.

Des faisceaux de soie aussi bien dorsaux que ventraux. »

Comme le fait voir cette brève diagnose, empruntée à M. Tauber, toute la différence entre ces animaux et les *Chætogaster* consiste dans la présence de faisceaux de soies dorsaux accompagnant les faisceaux ventraux, aussi l'unique espèce du genre, l'*Amphichæta Leydigi*, Taub., a-t-elle pendant longtemps été confondue avec ceux-ci.

Amphichæta Leydigi.

Chætogaster sp., Leydig, 1857, p. 344; fig. 184. (Trad. franç. 1866, p. 390; fig. 186).
    Id.   Leydig, 1865, p. 252, note 2.
Amphichæta Leydigi, Tauber, 1879, p. 76.
    Id.   *id.*   Vejdovsky, 1884, p. 34.

Corps bourgeonnant, petit et diaphane. Premier faisceau constitué par une soie unique, les suivants en ayant de 2 à 4.

Hab. — Danemarck, Allemagne.

En l'absence de figures et de description plus complètes, il est difficile de se faire une idée exacte de cet animal, toutefois la disposition des soies le caractérise suffisamment. Il serait remarquable de voir la première paire des appendices locomoteurs ainsi réduite, tandis que chez les *Chætogaster*, en général, elle est la plus fournie.

C'est sans doute cette espèce que M. Leydig avait sous les yeux lorsque cet éminent histologiste affirmait, dans son histoire du *Phreoryctes Menkeanus* (1865), que l'on trouvait quatre rangées de soies par anneau chez les *Chætogaster*. Le mode d'observation habituel sous une glace couvrante aurait, suivant lui, causé l'erreur en rapprochant les faisceaux sur l'animal comprimé. Ainsi que je l'ai dit vers cette époque, le fait, quoique corroboré par M. Lankester et d'autres observateurs, paraissait, d'après l'examen des espèces de *Chætogaster* le plus habituellement sous nos yeux, inexact. La découverte du type décrit par M. Tauber montre que cette différence d'appréciation provient de ce qu'on n'observait probablement pas les mêmes espèces.

Ce dernier auteur regarde comme devant être également rapporté à l'*Amphichæta*, l'espèce figurée dans le Traité d'histologie (1857) de M. Leydig, et c'est sur son autorité que la citation synonymique est faite, je ne vois ni dans le texte, ni dans la figure anatomique, rien qui justifie cette manière de voir.

II. Genre CHÆTOGASTER.

(Χαίτη, chevelure ; γαστήρ, ventre).

Nais, Muller, Lamarck, Leach, Ehrenberg, Œrsted, Gruithuisen.
Chætogaster, Baer.
Mutzia, Vogt.

Vers de petite taille, composés d'un petit nombre de segments ; l'anneau buccal deux ou trois fois plus long que large, les suivants, au contraire, plutôt plus larges que longs ; segment anal simple.

Soies formant sur chaque anneau deux ou quatre faisceaux, toutes en crochets, fourchues.

Tube digestif avec une ou deux dilatations antérieurement. Intestin rectiligne cylindrique.

Sang incolore.

Pas d'yeux.

Reproduction scissipare et par œufs.

Ces vers se trouvent soit à l'état de liberté, soit parasites, en particulier sur les Limnées, et leur apparence extérieure commence à s'écarter singulièrement du type ordinaire des Lombriciniens. Leur anatomie a été faite avec grand soin surtout dans ces derniers temps par M. Vejdovsky.

Bien que Rösel ait, dès 1755, figuré une espèce qui, sans doute, correspond au 3 *Chætogaster diaphanus*, Gruith. c'est O. F. Müller qui, le premier, a défini scientifiquement un de ces vers dans son genre *Nais*, où plusieurs auteurs les ont maintenus assez longtemps. En 1827, Baër avait toutefois très justement fait ressortir les caractères particuliers de ces animaux auxquels il imposait le nom de *Chætogaster*, en décrivant le 2 *Chætogaster Limnææ*; cependant Gruithuisen, une année plus tard, faisant connaître deux espèces, très soigneusement décrites et figurées, les place encore dans le genre *Nais*, sous les noms de *Nais diaphana* et *N. diastropha*, ce dernier identique sans doute à l'espèce de Müller.

Ehrenberg, vers la même époque (1831), indiqua deux espèces : *Chætogaster furcatus* et *C. niveus*, mais d'une manière si succincte qu'il est assez difficile de les déterminer avec précision, la première est sans doute synonyme du 2 *Chætogaster Limnææ*, Baër, la seconde du 3 *C. diaphanus*, Gruith.

Il est vraisemblable, d'après certains détails de la description, que le *Nais laticeps* de Dugès appartient à ce genre, quoiqu'on ne puisse rien affirmer à cet égard. L'assimilation spécifique est, on le comprend, encore plus vague et cette espèce mérite à peine d'être signalée aux *incertæ sedis*.

Avec M. Vogt (1841) commence l'étude anatomique de ces animaux, il est facheux que cet éminent zoologiste ait créé un nouveau nom générique pour son espèce, *Mutzia heterodactyla,* qui d'ailleurs est très certainement identique au 2 *Chætogaster Limnææ*, Baër.

Toutefois c'est à une époque encore plus récente qu'on a réellement étudié avec tout le soin désirable l'organisation de ces êtres, il faut citer surtout Udekem, M. Ray Lankester et, dans ces derniers temps, M. Vejdovsky. Le premier de ces auteurs a de plus donné de ces animaux une division systématique évidemment beaucoup plus parfaite que ce qui avait été fait avant lui, il cite trois espèces, contrairement à l'opinion de Grube, reprise plus tard par Johnston, lesquels n'en admettaient qu'une. De ces espèces une serait nouvelle, *Chætogaster Mulleri*, les deux autres sont les *C. vermicularis*, Müll. et *C. diaphanus*, Gruith., mais il ne me paraît pas absolument sûr que la première ne soit pas identique à celle-ci.

Enfin M. Vejdovsky a présenté récemment une révision complète du genre et aux trois espèces anciennes d'O. F. Muller, Baër et Gruithuisen, en ajoute une nouvelle : le 4 *Chætogaster cristallinus*. On peut d'après cet auteur distinguer ces animaux par quelques caractères, résumés dans le tableau suivant :

Tableau synoptique des espèces européennes du genre Chætogaster.

Œsophage	presqu'aussi long que le pharynx. Lobe céphalique	allongé. . . 1. *Ch. vermicularis*, Müller.
		obtus. . . . 4. » *cristallinus*, Vejd.
	beaucoup plus court que le pharynx. Soies avec les deux branches de la fourche	sensiblement égales. . . 2. » *Limnææ*, Baër.
		très inégales. 3. » *diaphanus*, Gruith.

Ces *Chætogaster* sont les seuls bien connus, toutefois ces animaux ont une aire d'extension plus étendue. Il est certain que l'espèce décrite par Leidy, de l'Amérique du Nord, le 5 *Chætogaster gulosus*, appartient bien à ce genre, il serait toutefois nécessaire de l'étudier à nouveau pour pouvoir apprécier convenablement ses caractères.

Quant au 6 *Chætogaster filiformis* que M. Schmarda a fait connaître de l'Amérique du Sud, il est fort douteux qu'il appartienne réellement à ce groupe.

On peut encore citer comme espèce incertaine le 7 *Chætogaster laticeps*, Dug., dont il a été question plus haut.

1. Chætogaster vermicularis.

Nais vermicularis, Muller, 1774, p. 20.
? (1) *Id. id.* Bruguière, 1791 ; pl. LII, fig. 1 à 7 (bas de la Planche).
Nais diastropha, Gruithuisen, 1828, p. 417 ; pl. XXV, fig. 6 à 9.
? *Chætogaster diaphanus*, Œrsted, 1842-1843, p. 138, pl. III ; fig. 2, 15, 16, 17.
? *Chætogaster vermicularis*, Grube, 1851, p. 105.
? *Id. id.* Johnston, 1865, p. 71.
Chætogaster diastrophus, Vejdovsky, 1883, p. 9 (tirage à part).
Id. id. Vejdovsky, 1884, p. 38 ; pl. VI, fig. 11 à 15.

Corps de faible dimension. Lobe céphalique prolongé en une sorte de petite trompe conique, portant des cils, à son extrémité se voit, d'ordinaire fort clairement, un pore.

Soies au nombre de 5 à 10 par faisceau, longues, renflées en leur milieu, les branches de la fourche sensiblement inégales.

Ganglion cérébroïde remarquablement développé, avec deux gros prolongements postérieurs recouvrant la plus grande

(1) Pour les noms précédés d'un ?, il est impossible de dire s'il s'agit bien du 1 *Chætogaster vermicularis*, Mull., ou des 2 *Chætogaster Limnææ*, Baër et 3 *Ch. diaphanus*, Guith., Grube et Johnston confondent toutes ces espèces en une seule, je mets ces indications bibliographiques à la plus ancienne en date.

partie du pharynx; deux lobes, plus grêles que ceux-ci et se prolongeant au moins du double en arrière, naissent de la commissure périœsophagienne, et sont l'origine des nerfs vagues. Vers le milieu de l'œsophage un anneau de cellules nerveuses en connexion avec d'autres cellules formant un second anneau vers l'origine de l'estomac.

OEsophage presqu'aussi long que le pharynx, dont le réseau vasculaire est toujours distinct.

Vitellus des œufs blanc.

Couleur blanc pur.

Longueur 4^{mm} à 5^{mm}.

Hab. — Europe septentrionale et centrale.

Suivant M. Vejdovsky, cette espèce n'aurait que la taille du 2 *Chætogaster Limnææ*, Baër, c'est-à-dire environ 2^{mm}, mais, d'après Müller et Gruithuisen, elle est plus considérable. Ce dernier auteur l'a regardée, par une erreur singulière, comme orientée à l'inverse des autres espèces et la figure les soies et la bouche en dessus, d'où l'épithète de *diastropha* qu'il lui impose.

M. Vejdovski a signalé au dessous du ganglion cérébroïde une petite plaque chitineuse, dont la signification n'est pas parfaitement établie.

<h3 style="text-align:center">2. Chætogaster Limnææ (1).</h3>

(Pl. XXII, fig. 24 et 25).

Chætogaster Limnæi, Baer, 1827, p. 611 ; pl. XXIX, fig. 23 et 24.
Chætogaster furcatus, Ehrenberg, 1831. Turbell. feuill. *b*. 3e page (note).
Chætogaster Limnæi, Gervais, 1838, p. 15.
Chætogaster furcatus, Gervais, 1838, p. 15.
Mutzia heterodactyla, Vogt, 1841, p. 36 ; pl. II, fig. 13, 14, 15.
Chætogaster Limnei, Udekem, 1855, p. 554.
Chætogaster Limnei, Udekem, 1859, p. 24.
Chætogaster Limnæi, Lankester, 1869, p. 272 ; pl. XIV et XV.
    Id.   *id.*   Lankester, 1870, p. 631 ; pl. XLVIII, fig. 1, 2, 3, 12, 13; XLIX, fig. 14, 15, 26, 27, 29 à 37.
    Id.   *id.*   Tauber, 1879, p. 76.
    Id.   *id.*   Vejdovsky, 1883, p. 8 (tirage à part).
    Id.   *id.*   Vejdovsky, 1884, p. 36; pl. VI, fig. 16, 17, 18.
    Id.   *id.*   Levinsen, 1884, p. 216.

(1) On a généralement écrit d'une manière fautive cette désignation spécifique, le Mollusque auquel elle fait allusion doit porter le nom de *Limnæa*. (Voir en particulier : Moquin-Tandon, Moll. terr. et fluv. de France, t. II, p. 450).

De très petite taille. Tête obtusement arrondie.

Soies au nombre de 10 par faisceau aux antérieurs, les six externes sont un peu plus longues, $0^{mm},089$, que les quatre internes, $0^{mm},075$; les crochets des paires suivantes, de la 2e à la 9e et 10e, qui est la dernière, ne mesurent que $0^{mm},049$. Toutes sont grêles, renflées en leur milieu, les deux branches de la fourche placées presqu'à angle droit sur la tige, fortes et sensiblement égales.

Ganglion cérébroïde assez simple, composé de deux masses latérales peu prolongées en arrière ; les lobes d'origine des nerfs vagues ne sont pas distincts, et l'on ne peut non plus reconnaître la présence de l'anneau ganglionnaire œsophagien.

Œsophage excessivement court, peu visible, d'autant que la branche dorso-ventrale, qui l'entoure, est dilatée en ampoule contractile.

Couleur variant suivant l'habitat, les individus endoparasites sont opaques, les individus ectoparasites sont plus transparents, ce qui tient à la nature du contenu de l'estomac.

Longueur 2^{mm}, non compris les bourgeons, largeur $0^{mm},35$.

Hab. — Les eaux douces de toute l'Europe sur différents Mollusques gastéropodes, soit dans le foie (*Physa fontinalis*, Lin., *Ancylus fluviatilis*, Müll., *Bythinia tentaculata*, Lin.), soit dans la cavité pulmonaire ou à la surface du corps (*Limnæa auricularia*, Lin., *L. peregra*, Lin., *L. stagnalis*, Lin., *Planorbis corneus*, Lin., *Paludina vivipara*, Lin.).

Le *Chætogaster Limnææ*, Baër, est l'une des espèces du genre les plus faciles à rencontrer vu son habitat, mais une des moins favorables pour l'étude, son tégument manquant de transparence par suite de la présence des petits corpuscules désignés par Udekem sous le nom de spicules épidermiques.

Il est si rare de rencontrer des individus sexués que la couleur du vitellus n'est pas connue, cependant Baër a figuré l'œuf.

Ce *Chætogaster* est regardé comme parasite des Gastéropodes avec lesquels on le rencontre, et sa présence dans le foie de certains de ces animaux, jointe à la coloration particulière de l'intestin dans ces circonstances, donnent un grand poids à cette manière de voir, cependant lorsqu'il est sur le corps ou dans la cavité branchiale on peut se demander s'il n'est pas simplement commensal, se nourrissant alors d'infusoires comme ses congénères libres.

3. Chætogaster diaphanus.

?..... Rösel, 1755, pl. XCIII, fig. 1 à 7.
Nais diaphana, Gruithuisen, 1828, p. 409; pl. XXV, fig. 1 à 5.
Chætogaster niveus, Ehrenberg, 1831. Turbell. Feuill. *b.* 3ᵉ page (note).
? *The Lurco or Glutton,* Pritchard, 1832, p. 78; pl. VIII, fig. 1.
Chætogaster niveus, Gervais, 1838, p. 15.
? *Nais lurco,* Johnston, 1845, p. 443.
? *Id.   id.* Grube, 1851, p. 105.
Nais lacustris, Dalyell, 1853, p. 130; pl. XVII, fig. 1 à 5.
Chætogaster Mulleri, Udekem, 1856, p. 50; pl. III, fig. 10 à 16.
Chætogaster diaphanus, Udekem, 1855, p. 553.
Chætogaster Mulleri, Udekem, 1855, p. 554.
Chætogaster diaphanus, Udekem, 1859, p. 23.
Chætogaster Mulleri, Udekem, 1859, p. 24.
     Id.   id. Udekem, 1861, p. 248; fig. 2 et 3.
Chætogaster diaphanus, Leydig, 1864, p. 172; pl. III, fig. 6 et 7.
Chætogaster niveus, Lankester, 1870, p. 641; pl. XLIX, f. 16 à 25 et 28.
Chætogaster diaphanus, Semper, 1876, p. 221.
     Id.   id. Tauber, 1879, p. 76.
Chætogaster Mulleri, Tauber, 1879, p. 76.
Chætogaster diaphanus, Vejdovsky, 1883, p. 8 (tirage à part).
     Id.   id. Vejdovsky, 1884, p. 37; pl. IV. fig. 25; V, fig. 1 à
               17; VI, fig. 19 à 21.
     Id.   id. Levinsen, 1884, p. 216.

De grande taille, comparé aux autres espèces du genre. Tête obtusément arrondie.

Soies au nombre de 6 à 8 par faisceau, un peu plus longue à l'antérieur qu'aux suivants, sigmoïdes, renflées en leur milieu, les branches de la fourche inégales, à peu près dans le prolongement de la tige.

Ganglion cérébrcïde composé de deux masses simples; nerfs vagues, distincts, ainsi que les cellules nerveuses composant l'anneau œsophagien.

Œsophage beaucoup plus court que le pharynx, cependant bien visible, la branche vasculaire dorso-ventrale, qui l'entoure, quoique contractile, n'est pas dilatée.

Blanchâtre, parfaitement transparent.

Longueur 10ᵐᵐ à 15ᵐᵐ.

Hab. — Europe centrale, Allemagne, Bohême, Belgique.

Cette espèce, par sa taille et la transparence de ses téguments, se prête particulièrement bien aux observations anatomiques, c'est celle qu'ont étudiée spécialement Udekem, M. Leydig et M. Vejdovsky.

Je pense en effet que cet animal est bien celui que le premier de ces auteurs a nommée *Chætogaster Mulleri*.

Dans la description abrégée qu'il en donne, les caractères sont tirés de la taille beaucoup plus petite, 2^{mm} seulement, et de la teinte du vitellus blanc au lieu d'être d'un rouge cinabre. Ne sont-ce pas des caractères d'âge ? En tous cas un dessin original trouvé dans les papiers d'Udekem et annoté de sa main comme *Chætogaster Mulleri* montre, à côté d'une figure des organes de la reproduction, très analogue à celle publiée par cet auteur en 1861, un exemplaire grossi et des soies, il est facile d'y constater la brièveté relative de l'œsophage et, pour ces dernières, la disposition de la portion fourchue à branches inégales.

C'est également le *Chætogaster diaphanus*, Gruith., qui a servi aux belles recherches de M. Semper sur la génération asexuelle de ces vers.

Il ne me paraît pas douteux que le *Lurco* ou *Glutton*, décrit et figuré par Pritchard, et dont Grube, après G. Johnston a fait avec doute un *Nais*, n'appartienne au genre *Chætogaster*. La proportion réciproque du pharynx et de l'œsophage, la taille me portent à penser qu'il s'agit là du *Chætogaster diaphanus*, Gruith. Pritchard, ainsi que M. Leidy, celui-ci pour une espèce n° 5, dont il sera question plus loin, ont été frappés de la voracité de ces animaux et du volume des proies qu'ils engloutissent, comme en témoignent les épithètes choisies par ces auteurs.

4. CHÆTOGASTER CRISTALLINUS.

? *Chætogaster niveus*, LANKESTER, 1870, p. 641 ; pl. XLVIII, fig. 9 à 11.
Chætogaster cristallinus, VEJDOVSKY, 1883, p. 8 (tirage à part).
  Id.   *id.*   VEJDOVSKY, 1884, p. 37 ; pl. VI, fig. 1 à 10.

De taille médiocre. Tête obtusément arrondie.

Soies grêles faiblement fourchues, le renflement médian allongé, peu développé.

Ganglion cérébroïde médiocre, sans prolongements postérieurs développés d'une manière sensible ; ganglions des nerfs vagues reliés à la masse cérébroïde par des cordons grêles. L'anneau de cellules nerveuses de l'œsophage est situé à l'origine de ce dernier.

Œsophage presqu'aussi long que le pharynx, non entouré d'un réseau vasculaire.

Tronc vasculaire dorsal se divisant avant le premier dissépiment et prolongé quelque peu par une branche grêle, terminée en cul-de-sac au-delà de l'anastomose dorso-ventrale qui entoure l'œsophage.

D'une grande transparence.

Hab. — Eaux pures et fleuves, sur différents points de l'Allemagne et de la Bohême.

M. Vejdovsky, seul jusqu'ici a, je crois, été à même d'observer cette espèce, qui présente pour l'étude des facilités aussi grandes que le 3 *Chætogaster diaphanus*, Gruith. Il n'en donne pas la taille exacte, se bornant à indiquer qu'elle est plus considérable que celle du *Chætogaster vermicularis*, Müll., avec lequel elle aurait jusqu'ici été confondue. Rappelons que pour M. Vejdovsky la taille de cette dernière espèce n'excède pas 2^{mm}.

Il serait désirable qu'on pût observer l'animal sexué pour définir ce ver d'une manière plus certaine.

5. Chætogaster gulosus.

Chætogaster gulosus, Leidy, 1852, p. 124.
        Id.   id.   Vejdovsky, 1884, p. 34.

Corps transparent, obtus en arrière avec de longs cils, lobe céphalique digitiforme, cilié.

Faisceaux composés de 5 à 6 soies longues de 0^{mm},19, simples, divergentes, courbées vers l'extrémité libre, rétractiles, première paire contre la bouche, seconde paire reculée en arrière.

Bouche inféro-terminale, grande, triangulaire. Œsophage court, étroit; premier estomac long, cylindrique, le second grand, oblong; intestin droit, ample.

Ordinairement avec de 2 à 4 bourgeons.

Couleur blanchâtre.

Longueur 2^{mm}, largeur 0^{mm},18.

Hab. — Mares des environs de Philadelphie, très commun.

Ce ver, autant qu'on peut en juger, se rapproche du 1 *Chætogaster vermicularis*, Müll. par la forme de son lobe céphalique; peut-être une étude plus attentive démontrera-t-elle l'identité des deux espèces.

6. Chætogaster ? filiformis.

Chætogaster filiformis, Schmarda, 1861, p. 11; pl. XVII, fig. 156.
        Id.   id.   Vejdovsky, 1884, p. 34.

Corps filiforme, atténué aux deux extrémités; anneaux allongés.

Soies en crochet, 3 par faisceau, ceux-ci à la face inférieure et rapprochés de la ligne médiane.

Bouche antérieure; pharynx allongé, sa portion postérieure rétrécie débouche dans une dilatation de l'intestin, lequel est tortueux.

Longueur 2mm, largeur 0mm,1 ; 15 segments.

HAB. — Environs de Cuença, Cordillères de l'Amérique du Sud, eaux douces.

La figure n'ajoute guère à cette description et ne montre pas qu'il existe un segment antérieur plus développé, comme dans les espèces typiques. Est-ce bien réellement un *Chætogaster*?

7. ? CHÆTOGASTER LATICEPS.

Derostoma laticeps, DUGÈS, 1830, p. 77; pl. II, fig. 9.
    Id.   id.   DUGÈS, 1837, p. 30.

Les renseignements donnés sur ce ver sont trop incomplets pour permettre de reconnaître l'espèce à laquelle il conviendrait de le rapporter. Placé d'abord par Dugès avec les Turbellariés, une étude plus attentive fit reconnaître à ce savant que l'animal était pourvu de soies latérales fort courtes, sur un seul rang de chaque côté. Il ajoute que la lèvre est large et en palette presque circulaire, le canal intestinal large, droit, comme chiffonné.

Couleur blanchâtre ou rougeâtre.

Longueur 2^{mm} à 3^{mm}.

Malgré le vague de ces caractères, ce *Derostoma laticeps* ne paraît pas pouvoir être mis ailleurs que dans le genre *Chætogaster*. Sur un dessin par Udekem je vois que cet auteur pense qu'il s'agit d'un *Æolosoma*, la brièveté des soies sur deux rangs ne me paraît pas en rapport avec cette manière de voir, il serait aussi étonnant que les globules colorés, si faciles à voir dans ce dernier genre, n'eussent pas fixé l'attention de Dugès.

III. GENRE CTENODRILUS.

(Κτείς, ενος, peigne; ὁρῖλος, ver de terre).

Parthenope, O. SCHMIDT.
Ctenodrilus, CLAPARÈDE.
Monostylos, VEJDOVSKY.

Vers de taille exiguë, généralement composés d'un petit nombre d'anneaux.

Soies quadrisériées. peu nombreuses dans chaque faisceau, ceux-ci écartés à la partie antérieure du corps. Les soies ne sont pas seulement subulées, mais pectinées, ou renflées vers l'extrémité libre.

Bouche infère à une certaine distance du museau, en partie au moins exsertile.

Organes segmentaires réduits à une seule paire placée à la région céphalique.

Reproduction sexuée inconnue.

La position de ces vers dans la série zoologique est des plus douteuses et ne pourra pas être établie avant de connaître la forme parfaite; on peut jusque-là se demander si les individus étudiés ne conservent pas des caractères larvaires, qui masqueraient plus ou moins leurs véritables affinités.

En considérant la forme de la tête et la disposition des soies en deux séries sur l'animal décrit comme type par Claparède, j'avais cru devoir rapprocher les *Ctenodrilus* des *Chætogaster*. Les découvertes nouvelles enlèvent à ce dernier caractère une grande partie de sa valeur puisque d'une part de vrais CHÆTOGASTRIDÆ, les I *Amphichæta*, ont les soies quadrisériées, et que, sauf le *Ctenodrilus pardalis* (= 1 *C. serratus*, O. Schm.), type de Claparède, toutes les autres espèces du genre ont quatre faisceaux de soies par anneau; on verra même que, d'après M. Kennel, l'individu observé sur les côtes de Normandie n'était sans doute pas arrivé à son entier développement. Toutefois certains rapports peuvent être établis, d'après ce que nous connaissons, entre ces *Ctenodrilus* et les *Chætogaster*. M. Vejdovsky a également insisté dans une savante discussion sur les relations à établir entre ceux-ci et les *Æolosoma*, Ehr., d'après certaines particularités tirées de la structure de l'hypoderme, qui renferme dans l'un et l'autre genre des granulations colorées, graisseuses, et, fait plus important, de la constitution de l'appareil nerveux, sans toutefois que ce dernier soit aussi dégradé chez les *Ctenodrilus* qu'il le serait chez les *Æolosoma.*

Pour nous résumer, et faisant les restrictions que comporte l'état imparfait de nos connaissances sur ces animaux, c'est entre les *Chætogaster* et les *Æolosoma* autant qu'on en peut juger qu'il convient de les placer. On doit remarquer aussi qu'ils établissent une liaison assez intime avec les véritables Annélides, et par la forme de leurs soies et par la présence chez l'un d'eux d'un tentacule.

Au point de vue de la division systématique de ces animaux et des distinctions spécifiques à établir, les auteurs, qui ont pu les étudier sur nature, sont très partagés.

Le premier zoologiste qui en ait fait connaître une espèce est Oscar Schmidt, lequel, en 1857, étudiait et figurait sous le nom de *Parthenope serrata* un ver observé par lui dans la baie de Naples. En 1863, Claparède décrivit d'une manière plus détaillée son *Ctenodrilus pardalis* de Saint-Vaast-la-Hougue, dont M. Ray Lankester montra l'analogie avec l'espèce d'Oscar Schmidt; toutefois, le nom générique donné par Claparède doit être conservé, le nom de *Parthenope* ayant été précédemment employé par Fabricius pour désigner un genre de Crustacés brachyures. Pendant près de vingt années ces vers paraissent avoir échappé aux recherches des observateurs, lorsqu'en 1882 M. Kennel retrouve en assez grande abondance un Lombricinien qu'il regarde comme identique au *Ctenodrilus pardalis*, Clap., et l'année suivante, M. Zeppelin fit connaître, sous le nom de *Ctenodrilus monostylos*, un ver assez différent des précédents par la forme de ses soies et la présence d'un tentacule céphalo-dorsal, sans parler d'autres caractères non moins importants, dont il sera fait mention plus loin.

Quoique les espèces soient peu nombreuses, qu'elles aient été étudiées par les zoologistes les plus compétents, il est curieux de constater les divergences d'opinion relatives aux assimilations ou aux distinctions à établir entre elles. On a vu plus haut que M. Ray Lankester regarde comme identiques les *Parthenope serrata*, O. Schm. et *Ctenodrilus pardalis*, Clap. M. Kennel s'est élevé contre cette interprétation et trouve ces animaux non seulement spécifiquement distincts, mais admet qu'ils doivent former deux genres composant pour lui une famille nouvelle des CTENODRILIDÆ. Cette opinion a été adoptée par M. Zeppelin, qui place dans les *Ctenodrilus* son type nouveau. Cependant ce dernier présente des caractères très tranchés et, comme le fait remarquer M. Vejdovsky, diffère certainement plus des deux précédents que ceux-ci l'un de l'autre, c'est pourquoi cet auteur l'érige en genre distinct sous le nom de *Monostylos tentaculifer*, dénomination qui ne pourrait être conservée, le nom spécifique primitif ne pouvant, sans inconvénient, être ainsi transformé en nom générique et si, ce qui paraît probable, cette manière de voir était conservée, un terme tel que celui de *Zeppelina monostylos* serait préférable. M. Vejdovsky interprète de plus, d'une façon toute autre, le rapport des anciennes espèces. Suivant lui, le *Ctenodrilus pardalis* observé par M. Kennel n'est pas identique à celui décrit sous ce même nom par Claparède, mais doit être assimilé au *Parthenope serrata* O. Schmidt, en sorte qu'on devrait admettre trois espèces réparties en deux genres :

Ctenodrilus pardalis, Clap. (nec Kenn.)
Ctenodrilus serratus O. Schm.
Monostylos tentaculifer Vejd. (= *Ctenodrilus monostylos* Zepp.).

Il est fort difficile de savoir à quoi s'en tenir sur ces opinions contradictoires, aucun des auteurs n'ayant pu étudier par lui-même à la fois les différentes espèces. Ajoutons que les deux types observés dans les conditions les plus normales, parce qu'ils ont été recueillis directement en mer, *Parthenope serrata* O. Schm. et *Ctenodrilus pardalis* Clap. sont les moins bien connus, un seul exemplaire de chacun d'eux ayant été trouvé. Les autres, *Ctenodrilus pardalis*, Kenn. et *Ctenodrilus monostylos*, Zepp., ont été pris dans des aquariums sans qu'on connaisse leur origine réelle. Dans ces conditions, et quelque perfectionnés que soient aujourd'hui les procédés de conservation, d'aération, etc. pour l'eau de mer, on est en droit de se demander si ces organismes délicats n'ont pas souffert plus ou moins de cette captivité et si on peut les considérer comme ayant revêtu leurs caractères normaux. On est forcé de convenir que le mode de scissiparité par fractionnement observé chez eux, éveille plutôt l'idée d'un fait pathologique, surtout si on se reporte à la figure donnée par Oscar Schmidt où le mode de bourgeonnement rappelle bien mieux ce qu'on connaît chez les NAIDINEÆ en général.

Ces doutes m'engagent, jusqu'à ce que ces vers soient mieux connus, à les réunir sous deux types correspondant l'un à l'espèce d'Oscar Schmidt, l'autre à l'espèce de M. Zeppelin, lesquels, comme le pense M. Vejdovsky, devront sans doute plus tard former deux genres distincts.

1. CTENODRILUS SERRATUS.

Parthenope serrata, O. SCHMIDT, 1857, p. 363; pl. V, fig. 13, 13ᵃ.
Ctenodrilus pardalis, CLAPARÈDE, 1863, p. 25; pl. XV, fig. 28 et 29.
    Id.   id.   KENNEL, 1882, p. 373; pl. XVI.
Parthenope serrata, VEJDOVSKY, 1884, p. 164; pl. I, fig. 37.

Corps relativement court composé d'un petit nombre d'anneaux. Bouche à une certaine distance de l'extrémité du museau.

Soies locomotrices quadrisériées chez l'adulte; isolées sur les anneaux antérieurs, au nombre de 2 ou 3 dans les faisceaux suivants; formées d'une partie droite basilaire, occupant les deux tiers de la longueur environ, un peu courbe dans la portion terminale, qui est aplatie et pectinée latéralement.

A la bouche fait suite un pharynx musculeux en trompe exsertile, au moins en partie, puis un œsophage. Le gastrointestin forme d'abord une grande dilatation cylindrique stomacale, après laquelle vient une dilatation ampullaire beaucoup moindre; dans les derniers anneaux il se rétrécit et est

assez régulièrement calibré. Anus à la partie dorsale du segment pygidien.

Appareil des vaisseaux clos réduit aux troncs principaux,
le dorsal et le ventral, peu développés l'un et l'autre.

Deux fosses vibratiles sur les côtés de la tête, en rapport
sans doute avec les organes segmentaires.

Corps transparent, parsemé de granulations verdâtres, sous
forme de taches, dans le tégument.

Longueur 8^{mm} à 9^{mm}.

Hab. — Saint-Vaast-la-Hougue (Manche), baie de Naples.

Bien que nous joignions ici l'espèce méditerranéenne vue par
Oscar Schmidt, à celle observée par Claparède sur les côtes de Normandie et retrouvée par M. Kennel dans la baie de Naples, la description est exclusivement empruntée à ces derniers auteurs.

On ne peut présenter ce rapprochement que sous grandes réserves,
la description et la figure données du *Parthenope serrata* sont trop
imparfaites pour permettre de se faire une idée nette de ce ver et,
provisoirement au moins, je crois devoir les réunir d'après la disposition de la trompe et la structure des soies. C'est l'opinion émise
par M. Ray Lankester et adoptée par M. Vejdovsky. MM. Kennel et
Zeppelin pensent, au contraire, que ce sont non seulement deux
espèces différentes, mais qu'elles forment peut-être deux genres distincts. La question présente d'ailleurs, pour être résolue, une grande
difficulté, la description et la figure données par M. Oscar Schmidt
laissant dans le doute par leur ambiguité certains points importants,
entre autres le nombre des faisceaux de soies par anneau. Suivant
M. Kennel, on doit conclure des détails donnés par l'auteur de l'espèce qu'il y en a quatre, tandis que M. Ray Lankester admet qu'il n'y
en a que deux, puisqu'il établit une assimilation avec l'espèce de
Claparède (1). Ce dernier n'avait étudié qu'un individu très jeune,

(1) Le texte d'Oscar Schmidt porte : « Die Borsten stehen in weit von
einander entfernten Bündeln zweizeilig,..... In beiden Reihen (jederseits)
sind die Borsten von gleicher Beschaffenheit und von eigenthümlicher
Form ». « Les soies se trouvent *bisériées* en faisceaux fort éloignés les uns
des autres... Sur les deux rangs (*de chaque côté*) les soies sont de même
sorte et d'une forme très spéciale ». On peut supposer d'après l'ensemble
du texte, qu'Oscar Schmidt, en faisant la comparaison de son nouveau
genre *Parthenope* avec les autres genres des Naïdiens, avait sous les yeux
le travail de Grube : Die Familie des Anneliden; dans lequel l'expression
zweizeilig (bisérié) s'applique à une moitié de l'animal et signifie qu'il y
a quatre faisceaux par anneau. D'autre part, dans la seconde phrase « *jederseits* » entre parenthèses, pourrait signifier : « sur les deux rangs, de cha-

incomplètement développé sur lequel existaient seulement deux rangées de soies.

M Kennel a observé le mode de reproduction asexuelle et l'a exposé en détail dans son mémoire. De deux en deux anneaux le corps s'étrangle, chaque portion s'isole et se complète plus tard. C'est là un mode qui se rapproche plutôt de la scissiparité que de la gemmiparité.

2. Ctenodrilus monostylos.

Ctenodrilus monostylos, Zeppelin, 1883, p. 616; pl. XXXVI et XXXVII.
Monostylos tentaculifer, Vejdovsky, 1884, p. 164.

Ver allongé, mou, obtus aux deux extrémités, pourvu d'un prolongement tentaculaire dorsal un peu en arrière de l'extrémité antérieure.

Soies locomotrices formant quatre faisceaux sur chaque anneau, de deux formes, les unes subulées, allongées, les autres élargies à leur extrémité libre, toutes irrégulièrement contournées, sinueuses.

Ganglions céphaliques placés dans l'épaisseur de l'hypoderme.

Bouche infère, à une certaine distance de l'extrémité antérieure, avec une trompe protractile. Tube digestif très simple ; anus terminal.

Système des vaisseaux clos réduit au tronc dorsal et au tronc ventral, réunis par un anneau péri-œsophagien. Corpuscules du liquide cavitaire irrégulièrement arrondis, très distincts. Une seule paire d'organes segmentaires, à la région céphalique.

Reproduction par scissiparité seule connue.

Longueur 3^{mm} à 4^{mm}, largeur 0^{mm},2 ; 20 à 25 segments.

Hab. — Trouvé dans des aquariums à Fribourg en Brisgau.

que côté les soies sont de même sorte, etc. » bien que le sens donné en premier lieu soit évidemment plus conforme au texte. La figure ne lève pas absolument les doutes. Pour les deux premières paires de soies, l'artiste en a mis une en perspective derrière le tube digestif, l'autre étant en devant, il n'y aurait donc là que deux rangées, une à droite, l'autre à gauche, mais pour les faisceaux suivants les deux insertions sont d'un même côté du tube digestif et peuvent en laisser supposer deux autres du côté opposé. L'animal étant d'une grande transparence, il serait étonnant qu'on n'eût pas cependant, sur un point quelconque, figuré les quatre faisceaux, s'ils existaient réellement. En somme, il est fort difficile de savoir à quoi s'en tenir sur ce point en l'absence d'exemplaire type.

Ce ver a été étudié avec beaucoup de soins par M. Zeppelin, seul zoologiste qui l'ait rencontré jusqu'ici. Il a fait en particulier connaître très en détail le mode de reproduction qui, encore ici, doit plutôt être considéré comme scissipare que comme gemmipare. Tantôt l'individu se coupe à peu près par le milieu, formant ainsi deux fragments, qui se complètent plus tard. D'autres fois les anneaux de la partie moyenne s'isolent par des rétrécissements au niveau des espaces inter-annulaires d'où résulte un aspect moniliforme, et les différents grains finissent par se détacher. Ce processus n'est pas sans analogie avec certains phénomènes pathologiques, que présentent un grand nombre d'annelés du même groupe en captivité.

L'ensemble des caractères de ce ver le rapprochent plutôt des types dégradés des Annélides Polychætes, il est certain que la forme des soies, la présence d'un tentacule dorsal, lequel chez certains individus monstrueux est double, éloignent beaucoup cette espèce des véritables Lombriciniens. Ce serait auprès des *Polygordius* qu'il conviendrait de les ranger suivant M. Zeppelin.

Tant qu'on n'aura pas observé la forme sexuée, il est impossible de bien juger des véritables affinités de cet être. Il serait aussi désirable qu'on pût trouver l'animal à l'état de liberté.

VIᵉ Fam. AMEDULLATA.

Lombriciniens de petite taille, à annélations souvent indistinctes. Tête couverte de cils vibratiles. Soies normalement piliformes, par exception mélangées de soies fourchues. Système nerveux rudimentaire réduit à un ganglion cérébroïde placé dans l'épaisseur du tégument, sans chaîne nerveuse ventrale apparente. Reproduction sexuelle, mais plus ordinairement par bourgeons. Habitent les eaux douces ou saumâtres.

Les animaux, qui composent ce groupe offrent une dégradation organique encore plus grande que les ENCHYTRÆIDÆ comme on le verra pour les *Æolosoma*, genre principal, le seul qu'on ait pu étudier d'une manière complète.

Ces êtres jusqu'à ces derniers temps avaient été confondus avec les Naïdiens, M. Vejdovsky, insistant sur l'imperfection de leur système nerveux a pensé qu'ils devraient être élevés au rang de famille spéciale et leur avait primitivement donné le nom d'AMEDULLATA (1883), qu'il a changé dans son dernier travail de 1884 en celui d'APHANONEURA, modification dont l'utilité est contestable, une recherche trop grande dans l'appropriation des termes paraissant plus embarrassante qu'utile pour la nomenclature, lorsqu'elle entraîne des changements de cétte sorte.

Un seul genre, les *Æolosoma* d'Ehrenberg est généralement admis, cependant certains types exotiques décrits par M. Schmarda en diffèrent assez pour mériter, comme M. Vejdovsky en a fait la remarque, de former une division spéciale pour laquelle je proposerais le nom de *Pleurophlebs*, faisant allusion à la disposition du système des vaisseaux clos, très spéciale pour ce genre parmi les Lombriciniens.

I. Genre ÆOLOSOMA.

(Αἰόλος, bigarré ; σωμα, corps).

Æolosoma, Ehrenberg, Œrsted, Grube, Udekem, Schmarda, Leydig, Maggi, etc.
Æolonaïs, Gervais, 1838.
Chætodemus, Leidy, Czerniavsky.

Ver de taille petite ou médiocre, corps plus ou moins transparent ; tégument renfermant dans son épaisseur sous la cuticule des corpuscules, tantôt colorés, tantôt incolores, fortement réfringents à la manière des substances graisseuses. Tête pourvue le plus ordinairement de cils vibratiles.

Soies piliformes, rarement mélangées de soies fourchues.

Système nerveux constitué par une masse ganglionnaire sus-œsophagienne, incluse dans le tégument, d'où partent latéralement des filets nerveux.

Bouche infère, presque toujours une dilatation gastro-intestinale plus ou moins distincte, nettement séparée de l'œsophage.

Appareil des vaisseaux clos très simple comprenant un tronc dorsal, naissant du sinus gastro-intestinal et un tronc ventral, ces deux vaisseaux communiquent par des branches péri-œsophagiennes seulement. Fluide de ce système incolore ou très faiblement teinté en jaunâtre.

Organes sexuels rarement observés, rudimentaires, comprenant un testicule et un ovaire, en outre un orifice servant à la sortie des produits ; un demi clitellum formé de glandules entassés. La reproduction par bourgeonnement est la plus habituelle.

Habitent les eaux douces, plus rarement les eaux saumâtres.

Les *Æolosoma* sont des vers qui atteignent au maximum 10^{mm} à 12^{mm}, cela, joint à leur transparence, les rend très difficiles à découvrir.

Les soies sont bisériées ou quadrisériées, parfois on trouve le passage entre ces deux dispositions, un faisceau, unique en réalité, présentant une légère division, ce qu'Ehrenberg a signalé dans son *Æolosoma decorum*. Le nombre de ces organes par faisceau semble dans un même type éprouver certaines variations, aussi ne peut-on se servir de ce caractère qu'avec réserve pour la distinction des espèces. Quant à la forme, sauf chez le 7 *Æolosoma tenebrarum*, Vejd., elle est toujours la même. Les différences de longueur dans un même faisceau sont peut-être de plus d'utilité pour la classification.

M. Vejdovsky a insisté sur l'imperfection de l'appareil nerveux, ce qui résulte et de sa situation dans le tégument, en dehors par conséquent de la cavité viscérale, et de son peu de complication, puisqu'on ne trouverait aucun amas ganglionnaire sous-intestinal. La forme du cerveau donne également, comme on le verra dans la description des espèces, de bons caractères distinctifs.

La peau, surtout à la région céphalique, a sa surface couverte de cils vibratiles entremêlés de soies rigides, plus grosses et plus rares, soies tactiles, se rattachant à l'exercice d'un sens spécial. Est-ce à ce même ordre de fonctions que servent deux fossettes, constamment placées sur les côtés de la tête, dans lesquelles des cils vibratiles plus développés se meuvent avec une grande activité ?

Dans la matrice de la cuticule on rencontre avec une constance si grande des globules spéciaux, que cette particularité pourrait à la rigueur être regardée comme caractère générique, cependant on a vu chez le 1 *Ctenodrilus pardalis*, Clap. quelque chose d'analogue. Ces corpuscules tégumentaires sont toujours assez régulièrement sphériques, leur diamètre est faible 0^{mm},006 ; le contenu très réfringent à l'aspect des corps gras et cette composition, d'après M. Vejdovsky, serait confirmée par cette double réaction, qu'ils pâlissent par l'action de l'alcool, et noircissent par l'action de l'acide osmique, qui coagule le contenu, car ces organites auraient la constitution d'une cellule parfaite avec une paroi à double contour. La matière qui remplit la cellule est colorée en rouge de Saturne vif dans le plus grand nombre des espèces, pour d'autres animaux en jaune d'or ou en verdâtre ; chez l'*Æolosoma niveum*, Leydig, elle serait même incolore, mais il n'est pas certain que cette espèce soit établie d'après des exemplaires parfaitement adultes.

Le tube digestif est généralement très simple. La bouche infère plus ou moins dilatable, garnie de cils vibratiles, précède un pharynx musculeux, auquel fait suite un œsophage de moindre calibre, cylindrique assez allongé. Pour le plus grand nombre des espèces, l'*Æolo-*

soma pictum, Schmar., seul ferait exception, l'œsophage débouche dans une dilatation stomacale ou mieux gastro-intestinale, car il est difficile souvent d'apprécier sa limite postérieure puisqu'elle se continue directement en entonnoir jusqu'à l'anus, qui est terminal. Les glandes chloragéniques sont d'ordinaire peu nombreuses ou manquent complètement, ce qui dans certains cas n'est pas peu favorable à l'étude anatomique de ces vers.

C'est même ce qui a permis à M. Vejdovsky de décrire dans tous ses détails le sinus vasculaire intrapariétal du gastro-intestin sur les trois espèces qu'il a pu étudier. Formant un réseau diversement compliqué, tantôt réticulaire, 7 *Æolosoma tenebrarum*, Vejd., par exemple, tantôt formé de vaisseaux en pinceaux, se réunissant sur un ramuscule, qui aboutit à un tronc longitudinal médian, 1 *Æolosoma Hemprichii*, Ehr., ce sinus est situé immédiatement en dehors de l'épithélium, qui revêt la face interne de l'intestin; plus à l'extérieur se trouvent la couche musculaire, puis la membrane péritonéale. Le nom de sinus paraît d'autant plus convenable pour cette partie du système des vaisseaux clos, qu'on ne découvre pas de paroi propre à ces conduits. Au niveau de l'origine du renflement gastro-intestinal se détache le tronc dorsal, qui offre intérieurement ces cellules vasculaires, dont le rôle est assez énigmatique, mais qui pourraient bien, entre autres fonctions, servir comme valvules et régulariseraient le cours du fluide contenu. En avant, une branche simple ou bifurquée, se détache de chaque côté pour contourner l'œsophage à son point d'origine, elles se réunissent en-dessous et donnent naissance au tronc ventral, qui se dirige en arrière et communique par des anastomoses avec le réseau gastro-intestinal complétant ainsi le circuit.

Les organes segmentaires, assez difficiles à distinguer, sont remarquablement simples, constitués par un tube replié en siphon, à peine dilaté en entonnoir à l'extrémité libre, un ligament suspenseur le retient à la paroi. On ne trouve souvent qu'une paire de ces organes, 1 *Æolosoma Hemprichii*, Ehr., 6 *Æ. quaternarium*, Ehr., chez le 7 *Æolosoma tenebrarum*, Vejd., il en existe deux; M. Vejdovsky a montré le parti qu'on peut tirer pour caractériser les espèces de la considération du point où se trouve située la paire unique d'organes segmentaires.

Les individus sexués sont excessivement rares, aussi les organes de la reproduction proprement dits ne sont-ils qu'imparfaitement décrits. Ukedem (1861) le premier les a fait connaître. Le testicule consiste en une glande accolée à la paroi supérieure de la cavité viscérale, et s'étend du 5e au 6e anneau; les cellules spermatogènes tombent librement dans la cavité viscérale où elles achèvent de se développer. L'ovaire est de même ordre que l'organe précédent, attaché à la paroi ventrale au 5e anneau, il s'étend jusqu'au 7e au fur et à mesure du développement des œufs. Ceux-ci, arrivés à maturité et fixés aux corps submergés après la ponte, sont énormes, avec un vitellus blanc, Ehrenberg en a donné les dimensions pour son *Æolosoma decorum* (= 1 *Æ. Hemprichii* Ehr.); c'est le seul zoologiste qui ait eu jusqu'ici l'occasion de les examiner. A la face inférieure du 7° anneau, Udekem signale un orifice arrondi entouré de glandules tubuleuses qu'il regarde comme l'orifice efférent femelle; en ce même point il a trouvé un demi-clitellum ventral où la peau, chargée de glandes, se distingue nettement des parties avoisinantes. Ce même auteur a fait cette remarque, que le développement du testicule et celui de l'ovaire sont généralement inverses sur un individu donné, en sorte que les uns paraîtraient plutôt agir comme mâles. les autres comme femelles.

La reproduction par bourgeons est en somme le mode de reproduction habituel. Ces bourgeons se développent à la partie postérieure du corps suivant le mode ordinaire, et M. Vejdovsky a étudié avec le plus grand soin (1) leur mode de formation, depuis leur première origine, indiqué par un léger épaississement des couches dermiques dorsales, jusqu'à leur entier achèvement.

Le genre *Æolosoma* est des plus naturel et, depuis Ehrenberg, tous les zoologistes l'ont universellement adopté. Leidy a cependant proposé une subdivision en formant pour les espèces où les soies sont quadrisériées le genre *Chætodemus*, idée reprise dans ces derniers temps par M. Czerniavsky. Pour un groupe où ces appendices locomoteurs se trouvent dans un état très évident de dégradation, ce caractère ne peut être regardé comme ayant une valeur suffisante pour justifier une coupe générique, d'autant plus qu'on trouve, ainsi que cela a été dit plus haut, des passages entre l'une et l'autre disposition, aussi ne doit-on au plus employer cette différence que pour la distinction et le groupement des espèces.

Celles-ci offrent beaucoup de difficulté dans leur détermination et, sauf pour les *Æolosoma* d'Europe, étudiés par les zoologistes spécialistes dans ces derniers temps, la plupart sont fort douteuses et les rapprochements qu'on peut établir ne doivent être acceptés qu'avec réserve.

Ehrenberg, au début, avait admis trois espèces sous le nom d'*Æolosoma Hemprichii*, *Æ. decorum* et *Æ. quaternarium*. Malgré certaines différences, qui ne sont cependant pas sans importance et dont il sera question plus loin, la plupart des auteurs réunissent les deux premières et beaucoup d'entre eux allant même plus loin, ont changé le nom en celui d'*Æolosoma Ehrenbergii*, contrairement aux règles de la nomenclature.

(1) Vejdovsky, 1884, p. 161 ; pl. I, fig. 16, 29, 31, 32, 33.

Depuis cette époque, les zoologistes ont fait connaître un assez grand nombre d'espèces, mais sauf quelques-unes, les caractères assignés à la plupart d'entre elles sont tellement vagues, qu'il est impossible de décider si on doit les regarder comme légitimes. C'est ce qui a lieu pour la première en date, l'*Æolosoma aurigena*, Eichwald, bien que la description soit accompagnée d'une figure, mais de trop petite dimension pour être de quelque secours pour l'étude. L'*Æolosoma venustum* et le *Chætodemus panduratus*, trouvés dans les environs de Philadelphie, ne paraissent pas différer des *Æolosoma Hemprichii*, Ehr. et *Æ. quaternarium*, Ehr.

L'espèce de l'Amérique du Sud décrite par M. Schmarda, sous le nom d'*Æolosoma pictum*, présente peut-être des caractères plus positifs, elle demanderait cependant de nouvelles recherches et n'a pas encore été examinée d'une manière assez approfondie. Il en est de même, autant qu'on en peut juger, de l'*Æolosoma niveum*, Leydig. Quant aux *Æolosoma Balsamo* et *Æ. italicum*, espèces proposées par M. Maggi, malgré l'étude consciencieuse qu'en a fait ce zoologiste, on est porté à admettre que les caractères qu'il leur assigne ne sont pas suffisants pour les faire distinguer des *Æolosoma quaternarium* et *Æ. Hemprichii* d'Ehrenberg.

La distinction des espèces repose en partie sur la disposition et la nature des soies, des caractères non moins importants sont tirés de la forme du ganglion cérébroïde, malheureusement elle n'est connue que pour un petit nombre de types. M. Vejdovsky a montré aussi le parti qu'on peut tirer de la forme de la tête, tantôt confondue avec les anneaux suivants, tantôt plus large et portée sur une espèce de cou, et de la situation aussi bien que du nombre des organes segmentaires. Enfin, on peut se servir de l'apparence des globules sous-épidermiques, de leur coloration, de leur arrangement plus ou moins régulier, mais il n'est pas nécessaire d'insister sur la médiocre valeur de ce dernier caractère. Le tube digestif fournirait aussi, sans doute, quelques particularités distinctives, seulement le polymorphisme du corps chez ces êtres en rend l'étude difficile.

Il est impossible de se faire à l'heure actuelle une idée de la répartition géographique de ce genre, tout ce qu'on peut dire c'est qu'elle paraît devoir être très étendue, des *Æolosoma* ayant été rencontrés non-seulement dans toute l'Europe, mais certainement en Nubie et dans l'Amérique du Nord; on vient de voir qu'une espèce est citée de l'Amérique méridionale. Quelques types, 1 *Æ. Hemprichii*, Ehr., 6 *Æ. quaternarium*, Ehr., seraient remarquablement cosmopolites.

Tableau synoptique des espèces du genre ÆOLOSOMA.

Soies
- bisériées ; globules tégumentaires
  - irrégulièrement disposés et
    - colorés en rouge vif. Tube digestif
      - avec une dilatation gastrique... 1. Æ. *Hemprichii*, Ehr.
      - régulièrement cylindrique.... 2. » *pictum*, Schmar.
    - jaunâtres ou incolores. Tête
      - distincte................ 3. » *variegatum*, Vejd.
      - confondue avec le corps..... 5. » *niveum*, Leydig.
  - en séries régulières formant quinconce................. 4. » *aurigena*, Eichw.
- quadrisériées et
  - toutes piliformes................. 6. » *quaternarium*, Ehr.
  - en partie bifurquées, crochues................. 7. » *tenebrarum*, Vejd.

1. ÆOLOSOMA HEMPRICHII.

(Pl. XXII, fig. 26).

Æolosoma Hemprichii, Ehrenberg, 1831 ; Turbell., feuille *b*, 3ᶜ page ; pl. V,
          fig. 2 *a*, *b*, *c*.
Æolosoma decorum, Ehrenberg, 1831 ; Turbell., feuille *b*, 4ᵉ page.
Æolonais Hemprichii, Gervais, 1838, p. 14.
Æolonais decorum, Gervais, 1838, p. 14.
Æolosoma Ehrenbergii, Œrsted, 1842-1843, p. 137 ; pl. III, fig. 7.
Æolosoma Hemprichii, Grube, 1851, p. 105 et 147.
Æolosoma decorum, Grube, 1851, p. 105 et 147.
? *Æolosoma venustum*, Leidy, 1850-1854, p. 46 ; pl. II, fig. 8 à 12.
Æolosoma Ehrenbergii, Udekem, 1855, p. 553.
    Id.   *id.*   Udekem, 1859, p. 23.
    Id.   *id.*   Udekem, 1861, p. 245 ; pl. fig. 1.
Æolosoma Hemprichii, Maggi, 1865.
Æolosoma decorum, Maggi, 1865.
Æolosoma italicum, Maggi, 1865.
Æolosoma Ehrenbergii, Vejdovsky, 1882, p. 51.
    Id.   *id.*   Vejdovsky, 1883, p. 4 (tirage à part).
    Id.   *id.*   Vejdovsky, 1884, p. 21 ; pl. I, fig. 1 à 7.

Ver pouvant acquérir relativement une assez grande taille ;
tête un peu plus large que la portion suivante du corps.

Soies locomotrices bisériées, de chaque côté 9 à 12 faisceaux
(sur l'individu souche), elles sont dans chacun de ceux-ci
toutes piliformes au nombre de 3 à 8, dans ce dernier cas
d'inégales grandeurs, de petites alternant avec de plus grandes,
ces dernières sont moins larges que le corps.

Cerveau profondément échancré en arrière.

Tube digestif avec un renflement gastro-intestinal.

La paire d'organes segmentaires placée très en avant, au
niveau des premiers faisceaux de soies.

Transparent ; tégument orné d'un grand nombre de globules
d'un beau rouge de Saturne, irrégulièrement disposés.

Longueur 2ᵐᵐ à 3ᵐᵐ, parfois pouvant atteindre jusqu'à 5ᵐᵐ.

Hab. — Toute l'Europe, Dongola (Nubie), Amérique du Nord.

Il est possible que sous ce nom se trouvent réunies des espèces
différentes. Ainsi, Ehrenberg en distinguait deux, avec doute il est
vrai, mais en comparant les descriptions, les caractères différentiels se
réduisent à si peu de chose qu'il est difficile de les admettre comme
réelles. L'*Æolosoma Hemprichii* aurait 3 soies par faisceau ; l'*Æ. deco-*
rum 6 et le faisceau seraient sub-bipartite. Grube, qui admet ces deux

espèces, ajoute une différence dans le nombre des anneaux, 10 à 15 pour la première, 9 à 10 pour la seconde; ces derniers chiffres ne sont pas concordants avec ceux donnés par Ehrenberg dans les *Symbolæ physicæ* où se trouve 9 à 20.

On est donc porté à admettre l'idée de M. Œrsted, qui, le premier, a proposé de les réunir. C'est toutefois à tort que cet auteur, au lieu de prendre le nom d'*Æolosoma Hemprichii*, le premier en date sans aucun doute, a cru devoir le modifier en celui d'*Æolosoma Ehrenbergii*. Udekem regarde comme appartenant à cette espèce l'*Æolosoma quaternarium*, Ehr. La disposition des soies, sans parler d'autres caractères dont il sera question à propos de cette espèce, doit suffire pour la faire regarder comme distincte malgré la tendance des faisceaux à se séparer dans la forme *Æolosoma decorum*.

Il est plus douteux que les *Æolosoma italicum*, Maggi et *Æ. venustum*, Leidy, soient bien identiques à l'*Æolosoma Hemprichii*, Ehr., mais les détails donnés sur ces animaux sont insuffisants pour les caractériser d'une façon convenable, et l'on ne peut provisoirement que les y réunir.

C'est sur son *Æolosoma decorum* qu'Ehrenberg a observé des œufs pondus d'un volume relativement considérable, $0^{mm},11$; le petit y est déjà pourvu de globules cutanés rouges, analogues à ceux de l'adulte.

La répartition géographique serait, on le voit, des plus étendue et mérite de fixer l'attention des zoologistes en position d'étudier ces animaux pour l'établir d'une manière plus formelle, car elle repose jusqu'ici sur des rapprochements dont quelques-uns peuvent être regardés comme contestables.

2. ÆOLOSOMA PICTUM.

Æolosoma pictum, Schmarda, 1861, p. 10; pl. XVII, fig. 155 (Une figure dans le texte).
  Id. *id.* Vejdovsky, 1884, p. 18.

Corps cylindrique, nettement annelé aux deux extrémités; tête ne présentant pas de cils vibratiles, plus étroite que les anneaux suivants.

Soies bisériées, piliformes, courtes, au nombre de 4 dans chaque faisceau.

Bouche infère, petite, ovale, munie de cils vibratiles; intestin régulièrement cylindrique, sans dilatation, contourné en spirale.

Couleur jaune chamois, avec de nombreux corpuscules tégumentaires d'un beau rouge, irrégulièrement disposés.

Longueur 1^{mm}, largeur $0^{mm},2$; 10 anneaux sétigères.

Hab. — Eaux stagnantes dans la vallée de Cauca, environs de Cali (Nouvelle-Grenade).

Suivant M. Vejdovsky, cette espèce rappelle le 1 *Æolosoma quaterna-rium*, Ehr. Cependant la présence de deux rangées de soies paraît l'en distinguer suffisamment. L'intestin en spirale et sans dilatation pourrait aussi constituer un bon caractère spécifique, toutefois il faut remarquer que, suivant l'état de contraction variable du corps, l'aspect de l'intestin peut changer considérablement, comme Ehrenberg l'a très bien indiqué dans ses figures de l'*Æolosoma Hemprichii*. Il serait important de savoir dans quelles conditions M. Schmarda a examiné ce ver.

3. ÆOLOSOMA VARIEGATUM.

Æolosoma variegatum, Vejdovsky, 1886, p. 275; pl. fig. 1 à 6.

De grande taille ; tête notablement plus dilatée que la portion suivante du corps, arrondie antérieurement.

Soies bisériées, faisceaux composés de 2 à 4 soies piliformes, légèrement courbes, subégales.

Les deux lobes du cerveau réunis en une masse transversale à peine émarginée en arrière.

Tube digestif avec une dilatation gastro-intestinale.

Une paire d'organes segmentaires placée à l'origine de cette dilatation, bien en arrière de la région œsophagienne.

Globules tégumentaires rares, irrégulièrement disposés, les uns verts, les autres incolores.

Longueur 10^{mm} ; 7 à 9 anneaux sétigères sur les individus les plus développés.

Hab. — Europe centrale.

Cette espèce, récemment décrite par M. Vejdovsky, est bien caractérisée parmi les espèces à tête globuleuse, par la position des organes segmentaires et la forme du cerveau.

4. ÆOLOSOMA AURIGENA.

Æolosoma aurigena, Eichwald, 1847, p. 359; pl. IX, fig. 15 *a* et *b*.
   Id   id.   Vejdovsky, 1884, p. 22.

Tégument à annélations indistinctes; tête plus large que la portion suivante du corps.

Soies 3 ou 4 par faisceaux, ceux-ci au nombre de 24 et sans doute bisériés (d'après la figure).

Tégument orné de globules dorés, en séries régulières.
Longueur d'environ 4^{mm}.

H{.sc AB}. — Kangern (48 kilom. E. de Riga).

Ce ver aurait été trouvé dans la Baltique, le fait n'a rien qui doive surprendre, étant donnée la faible salure des eaux de cette mer.

Quant à la valeur de l'espèce, il est fort difficile de l'apprécier exactement, plusieurs caractères importants ne sont pas donnés dans la description et les figures ne sont pas suffisantes pour lever tous les doutes.

M. Vejdovsky, tout en faisant remarquer la ressemblance dans la forme générale entre cette espèce et son 7 *Æolosoma tenebrarum* ne pense pas, d'après surtout la disposition des corpuscules colorés, qu'on puisse établir l'assimilation de ces deux types. On peut en dire autant relativement au 3 *Æolosoma variegatum* du même auteur.

5. ÆOLOSOMA NIVEUM.

Æolosoma niveum, L{.sc EYDIG}, 1865, p. 365; pl. VIII B, fig. 3.
    Id.   *id.*   V{.sc EJDOVSKY}, 1884, p. 19.

De très petite taille; corps ne présentant pas de régions distinctes, obtusément conique à ses deux extrémités.

Soies sur deux rangs, toutes sétacées, au nombre de 3 ou 4 par faisceau.

Œsophage court, dilatation gastro-intestinale développée.

Globules tégumentaires incolores, corps transparent.

Longueur 0^{mm},16 ; 6 paires de faisceaux de soies.

H{.sc AB}. — Le Mein.

Cette espèce, trouvée en certaine abondance avec le 6 *Æolosoma quaternarium*, Ehr., par Leydig, avait d'abord été regardée par lui comme un jeune de l'*Æolosoma decorum* (= 1 *Æ. Hemprichii* Ehr.). Mais l'auteur de cette dernière espèce avait fait remarquer que, dès sa formation dans l'œuf, le petit montre les globules tégumentaires colorés en rouge, Leydig a donc cru devoir considérer l'animal qu'il observait et chez lequel les globules sont incolores, comme une espèce nouvelle.

L'*Æolosoma niveum* est trop imparfaitement connu pour qu'on puisse savoir si cette opinion est fondée.

6. ÆOLOSOMA QUATERNARIUM.

Æolosoma quaternarium, E{.sc HRENBERG}, 1831; Turbell., feuille *b*, 4ᵉ page.
Æolonais quaternarium, G{.sc ERVAIS}, 1838, p. 14.
? *Chætodemus panduratus*, L{.sc EIDY}, 1852, p. 286.

Æolosoma quaternarium, Maggi, 1865.
? *Æolosoma Balsamo*, Maggi, 1865.
Æolosoma quaternarium, Leydig, 1865, p. 360; pl. VIII, B, fig. 1, 2.
    Id.   *id.*   Lankester, 1870, p. 631; pl. XLVIII, fig. 4 à 8.
    Id.   *id.*   Vejdovsky, 1875.
Chætodemus quaternarius, Czerniavsky, 1880, p. 307 et 308.
Chætodemus multisetosus, Czerniavsky, 1880, p. 307.
Chætodemus Balsamoi, Czerniavsky, 1880, p. 307.
Chætodemus panduratus, Czerniavsky, 1880, p. 307.
Æolosoma quaternarium, Vejdovsky, 1882, p. 50.
    Id.   *id.*   Vejdovsky, 1883, p. 4 (tirage à part).
    Id.   *id.*   Vejdovsky, 1884, p. 20; pl. I, fig. 8 à 15.
    Id.   *id.*   Levinsen, 1884, p. 221.

De petite taille; tête de même largeur que la portion suivante du corps.

Soies quadrisériées, faisceaux composés chacun de 3 ou 4 soies piliformes, égales, un peu courbes, sensiblement moins larges que le corps, surtout pour le faisceau ventral où elles sont moins développées.

Cerveau fortement échancré en arrière.

Une dilatation gastro-intestinale.

Organes segmentaires placés après la seconde paire de soies, contre l'origine de cette dilatation gastrique ; leur extrémité terminale pourvue d'un renflement contractile.

Peau renfermant des corpuscules rouge de Saturne, un peu moins nombreux peut-être que chez le 1 *Æolosoma Hemprichii* Ehr., irrégulièrement disposés.

Longueur 1^{mm} à 2^{mm} ; jusqu'à 9 anneaux sétigères.

Hab. — Allemagne, Bohême, Belgique, Italie, Russie méridionale, Amérique du Nord.

Cet *Æolosoma* est sans doute beaucoup plus répandu que cette énumération ne le ferait supposer, mais sa petitesse, jointe à la transparence de ses tissus, le rendent très difficile à trouver sans le secours de la loupe.

J'ai cru devoir réunir sous l'appellation donnée par Ehrenberg tous les *Æolosoma* pourvus de quatre rangs de soies sétacées, car jusqu'ici les descriptions données ne permettent pas de saisir entre eux des différences bien réelles. Il pourrait cependant y avoir doute pour l'*Æolosoma panduratum*, Leidy, des environs de Philadelphie, l'auteur américain fort précis, comme on le sait, dans ses descriptions, donne le corps comme « transparent et incolore » sans parler des corpuscules rouges, c'est la seule différence importante.

Annelés. Tome III.   31

M. Czerniavsky, adoptant le genre *Chætodemus*, Leidy, y range quatre espèces distinguées de la manière suivante :

	capillares, tenuissimæ. Fasciculi setarum 4-nis (pro parte 2 et 3-nis) formati.	Ch. quaternarius, Ehr.
Setæ	*tenues, ventrales (an solum) in medio sat inflati. Fasciculi setarum setis 7-9 formati.*	Ch. multisetosus (= Æ. quaternarium, Lank.).
	spiniformes.	Ch. Balsamoi, Maggi.
	sigmoidei, latitudine corporis breviores.	Ch. panduratus, Leidy.

Ce tableau, reproduit ici tel qu'il a été donné par l'auteur, montre la faiblesse des caractères auxquels il faut s'adresser pour distinguer ces espèces et est de nature, je crois, à justifier les rapprochements établis dans notre synonymie. La forme des soies n'est pas justement appréciée, car pour ce qui concerne le *Chætodemus panduratus* les deux particularités énoncées se retrouvent également chez l'*Æolosoma quaternarium*, Ehr. type ; le nombre de soies par faisceau ne peut être regardé ici comme ayant non plus une grande importance. Il faut attendre avant d'admettre ces espèces de nouvelles recherches faisant mieux connaître leur organisation.

7. ÆOLOSOMA TENEBRARUM.

Æolosoma tenebrarum, VEJDOVSKY, 1879.
    Id.   *id.*   VEJDOVSKY, 1882, p. 51 et 61 ; pl. V, fig. 21.
    Id.   *id.*   VEJDOVSKY, 1883, p. 4 (tirage à part).
    Id.   *id.*   VEJDOVSKY, 1884, p. 21 ; pl. I, fig. 16 à 36.

De grande taille et d'une grande transparence ; tête notablement plus dilatée que la portion suivante du corps, légèrement appointie en avant.

Soies quadrisériées, faisceaux composés de 3 à 5 soies le plus grand nombre piliformes, quelques-unes cependant, surtout à la partie moyenne du corps et aux faisceaux ventraux, bifurquées, crochues.

Cerveau avec deux lobes latéraux développés et une profonde échancrure postérieure,

Tube digestif muni d'une dilatation gastro-intestinale.

Deux paires d'organes segmentaires, la première placée dans la région œsophagienne au niveau ou très peu en arrière des premiers faisceaux sétigères, la seconde en arrière des seconds, assez près de la dilatation gastro-intestinale.

Couleur d'un blanc grisâtre à l'œil nu; tégument parsemé de globules jaune verdâtre pâle.

Longueur pouvant varier de 5^{mm} à 10^{mm} ; certains individus ayant jusqu'à 12 anneaux sétigères.

Hab. — Environs de Prague, dans les puits.

Cette intéressante espèce n'est connue que par les descriptions et les figures de M. Vejdovsky, qui en a fait l'étude avec grands détails. Sa transparence et ses dimensions la rendent, suivant cet auteur, particulièrement propre aux recherches anatomiques.

La présence de soies fourchues, jointe aux quatre faisceaux par anneau, ne permet de la confondre avec aucune autre espèce.

On aurait pu croire que la coloration pâle des globules cutanés était dépendante de l'habitat souterrain de l'*Æolosoma tenebrarum*, Vejd., mais avec lui M. Vejdovsky a trouvé les 1 *Æolosoma Hemprichii*, Ehr. et 6 *Æ. quaternarium*, Ehr. sans changements notables sous ce rapport. Ce fait a son importance au point de vue de la distinction des espèces.

II. Genre PLEUROPHLEBS.

(Πλευρόν, côté: φλεψ, vaisseau).

Æolosoma, sp. Schmarda.

Très voisin des *Æolosoma*, mais à tégument sans globules sous-épidermiques réfringents.

Tête non distincte du corps, munie de cils vibratiles.

Soies piliformes, bisériées.

Une dilatation gastrique nettement séparée de l'intestin, avec un appareil musculaire longitudinal développé.

Appareil des vaisseaux clos constitué par deux troncs latéraux, un de chaque côté, lesquels se réunissent dans la partie céphalique.

Habitent les eaux douces.

Quoique les animaux qui composent ce genre soient encore fort imparfaitement connus, je crois cependant, avec M. Vejdovsky, qu'ils méritent de former un genre distinct des *Æolosoma*, avec lesquels M. Schmarda, qui les a fait connaître, les réunissait.

L'aspect des *Pleurophlebs* est sans doute celui de ces animaux, mais la disposition de l'appareil des vaisseaux clos se montre très spéciale et même unique parmi les Lombriciniens. Le savant zoologiste qui les décrit, indique et figure des troncs latéraux très développés. Le tronc dorsal et le tronc ventral n'existent pas, ou en tous cas seraient beaucoup moins visibles. Cette disposition rappelle celle qu'on rencontre dans les types des vers les plus inférieurs.

Un caractère plus apparent, bien qu'évidemment de moindre valeur, peut se tirer de l'absence des corpuscules tégumentaires réfringents.

En somme, tout en faisant les réserves que comporte l'état de nos connaissances, la distinction comme genre paraît justifiée.

Deux espèces, l'une de Ceylan, l'autre de l'Amérique centrale, ont été découvertes par M. Schmarda. Elles se distinguent aisément l'une de l'autre d'après la forme du renflement stomacal et le nombre des anneaux.

1. Pleurophlebs ternarius.

Æolosoma ternarium, Schmarda, 1861, p. 10; pl. XVII, fig. 153.
    Id.   *id.*   Vejdovsky, 1884, p. 18 et 20.

Corps aplati, annélations faibles. Tête obtusément arrondie, munie de cils vibratiles sur son pourtour et de 10 à 12 soies tactiles ; à sa partie inférieure se voit une gouttière, garnie également de cils vibratiles, conduisant à la bouche.

Soies bisériées au nombre de 3 par faisceau, piliformes, plus courtes que le diamètre du corps.

Bouche infundibuliforme, œsophage cylindrique conduisant dans un renflement stomacal, qui n'a guère que la largeur d'un anneau et offre des fibres musculaires longitudinales très nettes, intestin cylindrique relativement étroit irrégulièrement sinueux.

Les vaisseaux latéraux, partant de la partie postérieure du corps, s'anastomosent en avant à plein canal et en outre par un réseau prébuccal.

Couleur gris jaunâtre, presqu'incolore.

Longueur 2^{mm},5, largeur 0^{mm},5 ; 10 segments sétigères.

Hab. — Eaux stagnantes des environs de Galle (Ceylan).

2. Pleurophlebs macrogaster.

Æolosoma macrogaster, Schmarda, 1861, p. 10; pl. XVII, fig. 154. (Une figure dans le texte).
    Id.   *id.*   Vejdovsky, 1884, p. 18 et 20.

Corps aplati, un peu allongé. Tête arrondie avec des cils vibratiles et une dizaine de soies tactiles.

Soies bisériées, au nombre de 4 par faisceau, piliformes.

Bouche rhomboïdale, ciliée ; un œsophage long, sinueux, auquel fait suite un gésier en forme de cloche, débouchant par une large ouverture dans un estomac ovale, qui occupe la longueur de trois anneaux, du 8ᵉ au 10ᵉ. Intestin peu sinueux.

Vaisseaux latéraux étendus sur toute la longueur du corps. Couleur gris jaunâtre.

Longueur 2ᵐᵐ, largeur 0ᵐᵐ,33 ; 23 segments sétigères (1).

HAB. — Eaux stagnantes à San Juan del Norte (Amérique centrale).

Les vaisseaux latéraux nettement indiqués sur la figure ne sont pas mentionnés dans la description due à M. Schmarda.

INCERTÆ SEDIS.

FAM. TYPHLOSCOLECIDÆ.

(Uljanin, 1878).

« Corps oblong, divisé en un nombre variable de segments ; l'antérieur ou buccal muni d'un ou plusieurs appendices tentaculiformes et orné de cils ou de lamelles formées de cils soudés entre eux ; tous les segments du corps (le segment buccal compris) portent sur leurs côtés soit une paire d'élytres en forme de coussinet, soit deux paires d'élytres lamelleuses ; segment pygidien ayant, à son extrémité postérieure, deux lamelles entre lesquelles est placé l'orifice anal. Une partie ou tous les segments du corps (à l'exception du segment buccal) armés de chaque côté d'un petit nombre de soies courtes et en forme d'épines. » (Uljanin).

Il est assez difficile, dans l'état actuel de nos connaissances sur les animaux qui composent cette famille, de se prononcer sur la valeur de celle-ci. Ce sont de petits vers pélagiques, qu'on a récoltés surtout dans la mer Méditerranée et la mer Rouge. Leur aspect est plutôt celui d'Annélides de l'ordre des POLYCHÆTA que de LUMBRICINI (2). D'un autre côté, bien qu'on ait observé les éléments reproducteurs mâle et femelle, le développement n'a pas encore été suivi d'une manière complète, et l'on peut se demander si les êtres qu'on a sous les yeux ont bien acquis leur forme définitive.

(1) La figure en porte 23 à gauche, 22 à droite, mais la description donne le premier de ces chiffres.

(2) M. Langerhans les a rapprochés des *Tomopteris* (Voir t. II, p. 226).

Dans cet état de chose je crois devoir me borner à indiquer sommairement et au point de vue des sources à consulter, ce que nous connaissons de ces vers, sur lesquels de très remarquables travaux ont été publiés dans ces derniers temps par M. Uljanin et M. Greeff.

Le premier de ces auteurs admet deux genres : les *Typhloscolex*, Busch et *Sagitella*, Wagner, spécialement distingués par la présence d'une sorte de couronne de longs cils au segment buccal chez les premiers, laquelle fait défaut chez les seconds. Pour M. Greeff ce caractère étant peut-être larvaire, un seul genre mérite d'être conservé.

Genre TYPHLOSCOLEX.

(Τυφλός, aveugle; σκώληξ, ver).

Typhloscolex, Busch, Greeff.
Sagitella, N. Wagner, Uljanin.
Acicularia, Langerhans, Greeff.

Vers médiocrement allongés, élargis en leur milieu, anneaux notablement plus larges que longs, pourvus chacun d'une ou deux paires d'appendices ou élytres. Tête distincte avec un tentacule médian et souvent des prolongements latéraux, plus ou moins dilatés, chargés d'organes tactiles spéciaux.

Soies subulées, simples, sur un mamelon à la base des élytres.

Pas d'yeux. Système nerveux bien distinct et normalement développé.

Tube digestif commençant par une bouche infère à laquelle font suite un œsophage court, un estomac glanduleux à peu près de même dimension et un intestin, qui occupe presque toute la longueur du corps. A la naissance et au-dessus de l'œsophage se voit un organe musculeux (*organe en rétorte* ou *cornue*, Uljanin) susceptible de faire saillie à l'extérieur comme une sorte de trompe.

Un tronc dorsal et un tronc ventral, unis en avant autour du tube digestif, sans branches latérales.

Organes segmentaires, en forme de tube simple, dilatés dans le 5e anneau, en vue sans doute de servir à l'issue des produits des organes reproducteurs.

Organes de la génération peu compliqués, formés de cellules placées contre les parois du corps et donnant naissance, soit à des spermatozoïdes, soit à des ovules. Les produits tombent directement dans la cavité viscérale.

Bien des points restent encore obscurs dans l'anatomie de ces animaux et, pour ne citer qu'un des plus importants, tandis que M. Uljanin les regarde comme hermaphrodites, M. Greeff maintient qu'ils sont unisexués.

On peut encore noter comme particularité intéressante, la présence de cet organe en forme de cornue qu'on trouve à la partie supérieure de l'œsophage. Faut-il y voir quelque chose d'analogue à la trompe des Térétulariens ou d'autres vers ?

Le vague, qui règne sur l'organisation et l'histoire biologique de ces êtres, ne permet pas de se faire une idée exacte des espèces à établir, et de grandes divergences d'opinion se retrouvent sur ce point dans l'appréciation des auteurs. Il n'est pas inutile de remarquer que le mode d'observation, dans ces études, peut donner lieu à de singulières différences, c'est ainsi que la forme de l'animal, l'apparence de la tête, peuvent être assez profondément modifiées pour devenir cause d'erreur, suivant qu'on examine ces vers avec ou sans plaque couvrante.

M. Uljanin décrit quatre espèces dans les deux genres qu'il admet, comme on l'a vu plus haut. M. Greeff, tout en en signalant trois à titre provisoire, se demande si elles sont légitimes.

Renvoyant à ces auteurs pour l'examen de cette question, je me contenterai de donner ici la nomenclature des noms proposés suivant l'ordre des dates, en indiquant les lieux de provenance des animaux.

On remarquera que c'est dans la partie occidentale de la mer Méditerranée et dans la partie avoisinante de l'Océan atlantique que les *Typhloscolex* ont été spécialement observés. M. Wagner, aurait, d'après M. Eisig, rencontré l'espèce dans la mer Noire et M. Kowalevsky dans la mer Rouge, cette dernière localité étant donnée par M. Uljanin, d'après M. Bobretsky. Je n'ai pu malheureusement, pour ces derniers points, consulter les sources originales.

Typhloscolex Mülleri, Busch, 1851, p. 115-116 ; pl. XI, fig. 1-6.
(Trieste.)

? *Sagitella Kowalevskii*, Wagner, 1872, p. 344-347.

Acicularia Virchowii, Langerhans, 1877, p. 727 ; 1 pl.
(Baie de Funchal, Madère.)

Sagitella, Eisig, 1878, p. 126 (rectification sur la désignation générique).

? *Acicularia Virchowii*, Greeff, 1878.

Typhloscolex Mülleri, Uljanin, 1878, p. 27.

Sagitella Kowalevskii, Uljanin, 1878, p. 4 et 28; pl. I, fig. 1, 6 à 9; II, fig. 10, 11, 13; III, fig. 16, 17, 19, 20, 21, 22; IV, fig. 23, 24, 25, 26, 28, 31, 32.
(Villefranche, Naples, Messine, Mer Rouge.)

                         LOMBRICINIENS.

Sagitella barbata, Uljanin, 1878, p. 6 et 28 ; pl. I, fig. 2, 4, 5 ; II, fig. 12,
14, 15 ; III, fig. 18 ; IV, fig. 30.
(Villefranche, Naples, Messine.)

Sagitella præcox, Uljanin, 1878, p. 8 et 28 ; pl. I, fig. 3 ; pl. IV, fig. 27.
(Naples.)

Sagitella Bobretskii, (N. Wagner, sp.), Uljanin, 1878, p. 29.
(Naples.)

Acicularia Virchowii, Greeff, 1879, p. 237 ; pl. XIII.
(Baie d'Arrécife, Lanzarote, îles Canaries.)

Typhloscolex Mülleri, Greeff, 1879, p. 661 ; pl. XXXIX.
(Naples.)

ORDRE

HIRUDINIENS (HIRUDINES)

OU

BDELLES

Hirudo, Linné, 1757 et vet. auct.
Hirudinées, Lamarck, 1818.
Annelides Hirudinées, Savigny, 1820.
Bdellaires et Sanguisugaires, Blainville, 1822.
Annelides suceuses, Audouin et Milne Edwards, 1832.
Hirudinées, Blanchard, 1847.
Hirudinea, Moquin-Tandon, 1846.
Myzelmintha (pars), Diesing, 1850.
Discophora, Grube, 1851.

Vers aplatis ou cylindriques, distinctement annelés, sauf de rares exceptions ; peau nue sans cils vibratiles, ni, sauf un cas anormal (1), de soies. Bouche antérieure d'ordinaire en ventouse plus ou moins parfaite ; une ventouse postérieure bien développée, terminale ou subventrale (2). Système nerveux formé d'un collier œsophagien auquel fait suite une chaîne ganglionnaire ventrale. Tube digestif souvent compliqué de diverticules, soit armé de mâchoires, soit d'une trompe formée par la partie antérieure extroversile. Anus distinct, au-dessus de la ventouse anale, exceptionnellement dans la cavité de celle-ci. Sexes réunis sur le même individu (2).

L'aspect extérieur des Hirudines permet, sauf de rares exceptions, de reconnaître au premier coup d'œil les animaux qui font partie de ce groupe. La forme du corps est généralement aplatie, dans un très petit nombre de cas arrondie, à annéla-

---

(1) *Acanthobdella,* Gr.
(2) Les *Histriobdella,* v. Ben., qui sont provisoirement laissés parmi les Hirudines, font exception, ayant deux organes d'adhérence postérieurs et étant dioïques.

tion nette, avec deux ventouses, l'antérieure assez variable dans sa forme et sa composition, la postérieure toujours parfaitement distincte, simple, discoïde (excepté : *Histriobdella*, v. B.). Cependant, ces caractères seuls pourraient, parfois au moins, induire en erreur, si on n'avait égard à quelques particularités tirées de l'organisation plus intime, par exemple, au système nerveux et à l'appareil digestif.

Pour faire connaître dans ses traits principaux l'anatomie de ces vers, on peut prendre comme type les sangsues proprement dites et en particulier l'*Hirudo medicinalis*, Lin., non seulement parce qu'étant l'une des plus communes, d'une taille se prêtant à la dissection fine, d'un intérêt pratique direct, elle a été le plus étudiée, mais encore parce qu'elle constitue un type moyen résumant les principaux traits de l'organisation du groupe.

Le tégument, en comprenant sous ce nom, avec la peau proprement dite, les couches sous-jacentes qui limitent la cavité viscérale, présente une certaine résistance, comme on peut s'en assurer en pressant entre les doigts un de ces animaux en bon état et vivace. Il en est ainsi pour tous les Hirudines élevés dans la série tels que ceux appartenant aux familles des Ichthyobdellidæ, des Gnathobdellidæ, mais chez les *Branchiobdella* il devient moins épais, plus transparent, et cela s'exagère chez les *Histriobdella*, animaux de petite taille, d'un type dégradé, qui se rapprochent en cela des Trématodes. Par contre, chez certains *Glossiphonia* le tégument prend un aspect corné, comme chitineux.

La peau proprement dite, sous la cuticule, dans les parties profondes, contient des pigments colorés, qui donnent à ces animaux un aspect souvent brillant et, dans une même espèce, on peut observer à la vue des différences, lesquelles, pour la Sangsue médicinale, en particulier, ont été décrites et figurées avec le plus grand soin : voir en particulier les ouvrages de Moquin-Tandon (1846) et de M. Ebrard (1857). On peut, en général, reconnaître une disposition fondamentale des teintes, par exemple la série des six bandes longitudinales de l'espèce typique, qui vient d'être citée, lesquelles en s'interrompant de différentes façons peuvent donner lieu à des dessins excessivement variés; si on y ajoute des altérations de la teinte normale on arrive à des combinaisons, qui souvent rendent fort difficile de retrouver la disposition qu'on peut regarder comme étant typique; c'est ainsi que pour l'*Hirudo medicinalis*, Lin., Moquin-Tandon énumère 21 variétés basées sur la coloration, et Diesing 64 (1859); 12 variétés de même ordre sont indiquées pour le *Nephelis octoculata*, Bergm. La variation est moins grande, semble-t-il, pour le ventre. Ainsi, dans la Sangsue médicinale, les deux bandes sombres, longitudinalement placées près des bords, ne manquent jamais, sauf dans les variétés très foncées. On doit conclure de cela qu'il est peu sûr d'avoir égard à la coloration pour l'établissement des espèces. M. Ebrard a fait remarquer que, pour bien juger de la disposition et de la richesse des teintes, il importait d'observer les animaux sous l'eau.

L'annélation, sauf de fort rares exceptions, est bien apparente et, comme Moquin-Tandon l'a formulé l'un des premiers dans sa théorie du zoonite, mérite d'être prise en très sérieuse considération pour l'étude anatomique chez ces animaux. Lorsqu'on examine, en effet, le cloisonnement de la cavité viscérale, on reconnaît que les dissépiments ne répondent pas à chaque annélation superficielle, mais en comprennent un certain nombre, lequel, à la partie moyenne du corps au moins, est d'une constance remarquable pour une espèce donnée. Déjà Savigny, dans des notes manuscrites (1) indiquait le parti qu'on pourrait tirer de cette circonstance pour la classification et Gratiolet (1862) y a trouvé un moyen ingénieux d'évaluer le nombre des anneaux, nombre difficile à connaître par suite des modifications morphologiques qu'éprouvent les zoonites placés aux deux extrémités du corps. Il est certain que ces considérations peuvent éclairer d'un grand jour la taxinomie de ce groupe, d'autant plus que la disposition de certains organes comme les orifices des appareils segmentaires, souvent même l'aspect différent de certains anneaux régulièrement espacés, permettent parfois d'apprécier, sans dissection préalable, la composition de ce zoonite.

Le tégument présente en outre, dans certains cas, des accidents, granulations, verrues, appendices divers, dont il suffit

---

(1) C'est sur un exemplaire du *Système des Annélides* (1820) ayant appartenu à cet auteur et annoté de sa main, exemplaire aujourd'hui en la possession de M. de Quatrefages, que se trouvent ces indications.

de mentionner ici l'existence pour faire comprendre les facilités qu'ils peuvent offrir au zoologiste dans la distinction des
espèces.

Enfin, pour terminer cette étude générale, mentionnons ces
ventouses terminales, qui donnent aux Hirudinées leur physio-
nomie particulière et jouent, soit dans la locomotion, soit dans
d'autres actes biologiques non moins importants, tels que la
préhension des aliments, etc., un rôle si considérable, qu'on peut
affirmer par avance que les modifications, dont elles seront af-
fectées, permettent de juger avec une réelle précision de l'organisation générale d'appareils importants, comme l'appareil
digestif et d'établir ainsi des coupes d'une valeur réelle.

La ventouse antérieure étant celle dont les fonctions sont les
plus multiples, éprouve naturellement les changements les
plus considérables. Dans certains genres, les Pontobdelles,
les Branchellions en sont des exemples ; c'est une cupule hémisphérique, supportée par un cou rétréci, et elle constitue
un organe d'adhérence très parfait. Plus ordinairement, comme
chez l'*Hirudo medicinalis*, Lin., la partie antérieure du corps peut
s'appliquer et adhérer intimement aux objets, mais la ventouse
est moins complète, de forme triangulaire, non distincte en
réalité du reste du corps, l'annélation se reconnaît à sa partie
supérieure. Enfin, dans quelques cas rares, la portion antérieure formant une sorte de lobe céphalique, s'échancre, se
divise même en sorte de lanières (*Temnocephala*), et l'animal
n'en conserve pas moins la propriété d'adhérer aux corps au
moyen de cet organe.

La ventouse postérieure, qui a surtout pour objet de servir
à la locomotion et d'assurer la stabilité de l'animal, se montre
dans la généralité des cas comme une cupule arrondie, d'une
grandeur parfois extraordinaire, comparée au volume de l'animal (*Piscicola*). Presqu'entièrement formée de fibres musculaires animées par des nerfs volumineux, cette ventouse constitue un organe d'adhérence très puissant. Chez les Histrio-
bdelles seules on trouve une exception à cette disposition
fondamentale, il existe deux ventouses postérieures supportées
chacune par un prolongement distinct.

L'appareil nerveux doit être considéré comme un des plus
typiques pour le groupe des articulés, il a, depuis Brandt (1833),
été l'objet d'un grand nombre de travaux et peut passer pour

l'un des mieux connus tant pour sa disposition générale (Moquin-Tandon 1846, Gratiolet 1862) que pour sa structure histologique (Faivre 1856, Baudelot 1864, Leydig 1864, etc.). On le trouve composé essentiellement d'une masse cérébroïde (1) sus-œsophagienne, reliée par des connectifs à une masse sous-œsophagienne, toutes deux bien évidemment formées par fusion de plusieurs ganglions zoonitaires, puis d'une série de ganglions (2), un par zoonite, donnant une chaîne ventrale terminée par une masse, résultant également de la fusion de plusieurs ganglions, laquelle envoie des rameaux nerveux dans la ventouse postérieure.

Bien que les Hirudinées témoignent d'une sensibilité souvent très délicate, leurs appareils sensoriels semblent d'abord fort rudimentaires. Le toucher général s'exerce sans doute par toute la surface du tégument, que sa mollesse en général paraît rendre très propre à cet usage, mais les organes du toucher paraissent faire défaut dans le plus grand nombre des cas ; les saillies qu'on rencontre sur les bords de la ventouse antérieure chez les *Pontobdella*, les prolongements céphaliques des *Temnocephala*, en remplissent peut-être l'emploi. Enfin, il est difficile de ne pas regarder la partie antérieure saillante de la ventouse orale, chez la Sangsue médicinale, comme ayant un rôle analogue à celui du lobe céphalique des vers de terre, par l'usage qu'en fait l'animal pour palper les objets qui l'environnent : cependant la complexité des éléments sensoriels, qu'on connaît aujourd'hui dans cette partie, ainsi qu'on le verra dans un instant, peut jeter quelqu'incertitude sur la nature des impressions ainsi perçues.

En dehors des organes visuels représentés, et encore chez un certain nombre d'espèces seulement, par des ponctuations noires désignées depuis longtemps comme yeux et dans lesquels Leydig a démontré l'existence d'une enveloppe scléroticale doublée d'une choroïde formant une sorte de cylindre, où pénètrent des fibres nerveuses et renfermant des cellules épithéliales bien distinctes, les autres sens, goût, odorat, ouïe, ne paraissent pas posséder d'appareils spécialisés. Cependant, pour les deux premiers, on peut regarder sans doute comme

(1) Pl. IV, fig. 4 : *b*.
(2) Pl. IV, fig. 4 : *c*.

s'y rapportant les organes cyathiformes décrits par Leydig dans la ventouse buccale de l'*Hæmopis sanguisuga*, Lin., organes dont l'usage ne peut être précisé d'une manière absolue et qui participent peut-être aussi du toucher dans leurs fonctions.

Tous les HIRUDINES sont carnivores, avec des différences toutefois assez grandes dans le régime ou la manière dont se fait la préhension des aliments; aussi l'appareil digestif est-il l'un des plus intéressants à connaître tant au point de vue anatomo-physiologique, qu'au point de vue taxinomique, et l'on s'accorde généralement aujourd'hui à établir des divisions d'ordre élevé d'après la constitution de sa portion antérieure. Il présente toujours deux orifices distincts. Ce caractère, avec la disposition de l'appareil nerveux, permet de différencier les Hirudiniens des Trématodes, groupes très intimement unis.

On peut y distinguer dans l'un des types les plus complets la Sangsue médicinale, une bouche, un œsophage, l'ingluvies, enfin le gastro-intestin, aboutissant à l'anus.

La bouche de l'*Hirudo medicinalis*, Lin., offre une complication qu'on est loin de retrouver au même degré dans tous les autres vers de l'ordre. Elle est placée dans la ventouse antérieure et formée, à l'état de repos, par trois fentes, partant sous des angles égaux d'un point central, l'une supérieure, les trois autres latéro-inférieures; l'écartement des bords de ces fentes peut donner à la bouche la forme d'un triangle équilatéral à côtés plus ou moins fortement concaves. A chacune de ces fentes répond, plus profondément, une saillie demi-circulaire en arête dièdre au bord libre, élargie à sa base, qui se continue avec les tissus ambiants, ces saillies ont reçu le nom de *mâchoires* (1), qu'il ne faut pas prendre dans un sens absolu, car elles sont molles, et la dénomination proposée par Blainville, *mamelons dentifères*, serait peut-être plus convenable; du tissu conjonctif, dans lequel se voient des fibres de nature musculaire étendues en différents sens, les constituent. Sur le bord convexe, on observe une série d'organes (2), durs, renfermant du carbonate de chaux (Leydig, Schneider) au nombre d'une soixantaine dans le type ici pris pour exemple, en forme de fer

(1) Pl. XXIV, fig. 2 (et 6 *Aulastoma gulo*, Braun).
(2) Pl. XXIV, fig. 3 (et 7 *Aulastoma gulo*, Braun).

de flèche ou de chevron, la pointe tournée vers l'extérieur, la partie fourchue à cheval sur ce bord convexe. Ces *denticules*, comme on les appelle, sont ainsi placés les uns derrière les autres, immédiatement juxtaposés et donnent, par leur ensemble, au bord de la mâchoire l'aspect d'une scie à dents fines.

C'est avec ces instruments que les Sangsues entament la peau des animaux pour faire sortir le sang dont elles se nourrissent; on retrouve des organes analogues chez les GNATOBDEL-LIDÆ, mais avec des degrés de développement très divers, soit dans la force et le nombre des denticules *Hæmopis*, Sav., *Aulastoma*, Moq.-T., qui finissent par disparaître complètement, *Trocheta*, Dutr., soit dans la disposition des mamelons, lesquels, de la forme de saillies hémi-lenticulaires, finissent, *Nephelis*, par se réduire à de simples replis longitudinaux, peu distincts des plis ordinaires de la bouche, qui représentent la gaîne protégeant chaque mâchoire chez les sangsues réellement armées.

Dans d'autres familles, les mâchoires manquent et sont remplacées par une trompe exsertile, conique, au moins chez les *Pontobdella*, constituée exclusivement, autant que nous pouvons le savoir (1) par des tissus conjonctifs et musculaires, laquelle cependant peut être introduite dans les tissus, pour permettre à l'animal d'extraire le sang dont il se nourrit. Les *Glossiphonia*, et sans doute les *Hæmentaria* offrent une disposition analogue, quelques-uns de ces animaux sont employés en médecine, et l'on conserve habituellement, dans l'Amérique centrale, plusieurs espèces du dernier de ces genres (*Hæmentaria Mexicana*, Fil., *H. officinalis*, Fil.) pour l'usage thérapeutique auquel sert l'*Hirudo medicinalis*, Lin., dans nos contrées. Les *Hæmentaria* auraient l'avantage de ne pas laisser de cicatrices, ce qui peut tenir non seulement à la disposition de l'appareil, qui entame la peau par pénétration, mais aussi,

(1) M. de Saint-Joseph, bien connu par ses travaux sur les Annélides des côtes de Bretagne, sur une Pontobdelle captive, m'a assuré avoir vu cet animal faire saillir de sa ventouse orale trois filaments, longs de plus d'un centimètre, flexibles, parfaitement isolés, que ce zoologiste compare, pour l'aspect, à des soies de porc, il a pu, sur le même individu observer plusieurs fois le phénomène. Bien que j'aie eu à ma disposition un grand nombre de ces animaux (on peut les conserver en captivité très aisément et fort longtemps) je n'ai rien constaté de semblable, mais la compétence de ce zoologiste dans ces questions m'engage à consigner ici le fait, dans l'espoir de provoquer de nouvelles recherches.

à l'absence des denticules, lesquels laissés en plus ou moins grand nombre dans la plaie, peuvent, par leur présence, causer une irritation favorable à la production de tissu inodulaire.

Enfin, dans les types dégradés comme les Branchiobdelles, on ne trouve plus que des mâchoires rudimentaires, au nombre de deux chez le *Branchiobdella Astaci*, Odier, de forme aplatie, en triangle simple ou denticulé, une supérieure, l'autre inférieure. Elles sont brunes, cornées, de nature chitineuse, rappelant par leur aspect les pièces dures de l'appareil digestif de certains Rotifères.

Les autres parties de l'appareil digestif, moins importantes jusqu'ici au point de vue taxinomique, n'en offrent pas moins un grand intérêt, eu égard à la complication qu'elles peuvent présenter et aux problèmes physiologiques qu'elles soulèvent. Je ne m'y appesantirai cependant pas ici, me bornant à un court résumé et renvoyant pour plus de détails aux auteurs, qui se sont spécialement occupés de ce sujet, particulièrement à Moquin-Tandon en ce qui concerne la partie descriptive, à Gratiolet pour l'interprétation physiologique des organes.

L'œsophage, qui fait suite à la bouche est peu allongé, occupant le douzième ou le treizième de la longueur totale chez l'*Hirudo medicinalis*, Lin. ; cylindrique et renflé légèrement en arrière, il présente, par suite de l'épaisseur des parois, une cavité étroite très nettement triangulaire sur la coupe transversale, au moins dans sa portion antérieure, rappelant ainsi la disposition de l'orifice buccal et des mâchoires ; il est remarquable que cela se retrouve dans l'œsophage des *Pontobdella*, privés de ces derniers organes. Autour de l'œsophage se voit un amas glandulaire d'aspect spongieux, formé d'une multitude de glandules munis chacun d'un long canal excréteur, et qu'on désigne ordinairement sous le nom de glandes salivaires, toutefois les orifices efférents de ces organes paraissent déboucher non dans l'œsophage et la bouche, mais dans la ventouse antérieure, aussi peut-on douter que le produit joue un rôle quelconque dans la digestion ; peut-être fournissent-elles le liquide qui, d'après les expériences de M. Haycraft (1884), retarde la coagulation du sang sucé.

La portion suivante de l'appareil a été différemment nommée d'après l'idée qu'on s'est faite de ses fonctions. Dans la Sangsue médicinale le sang s'y accumule en quantité relativement considérable, jusqu'à 5 fois et plus le poids de l'animal, aussi a-t-on voulu y voir l'*estomac*; mais, comme la remarque en avait été faite, et Gratiolet (1862) a insisté sur ce point, le sang y séjourne un certain temps sans subir d'altération notable et n'est réellement digéré qu'en passant dans d'autres portions du tube digestif, ce serait donc plutôt un simple réservoir, sorte de jabot, auquel ce dernier auteur a proposé de donner le nom d'*ingluvies*. Cet organe offre souvent une complication extrême et, suivant les genres, présente de très grandes différences. Jusqu'ici les zoologistes classificateurs ne paraissent avoir attaché qu'une médiocre attention à ces modifications qui, cependant, peuvent souvent être mises en rapport avec les variations qu'on observe dans l'armature buccale et mériteraient, au même titre, d'entrer en ligne de compte pour l'établissement des coupes génériques.

Le genre *Hirudo* présente une succession de onze compartiments, séparés par des cloisons percées en leur centre, les deux premiers sont très simples, les suivants jusqu'au dixième inclusivement sont étendus en poches de chaque côté, et leur volume s'accroît régulièrement d'avant en arrière; enfin, le dernier se prolonge en deux cœcums, qui atteignent à peu près la partie postérieure de la cavité viscérale et en occupent près du tiers. En n'ayant égard qu'aux GNATHOBDELLIDÆ, on trouve que chez les *Hæmopis* la disposition est à peu près semblable; chez l'*Aulastoma* les compartiments moins nombreux, n'offrent plus de poches latérales, sauf les deux cœcums du dernier, lesquels sont toutefois moins prolongés et plus étroits que chez la Sangsue; ces cœcums manquent complètement chez les *Trocheta*; enfin, chez les *Nephelis*, les cloisons en diaphragme faisant défaut, cette portion de l'appareil digestif représente un tube simple.

Les genres *Branchellion* et *Pontobdella* nous offrent des différences de même ordre, car chez les premiers on trouve une série de compartiments très distincts, séparés par des étranglements avec deux cœcums postérieurs, tandis que les seconds ne possèdent, comme l'*Aulastoma*, qu'un tube unique divisé par des diaphragmes et le dernier compartiment est prolongé en un cœcum unique impair. On n'a pas établi jusqu'ici de différences correspondantes dans les organes buccaux offensifs chez ces Hirudiniens.

Dans les *Glossiphonia*, la disposition fondamentale est, on peut dire, la même, si ce n'est que l'ensemble, par suite de la réduction de la portion centrale, donne l'aspect d'un tube médian, auquel seraient appendues les poches latérales en forme d'ampoules ; de plus, les cœcums postérieurs sont eux-mêmes pourvus de diverticulums à leur côté externe. Des différences plus importantes s'observent, comme on le verra, dans un instant, sur la région suivante de l'appareil digestif chez ces animaux.

Cette portion terminale, de forme cylindrique, allongée, a été désignée sous le nom d'*intestin*, le nom de *gastro-intestin*, proposé par Gratiolet, donne peut-être une idée plus juste de ses fonctions, puisque c'est en réalité là que la digestion s'accomplit au moins dans les espèces les mieux étudiées (*Hirudo medicinalis*, Lin., *Aulastoma gulo*, Braun). Ce tube se rétrécit légèrement d'avant en arrière et se trouve situé, soit entre les deux cœcums postérieurs de l'ingluvies, soit au-dessus s'il n'y en a qu'un (*Pontobdella*), ou enfin est en continuité directe avec les portions antérieures du tube digestif, si les cœcums font défaut. Chez la plupart des espèces il ne présente aucun accident ; dans la Sangsue médicinale, on observe à son origine deux petites tubérosités latérales, qui se montrent plus distinctement dans la Pontobdelle, mais chez les Glossiphonies, sur la longueur du gastro-intestin se voient huit diverticulums en ampoules symétriquement placées, quatre de chaque côté, à des distances égales, se répondant par paires, et rappelant la disposition des cœcums de l'ingluvies.

L'extrémité postérieure du gastro-intestin se renfle plus ou moins en olive pour contenir les fécès avant leur expulsion et peut être désigné comme *gros intestin* ; le nom de *cloaque* lui a souvent été donné, mais paraît moins convenable puisque ce réservoir ne contient que les produits excrémentitiels de la digestion.

L'anus apparaît comme une petite ponctuation simple et est situé sur la ligne médiane immédiatement à la base et au-dessus de la ventouse postérieure, désignée souvent à cause de ce rapport sous le nom de ventouse anale. Deux exceptions remarquables sont données par les genres *Centropygos* et *Acanthobdella* chez lesquels l'anus se trouve placé au centre de la ventouse. Cette position anormale s'explique d'autant moins que la situation ordinaire paraissait commandée par l'emploi que font les Hirudiniens de cette ventouse comme organe de station normale et en même temps la nécessité de laisser un libre passage aux fécès accumulés dans l'ampoule rectale. L'étude des mœurs de ces Sangsues donnera sans doute l'explication de cette différence anatomique.

Un grand nombre d'Hirudines peuvent être considérés comme parasites, en tant qu'ils vivent aux dépens d'autres animaux, suçant leur sang et n'entraînant pas la mort de leur victime, au moins dans les cas habituels, d'autres sont carnassiers et dévorent des Lombrics, des Naïs, de petits Mollusques, tels sont les *Aulastoma*, les *Nephelis*, quant aux *Glossiphonia*, suivant les espèces, peut-être même dans une même espèce, on peut observer l'un ou l'autre régime.

L'appareil de la circulation comprend un système de vaisseaux clos et le fluide cavitaire. Le premier a été étudié avec un grand soin, et Dugès, M. de Quatrefages, Gratiolet l'ont fait connaître en détail. Bien qu'il paraisse plus compliqué, son examen est cependant plus facile que chez les Lombrics, certaines espèces, abondamment répandues dans nos climats, étant d'un volume assez considérable pour permettre l'emploi des injections. On n'en a jusqu'ici tiré aucun caractère pour la classification de ces animaux.

On distingue dans l'*Hirudo medicinalis*, comme chez les Lombrics, deux troncs impairs, un dorsal (1), l'autre ventral (2) ; ce dernier renferme la chaîne nerveuse ganglionnaire et pourrait être considéré comme résultant de la fusion des troncs sus et sous-nerviens. Il existe dans chaque zoonite en premier lieu une branche dorso-ventrale, qui, à l'un et à l'autre des troncs commence par un, parfois deux tubes assez forts, gagne les couches profondes tégumentaires et s'y résout en un lacis capillaire, au moyen duquel s'établit la communication entre les deux troncs ; on trouve en second lieu une branche qui, contournant l'ingluvies, dans les points rétrécis entre les portions dilatées, et plus loin le gastro-intestin, se rend à plein canal du tronc supérieur au tronc inférieur, ce sont les *vaisseaux courts de Brandt*. On peut reconnaître là le double système des

(1) Pl. I ; fig. 9 : *f*.
(2) Pl. I ; fig. 9 : *h*.

branches pariétales et des branches viscérales de certains Lumbricini. Ces Hirudiniens présentent, en outre, un système de
vaisseaux latéraux (1) consistant en deux troncs, non moins
développés que les précédents, placés symétriquement de
chaque côté du corps, ils émettent, toujours par chaque zoonite,
des branches de communication, par l'intermédiaire de réseaux
capillaires, avec le vaisseau ventral et le dorsal : branches
latéro-abdominales et *latéro-dorsales* ; et d'autres se rendant de
celui de droite à celui de gauche : branches *latéro-latérales*.

Enfin, d'après les recherches de Gratiolet, les ramuscules
capillaires forment dans le tégument des réseaux très riches,
qui pourraient être distingués en *réseau profond* (*réseau vari-
queux*), *réseau intermédiaire* et *réseau cutané superficiel*. Des
réseaux entourent également les principaux organes (testicules,
organes segmentaires, ingluvies, etc.).

Ce système des vaisseaux clos est, sans doute, comme chez
les Lombriciniens, en communication avec un sinus péri-gastro-
intestinal ; les injections sur la Pontobdelle colorent souvent la
partie postérieure de l'appareil digestif.

La manière dont s'accomplit la circulation dans les vaisseaux clos, en admettant que cet appareil soit comparable à
ce que l'on désigne sous le nom d'appareil circulatoire chez
les vertébrés, n'est pas parfaitement établie, le manque de transparence dans les espèces où il atteint son plus grand développement, mettant obstacle à ce qu'on puisse l'étudier sur le vif.
En observant de jeunes sangsues, qui se prêtent mieux à
l'examen, on voit que le fluide, coloré en rose plus ou moins
intense, il devient rouge chez l'adulte, est chassé d'arrière en
avant dans le tronc dorsal, ce tronc est visiblement contractile,
et la même propriété s'observe dans certaines branches latéro-
abdominales (branches *cardio-dorsales*) plus ou moins nettement dilatées en chapelet. Les troncs latéraux sont également
contractiles et paraissent pouvoir se vider d'un côté dans l'autre
suivant les besoins de l'animal.

Le fluide, coloré ou non, que contient le système des vaisseaux clos, est privé de corpuscules ou autres organites figurés,
mais ceux-ci se rencontrent dans le fluide incolore, qui remplit
la cavité viscérale. Jusqu'ici l'étude de leur configuration a été

(1) Pl. I ; fig. 9 : *g, g*.

négligée, peut-être seraient-ils susceptibles de fournir certains caractères spécifiques ou génériques comme pour des groupes vus plus haut. Leur présence peut faire supposer que ce liquide cavitaire joue dans la nutrition de ces animaux un rôle analogue à celui du sang chez les êtres élevés, l'étude de la respiration confirme cette manière de voir.

Les Hirudiniens, ayant le plus souvent des mœurs aquatiques, respirent l'oxygène dissous dans l'eau, certaines espèces doivent cependant être regardées comme terrestres, la plupart des premières peuvent aussi, soit normalement, comme la Sangsue médicinale à l'époque de la ponte, soit accidentellement, rester à sec et résistent fort longtemps, si toutefois elles se trouvent dans un milieu suffisamment humide, condition indispensable pour que ces animaux puissent respirer l'air en nature. C'est, en effet, le tégument qui, presque toujours, représente seul l'appareil de l'hématose, parfois la surface respiratoire est augmentée par des élévations verruqueuses de la peau, lesquelles chez les *Pontobdella* peuvent acquérir un développement notable ; enfin, les *Branchellion* présentent, sur les 4/5 postérieurs de leur longueur, des appendices foliacés, latéraux, lesquels doivent être regardés comme de véritables branchies. M. de Quatrefages, qui les a particulièrement bien étudiés, y a démontré la présence d'un réseau vasculaire, mais dépendant du système cavitaire général et non de l'appareil des vaisseaux clos, ce qui tend à prouver, comme je l'ai dit plus haut, que ce dernier n'est pas absolument comparable à l'appareil circulatoire des animaux supérieurs.

Les organes de sécrétion comprennent en premier lieu un grand nombre de glandes unicellulaires cutanées, placées plus ou moins profondément dans le tégument et dont le produit, au moins pour bon nombre d'entre elles, doit servir à lubréfier la peau.

D'autres organes, plus remarquables par leur volume, sont l'analogue des organes segmentaires ou *nephridia* des autres vers, ils paraissent présenter dans ce groupe de notables différences, suivant les types qu'on examine, mais il faut dire que dans les espèces d'un certain volume, à téguments opaques, leur étude offre de grandes difficultés. Le nombre en varie singulièrement, on peut n'en trouver qu'une paire, le *Branchiobdella Astaci*, Odier, est dans ce cas ; le plus souvent il en existe une par zoonite, pour ceux de ces derniers, qui sont régulièrement constitués, c'est-à-dire non voisins des extrémités du corps ; l'*Hirudo medicinalis*, Lin. en présente dix-sept paires. En général, cet organe a la forme d'un tube replié sur lui-même avec une dilatation ovalaire dans la portion voisine de l'orifice externe, lequel est généralement bien visible et peut servir à déterminer, sans dissection préalable, la composition du zoonite. C'est sur l'extrémité interne que portent principalement les différences ; il n'est pas douteux, que chez certains HIRUDINES il ne se termine par un entonnoir vibratile, telles sont les *Glossiphonia*, les *Nephelis*, les *Branchiobdella* ; mais, d'autres fois, le tube finirait en cul-de-sac ou en anse fermée.

Doit-on citer, à propos des organes sécréteurs, les corpuscules chloragéniques, auxquels on attribue aujourd'hui la formation des corpuscules cavitaires? Doit-on, comme on l'a cru longtemps, regarder ces organes comme en rapport avec la sécrétion hépatique? La question, comme pour les Lombriciniens, reste dans le doute (1).

L'appareil reproducteur, bien qu'on puisse trouver certains rapports avec ce qu'on connaît chez les LUMBRICINI, présente cependant des différences considérables et un degré d'élévation, on peut dire, de beaucoup supérieur à ce que nous avons vu exister chez ceux-ci.

Les deux sexes se trouvent réunis sur le même individu, sauf l'exception présentée par les *Histriobdella*, type tellement anormal qu'on peut regarder comme douteux qu'il appartienne réellement aux Hirudiniens.

L'appareil mâle est constitué en premier lieu par une série de testicules, qui, dans l'*Hirudo medicinalis*, Lin., ont l'aspect de petits corps ovalaires, blanchâtres, d'un diamètre pouvant dépasser 1^{mm} chez de gros individus. Ils sont placés par paires dans chacun des zoonites médians, latéralement à la chaîne nerveuse, sous les poches de l'ingluvies, on en compte généralement neuf de chaque côté, mais il peut y avoir certaines anomalies individuelles portant sur la présence d'une paire de testicules en plus ou en moins, il n'est pas rare même d'observer une asymétrie, un côté présentant par exemple neuf glandes testiculaires, tandis que l'autre n'en a que huit. Ces

(1) Voir page 19.

corps sont terminées en cul-de-sac vers la ligne médiane et se prolongent en un tube efférent court, directement dirigé en dehors ; chacun des tubes débouche dans un canal de même diamètre, légèrement flexueux, marchant d'arrière en avant sur le côté du corps, on le désigne sous le nom de *canal déférent*, il se prolonge au delà du premier testicule et, vers sa terminaison, se replie sur lui-même en se dilatant, pour former une masse blanchâtre, à surface couverte d'impressions cérébriformes, nommée *épididymes*. Le canal déférent se dégage de cette masse avec un diamètre un peu supérieur à celui qu'il avait à l'entrée et se rend à l'appareil copulateur.

Celui-ci se compose d'un corps piriforme, blanc nacré, volumineux, 4^{mm} et plus dans l'espèce prise pour type; il renferme une masse de nature glandulaire et se continue avec un tube musculeux susceptible de se retourner en doigt de gant, et de faire saillie à la face ventrale vers le cinquième antérieur du corps en un filament de 10^{mm} à 15^{mm} de long. Ce dernier organe, destiné à assurer la fécondation en s'introduisant dans les organes femelles lors de l'accouplement, est désigné sous le nom de *verge*, à sa base arrivent les canaux déférents. Le corps piriforme a été appelé assez improprement *bourse de la verge*, son contenu glandulaire, *prostate*, il est plus probable que c'est là une sorte de réservoir de la semence de *vésicule séminale*, suivant une ancienne manière de voir.

Sauf quelques différences de détails dans le nombre des poches testiculaires, la forme de l'appareil efférent, etc., la disposition est à très peu près la même chez les *Hæmopis*, *Aulastoma*, *Pontobdella*, *Branchellion*. Les *Nephelis* et les *Trocheta* offrent des testicules beaucoup plus nombreux, non régulièrement disposés par paires, mais constituant deux sortes de longues grappes, appendues à l'extrémité effilée des canaux déférents. Dans les *Glossiphonia* l'appareil mâle serait réduit à deux testicules en tubes atténués à leur terminaison, située près de la ventouse antérieure, se dirigeant à partir de là d'avant en arrière pour se recourber et, s'unissant entre eux, venir enfin déboucher vers le tiers antérieur du corps à l'orifice mâle. On ne trouve qu'un tube testiculaire court chez le *Branchiobdella*.

L'appareil femelle, même dans la Sangsue médicinale où il atteint son maximum de complication, y est cependant plus simple que l'appareil mâle. Il est placé dans le zoonite immé-

diatement après celui où se trouve l'orifice de la verge et se
compose de deux ovaires piriformes, rapprochés, dont les extrémités appointies se réunissent sur la ligne médiane en un
tube dirigé d'avant en arrière, *oviducte*, entouré, suivant Leuckart, de *glandes albuminipares*; à une petite distance, qui ne
dépasse pas le bord postérieur du zoonite, le tube revient en
avant et se dilate, formant une poche, *matrice*, dans laquelle
les œufs séjournent avant la ponte et dont la capacité paraît répondre au volume du cocon, enfin, un peu avant d'atteindre
l'orifice externe, placé cinq anneaux en arrière de l'orifice mâle,
le tube vecteur se rétrécit de nouveau pour former ce qu'on a
appelé le *vagin*.

Les différences dans l'appareil femelle portent sur l'ovaire,
qui dans bon nombre d'espèces prend la forme d'un sac allongé, tantôt rectiligne, *Trocheta*, *Nephelis*, tantôt flexueux
Glossiphonia; puis sur les organes éducateurs et de copulation,
lesquels peuvent se simplifier au point de se trouver réduits
à un vestibule formé par l'abouchement des deux oviductes.
Une exception très singulière dans la situation des orifices
génitaux est présentée par les *Branchiobdella*, chez lesquels
l'orifice femelle précède l'orifice mâle.

La fécondation est réciproque, comme chez les Lombrics, et
au moment de l'accouplement les deux individus, d'après les
auteurs, se placent en sens inverse, les faces ventrales réciproquement appliquées l'une contre l'autre. M. Ebrard, toutefois, assure avoir observé l'accouplement de la Sangsue médicinale dans une autre position, les animaux, fixés par la ventouse anale, se tenant enlacés, les têtes dirigées dans le même
sens.

Chez la plupart des Hirudiniens les œufs, constitués, outre
l'ovule, par une masse albumineuse sans enveloppe bien distincte, sont renfermés, en nombre variable, dans un cocon
dont la forme et la composition se modifient suivant les espèces.
Dans la Sangsue médicinale, ce cocon est régulièrement
ovoïde, ses dimensions peuvent varier de 20^{mm} à 30^{mm} de long
sur 12^{mm} à 18^{mm} de large (Moquin-Tandon). Deux enveloppes le
constituent, l'interne lisse, d'aspect corné, peu épaisse, l'externe tomenteuse, d'aspect spongieux, beaucoup plus développée ; à chacune des extrémités se trouve une perforation, fermée, pendant le développement, par une espèce de bouchon

brunâtre, tandis que la capsule est d'une teinte bistre plus ou moins clair. Ces bouchons se détachent plus tard pour livrer passage aux petits.

Dans les *Pontobdella* le cocon est également formé de deux enveloppes, mais l'externe diffère peu par son aspect de l'enveloppe cornée, celle-ci seule existe chez les *Nephelis*.

Le cocon des *Hirudo*, des *Hæmopis*, des *Aulastoma*, se trouve placé après la ponte dans la terre vaseuse, sur le bord des mares ou des étangs, de telle manière qu'il puisse avoir une humidité suffisante sans être absolument dans l'eau. Les *Nephelis*, les *Pontobdella*, les fixent aux corps submergés, les premiers directement, les seconds par l'intermédiaire d'un gros pédoncule à base aplatie. C'est aussi par l'intermédiaire d'un pédoncule que sont fixés les œufs des *Piscicola* au corps des Poissons, ceux des *Branchiobdella* aux branchies des Ecrevisses.

La manière dont est confectionné le cocon a été étudiée avec grand soin chez les Hirudiniens, le genre de vie plus extérieur, si on peut dire, de ces animaux, rendant l'observation plus facile que chez les Lombrics, surtout pour ceux, comme les *Nephelis*, qui ne l'enfouissent pas. Chez ceux-ci, au moment de la ponte, les anneaux avoisinant l'orifice génital femelle, prennent une apparence particulière, par suite de la sécrétion sur la peau d'un produit spécial, qui se concrète, se soulève avec la cuticule, formant un manchon ovoïde, rétréci à ses deux orifices, qui étranglent le corps de l'individu, c'est dans cette enveloppe que sont déposés les œufs. L'animal se dégage, en sortant d'avant en arrière, de ce manchon, dont les extrémités se rétractent par l'élasticité du tissu, achevant d'être closes par les sortes de bouchons, dont il a été question plus haut. La capsule est alors blanchâtre, le *Nephelis* achève de la fixer, de la polir, si elle présente, comme c'est l'ordinaire, certaines rides, au moyen de sa ventouse buccale, puis l'abandonne ; au bout de quelques heures la teinte est devenue ambrée ou brunâtre, avec l'apparence que l'on connaît à ces cocons.

Pour la Sangsue médicinale, dans un premier temps la membrane interne cornée, renfermant les œufs, est formée comme on vient de voir la capsule produite chez les *Nephelis*, c'est alors dans un second temps que l'animal la couvre au moyen de sa ventouse buccale, d'une bave épaisse, qui, en se concrétant, donne la couche spongieuse et pourrait bien être sécrétée par les glandes dites salivaires. Chez le *Pontobdella* la ventouse orale joue aussi un rôle important pour parfaire le cocon et fournir le pédicule qui l'attache (1).

Les *Glossiphonia* portent les œufs à la face ventrale de leur corps, c'est là qu'ils subissent leur évolution, et les petits restent assez longtemps fixés par leur ventouse postérieure en ce même point, suçant déjà les petits animaux qu'ils peuvent atteindre.

Il est peu d'êtres pour lesquels le développement ait donné lieu à des travaux aussi multipliés et aussi considérables que les Hirudiniens, ce qui tient d'une part à l'intérêt pratique que présentent certaines espèces, et d'autre part à la facilité qu'offrent quelques-unes d'entre elles pour l'étude; c'est ainsi que la coque transparente où sont renfermés les œufs des *Nephelis*, permet de suivre sur un même sujet une grande partie de l'évolution embryonnaire par simple examen direct. Depuis les travaux anciens de Weber, de Filippi, de Brightwell, de Frey, analysés par Moquin-Tandon, il faut citer ceux de Rathke (1862), Metschnikoff (1871), Ch. Robin (1875), Butschli (1876 et 1877), Hoffmann (1877-1878), Whitman (1878), lesquels, à l'aide des procédés nouveaux aujourd'hui employés dans ces sortes d'étude ont poussé fort loin la connaissance de ces phénomènes.

Bien qu'on puisse encore être dans l'incertitude sur quelques points de détail, comme par exemple le feuillet d'où dérive le système nerveux, l'ensemble du développement, et en particulier les premières phases, celles du fractionnement sont fort bien connues. La segmentation est dès le début inégale, une ou deux cellules l'emportant de beaucoup sur les autres; toutes cependant finissent par produire, par une sorte de prolifération des cellules plus petites, les unes constituant l'ectoderme, lequel s'étend à la surface des cellules primaires et secondaires, formant un gastrula épibolique, les grosses cellules, constituant alors les sphères vitellines. D'autres cellules se produisent au-dessous de l'ectoderme et donnent naissance à l'entoderme ou hypoblaste, ce n'est qu'ultérieurement qu'apparaît une couche mésoblastique. Le tube digestif est formé d'un

(1) Vaillant, 1868, p. 79, et 1870, p. 66.

enfoncement ectodermique ou *stomodæum*, lequel se met en communication avec une portion moyenne, *mesenteron*, dépendant de l'hypoblaste et développée isolément. C'est plus tard encore qu'apparaît l'anus résultant d'une simple perforation du tégument. Dans tous les cas le développement est direct, sans métamorphoses.

Il serait inutile d'entrer ici dans l'étude historique détaillée des essais de classification antérieurs à la monographie classique de Moquin-Tandon 1846, cet auteur ayant donné de ce point une étude très complète. Je me bornerai à rappeler que le groupe, tel qu'il est compris aujourd'hui, répond à l'ancien genre *Hirudo* de Linné et que, dans la dernière édition de 1767, cet auteur cite neuf espèces, le tableau ci-dessous en donne l'énumération avec la synonymie actuelle.

Nom Linnéen.	Synonymie.
1. *Hirudo indica.*	*Pontobdella indica.*
2. — *medicinalis.*	*Hirudo medicinalis.*
3. — *sanguisuga.*	*Hæmopis sanguisuga.*
4. — *octoculata.*	*Nephelis octoculata.*
5. — *stagnalis.*	*Glossiphonia stagnalis.*
6. — *complanata.*	— *complanata.*
7. — *heteroclita.*	— *heteroclita.*
8. — *geometra.*	*Piscicola geometra.*
9. — *muricata.*	*Pontobdella muricata.*

Les principaux types étaient, on le voit, connus du naturaliste suédois, et ses successeurs, après avoir décrit un certain nombre d'espèces nouvelles, se contentèrent de créer quelques coupes génériques, fort naturelles pour la plupart, réunies par Lamarck en une Famille des Hirudinées. Blainville proposa un groupement des genres en sections, mais Moquin-Tandon fut réellement le premier à établir des coupes naturelles, pour lui des Tribus, en s'appuyant sur l'étude anatomique de ces animaux. Le tableau suivant emprunté à son ouvrage en donnera l'idée :

Fam. HIRUDINEA.

(Moquin-Tandon, 1846.)

$$\text{Corps} \begin{cases} \text{avec des anneaux} \begin{cases} \begin{array}{l}\text{très distincts,}\\ \text{opaque; sang rouge.}\\ \text{Ventouse orale}\end{array} \begin{cases} \text{unilabiée. . H. Albionea.} \\ \text{bilabiée. . . H. Bdellinea.} \end{cases} \\ \text{peu distincts, transparent : sang} \\ \quad\text{incolore.. . . . . H. Siphonea.} \end{cases} \\ \text{sans anneaux distincts, transparent; sang incolore. H. Planerina.} \end{cases}$$

La dernière tribu, les Hirudinées planériennes, ne peut être conservée, elle comprend avec les *Malacobdella*, Blainv., qu'on doit regarder comme un type tout à fait distinct, les genres : *Phylline*, Oken ; *Nitzchia*, Baer ; *Axine*, Abildgaard ; *Capsala*, Bosc, qui appartiennent aux Trematodes. Moquin-Tandon, il faut le remarquer, n'avait pu observer par lui-même aucun de ces animaux et, comme l'a dit M. Van Beneden, l'introduction de ces genres dans le groupe des Hirudinées montre que le savant français avait bien saisi les rapports, qui unissent ces animaux aux Plathelmintha.

En 1850, Diesing, dans le *Systema Helminthum*, a proposé une classification des animaux, dont il est ici question, classification qu'il a modifiée en 1859. En ayant égard à ces derniers travaux, qui résument les idées de l'auteur sur ce sujet, on voit que pour lui les Hirudiniens ou Bdellidea forment une tribu, identique en réalité à son sous-ordre des Myzhelmintha proctucha puisque celui-ci n'en comprend pas d'autre ; l'ordre des Myzhelmintha dans son ensemble réunit les Trématodes et les Hirudinées, conception dont on ne peut d'ailleurs contester la justesse, nous n'avons pas à revenir ici sur ce point. La Tribu est divisée en deux sous-tribus, les Bdellidea polycotyla, qui ne renferment que le genre *Myzostomum* dont la place dans la série n'est sans doute pas encore parfaitement connue, mais qui, d'après les recherches modernes, paraît plutôt voisin des Annélides Polychètes forme la première. La seconde sous-tribu des Bdellidea monocotylea répond exactement à notre groupe des Hirudines, et Diesing y énumère 26 genres, plus le genre fossile *Hirudella*, Münster; ils sont répartis en deux Sections, la première comprenant deux Familles, dont l'une divisée en trois Sous-Familles. Le tableau ci-joint peut en faire comprendre l'arrangement général.

S.-Trib. BDELLIDEA MONOCOTYLEA.

(Diesing, 1859.)

SECTIONS.	FAMILLES.	SOUS-FAMILLES.	
EXCENTROPROCTA.	BRANCHIOBDELLÆ.	. . . .	3 genres.
	ABRANCHIOBDELLÆ.	CEPHALOSTOMÆ. . .	8 id.
		SIPHONOSTOMÆ. . .	3 id.
		CHEILOSTOMÆ. . . .	10 id.
CENTROPROCTA.	. . . .		2 id.

La division primaire est basée sur la position de l'anus par rapport à la ventouse postérieure; caractère qui paraît avoir une réelle valeur. La division des *Excentroprocta* en deux familles d'après la présence ou l'absence de branchies, rappelle les idées de Savigny sur la classification de ces animaux et rompt les rapports naturels qui existent entre les *Branchellion*, Sav. (improprement appelés *Branchiobdella* par Diesing) et les *Pontobdella*, Leach. Les sous-familles, distinguées par la disposition des mâchoires et de la ventouse orale, sont plus heureuses et se rapprochent des divisions établies par M. van Beneden, toutefois il faudrait retrancher des SIPHONOSTOMÆ les *Malacobdella*, Blainv., peut-être aussi les *Gyrocotyle*, Dies., ces derniers étant encore insuffisamment connus, en sorte que cette sous-famille ne comprendrait plus que les *Glossiphonia*, Johns.

La classification du savant professeur de Louvain, à laquelle je viens de faire allusion, parut à la même époque, 1859, dans le traité de zoologie médicale publié en collaboration avec Paul Gervais, mais elle appartient entièrement, on le sait, à M. van Beneden. Basée sur une étude plus attentive de l'organisation de ces vers, elle a été depuis très généralement adoptée, sauf de légères modifications, qu'ont nécessitées des découvertes ultérieures. Les Malacobdelles forment un sous-ordre à part, l'autre sous-ordre des Bdellaires est divisé en cinq tribus : BRANCHIOBDELLINS, ICHTHYOBDELLINS, GLOSSO-BDELLINS, GNATHOBDELLINS, MICROBDELLINS. Les quatre premières correspondent à la première famille de Diesing et aux trois sous-familles de la seconde, la cinquième ne comprend que le genre *Branchiobdella*, Odier (laissé par l'helmintho-giste de Vienne parmi ses CEPHALOSTOMÆ = ICHTHYOBDELLINS, v. Ben.), dont les caractères sont trop spéciaux pour qu'il ne mérite pas, en effet, d'être érigé en groupe distinct. En 1864, le même auteur, dans ses recherches sur les Bdellodes ou Hirudinées, etc., publiées en collaboration avec M. Hesse, a donné un tableau complétant ses vues sur la classification de ces êtres et indique pour cet ordre les subdivisions suivantes.

ORD. BDELLODES.

(Van Beneden et Hesse, 1864.)

BDELLODES.
- SCLEROBDELLAIRES.
  - Gnathobdellins.
  - Ichthyobdellins.
  - Glossobdellins.
  - Branchiobdellins.
  - Hétérobdellins.
- HISTRIOBDELLAIRES.
  - Astacobdellins.
  - Histriobdellins.
- MALACOBDELLAIRES.
  - Malacobdellins.

Les divisions primaires, qui peuvent être regardées comme ayant la valeur de sous-ordres, sont heureuses, toutefois la dernière des MALACOBDELLAIRES, doit, d'après ce qui nous est connu aujourd'hui, être considérée comme d'un rang plus élevé. Dans les SCLÉROBDELLAIRES l'ordre sérial n'est pas, semble-t-il, observé, les liens entre les ICHTHYOBDELLINS et les BRANCHIOBDELLINS ne permettant pas de placer naturellement entre ces deux tribus les GLOSSOBDELLINS, que leur forme rapproche des GNATHOBDELLINS, il est aussi regrettable que la dénomination de BRANCHIOBDELLINS soit donnée au groupe renfermant les *Branchellion*, Sav. et non les *Branchiobdella*, Odier, auxquels, à la vérité, M. van Beneden donne le nom d'*Astacobdella*, Vallot. En ce qui concerne les HISTRIOBDELLAIRES, il est difficile de se faire une idée juste de la valeur des tribus, qui le composent, attendu que, dans le cours du mémoire, l'énumération des genres n'indique pas leur répartition dans ces deux coupes, mais il paraît probable que les ASTACOBDELLINS ne renferment que les *Branchiobdella*, Odier, et qu'il correspond exactement par suite à l'ancienne division des MICROBDELLINS du même auteur. Ces derniers animaux ne peuvent cependant être réunis aux *Histriobdella*, dont ils diffèrent sous beaucoup de rapports et seraient mieux placés avec les SCLEROBDELLAIRES, à moins de les considérer comme un quatrième sous-ordre, ce qui serait le plus convenable.

Quoi qu'il en soit les bases de cette classification ont été généralement admises, l'on n'y a introduit que des modifications peu importantes, on doit citer à ce propos les travaux de M. Levinsen (1884), de M. Claus dans les récentes éditions de son traité de zoologie. Ce dernier, en 1884, admet cinq familles : RHYNCHOBDELLIDÆ, GNATHOBDELLIDÆ, BRANCHIOBDELLIDÆ, ACANTHOBDELLIDÆ, HISTRIOBDELLIDÆ ; la première divisée en deux sous-familles : ICHTHYOBDELLIDÆ et CLEPSINIDÆ.

Cette classification sauf de légers changements me paraît, dans l'état actuel de la science, pouvoir être adoptée. Les HISTRIOBDELLARIDÆ avec leur ventouse postérieure double, les sexes portés par des individus distincts, etc., diffèrent trop des autres Hirudiniens pour ne pas mériter d'être considérés au moins comme un sous-ordre, les HISTRIOBDELLARIÆA. L'autre division, les BDELLARIÆA, comprendrait cinq familles car les CLEPSINIDÆ, ou mieux GLOSSIPHONIDÆ s'écartent au moins autant des ICHTHYOBDELLIDÆ que toutes deux des GNATHOBDELLIDÆ et doivent en conséquence former un groupe à part de même valeur. Ceci ramène en résumé à très peu près à la classification primitive de M. van Beneden, avec adjonction des CENTROPRCCTIDÆ et réunion des Branchiobdellins avec les Ichthyobdellins dans une même famille des ICHTHYOBDELLIDÆ. Reste à savoir si les MICROBDELLIDÆ ne mériteraient pas de former une section distincte.

Le tableau suivant fera saisir d'un coup d'œil cet arrangement systématique.

Ordre HIRUDINES.

Iᵉʳ S.-Ord. BDELLARIÆA.

Ventouse postérieure unique. Sexes réunis.

FAMILLES.

Anus placé — dans la ventouse postérieure. . . . . I. Centroproctidæ.

au-dessus de la ventouse postérieure. Corps ayant les anneaux — nombreux, sensiblement égaux. Bouche — sans trompe, habituellement des mâchoires. . . . . II. Gnathobdellidæ.

muni d'une trompe exsertile. Corps — aplati. . . . . III. Glossiphonidæ.

cylindrique. . . . . IV. Ichthyobdellidæ.

peu nombreux, ordinairement inégaux. . . . . V. Microbdellidæ.

IIᵉ S.-Ord. HISTRIOBDELLARIÆA.

Deux prolongements postérieurs, terminés chacun par un organe d'adhérence. Sexes portés par des individus distincts.

VI. Histriobdellidæ.

I. Fam. CENTROPROCTIDÆ.

Corps fusiforme ou légèrement aplati, à ventouses non distinctes du corps. L'anus placé dans la cavité de la ventouse postérieure.

Ce groupe demande de nouvelles études, il est très imparfaitement connu, surtout pour l'un des deux genres qui le composent. Diesing le premier a proposé de réunir les *Acanthobdella*, Gr. et les *Centropygos*, Gr. et Œ. en une section des Centroprocta ; en attendant que des renseignements plus complets soient donnés sur l'anatomie de ces animaux, la position insolite de l'orifice anal justifie ce rapprochement.

Les deux genres se différencient par la présence de soies, qui existent chez les *Acanthobdella* et manquent dans les *Centropygos*.

I. Genre ACANTHOBDELLA.

Grube, 1851, p. 20.

Corps à peu près fusiforme, insensiblement atténué antérieurement et muni de chaque côté, à cette extrémité, d'une paire de soies crochues. Se terminant postérieurement par une ventouse directement dirigée en arrière, au fond de laquelle se trouve l'anus.

Lobe céphalique très petit, à peine distinct, sans disque adhésif. Bouche fort petite, située sous l'extrémité antérieure appointie.

Orifices génitaux très rapprochés l'un de l'autre sur la ligne médio-ventrale au 31° et 32° anneau.

Une seule espèce, *A. Peledina*, Gr., est connue ; trouvée en Sibérie sur le Peled (*Coregonus cyprinoïdes,* Pall.).

II. Genre CENTROPYGOS.

Grube et Œrsted, 1859, p. 157.

Corps allongé, insensiblement atténué en avant, beaucoup moins en arrière. Ventouse antérieure semblable à celle des *Hirudo* ; ventouse postérieure placée obliquement à l'extrémité du corps, non dilatée, et percée par l'orifice anal.

Pas d'yeux.

Annelés. Tome III. 33

Orifices génitaux dans le **XXVII**^e intersegment et sous le 30e anneau.

La position de ce genre est douteuse, comparé pour la forme par Grube à l'*Aulastoma*, il présenterait peut-être de très petites spinules autour de la ventouse postérieure. Ceci est-il comparable aux soies des *Acanthobdella*, Gr., dans ce cas les *Centropygos* peuvent d'autant mieux leur être réunis comme l'a proposé Diesing. L'armature buccale étant inconnue, c'est par hypothèse que ce genre est rapproché des Gnathobdellins par M. Claus.

Une seule espèce *C. jocensis*, Gr. et Œ. venant de St-Joce, Amérique centrale.

II. Fam. GNATHOBDELLIDÆ.

Corps plus ou moins aplati, contractile, distinctement annelé. Ventouse postérieure cotyloïde, à base étranglée, placée ordinairement à la face ventrale. Bouche subterminale ou terminale sous un lobe céphalique souvent de forme triangulaire, susceptible d'agir comme ventouse, mais en continuité avec le corps; jamais de trompe extroversile et le plus souvent 3 mâchoires armées ou non de denticules. Yeux nuls ou distincts.

Les Gnathobdellidæ sont les véritables Sangsues et, si l'on ne peut pas dire qu'ils soient les seuls propres à l'usage thérapeutique, au moins renferment-ils les espèces les plus connues et les plus habituellement capturées dans ce but.

L'emploi usuel de quelques-uns de ces vers, l'*Hirudo medicinalis*, Lin., en particulier dans la pratique médicale avait, surtout il y a un certain nombre d'années, fait rechercher très activement ces Hirudiniens, lesquels autrefois assez communs en France y ont presque complètement disparu aujourd'hui et ne se trouvaient plus guère que dans les grands marais de l'Europe centrale. Leur diminution, même dans ces derniers endroits, résultat d'une exploitation trop intensive, fit naître l'idée d'établissements où l'on chercherait à favoriser la multiplication de ces animaux en des lieux spécialement disposés dans ce but. Cette industrie, un instant assez en vogue, a beaucoup perdu de son importance par suite de l'usage restreint fait aujourd'hui des émissions sanguines locales au moyen de ces animaux. Ne pouvant entrer ici, en ce qui touche l'Hirudiniculture, dans des détails, que ne comporte pas l'étendue et l'esprit de cet ouvrage, je me borne pour ce point, non sans intérêt, à renvoyer aux traités spéciaux sur la matière, particulièrement à la monographie de la Sangsue médicinale par M. Ebrard (1857), dans laquelle le sujet se trouve exposé avec tous les développements qu'il comporte soit pour l'aménagement des marais artificiels ou naturels, soit sur les moyens de fournir aux Sangsues une nourriture convenable, soit sur les divers accidents qui viennent souvent troubler l'exploitation, etc.

Le nombre des genres est assez considérable dans cette famille, malheureusement un certain nombre ne sont peut-être pas suffisamment caractérisés et, si pour les mieux connus, on peut, d'après l'armature de la bouche, établir une gradation sériale très satisfaisante, pour beaucoup d'autres il est difficile de leur assigner une place certaine dans le groupe.

On s'accorde assez généralement aujourd'hui à regarder les *Nephelis* inermes et les *Hirudo* à mâchoires puissamment dentées, comme les deux extrémités d'une série dans laquelle s'intercalent les autres genres et dont le terme moyen serait les *Trocheta*.

Auprès des *Nephelis*, Sav. se placent les *Nephelopsis*, Verr., *Semiscolex*, Kinb., *Hexabdella*, Verr., tous munis d'organes oculiformes, lesquels manquent dans les *Leiostomum*, Wagl., *Blennobdella*, Blanch., *Cylicobdella*, Gr., *Macrobdella*, Phil.

Chez les *Trocheta*, Dutr., les mâchoires apparaissent mais sont inermes, n'offrant pas de denticules. On peut en rapprocher les *Bdella*, Sav., les *Pinacobdella*, Dies., ces derniers privés d'yeux.

Les autres genres sont pourvus de mâchoires munies de denticules. Ceux-ci peuvent être peu nombreux et mousses comme chez les *Aulastoma*, Moq. T. et les *Typhlobdella*, Dies. distingués comme les précédents par la présence ou l'absence des organes oculaires, et qui ont un ingluvies à cœcums peu nombreux et reculés, tandis que chez les *Hæmopis*, Sav., quoique les mâchoires soient encore faiblement armées, l'estomac est aussi compliqué que dans le genre suivant. Celui-ci, les *Hirudo*, Lin., offre le plus puissant appareil maxillaire connu dans le groupe et un ingluvies muni de cœcums sur toute sa longueur.

A ces genres se joindront les *Theromyzon*, Phil. et les *Diestecostoma* (= *Heterobdella*, Baird, nec. v. B. et H.), *Dermobdella*, Phil., incomplètement caractérisés (1).

(1) Pour les genres suivants, qui se rapportent sans doute à cette famille, les renseignements m'ont manqué.

Adenobdella, Leidy.

Cyclobdella, *Hybobdella*, *Schlegelia*, Weyenberg.

FAM. GNATHOBDELLIDÆ.

GENRES.

Mâchoires

nulles ou très rudimentaires. Yeux —
Plis œsophagiens au nombre de distincts.
- 3. Corps peu dilaté. . . . . — I. NEPHELIS, Sav.
- Corps fortement dilaté, déprimé. . . . — II. NEPHELOPSIS, Verr.
- 6. . . . . — III. HEXABDELLA, Verr.
- 12. . . . . — IV. SEMISCOLEX, Kinb.

nuls. Corps —
hirudiniforme, déprimé sur toute sa longueur. Bouche
- inerme. . . . . — V. LIOSTOMUM, Wagl.
- avec de très petites mâchoires. . . . . — VI. BLENNOBDELLA, Blanch.

lumbriciforme, cylindrique, au moins antérieurement. Orifices génitaux séparés par
- deux anneaux. . . . . — VII. CYLICOBDELLA, Gr.
- cinq anneaux. . . . . — VIII. MACROBDELLA, Phil.

distinctes et —
inermes. Tégument
- sans boucliers scléreux. Mâchoires
  - petites. . . . . — IX. TROCHETA, Dutr.
  - bien distinctes. . . . . — X. BDELLA, Sav.
- présentant des sortes de boucliers scléreux. . . . . — XI. PINACOBDELLA, Dies.

armées. Ingluvies
- simple, n'ayant que deux cœcums terminaux. Yeux
  - distincts. . . . . — XII. AULASTOMA, Moq. T.
  - nuls. . . . . — XIII. TYPHLOBDELLA, Dies.
- avec des cœcums latéraux nombreux. Mâchoires à denticules
  - peu nombreux. . . . . — XIV. HÆMOPIS, Sav.
  - nombreux. . . . . — XV. HIRUDO, Lin.

Incertæ sedis. . . . .
- XVI. DERMOBDELLA, Phil.
- XVII. DIESTECOSTOMA, n. g.
- XVIII. THEROMYZON, Phil.

I. Genre NEPHELIS.

Savigny, 1817, p. 117.

Corps allongé, déprimé, atténué aux deux extrémités plus fortement en avant; annélations nettes, cinq par zoonite. Ventouse buccale confondue avec le corps; ventouse anale normalement développée.

Bouche sans mâchoires distinctes mais trois plis bucco-œsophagiens en indiquent les vestiges; pas de lobes transverses.

Yeux 8 (exceptionnellement 6) : 4 antérieurs placés parallèlement au contour du lobe céphalique, 4 postérieurs disposés transversalement sur le 3° anneau, deux de chaque côté.

Orifices génitaux sur le 33° ou 34° anneau et au XXXVII° intersegment.

Le type du genre le *N. vulgaris*, Müll. (1) est très commun sur la surface de presque toute l'Europe dans les ruisseaux; certains auteurs pensent que plusieurs espèces sont confondues sous ce nom : *N. lineata*, Müll., *N. octoculata*, Bergm., *N. reticulata*, Malm., *N. scripturata*, Schneid.

Trois espèces intéressantes ont été signalées d'Asie et de points très différents : Lac Goktscha, Kar-Nicobar, Sumatra : *N. persa*, Fil., *N. quadrilineata*, Gr., *Nephelis* sp., Horst.

Dans l'Amérique du Nord, particulièrement pour la faune des grands lacs, on a indiqué le *N. lineata*, Müll. (= *N. quadristriata*, Gr.), qui vient d'être cité et les *N. lateralis*, Say, *N. Marmorata*, Say, *N. vermiformis*, Nich., *N. fervida*, Verr. ; le *N. Bouardi*, Vaill. a été rapporté du Mexique, pris à Amolloya par 2,700 mètres d'altitude.

Enfin, pour l'Amérique du Sud, M. Weyenberg a donné les : *N. argentina*, *N. cinerea*, *N. corduvensis*, *N. picta*, *N. similis*, *N. subolivea*.

Grube a décrit du voyage de la Novara un *N. elongata* de provenance inconnue.

II. Genre NEPHELOPSIS.

Verrill, 1872, p. 135.

« Corps fortement élargi et déprimé en arrière du clitellum, arrondi et conique en avant.

____

(1) Pl. XXIV, fig. 9 et 10.

Lèvre supérieure large, dilatée, ridée et sillonnée en rayonnant en-dessous ; œsophage avec trois larges plis comme dans les *Nephelis*, sans lobes transverses. Intestin simple, rappelant celui du *Trocheta*.

Dans l'espèce typique 8 yeux.

Organe mâle externe, dilaté à l'extrémité en disque ayant le bord relevé et le centre déprimé, on y trouve un orifice quadrilobé, comme dans le *Trocheta*. Les organes mâles internes rappellent ceux de l'*Aulastoma* et de l'*Hirudo*, les testicules en vésicules un peu grosses, arrondies ou piriformes, n'étant qu'au nombre de 11 de chaque côté.

Ce genre offre une remarquable combinaison des caractères des *Nephelis*, *Trocheta* et *Aulastoma*. Par son habitus extérieur et la forme du corps il se rapproche plus des Trochètes, mais est privé de mâchoires » (Verrill).

Une seule espèce, *N. obscura*, Verr., des environs de Madison, Wirconsin (Etats-Unis).

III. Genre HEXABDELLA.

Verrill, 1872, p. 136.

Facies des *Hirudo*. Tête continue avec le corps. Ventouse postérieure acétabuliforme, séparée du corps par une constriction profonde.

Lobe céphalique prolongé, composé de 4 anneaux, présentant en dessous 3 plis longitudinaux. Mâchoires nulles. Œsophage avec 6 plis et 3 lobes transverses sous le bord du segment buccal.

Yeux 10, disposés par paires sur les 1er, 2e, 3e, 5e et 7e anneaux.

Orifice génital mâle au XXIVe intersegment.

Comme le fait remarquer M. Verrill, auquel sont empruntés ces renseignements, ce genre ne diffère du suivant, *Semiscolex*, Kinb., que par la disposition des plis de l'œsophage.

Cet auteur ne signale qu'une espèce *H. depressa*, Verr., des environs de New-Haven (Etats-Unis).

IV. Genre SEMISCOLEX.
Kinberg, 1867, p. 357.

Facies des *Hirudo*. Tête continue avec le corps.

Mâchoires nulles. OEsophage avec 12 plis et 3 lobes transverses sous le bord du segment buccal.

Yeux 8 à 10, sur une ligne courbe marginale.

Le type du genre, *S. juvenilis*, Kinb. a été trouvé dans l'Amérique du Sud, près de Montévideo, une autre espèce, *S. grandis*, Verr. habite les Etats-Unis et en particulier le lac Huron et le lac Supérieur. Quant à la troisième *S. Novæ-Hollandiæ*, Kinb. des environs de Sidney, suivant M. Kinberg lui-même sa position dans ce genre est douteuse.

V. Genre LIOSTOMUM.
Wagler, 1831, p. 534.

Facies des *Hirudo*. Tête continue avec le corps.

Mâchoires nulles. Pharynx sans plis ni lobes.

Pas d'yeux.

Le *L. coccineum*, Wagl., unique espèce du genre, ne paraît pas avoir été revu depuis l'époque éloignée à laquelle il a été décrit. Cet Hirudinien habiterait le Mexique.

VI. Genre BLENNOBDELLA.
Blanchard (in Gay), 1849, p. 49.

Corps allongé, déprimé, à annélations très distinctes.

Mâchoires petites.

Yeux nuls.

Ce genre qui, par la petitesse des mâchoires se rapproche des *Trocheta* et fait passage des *Nephelis* aux véritables Sangsues armées, n'est pas parfaitement connu et l'on ne peut encore lui assigner sa place réelle dans la série. L'absence d'yeux le fait rapprocher des *Liostomum*, Wagl.

B. depressa, Blanch., des eaux douces du Chili.

VII. Genre CYLICOBDELLA.
Grube, 1871, p. 101.

Corps cylindrique, déprimé, allongé, plutôt étroit, très atténué en avant, hors ce point, de même diamètre sur presque toute sa longueur, annélations bien distinctes. Ventouse orale confondue avec le corps; la postérieure en coupe profonde.

Pas de mâchoires perceptibles, mais une dizaine de plis égaux, longitudinaux placés en cercle autour de l'orifice buccal. Anus sous forme de pli transversal assez visible.

Yeux nuls.

Orifices génitaux dans le XXVIIe et le XXIXe intersegments, séparés par une intervalle de deux anneaux.

Ce genre n'étant connu que par des exemplaires depuis un certain temps dans la liqueur, quelques détails anatomiques peuvent être regardés comme douteux, et de nouvelles recherches seraient nécessaires pour bien établir sa légitimité et ses rapports naturels. Quoi qu'il en soit, l'aspect de cet animal est très spécial, et, n'étaient les ventouses, on le prendrait volontiers pour un *Lumbricus*.

Au dire de M. Fr. Müller, qui avait rapporté du Brésil le type, décrit sous le nom de *C. lumbricoïdes*, Gr., ces Hirudiniens ont des habitudes terrestres.

VIII. Genre MACROBDELLA.
Philippi (nec Verrill), 1872, p. 439.

Corps (d'après l'individu dans l'alcool) cylindrique dans le huitième antérieur de sa longueur, déprimé et très élargi sur le restant. Annélations nettes. Ventouse antérieure indistincte; la postérieure cupuliforme, placée à la face ventrale.

Pas de lobe céphalique visible. Bouche ronde ne présentant ni mâchoires, ni dents.

Yeux nuls.

Orifices génitaux sous une espèce de ceinture, séparés par un intervalle de 5 anneaux.

Ce genre a été créé par M. Philippi en 1872, année dans laquelle, sous le même nom, M. Verrill faisait connaître une espèce d'Hirudinien, le *Macrobdella floridana*, Verr., auquel il joint le *M. decora*, Say. Ces deux derniers animaux ne me paraissent pas mériter d'être séparés des véritables *Hirudo*, le nom peut donc être conservé pour l'espèce de M. Philippi, sans qu'il soit facile de dire à qui réellement appartient l'antériorité.

Une seule espèce, *M. valdiviana*, Phil., du Chili, remarquable par sa taille, qui dépasse 160^{mm}.

Les *Macrobdella* se distingueraient des genres I à VI par leur forme, et des *Cylicobdella*, qui s'en rapprochent le plus, par le nombre des anneaux placés entre les orifices de la génération, lequel indique une composition sans doute différente du zoonite.

IX. Genre TROCHETA.
Dutrochet, 1817, p. 130.

Corps allongé, graduellement renflé d'avant en arrière. Annélations nettes. Ventouse orale non distincte ; la postérieure ventrale.

Lobe céphalique arrondi. Bouche simple, armée de 3 mâchoires tranchantes, mais privées de denticules. Œsophage présentant trois plis.

Yeux 8 : 4 sur le 1er anneau parallèlement au bord du lobe céphalique, 4 sur le 3e, deux de chaque côté.

Orifices génitaux vers le 32e ou 33e, et le 37e ou 38e anneaux.

Le *T. subviridis*, Dutr., unique espèce du genre, se trouve dans le midi de l'Europe et l'Algérie. Cette sangsue se nourrit spécialement de Lombrics et, d'après Moquin-Tandon, sort volontiers de l'eau.

Le genre *Democedes*, Kinb., me paraît devoir être confondu avec les Trochètes dont il possède les mâchoires édentules. La seule différence porterait sur le nombre et la disposition des yeux, qui sont au nombre de 10 et placés par paires sur le 3e, *D. decemstriatus*, Kinb., ou le 4e anneau, *D. natalensis,* Kinb., tous deux de l'Afrique australe ; chez le *D. maculatus*, Kinb., il n'y a que 8 yeux, comme chez les vrais Trochètes, mais placés par paires sur le segment buccal. Cette dernière espèce habite l'Amérique du Nord. Ces différences ne paraissent pas avoir une valeur générique.

X. Genre BDELLA.
Savigny, 1820, p. 112.

Corps cylindro-conique, légèrement déprimé, à anneaux nets, quinés. Ventouse orale un peu plus développée que dans les *Hirudo* proprement dits, avec un sillon médian antérieur ; ventouse anale cotyloïde bien distincte.

Bouche munie de 3 mâchoires, grandes, ovales, carénées, dépourvues de denticules ; pas de plis œsophagiens.

Yeux, 8 : 6 en demi-cercle sur le 1er anneau, les deux autres sur le 3e.

Orifices génitaux dans les XXIIIe et XXVIIIe intersegments.

Sauf les différences offertes par la ventouse orale et l'œsophage, ce genre ne diffère guère des *Trocheta*. Il a été fondé par Savigny pour une grande sangsue d'Egypte, *B. nilotica*, Sav. Depuis, deux autres espèces, également africaines, ont été décrites par M. Peters : *B. æquinoctialis*, *B. trifasciata*.

XI. Genre PINACOBDELLA.

Diesing, 1850, p. 458 (1).

Corps déprimé, peu rétréci, à bords presque parallèles en avant, dilaté, fusiforme en arrière. Une série de 17 boucliers, semicirculaires, de consistance parcheminée, sur la ligne dorsale et autant sur la ligne ventrale, séparés par une suture marginale sinueuse placée de chaque côté. Tête continue avec le corps, quoique la ventouse antérieure soit assez profonde; ventouse anale acétabuliforme, ventrale, peu dilatée.

Mâchoires 3, triquètres, cartilagineuses.

Yeux nuls.

Ce genre, curieux par la présence de ces endurcissements cutanés, se rapprocherait sous ce rapport des Glossiphonies, mais la présence de mâchoires véritables l'en distingue facilement. Diesing ne mentionnant pas sur celles-ci de denticules, il est probable qu'ils n'existent pas, comme chez les *Trocheta*, lesquels ont le tégument entièrement mou et sont pourvus d'yeux.

Le *P. Kolenatii*, Dies., de la Georgie (Russie) est la seule espèce connue.

XII. Genre AULASTOMA.

Moquin-Tandon, 1826 (1846, p. 312).

Corps allongé, un peu déprimé, renflé régulièrement d'avant en arrière. Annélations nettes. Ventouse orale confondue avec le corps ; ventouse anale cotyloïde, distincte.

Lobe céphalique atténué. Bouche grande, armée de 3 mâchoires à denticules peu nombreux, mousses ; 12 plis œsophagiens. Ingluvies simple n'offrant que 2 cœcums terminaux.

Yeux 10 : 4 sur le 1ᵉʳ anneau en demi-cercle parallèlement au bord libre ; les autres par paires sur les 2ᵉ, 4ᵉ et 7ᵉ anneaux.

Orifices génitaux dans les XXIVᵉ et XXIXᵉ intersegments.

(1) Voir surtout : Diesing, 1858, p. 76, pl. III, fig. 18-24.

Ces sangsues vivent dans les eaux douces et, d'après l'espèce typique, la mieux étudiée, *A. gulo*, Braun (1), qu'on rencontre dans toute l'Europe et jusqu'au lac Baïkal, viennent fréquemment à terre pour chasser les Lombrics, dont elles font leur nourriture habituelle. Elles dévorent également des vers d'eau douce, y compris leur propre espèce, et même attaquent des poissons.

Dans ces derniers temps les types spécifiques du genre *Aulastoma* se sont singulièrement multipliés, on peut ajouter à l'espèce primitive (2) : *A. Kraussi*, Gr., de Port-Natal ; *A. umbrinum*, Gr., et *A. lacustre*, Verr., de l'Amérique du Nord ; *A. costaricnse*, Gr., de l'Amérique centrale ; *A. planum*, Baird, de Cuba. Auxquels se joindrait l'*A. eximiostriatum*, Baird, des collections du British Museum, sans localité connue.

On a fait remarquer que le nom *Aulastoma* n'était pas régulièrement formé et quelques auteurs l'écrivent *Aulacostoma*.

XIII. Genre TYPHLOBDELLA.
Diesing, 1850, p. 458 (3).

Facies des *Hirudo*. Mâchoires 3, crénelées, paucidentées ; 3 plis pharyngiens.

Yeux nuls.

Orifices génitaux au 25e anneau et dans le XXIXe intersegment.

Ce genre ne se distingue des *Aulastoma*, et en particulier de l'*A. gulo*, Braun, dont il présente l'aspect et la coloration, que par l'absence des organes visuels, point d'autant plus intéressant à noter, que l'espèce unique qu'il comprend jusqu'ici, *T. Kovátsi*, Dies., a été trouvée dans les cavernes en Hongrie, n'est-ce pas là une modification due à l'habitat.

XIV. Genre HÆMOPIS.
Savigny, 1817, p. 115.

Corps atténué en avant et renflé en arrière, plus mou, moins nettement annelé que chez les *Hirudo*. Segments quinés. Ventouse orale non distincte du corps ; ventouse anale cotyloïde, médiocre.

---

(1) Pl. XXIV, fig. 4, 5, 6 et 7.
(2) L'*Aulastoma heluo*, Templeton (1881), du Nord de l'Irlande, pourrait bien n'en être qu'une variété.
(3) Voir surtout : Diesing, 1858, p. 77, pl. III, fig. 25 à 31.

Mâchoires au nombre de 3, petites, peu saillantes à denticules petits, obtus, peu nombreux, de 36 à 38. Ingluvies avec 11 paires de cœcums latéraux.

Yeux 10.

Orifices sexuels aux XXIVe et XXIXe intersegments.

Les *Hæmopis*, mieux armés que les *Aulastoma*, moins bien que les *Hirudo*, s'attaquent cependant aux vertébrés supérieurs, mais ne peuvent entamer que les muqueuses, aussi s'introduisent-ils dans les cavités nasales, pharyngiennes, laryngiennes, des animaux et de l'homme, si l'on a l'imprudence de boire sans précaution les eaux vives qu'elles habitent de préférence. On les rencontre particulièrement dans les contrées chaudes, sur le pourtour méditerranéen.

La seule espèce bien connue est l'*H. sanguisuga*, Lin., dont quelques variétés de coloration avaient été regardées comme espèces distinctes par Savigny. Peut-être faut-il y joindre l'*H. incerta*, Fil., de Perse.

Les *H. carnivora*, Bross., *H. Ardeæ*, Moq. T., *H. unicolor*, Moq. T., *H. martinicensis*, Moq. T., sont douteux comme appartenant à ce genre.

XV. Genre HIRUDO.

Linné, 1767, p. 1079.

Corps renflé régulièrement d'avant en arrière, rigidule, à anneaux nets, quinés. Ventouse orale non distincte du corps ; ventouse anale cotyloïde, médiocrement développée.

Machoires 3, semicirculaires, tranchantes, armées de denticules nombreux, aigus.

Yeux 10.

Orifices sexuels dans les XXIVe et XXIXe intersegments.

Ce genre, tel que nous le comprenons aujourd'hui, n'est qu'un reste du genre Linnéen, lequel correspondait en réalité, on l'a vu plus haut (1), à l'ensemble du groupe des Hirudiniens. On ne doit y faire entrer que les Gnathobdellidées voisines de l'*Hirudo medicinalis*, Lin., trop connu et trop bien étudié pour qu'il soit nécessaire d'insister sur ses caractères.

Quant à indiquer avec certitude quelles espèces y doivent être comprises, il est fort difficile de le dire à l'heure actuelle, un grand nombre sont indiquées mais la plupart n'ont été étudiées que d'une manière très superficielle et il n'est pas douteux, sans parler des

______
(1) Voir page 495.

doubles emplois possibles, que beaucoup de simples variétés de coloration n'aient été regardées comme espèces distinctes, d'autre part la différence dans les mœurs de certains de ces animaux peut faire supposer que le genre n'est pas homogène et qu'il sera nécessaire de le subdiviser.

L'emploi que l'on fait de ces vers en médecine explique pourquoi ils ont été recherchés partout avec plus de soins qu'aucun autre animal analogue, de là, sans doute, le nombre considérable de types spécifiques signalés sur les différents points du globe.

En Europe, la seule espèce réellement certaine est l'*H. medicinalis*, Lin., avec ses nombreuses variétés de couleur et de dimensions ; quelques-unes ont reçu des appellations distinctes : *H. vacca*, Quatr. (1), pour les individus de grande taille. Les *H. albopunctata*, Wahlberg ; *H. chloronota*, Wahlberg, de Suède ; *H. scotica*, Ebrard, d'Ecosse ; *H. verbana*, Carena, du Lac majeur, méritent-ils d'être considérés comme espèces réelles ? la chose est douteuse. Quant aux *H. flava*, Brossat, *H. marginata*, Risso, *H. stagnarum*, Derheim, signalés sur quelques points de la France, ils sont trop mal connus pour qu'on puisse se faire une idée de leur valeur spécifique.

Sur la côte barbaresque l'*H. medicinalis*, Lin., se rencontre également avec l'*H. troctina*, Johnst., qui en diffère par sa coloration spéciale. Le genre paraît comparativement rare en Afrique. Une espèce est signalée du Sénégal : *H. mysomelas*, H., S. et V.; deux du Cap : *H. capensis*, Gr. et *H. septemstriata*, Gr.; encore cette dernière, trouvée dans une pharmacie, pouvait-elle bien être importée des Indes.

C'est d'ailleurs dans ces dernières régions et dans les îles Malaises avoisinantes, que se trouvent le plus grand nombre d'espèces : *H. multistriata*, Schmar., *H. Schmardæ* (= *H. flava*, Schmar. nec Brossat), *H. zeylanica*, Moq. T. ; *H. inconcinna*, Baird, de Ceylan ; *H. granulosa*, Sav., de Pondichéry ; *H. maculata*, Baird, de Siam ; *H. assimilis*, Baird, de Honkong ; *H. sinica*, Blainv., *H. sinensis*, Kinb. de Chine ; *H. maculosa*, Gr., de Singhapour ; *H. sumatrana*, Horst, de Sumatra ; *H. smaragdina*, Q., G., *H. hypochlora*, Wahlberg, *H. javanica*, Wahlberg, *H. batavica*, Ebrard, de Java ; *H. amboinensis*, Q. G., d'Amboine ; *H. Lowei*, Baird, *H. Belcheri*, Baird, de Bornéo ; *H. Luzoniæ*, Kinb., *H. tagalla*, Meyen, des Philippines ; *H. japonica*, Moq. T., du Japon ; *H. quinquelineata*, Gr., de Blagoweschtschensk (? Sibérie).

A cette énumération doit s'ajouter l'*H. limbata*, Gr., espèce remarquable par son cosmopolitisme puisqu'elle existerait de Ceylan à l'Himalaya, à Sumatra, à Java, à Manille, au Japon, enfin aux îles

(1) Pl. **XXIV**, fig. 1, 2 et 3.

Pelew, dans le sud de l'Australie et au Chili, c'est pour elle que Grube avait proposé de former le genre *Chthnobdella*, qu'il a regardé plus tard comme n'étant qu'une simple section des *Hirudo*.

Dans le continent australien, on a signalé outre cette espèce les : *H. australis,* Besisto, *H. tristriata,* Schmar., *H. elegans,* Gr., *H. novem-striata,* Gr. L'*H. semicarinata,* Baird, vient des îles Vancouver et se trouverait en même temps dans l'Amérique du Nord.

En raison des rapports intimes signalés entre la Faune de l'Amérique septentrionale et l'Europe au point de vue des *Nais*, *Tubifex* et autres genres de Lumbricini des eaux douces, on ne peut s'étonner de trouver les *Hirudo* assez pauvrement représentés dans ces régions, et M. Verrill, dans un travail fort complet sur la matière (1874), ne cite qu'une espèce, l'*H. ornata,* Ebrard, encore ne paraît-il pas l'avoir observée par lui-même. Cependant le *Macrobdella decora,* Say, pour lequel cet auteur a créé ce nouveau genre (nec *Macrobdella,* Phil.) et qui diffère seulement des *Hirudo* par le nombre plus grand des plis œsophagiens ne mérite sans doute pas d'en être distingué et joue dans ces contrées, par son abondance, le rôle de la Sangsue médicinale dans l'ancien continent. Il faut citer avec lui le *Macrobdella floridana,* Verr. (s. g. *Philobdella,* Verr.), imparfaitement connu.

Dans l'Amérique centrale on trouve : *H. costaricensis,* Gr. et Œ. ; et plus au sud : *H. Billberghi,* Kinb. *H. striata,* Gr. (s. gen. *Oxyptychus,* Gr.) de Montévidéo; *H. tessellata,* Blanch., *H. cylindrica,* Blanch. *H. gemmata,* Blanch., *H. brevis,* Gr., du Chili.

M. Baird a décrit un *H. lævis,* dont l'origine n'est pas connue. Quant à l'*H. ? fusca,* Moq. T. observée en Ecosse par Derheim, il est assez difficile de savoir même à quel genre rapporter cette espèce, qui semble plutôt appartenir aux *Trocheta* ou aux *Hæmopis*.

La grande majorité des espèces habitent les eaux soit courantes, soit plus souvent demi stagnantes, cependant quelques-unes, parmi lesquelles on peut citer les *H. limbata,* Gr. *H. zeylanica,* Moq. T. *H. tagalla,* Meyen. *H. brevis,* Gr., toutes de pays chauds et humides, ont un genre de vie très différent. Elles se trouvent dans les herbes, sur les arbres, et se jettent sur l'homme, alors même qu'il ne fait que traverser les endroits qui les recèlent, attaquant les parties découvertes du corps, pénétrant même par les interstices des vêtements; elles peuvent causer ainsi des accidents plus ou moins graves et sont, au dire de tous les voyageurs, un des fléaux de ces contrées. Ces sangsues terrestres (*Chthnobdella,* Gr.) ne présentent pas cependant de caractères, qui permettent jusqu'ici de les distinguer des *Hirudo* proprement dits. De nouvelles études seraient désirables pour fixer définitivement les idées sur ce point; ces mœurs si différentes permettent de supposer des modifications organiques assez importantes pour justifier plus tard une distinction générique.

INCERTÆ SEDIS.

XVI. Genre DERMOBDELLA.

Philippi, 1867, p. 71.

Corps déprimé, en ovale allongé, de consistance de cuir à la partie supérieure et inférieure, sauf en avant pour cette dernière ; en ce point l'annélation est plus fine et plus distincte que sur le reste du corps. A la partie dorsale une série de 10 à 12 sillons transversaux présentant en leur milieu une sinuosité en arc de cercle à convexité postérieure. Un sillon ventral longitudinal. Ventouse postérieure distincte quoique petite.

Bouche transversale.

Pas d'yeux.

Cette description fort incomplète, faite d'après un exemplaire unique, laisse de côté un grand nombre de caractères importants, si bien qu'il est difficile de dire si c'est là un Hirudinien ou un Trématode, étant donné le lieu où a été trouvé l'individu. On peut saisir une vague ressemblance dans l'ornementation du dos de l'animal et ce qu'on connaît chez les *Pinacobdella* Dies. qui ont aussi la bouche transversale (1), mais par tous les autres caractères ces vers sont dissemblables. En somme il faut attendre de nouvelles études pour assigner aux *Dermobdella* leur véritable place dans la série naturelle des êtres.

Une seule espèce, *D. purpurea*, Phil. du Chili, trouvée dans l'œsophage d'un Flammant.

XVII. Genre DIESTECOSTOMA (2).

(= HETEROBDELLA Baird, 1869, p. 316, nec v. b. et h.)

Corps bombé en dessus, aplati en dessous, étroit, de même largeur sur presque toute son étendue, sauf en avant où il est faiblement atténué. Anneaux distincts, étroits. Ventouse orale plutôt petite ; ventouse anale sous le ventre, cotyloïde, profonde, arrondie, plissée sur les bords (parfois pliée longitudinalement après l'action de l'alcool).

Lobe céphalique proéminent.

Cinq paires d'yeux.

(1) D'après la figure donnée par Diesing (1858).
(2) Διεστηκώς, distant ; στόμα, orifice.

Orifice mâle au **XXIX**ᵉ, orifice femelle au **XLVIII**ᵉ intersegment.

Genre très imparfaitement caractérisé car l'aspect extérieur seul
est connu, il n'est pas fait mention de l'armature buccale. On
trouve 10 yeux, comme chez les *Hirudo* et les *Aulastoma*, leur disposition serait seulement un peu différente (trois paires sur le 1ᵉʳ anneau, une sur le 2ᵉ, une sur le 5ᵉ). Les orifices génitaux sont séparés
par un intervalle énorme, ce qui peut justifier l'établissement de
cette coupe générique. Toutefois ne pouvant reconnaître les rapports
réels de ce genre, ni même à quelle famille il peut bien appartenir je
crois devoir me borner à cette simple mention. En admettant sa valeur comme réelle le nom doit en être changé, MM. Van Beneden et
Hesse dès 1863, avaient employé le terme d'*Heterobdella* pour d'autres animaux. La dénomination que je propose ici fait allusion à l'é-
cartement des orifices génitaux.

Une espèce de l'Amérique centrale, *D. mexicana,* Baird.

XVIII. Genre THEROMYZON.
PHILIPPI, 1867, p. 76.

Corps aplati, ovalaire, rétréci antérieurement en un prolongement céphalique, sans annélations nettes, tandis que celles-
ci se voient sur le reste du corps. Pas de ventouse antérieure ;
la postérieure bien distincte, à la face inférieure du corps sous
les derniers anneaux.

Yeux 8, par paires, les deux premières rapprochées, les
deux autres écartées.

Ce genre, bien qu'appartenant sans aucun doute aux Hirudiniens
est trop imparfaitement caractérisé par la description du *T. pallens,*
Phil., unique espèce qu'il renferme, pour qu'on puisse se faire idée
de ses rapports, la bouche n'ayant pu être clairement découverte et
encore moins par conséquent son armature. Vu la petitesse de
l'exemplaire, 20ᵐᵐ, on se demande même s'il ne s'agit pas là d'un
individu non adulte.

Le *T. pallens,* Phil. a été trouvé au Chili.

III. Fam. GLOSSIPHONIDÆ.

Corps élargi, ovalaire à l'état de contraction, dilaté d'avant
en arrière à l'état d'extension, déprimé, convexe en dessus,

plat ou même concave en dessous. Tégument épaissi, souvent semi-crustacé. Annélations très nettes. Ventouse antérieure plus ou moins profonde, non distincte du cou, la postérieure cotyloïde, ventrale, de beaucoup la plus grande. Bouche munie d'une trompe exsertile ; intestin avec des cœcums latéraux ; anus dorsal, au-dessus de la ventouse postérieure. Yeux le plus souvent distincts.

La présence d'une trompe exsertile armant la bouche, distingue ces Hirudiniens des précédents, mais les rapproche des ICHTHYOBDELLIDÆ ; toutefois la forme du corps, la présence de cœcums intestinaux les en différencient suffisamment. A en juger par les espèces de nos pays, elles sont plutôt carnassières que parasites dans le sens propre, cependant les *Hæmentaria* peuvent sucer le sang des animaux supérieurs et sont employées en médecine, quelques *Glossiphonia*, les *Batrachobdella*, les *Lophobdella*, vivent aussi sur différents Reptiles ou Batraciens.

On ne connaît qu'un petit nombre de genres, ils peuvent être partagés en deux Sous-Familles d'après la présence ou l'absence d'appendices branchiaux.

Fam. GLOSSIPHONIDÆ.

I. S.-Fam. LOPHOBDELLINÆ.

Des houppes branchiales de chaque côté du corps.

GENRES.

I. LOPHOBDELLA, Poir. et R.

II. S.-Fam. GLOSSIPHONINÆ.

Corps sans houppes branchiales latérales.

Testicules
- tubuleux. Orifice buccal placé
  - vers le centre de la ventouse. . . . . II. GLOSSIPHONIA, Johns.
  - dans la moitié supérieure de la ventouse.. . . . . III. HÆMENTARIA, Fil.
- sphériques. . . . . IV. BATRACHOBDELLA, Vig.

I. S.-Fam. LOPHOBDELLINÆ.

I. Genre LOPHOBDELLA.
Poirier et Rochebrune, 1884, p. 1597.

Corps présentant des houppes branchiales de chaque côté du corps.

Bouche pourvue d'une trompe exsertile. Des diverticulums, dépendant des cœcums de l'ingluvies, pénètrent dans les houppes précédentes, et quatre paires de tubes sinueux se jettent dans l'intestin.

Yeux 2.

Orifice mâle au 8° anneau, orifice femelle au 9°.

Les auteurs ont exposé les caractères de ce genre dans une simple note insérée aux Comptes-rendus des Séances de l'Académie des Sciences et se réservent de le faire plus amplement connaître ultérieurement. Il est d'ailleurs suffisamment caractérisé par la présence de houppes branchiales. Sa place dans la série n'est peut-être pas encore parfaitement établie, les tubes, qui se jettent dans l'intestin, me paraissent un caractère de nature à justifier le rapprochement avec les *Glossiphonia* jusqu'à plus ample informé.

Une seule espèce, *L. Quatrefagesi*, Poir. et R. de la Sénégambie, trouvée par M. de Rochebrune sur la muqueuse buccale des *Crocodilus vulgaris*, Cuv., *C. cataphractus*, Cuv., *C. leptorhynchus*, Benn., *Gymnopus ægyptiacus*, Geoff., et dans la poche de deux espèces de Pélicans. Ce serait, suivant ces auteurs, le Βδέλλα, qu'Hérodote a indiqué comme habitant la cavité buccale du Crocodile.

II. S.-Fam. GLOSSIPHONINÆ.

II. Genre GLOSSIPHONIA.
Johnson, 1816.

Corps ovalaire, allongé, déprimé, convexe en dessus, plan ou même concave en dessous. Tégument de consistance légèrement crustacée, à annélations nettes, ternées. Ventouse antérieure peu distincte, concave ; la postérieure cotyloïde, médiocrement développée, ventrale.

Bouche placée vers le centre de la ventouse antérieure, munie d'une trompe exsertile. Des cœcums à l'ingluvies et à l'intestin. Anus au-dessus de la ventouse.

Yeux, 2 à 8.

Orifices sexuels au XIXe ou XXe intersegment et au XXIIe ou XXIIIe. Testicules formés chacun d'un canal allongé, diversement replié.

Ce genre comprend de nombreuses espèces, abondantes surtout en Europe et dans l'Amérique du Nord. Moquin-Tandon en énumérait 17, plus ou moins bien connues, Diesing porta ce nombre à 20, aujourd'hui on pourrait en compter plus du double.

Il serait sans doute possible, si leur anatomie était mieux étudiée, de les répartir en sections naturelles basées sur des caractères d'une importance suffisante. Moquin-Tandon avait fait une tentative dans ce sens et les divisait en, *Clepsine* et *Lobina*, d'après le nombre et la complication des lobes stomacaux, ceci joint à certaines modifications extérieures. Mais déjà ce savant avait dû admettre plusieurs espèces sans connaître la forme de l'estomac, et depuis, les helminthologistes, qui ont décrit des types nouveaux, se sont rarement appesantis sur ces détails qu'on ne peut étudier convenablement que sur le frais. Il en résulte que ce classement, malgré sa supériorité réelle et auquel les progrès de la science permettront sans doute un jour de revenir, est à l'heure actuelle inapplicable, aussi est-on obligé, à l'exemple de plusieurs auteurs, d'avoir recours à un caractère d'une importance beaucoup moindre, qui dans certains cas même peut induire en erreur par suite d'anomalies individuelles, le nombre des taches oculiformes. Son seul avantage est d'être d'une constatation en général facile.

Tous les *Glossiphonia* sont pourvus de ces organes, on a bien rangé dans ce groupe l'*Hirudo bicolor*, de Daudin sur lequel cet auteur n'a pu en découvrir trace, mais cette espèce n'ayant pas été revue depuis, appartient-elle réellement à ce genre ?

Un grand nombre de Glossiphonies présentent deux yeux. Ils sont d'ordinaire dans ce cas développés et parfois si rapprochés, qu'ils se confondent en une tache unique. Dans l'Europe centrale et méridionale : *G. stagnalis*, Lin. (*H. bioculata*, Berg.), *G. circulans*, Sow., *G. catenigera*, Moq. T., *G. Rissoi*, Dies., *G. succinea*, Fil., *G. sanguinea*, Fil., *G. affinis*, Dies. *G. costata*, Mull. En Asie mineure : *G. carinata*, Dies.; et en Sibérie : *G. echinulata*, Gr. Le *G. algira* Moq. T. se trouve sur la côte barbaresque ; d'après la forme et certains détails extérieurs il me paraît probable que l'*H. viridis*, Rang, trouvé sur les Anodontes, au Sénégal, appartient à ce genre. Dans l'Amérique du Nord : *G. parasitica*, Say, *G. modesta*, Verr., *G. ornata*, Verr., *G. papillifera*,

Verr., *G. picta*, Verr. On a signalé dans l'Amérique du Sud. : *G. tuberculifera*, Gr., *G. lineolata*, Gr., *G. Budgei*, Gr., *G. triserialis*, Blanch. En Australie à Rockhampton : *G. octostriata*, Gr. Enfin le *G. trisulcata*, Baird, n'a pas d'origine connue.

Les espèces n'ayant que deux paires d'yeux sont peu nombreuses et toutes Européennes : *G. marginata*, Müll., *G. heteroclita*, Lin., *G. paludosa*, Moq. T.; encore celle-ci présente-t-elle parfois 6 organes oculiformes.

Ce dernier nombre se trouve un peu plus fréquemment : *G. complanata*, Lin., *G. granifera*, Johnst., *G. trioculata*, Carena, d'Europe ; *G. mollissima*, Gr., du lac Baïkal ; *G. swampina*, Bosc, *G. rudis*, Baird, *G. pallida*, Verr., *G. elegans*, Verr., de l'Amérique du Nord. Le *G. cimiciformis*, Baird, qui offre ce même caractère, est sans localité certaine.

Les yeux sont au nombre de 8 chez les : *G. tessulata*, Müll., *G. maculosa*, Rathke, d'Europe et *G. occidentalis*, Verr., de l'Amérique du Nord.

Pour les *G. oniscus*, Blainv. de l'Amérique du Nord, *G. triserialis*, Gr. et Kr. (1) de la Plata, *G. cæcum*, Grimm, de la région aralo-caspienne, *G. beryllina*, Fil., de Perse, la disposition des taches oculiformes ne m'est pas connue.

Tout en tenant compte des erreurs, qui peuvent résulter de l'insuffisance des données acquises sur un grand nombre de ces espèces, il paraît cependant résulter de cet examen, que les Glossiphonies sont particulièrement abondantes en Europe et dans l'Amérique du Nord. Toutefois la présence de quelques représentants de ce genre dans l'Amérique du Sud, l'Australie, peut-être l'Afrique, laissent supposer que nos connaissances de ce côté pourront s'accroître notablement. Chose remarquable on n'en a pas signalé jusqu'ici de l'Inde ni de la Malaisie.

III. Genre HÆMENTARIA.

FILIPPI, 1849, p. 401.

Corps ovalaire, allongé, fortement élargi d'avant en arrière sur le vivant, déprimé, convexe en dessus, plan ou même concave en dessous. Tégument de consistance légèrement crustacée, à annélations nettes, alternativement simples et doubles. Ventouse antérieure terminale, non élargie, profonde ; la pos-

(1) On remarquera que ce nom fait double emploi avec une espèce, citée quelques lignes plus haut, de M. E. Blanchard (in Gay, 1849), celle de Grube et Kroyer n'a été publiée qu'en 1858.

térieure cotyloïde, distincte, ventrale, peu développée comparativement à la largeur du corps.

Bouche nettement excentrique, rapprochée du bord supérieur de la ventouse orale.

Yeux distincts.

Un orifice sexuel vers le 28ᵉ anneau. Testicules formés chacun d'un tube allongé, contourné.

Ce genre a d'abord été étudié sur de gros individus provenant de l'Amazone, depuis on l'a retrouvé dans l'Amérique centrale, d'où j'en ai reçu un certain nombre d'exemplaires, appartenant, autant qu'on peut en juger, à deux espèces différentes, dont une, par sa taille et son aspect extérieur, pourrait bien être identique à l'une de celles énumérées par M. Filippi.

D'après l'étude que j'ai pu en faire, l'orifice buccal n'est pas réellement distinct de la ventouse orale et placé en dehors d'elle, comme on a pu le croire, celle-ci seulement est partagée en deux versants, l'un supérieur, l'autre inférieur par un sillon median transversal, suivant lequel elle se plie, au moins sur les individus contractés par l'action de l'alcool. Sur le versant ou plan supérieur, est la bouche, rapprochée du bord de la ventouse.

M. Filippi décrit l'orifice sexuel comme unique et formé de deux tubes invaginés. Je ne saurais partager cette opinion, c'est l'orifice mâle qu'il a observé avec la verge à demi sortie, mais l'adhérence que j'ai constatée entre les organes femelles et le tégument plus en arrière, l'absence de connexion démontrée entre ceux-ci et l'organe mâle, ne peuvent guère laisser de doute que la disposition ne soit ici encore très voisine de celle que l'on connaît chez les autres Hirudiniens, bien que je n'aie pu découvrir l'orifice. Ce genre paraît en somme assez voisin des *Glossiphonia*.

L'espèce typique *H. Ghilianii*, Fil., trouvée dans l'Amazone mesure près de 140ᵐᵐ de long sur 50ᵐᵐ de large à l'état de contraction dans l'alcool ; deux autres espèces *H. mexicana*, Fil., *H. officinalis*, Fil., proviennent du Mexique, elles ne me sont connues que par la citation qu'en fait Moquin-Tandon (1860, p. 122). C'est à l'une d'elles probablement, que doit être rapportée l'Hirudinée que j'ai fait connaître (1867, p. 90) sous le nom de *Glossiphonia mexicana*.

Ces deux dernières au moins, servent aux usages thérapeutiques comme notre Sangsue médicinale et présentent l'avantage, il en a été question plus haut (1), de ne pas laisser de cicatrice après leur emploi.

(1) Voir page 483.

IV. Genre BATRACHOBDELLA.

Viguier, 1879, p. 110.

Très semblables aux Glossiphonies par l'apparence extérieure, l'annélation, la disposition des ventouses, de la trompe et de l'appareil digestif.

Yeux 2.

Orifices sexuels sur le 21e anneau et dans le XXIIIe intersegment. Six paires de gros testicules en rangées parallèles.

Ce genre a été créé pour le *B. Latastei*, Vig., trouvé en Algérie sur le *Discoglossus pictus*, Otth., et ne diffère des Glossiphonies que par la disposition des testicules.

Suivant l'idée première de l'auteur de l'espèce, celle-ci serait distincte du *Glossiphonia algira*, Moq. T., des mêmes localités et également parasite des Batraciens. Certains détails rapprochent cependant ces deux Hirudiniens, l'amas hépatique globuleux situé dans le voisinage des orifices des organes reproducteurs n'est-il pas l'analogue de la glande dorsale indiquée par Moquin-Tandon? M. Viguier, dans un travail ultérieur (1879-1880) pense au reste qu'il faudrait attendre d'avoir observé des *Batrachobdella* de grande taille, pour décider s'il y a ou non identité des deux espèces, la dénomination devrait dans le premier cas devenir : *Batrachobdella algira*, Moq. T.

IV. Fam. ICHTHYOBDELLIDÆ.

Corps arrondi, cylindro-conique, à téguments épais, médiocrement contractile, annélations très nettes. Les ventouses antérieure et postérieure franchement cotyloïdes, à base étranglée, terminales ou subterminales. Bouche laissant passer une trompe exsertile; intestin simple; anus dorsal, d'ordinaire au dessus de la ventouse postérieure. Yeux le plus souvent nuls.

Ces Hirudiniens très analogues aux précédents par la présence d'une trompe exsertile ont été parfois réunis avec eux sous le nom de Rhynchobdellidæ, cependant la forme extérieure, jointe à l'élévation organique indiquée par l'étude anatomique, méritent qu'on les en sépare comme famille spéciale.

On peut, comme pour les Glossiphonidæ, distinguer deux groupes, établis d'après le même caractère de la présence ou de l'absence d'organes apparents pour la respiration, les BRANCHELLIONÆ et les PONTOBDELLINÆ.

Ces divisions sont d'ailleurs loin d'être tranchées, il y a des passages intimes entre elles, car d'un côté les branchies chez les *Hemibdella*, v. B. et H., se trouvent réduites à deux vésicules peu apparentes, d'autre part, les *Cystobranchus*, Dies., présentent des sacs contractiles qu'on s'accorde à considérer comme des organes respiratoires. Peut-on se baser, pour délimiter ces tribus, sur ce que ces organes sont permanents, non contractiles chez les BRANCHELLIONÆ ? La plupart de ces animaux ont été observés dans des conditions trop peu favorables, pour qu'on puisse affirmer que la distinction est fondée. Quoi qu'il en soit, sauf pour quelques espèces, on peut assez facilement d'ordinaire rapporter les animaux à chacun de ces deux groupes, qui renferment les genres énumérés dans le tableau ci-contre.

Les espèces se trouvent d'ordinaire vivant en parasites sur les Poissons tant marins que des eaux douces, soit sur les branchies ou la cavité bucco-pharyngienne, soit sur les téguments externes, qu'elles parviennent à entamer, malgré la faiblesse apparente de leur armature buccale, même pour des Elasmobranches à peau assez résistante comme les Raies et certains Squales.

Ici encore on ne peut avoir qu'une idée très imparfaite de la distribution géographique de ces animaux, peu recherchés par les voyageurs pour ce qui est surtout des petites espèces, on peut toutefois présumer que ces Hirudiniens sont très abondamment répandus à la surface du globe. Quelques genres, les *Branchellion*, les *Pontobdella*, on y joindrait à la rigueur les *Trachelobdella*, se rencontrent à la fois sur des points très éloignés, et de plus pour ces deux là, très variés. D'autres paraissent justifier le rapprochement, souvent cité, des faunes de l'Europe et de l'Amérique du Nord : *Cystobranchus, Piscicola, Ichthyobdella*; ces deux derniers nous offrant à un autre point de vue une sorte d'équivalence d'habitat, les premiers représentant en quelque sorte les seconds dans les eaux douces, comme ceux-ci représentent ceux-là dans les eaux marines. Quant aux genres : *Calliobdella, Hemibdella, Dactylobdella,* d'Europe ; *Codonobdella,* de Sibérie ; *Podobdella, Notostomum,* des régions nord et arctique de l'Amérique; *Ozobranchus,* du grand Océan ; chacun d'eux renferme un trop petit nombre de types spécifiques, pour présenter quelqu'intérêt dans la question.

Fam. ICHTHYOBDELLIDÆ.

I. S.-Fam. BRANCHELLIONÆ.

Des prolongements latéraux, saillants, non contractiles, faisant l'office de branchies.

GENRES.

Branchies
- ramifiées . . . . I. Ozobranchus, Quatr.
- lamelleuses . . . . II. Branchellion, Sav.
- vésiculeuses, au nombre
  - de 12 à 15 paires . . . . III. Calliobdella, v. B. et H.
  - d'une seule paire . . . . IV. Hæmibdella, v. B. et H.

II. S.-Fam. PONTOBDELLINÆ.

Pas de prolongements latéraux, saillants ; par exception des sacs contractiles faisant l'office de branchies.

Orifice buccal plus ou moins rapproché du centre de la ventouse. Corps renflé postérieurement. Yeux nuls. Extrémité céphalique

distincts. Sacs branchiaux contractiles
- distincts . . . . V. Cystobranchus, Dies.
- nuls . . . . VI. Piscicola, Blainv.

plus ou moins élargie, séparée du corps par un étranglement. Ventouse postérieure

notablement plus large que l'extrémité postérieure du corps. Ventouse céphalique
- sans prolongements ou avec de simples élévations tuberculeuses et
  - plus ou moins aplatie, à bords simples. Peau lisse . . . . VII. Ichthyobdella, Blainv.
  - plus ou moins hémisphérique, à bords épaissis. Peau ordinairemᵗ verruqueuse. VIII. Pontobdella, Leach.
- munie de prolongements digitiformes, allongés . . . . IX. Dactylobdella, v. B. et H.

à peine plus large que l'extrémité postérieure du corps. . . . . X. Codonobdella, Gr.

peu distincte du corps . . . . XI. Trachelobdella, Dies.

allongé postérieurement en un pédicule, que termine la ventouse anale. . . . . XII. Podobdella, Dies.

au bord supérieur de la ventouse . . . . XIII. Notostomum, Lev.

I. S.-Fam. BRANCHELLIONÆ.

Corps plus ou moins nettement divisé en deux portions, l'une antérieure, l'autre postérieure ; celle-ci munie de lamelles, de vésicules latérales saillantes, permanentes, ou de prolongements laciniés, destinés dans tous les cas à la respiration branchiale.

I. Genre OZOBRANCHUS.

Quatrefages, 1852, p. 325.

Corps paraissant tout d'une venue, portant 8 branchies, disposées par paires sur les côtés, le long du corps, et divisées en trois branches, elle-mêmes bifurquées.

Ce genre se trouve ici en tête de la série la disposition de ses appendices branchiaux paraissant établir une relation avec les véritables Annélides, peut-être serait-il plus convenable de le laisser aux *incertæ sedis*, tant il est incomplètement connu. Depuis Menzies, en 1791, l'animal n'a pas été revu et la description aussi bien que la figure données à cette époque, sont naturellement trop imparfaites pour être d'un grand secours aujourd'hui dans l'appréciation des caractères, tels qu'il faudrait les connaître pour juger des rapports de ce ver. La présence des branchies l'a toujours fait placer auprès des *Branchellion*, cependant le corps ne paraît ni rétreci en avant, ni étranglé, de plus on ne voit pas que la ventouse antérieure soit distincte.

En 1869, M. Baird a proposé pour cette même espèce de former le genre *Eubranchella*, qui ne peut être adopté, ce nom n'ayant pas l'antériorité.

Une seule espèce, *O. branchiatus*, Menz. de l'Océan pacifique, trouvée sur le corps d'une tortue d'espèce indéterminée (? *Chelonia*).

II. Genre BRANCHELLION.

Savigny, 1820, p. 109.

Corps rétréci dans son cinquième ou sixième antérieur, présentant sur sa partie dilatée des appendices foliacés, latéraux, dirigés verticalement. Ventouse antérieure cotyloïde, nettement limitée, simple ; la postérieure de même forme, plus grande, portant une multitude de petites ventouses secondaires.

Cette diagnose est surtout donnée d'après l'espèce la mieux connue, le *B. Orbiniensis* (1) de M. de Quatrefages, dont ce savant zoologiste a fait connaître l'anatomie avec grands détails (1852).

Les espèces, peu nombreuses jusqu'ici, ont cependant été rencontrées dans les points les plus variés du globe : *B. Torpedinis*, Sav., de la Méditerranée ; *B. Orbiniensis*, Quatr., *B. Rhombi*, v. B. et H. de l'Océan atlantique ; *B. Ravenelii*, Gir., de l'Amérique du Nord ; *B. scolopendra*, Dies., du Brésil ; *B. lineare*, Baird, *B. punctatum*, Baird, d'Australie ; *B. imbricatum*, Gr., mers du Sud. Le *B. ichthybifolium*, Baird, est sans localité connue.

On pourrait peut-être subdiviser ce groupe en deux sous-genres, suivant que les branchies sont sessiles, c'est-à-dire adhèrent par un de leurs côtés sur presque toute la hauteur du corps, comme chez les *B. Torpedinis*, Sav., *B. Orbiniensis*, Quatr., ou sont pétiolées : *B. scolopendra*, Dies., *B. Rhombi*, v. B. et H. L'étude des exemplaires sur nature serait toutefois indispensable pour bien établir ces distinctions et juger de leur valeur.

Tous ces vers se trouvent sur des Poissons et, pour ceux qui sont bien connus, sur des Elasmobranches (Torpilles, Raies, Myliobates, Roussettes), sauf celui que MM. Van Beneden et Hesse ont signalé sur le Turbot. Le Poisson sur lequel Natterer a rencontré au Brésil le *B. scolopendra*, Dies., n'est pas indiqué, ne serait-ce pas un de ces Elasmobranches Hypotrèmes, qu'on rencontre dans les grands fleuves de cette contrée ?

A. Moreau avait remarqué que celles de ces espèces, qu'on rencontre sur les Torpilles, ne paraissent aucunement s'apercevoir des décharges électriques si fortes, que produisent ces animaux.

III. Genre CALLIOBDELLA.

Van Beneden et Hesse, 1863, p. 35.

Corps arrondi, étranglé vers son quart ou son cinquième antérieur pour former une sorte de cou simple, tandis que la portion somatique postérieure présente de chaque côté des élévations vésiculeuses, sphériques, au nombre de 12 à 15 paires. Ventouse orale ovalaire ; la postérieure arrondie, médiocre ou très grande, simple.

Ces vésicules sont considérées par MM. van Beneden et Hesse comme analogues aux lamelles branchiales des *Branchellion*, la division de l'animal en deux parties, un cou et un corps, rapprochent d'ailleurs ces deux genres.

(1) Pl. XXIV, fig. 17, 18, 19 et 20.

Toutes les espèces connues, au nombre de quatre, ont été décrites par ces auteurs dans le travail cité, ce sont les : *C. Lophii, C. punctata, C. Cotti, C. striata.* Elles ont été observées à Brest sur le corps de différents poissons osseux : *Lophius piscatorius*, Lin., *Cottus bubalis*, Euph., *Blennius pholis*, Lin., *Gobius niger*, Lin.

Faut-il placer dans ce genre l'*Hirudo vittata*, Cham. et Eysenh. ? D'après une phrase de Dalyell, MM. van Beneden et Hesse penchent pour cette manière de voir, mais la figure donnée par Chamisso et Eysenhardt (1821), ne montre pas de vésicules saillantes, elles seraient contractiles d'après l'auteur précité, la description originale, très succincte, il est vrai, n'en fait cependant pas mention ; aussi semble-t-il plus probable qu'il s'agit d'un *Piscicola* ou d'un *Cystobranchus.*

IV. Genre HEMIBDELLA.

Van Beneden et Hesse, 1863, p. 41.

« Corps cylindrique, très consistant, composé d'un grand nombre de plis assez distincts, atténué à ses deux extrémités et divisé au tiers antérieur par un étranglement où se trouve une paire de branchies vésiculeuses, sphériques. Ventouse orale petite et plus ou moins bien conformée ; ventouse anale peu distincte à bords plissés, pouvant se modifier de manière à se contracter et à devenir un organe préhensile. »

Bien que les ventouses soient moins distinctes que dans le genre précédent et que les appareils branchiaux soient fort réduits, c'est parmi les Branchellionæ, qu'il semble convenable de placer ce ver, il fait un passage des plus naturels aux suivants ; cependant d'après M. Levinsen ce serait simplement un *Piscicola*. Une seule espèce parasite de la Sole, *H. Soleæ*, v. B. et H., trouvée à Brest, et qui existerait également en Danemark.

II. S.-Fam. PONTOBDELLINÆ.

Corps en général tout d'une venue, sans prolongements branchiaux externes réels, parfois pourvu de vésicules contractiles, latérales.

V. Genre CYSTOBRANCHUS.

Diesing, 1859, p. 483.

Corps graduellement renflé d'avant en arrière, ou de même diamètre sur presque toute son étendue. Ventouse céphalique bien distincte, aplatie, discoïde ou faiblement allongée, sans prolongements apparents; ventouse postérieure plus développée, ventrale.

Bouche vers le centre de la première.

Yeux 4.

Des vésicules contractiles sur les côtés du corps au nombre de 11 paires ou plus, pouvant faire une légère saillie ou s'aplatir à la surface du corps.

Il serait difficile de trouver un genre faisant mieux passage entre les groupes en lesquels se trouve ici divisée la Famille des Ichthyobdellidæ et, à la rigueur, on pourrait le placer parmi les Branchellionæ. Toutefois l'apparence extérieure étant à ce point semblable à celle des *Piscicola*, que l'espèce typique a d'abord été mise dans ce dernier genre, un certain nombre des espèces comprises dans celui-ci pouvant, à la suite d'études plus approfondies, se montrer pourvues de ces branchies contractiles, il me parait plus naturel de ne pas les séparer.

Les *Cystobranchus* comprennent jusqu'ici peu d'espèces; au *C. respirans*, Troschel, de l'Europe centrale et du lac Onéga, il faut joindre le *C. vividus*, Verr., de l'Amérique du Nord, tous deux trouvés sur des poissons d'eau douce de la Famille des Cyprins.

On a vu plus haut que, d'après une phrase de Dalyell rapportée par MM. van Beneden et Hesse, l'*Hirudo vittata*, Cham. et Eysenh., serait pourvu de vésicule contractile, ce qui le ferait entrer dans le genre *Cystobranchus*. Je répéterai que la figure et la description primitives ne me paraissent pas permettre de décider cette question.

VI. Genre PISCICOLA.

Blainville (sec. Lamarck, 1818, p. 294. — *Char. emend.* Van Beneden et Hesse, 1863, p. 25).

Corps lisse, graduellement renflé d'avant en arrière, ou de même largeur sur presque toute son étendue, le plus souvent cylindrique, rarement déprimé. Ventouse céphalique bien distincte, aplatie, discoïde ou faiblement allongée, sans prolongements apparents; ventouse postérieure plus développée, ventrale, également aplatie, peu épaisse.

Bouche vers le centre de la première.

Yeux distincts.

Pas d'organes contractiles latéraux.

Les *Piscicola*, très rapprochés des *Cystobranchus*, ne le sont pas moins des *Ichthyobdella*, et ces vers ont longtemps été confondus dans un groupe unique. Il est même difficile, dans l'état actuel de nos connaissances, d'assurer que les espèces soient convenablement réparties entre ces différentes divisions, un grand nombre étant encore fort imparfaitement connues, bien que les travaux de M. Levinsen (1884) aient, dans ces derniers temps, précisé d'une manière bien plus satisfaisante les caractères de beaucoup d'entre elles.

Ce qui distingue ces animaux des suivants c'est l'absence d'yeux et l'habitat, suivant la remarque de MM. van Beneden et Hesse. La valeur d'une semblable division, quelque contestable qu'elle soit, est cependant assez commode pour mériter, au moins provisoirement, d'être conservée, bien que le premier caractère soit souvent d'une appréciation difficile et que le second présente certaines exceptions.

Le nombre des espèces s'est singulièrement accru dans ces dernières années.

La plus anciennement connue est le *P. geometra*, Lin., qu'on rencontre dans toute l'Europe sur différents poissons (*Cyprinus*, *Esox*), il présente 8 yeux.

Dans les espèces suivantes on en trouve 6 : *P. scorpii*, Fabr. (sec. Lev.) (*Cottus scorpius*, Lin., *C. tricuspis*, Reinh.), *P. Fabricii*, Malm., (*Cottus scorpius*, Lin. (1), *P. sexoculata*, Malm, (*Gadus morrhua*, Lin.); toutes sont marines, à en juger par les poissons sur lesquels elles ont été trouvées, et du Nord de l'Europe.

Un plus grand nombre n'ont que 4 yeux : *P. piscium*, Gmel. (différents poissons d'eau douce), *P. Percæ*, Templ. (*Perca fluviatilis*, Lin.), *P. stellata*, Kollar (*Cyprinus*, *Lota vulgaris*, Cuv.), *P. fasciata*, Kollar (*Silurus glanis*, Lin.), *P. linearis*, Kollar, *P. agilis*, Quatr. (2), *P. maculata*, Gr., *P. quadrioculata*, Malm. (*Labrus maculatus*) ; toutes de l'Europe centrale ou septentrionale, et des eaux douces, sauf les deux dernières qui sont marines, l'une observée à Palerme, l'autre en Danemarck et en Scandinavie. Plusieurs espèces ont été recueillies en Sibérie : *P. multistriata*, Gr., *P. torquata*, Gr., *P. conspersa*, Gr., du lac Baïkal ou de ses affluents. Ce même groupe a des représentants dans l'Amérique du Nord ; *P. Funduli*, Verr. (*Fundulus heteroclitus*, Lin.), *P. punctata*, Verr., *P. Milneri*, Verr. ; tous des eaux douces.

Son habitat sur un poisson des grands fleuves de l'Amérique du Sud (*Cichla brasiliensis*, Bl. Schn.) me porte à placer ici le *P. Cichlæ*,

---

(1) Les auteurs ajoutent un *Hyas aranæa* avec point de doute, ce nom générique semble en effet incorrectement écrit. D'après l'épithète spécifique, s'agit-il du *Trachinus araneus*, C. V. ou de l'*Uranoscopus scaber*, Lin. (= *Callionymus araneus*, Gronov.)?

(2) Pl. XXIV, fig. 11, 12 et 13.

Kr., bien que les yeux n'aient pu être observés, et que l'apparence extérieure soit assez différente de celle des autres espèces du genre.

VII. Genre ICHTHYOBDELLA.

BLAINVILLE, 1827, p. 244 (*Char. emend.* VAN BENEDEN et HESSE, 1863, p. 25).

Corps lisse, graduellement renflé d'avant en arrière, le plus souvent arrondi, très rarement déprimé. Ventouse céphalique bien distincte, souvent lamelleuse, aplatie, arrondie ou lancéolée, sans prolongements apparents ; ventouse postérieure plus développée, ventrale, également aplatie, peu épaisse.

Orifice buccal vers le centre de la première.

Pas d'yeux distincts.

Pas d'organes contractiles latéraux.

On a vu plus haut les difficultés qu'on éprouve à distinguer des *Piscicola* les espèces de ce genre, il est également très voisin du suivant, les *Pontobdella*, dont il diffère par la forme de la ventouse orale et la peau constamment privée de verrues nombreuses et distinctes. Ce sont, en général, des sangsues de petite taille, de teintes pâles, transparentes, qu'on rencontre sur différentes parties du corps de Poissons Téléostéens, le plus souvent marins.

Sur différents Acanthoptérygiens (*Labrax, Anarrhichas, Aspidophorus, Cottus, Trigla*) on a trouvé les : *I. Labracis*, v. B. et H. (type du genre *Ophibdella*, v. B. et H.) *I. sanguinea*, Œrst. (= *I. Anarrhichæ*, v. B. et H.) *I. littoralis*, Johnst., *I. versipellis*, Dies., *I. gracilis*, Malm. Sur les Pleuronectes (*Rhombus, Hippoglossus*) : *I. Rhombi*, v. B. et H., *I. Hippoglossi*, v. B. et H., *I. typica*, Malm. ; cette dernière espèce se trouverait en même temps sur un Elasmobranche (*Raja radiata*, Donov). Il en serait de même de l'*I. nodulifera*, Malm., qu'on a rencontré, d'après Ollson (1875), sur deux Raies, un Acanthias, la Chimère arctique, un Sebaste, différents Anacanthiniens. Plusieurs espèces de Gades ont fourni les *I. picta*, Olls., *I. crassicaudata*, Malm, *I. Æglefini*, Malm, *I. Luscæ*, v. B. et H., *I. subfasciata*, Malm. On doit citer à part l'*I. mamillata*, Malm, que son habitat sur le *Lota vulgaris* indique comme des eaux douces, seule exception jusqu'ici dans le genre.

Toutes ces espèces ont été rencontrées sur les côtes de Bretagne, d'Angleterre et plus nombreuses encore en Danemarck, en Scandinavie. M. Verrill a signalé des côtes d'Amérique l'*I. rapax*, Verr. trouvé sur le *Pseudorhombus oblongus*, Mitch. Enfin je crois devoir rattacher à ce genre l'*I. lubrica*, Gr., venant sans doute de la Méditerranée.

L'*I. Sepiolæ*, Koll., parasite d'un Mollusque Céphalopode, n'a malheureusement pas été revu et n'est que très imparfaitement décrit,
son habitat lui donnerait cependant un intérêt particulier.

VIII. Genre PONTOBDELLA.

Leach, 1815, t. II, p. 9.

Corps renflé d'avant en arrière, résistant, arrondi, à téguments épais, très ordinairement plus ou moins verruqueux.
Ventouses très distinctes, hémisphériques, cotyloïdes, sans
prolongements ou avec de simples tubercules sur le bord de
la ventouse antérieure, lequel bord est habituellement épaissi.

Orifice buccal vers le centre de la ventouse correspondante.
Pas d'yeux distincts ni d'organes contractiles latéraux.

Ce genre anciennement connu et défini dès lors dans ses espèces
typiques, comprend des Hirudiniens de taille généralement assez forte
et que l'on a rencontrés, sauf de rares exceptions, sur différents Elasmobranches Hypotrèmes (*Rhinobatis, Raja, Torpedo*), tous marins.

Parmi les espèces à peau verruqueuse, lesquelles sont les plus
caractéristiques, on trouve en abondance dans nos mers les *P. muricata*, Lin. (1) et *P. verrucata*, Leach ; sur les côtes de l'Amérique du
Nord et aux Antilles, on a signalé les *P. depressa*, Kr. et *P. macro-
thela*, Schmar., qui ne paraissent constituer qu'une seule espèce et
même ne diffèrent peut-être pas du *P. indica*, Lin. (2). Ces trois
derniers types sont déprimés et non arrondis, ce qui pourrait bien
tenir à l'action des liquides conservateurs, car les Pontobdelles de nos
côtes, plongées brusquement dans l'alcool pur, prennent parfois cette
forme. Le *P. prionodiscus*, Schmar., provient des mêmes localités ; les
P. variegata, Baird, *P. planodiscus*, Baird, de la Patagonie ; le *P. afra*,
Baird, des îles du Cap Vert. Enfin, on a signalé de l'Australie les
P. leucothela, Schmar., *P. Raynerii*, Baird, *P. papillata*, Gr.

Les espèces à corps sans-verrues, qui appartiennent certainement
à ce genre, sont les *P. lævis*, Blainv., et *P. areolata*, Leach, mais elles
sont mal connues et la seconde même, suivant la remarque faite par
M. de Quatrefages, pourrait bien n'être qu'un *P. muricata*, Lin., ou
un *P. verrucata*, Leach, accidentellement distendu ; si on laisse en
effet un individu d'une de ces deux dernières espèces s'endosmoser
dans l'eau douce, cet aspect aréolé se produit fréquemment.

(1) Pl. XXIV, fig. 8.
(2) Celui-ci, il est vrai, viendrait des Indes orientales.

D'autres Hirudiniens ne peuvent être placés parmi les *Pontobdella* qu'avec doute et appartiennent peut-être plutôt aux *Ichthyobdella* ou quelqu'autre des genres précédents, ainsi le *P. oligothela,* Schmar. de la mer Adriatique trouvé sur une Scorpène, dans celui-ci une partie des verrues seraient contractiles. M. Packard cite du Labrador un *P. livida,* décrit d'une manière trop imparfaite pour qu'on puisse savoir même à quel genre il peut bien appartenir ; le même auteur cite, sans désignation spécifique, un *Pontobdella* trouvé sur le *Crangon boreas,* c'est-à-dire un Crustacé.

Enfin, sous le nom de *Piscicola rectangula,* M. Levinsen (1881) a fait connaître un Hirudinien, qui avec ses deux ventouses profondément cotyloïdes, son corps divisé en deux, la portion antérieure étant rétrécie, mériterait sans doute de former un genre à part, mais me paraît mieux placé parmi les *Pontobdella* que dans l'un des deux genres précédents. Le *P. rectangula,* Lev., a été trouvé sur les branchies d'un Gade, en Mandchourie.

IX. Genre DACTYLOBDELLA.

Van Beneden et Hesse, 1864, p. 144.

Très semblables aux *Pontobdella*, sauf que la ventouse antérieure, moins distincte du corps, allongée, ovalaire, porte de chaque côté trois ou quatre prolongements digitiformes, saillants. La ventouse postérieure cotyloïde, beaucoup plus développée que la précédente, offre à sa surface externe une série de plis denticulés, étagés comme les collets d'un manteau.

Les prolongements céphaliques sont évidemment analogues des tubérosités (tubercules buccaux, Moquin Tandon) qu'on observe au bord de la ventouse orale du *Pontobdella muricata,* Lin. De nouvelles études seraient nécessaires pour justifier d'une manière définitive cette coupe générique, car l'animal quoiqu'observé très soigneusement et à l'état de vie dans ses caractères extérieurs, n'est pas connu quant à son organisation interne.

L'unique espèce le *D. Musteli,* v. B. et H., long d'environ 30^{mm}, a été trouvé sur le *Mustelus lœvis,* Risso, à Brest, et ne paraît jusqu'ici avoir été vu que par les auteurs précités.

X. Genre CODONOBDELLA.

Grube, 1873, p. 67.

Corps cylindrique, court, un peu plus atténué en avant qu'en arrière. Annélations nettes. Téguments lisses. Se distinguant des *Piscicola* par la forme des ventouses ; l'antérieure est convexe, cupuliforme comme dans les *Pontobdella*, beaucoup plus large que les parties adjacentes du corps, dont elle se trouve nettement séparée ; la postérieure plus aplatie et plus petite, n'étant que moitié de la précédente, est très peu plus large que l'extrémité du corps, qu'elle semble continuer directement.

Yeux non distincts.

De nouveaux détails seraient nécessaires pour apprécier la valeur de ce genre, connu seulement par une brève diagnose à laquelle sont empruntés les caractères ci-dessus donnés. Quoique la disposition des ventouses, surtout la dimension inhabituelle de la postérieure comparée à l'antérieure, soit digne d'attirer l'attention, cela suffit-il pour distinguer cet animal des *Piscicola* ?

L'unique espèce le *C. truncata,* Gr., a été trouvée dans le lac Baïkal.

XI. Genre TRACHELOBDELLA.

Diesing, 1858, p. 71.

Corps piriforme, atténué en avant, fortement renflé en arrière, arrondi, grossièrement annelé, sans élévations verruqueuses. Ventouse céphalique peu distincte, hémisphérique, parfois radiairement et finement sillonnée à sa face interne ; ventouse anale cotyloïde, très peu plus développée que l'antérieure et beaucoup moins large que la partie postérieure du corps.

Bouche au centre de la première.

Yeux nuls.

L'extrémité antérieure du corps rétrécie et formant une espèce de cou, n'est pas sans établir un certain rapport entre les espèces de ce genre et l'*Ichthyobdella rectangulata,* Lev. cité plus haut, mais leur organisation n'étant pas connue, on ne peut aller plus loin que ce rapprochement vague.

Deux espèces ont été décrites et figurées : le *T. Mulleri,* Dies. du Danemarck, le *T. Kollari,* Dies. du Brésil, le premier trouvé sur le *Gobius capito,* C. V., le second sur le *Priacanthus macrophthalmus,* C. V., dans l'un et l'autre cas attachés aux branchies de ces Téléostéens des eaux marines.

XII. Genre PODOBDELLA.

Diesing, 1850, p. 436 (1).

Corps renflé, ovoïde, avec un rétrécissement collaire antérieur rétractile, et un long pédicule postérieur, occupant environ le tiers de la longueur totale. Peau grossièrement annelée, sans élévations verruqueuses. Ventouse antérieure, arrondie, cupuliforme lorsque le cou est étendu, repliée en croissant dans le cas contraire ; ventouse postérieure plus petite, oblique, peu distincte du pédicule, à l'extrémité duquel elle se trouve.

Bouche vers le centre de la première. Anus vers le tiers postérieur du dos à la naissance du pédicule.

Pas d'yeux distincts.

Au premier abord, on serait tenté de prendre l'extrémité postérieure pour l'antérieure et réciproquement, vu la dimension des ventouses et la manière dont la postérieure est supportée par ce long pédicule, qui rappelle le cou des *Branchellion,* des *Trachelobdella,* de certains *Pontobdella.* Toutefois, Grube, qui a examiné le tube digestif et l'a trouvé simple, est très affirmatif sur la position de la bouche et de l'anus.

Le *P. Endlicheri,* Dies., a été trouvé sur les branchies du *Corvina oscula,* Lesueur, des côtes de l'Amérique du Nord.

XIII. Genre NOTOSTOMUM.

Levinsen, 1881, p. 133.

Corps très allongé, arrondi, fort étroit en avant, graduellement renflé en arrière, indistinctement et finement annelé, lisse. Ventouses cotyloïdes, terminales, très nettement séparées du corps, frangées, papilleuses sur les bords, susceptibles l'une et l'autre de se replier suivant un sillon dorso-ventral, la partie droite s'appliquant sur la partie gauche.

Bouche placée tout-à-fait au bord supérieur de la ventouse orale.

Pas d'yeux distincts.

Ce genre, très complètement étudié par M. Levinsen, est des plus curieux et se distingue fort nettement de tous les autres Ichthyo-

____

(1) Voir surtout Diesing, 1858, p. 72, pl. II, fig. 11 à 18.

BDELLIDÆ par la position de l'orifice buccal, qui rappelle ce qu'on connaît chez les *Hæmentaria,* Fil. de la Famille des GLOSSIPHONIDÆ.

Le *N. læve,* Lev. des mers du Groenland, a été trouvé sur l'*Hippoglossus groenlandicus,* Günt., et le *Læmargus borealis,* Scor., le premier poisson Téleostéen, le second Elasmobranche, tous deux marins.

V. FAM. MICROBDELLIDÆ.

Hirudiniens de petite taille, plus ou moins transparents. Annélations peu nombreuses, inégales ou indistinctes. Ventouse postérieure nettement visible. Bouche terminale, placée au centre d'un lobe céphalique tantôt plus ou moins profondément lobé, tantôt infundibuliforme, toujours très polymorphe ; pas de trompe extroversile. Anus dorsal. Yeux nuls ou distincts.

Les Vers, qui composent cette Famille, se rencontrent souvent en nombre énorme sur différentes parties du corps de Crustacés Décapodes d'eau douce.

Ils constituent un groupe fort aberrant parmi les Hirudiniens, se rapprochant déjà beaucoup par leur aspect extérieur des Trématodes, mais offrant d'autre part, surtout dans la présence d'organes segmentaires, des analogies avec les LUMBRICINA. M. Vejdovsky (1884) n'hésite même pas à les réunir à ces derniers, il semble cependant que l'absence de soies, la présence de ventouses, montrent que les affinités sont plutôt avec les HIRUDINES, tout en admettant qu'il s'agit là d'un groupe de passage.

Un point singulier de l'anatomie de ces animaux, c'est que leurs mâchoires, chitineuses, très simples, sont, lorsqu'elles existent, ainsi chez les *Branchiobdella,* au nombre de deux seulement et superposées dans le sens vertical.

Un très petit nombre de genres sont compris dans ce groupe, et un seul a été étudié d'une manière approfondie.

FAM. MICROBDELLIDÆ.

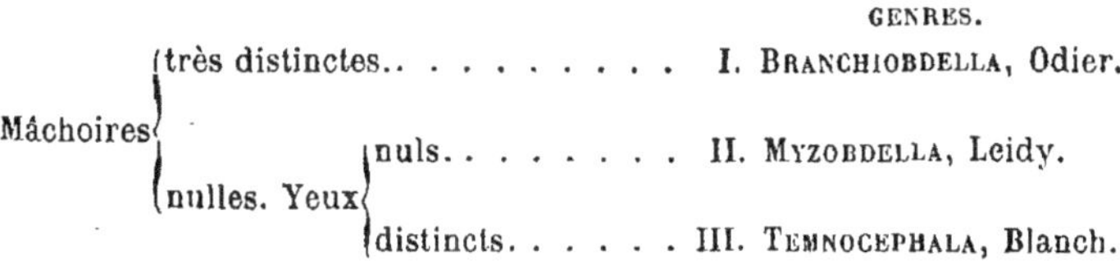

I. Genre BRANCHIOBDELLA.

Odier, 1823, p. 75.

Corps transparent, contractile. Anneaux variant en nombre, le plus ordinairement 18 à 20, non compris la tête, alternativement courts et longs. Tête proportionnellement très développée, infundibuliforme, lobée sur les bords ou échancrée, formant une ventouse polymorphe ; la ventouse postérieure bien distincte, presqu'aussi large que le corps.

Bouche armée de deux mâchoires chitineuses de forme variable. Tube digestif simple.

Yeux nuls.

Ce genre, très anciennement connu d'après des exemplaires donnés par Abildgaard à Müller, décrits et figurés par celui-ci (1806), a été l'objet d'un grand nombre de travaux d'une réelle importance et soulève les plus intéressantes questions au point de vue de la zoologie générale. On peut citer les mémoires de MM. Keferstein (1863), Dorner (1865), Lemoine (1880), Voight (1883 à 1885).

Les *Branchiobdella* se rencontrent sur les Ecrevisses de nos cours d'eau, l'espèce primitive a tiré son nom de cet habitat : *B. Astaci,* Müll.; elle paraît répandue dans toute l'Europe. On a distingué depuis les : *B. parasita,* Braun, *B. pentadonta,* Whitm., *B. hexadonta,* Gruber, espèces basées sur des caractères, qui ne paraissent pas sans valeur, tirées de la forme très différente des mâchoires surtout et de celle de la tête. Toutefois, dans un travail étendu sur ce sujet, M. Voight (1884), après une comparaison attentive d'un grand nombre d'individus, observés dans des conditions diverses, arrive à conclure, que toutes ces formes sont des variétés d'une seule et même espèce, pour laquelle malheureusement il croit devoir introduire la nouvelle désignation de *B. varians,* qui taxinomiquement ne peut être adoptée. Cette idée relative à la variation possible des *Branchiobdella,* avait, dès 1883, été en quelque sorte pressentie par M. Ostroumoff, qui, trouvant une forme nouvelle, l'avait désignée par l'appellation de son hôte, *Branchiobdella Astaci leptodactyli,* sans désignation spécifique.

Les Branchiobdelles se trouvent aussi sur les Ecrevisses dans l'Amérique du Nord, M. Leidy (1863) indique sur l'*Astacus Bartonii,* Fab., le *B. philadelphica,* Leidy.

II. Genre MYZOBDELLA.

Leidy, 1852, p. 243.

Corps transparent, contractile, composé de 15 à 18 annélations. Tête infundibuliforme, continue avec le corps, obliquement terminale et ventrale. Ventouse postérieure acétabuliforme, ventrale, un peu plus développée que celle de l'autre extrémité.

Bouche inerme.

Yeux (?)

Il est très douteux que ce genre soit bien ici à sa place, et M. Leidy, qui seul l'a observé jusqu'à présent, le range parmi les Turbellariées, au moins est-il mis dans son travail entre les *Planaria* et les *Meckelia*, il ne fait nullement mention de l'anus.

Cependant Diesing, M. Verrill le regardent comme appartenant au groupe des Bdellariæa, et dans ce cas il ne peut être éloigné des *Branchiobdella*.

L'espèce unique *M. lugubris*, Leidy, se rencontre sur un crabe le *Lupa diacantha*, Kay, aux joints des articulations des pattes; certains Térétulariens (1), on le sait, ont un habitat semblable sur le *Carcinus mænas*, Leach, de nos côtes.

III. Genre TEMNOCEPHALA.

Blanchard (*in* Gay), 1849, p. 51.

Corps allongé, peu distinctement annelé, divisé antérieurement en cinq longues digitations.

Bouche triangulaire, inerme.

Yeux 2.

Ce genre curieux ne comprend jusqu'ici qu'une espèce le *T. calensis*, Blanch., parasite d'un Crustacé Macroure du Chili appartenant au genre *Æglea*. Il a été revu plus récemment par M. Philippi (1870), lequel, ayant observé ces animaux vivants, a pu donner quelques détails sur leurs mœurs et leur anatomie. La bouche est décrite avec soin et il n'est pas fait mention de mâchoires ni dans le texte, ni sur les dessins, fort bien faits, qui accompagnent le mémoire, ces organes sont tellement visibles dans le genre voisin des *Branchiobdella*, qu'on doit en conclure qu'elles n'existent pas ici.

______

(1) *Tetrastemna carcinophila*, Köll.

Il est supposable que le *Branchiobdella chilensis,* signalé dès 1836 par Gay, ne diffère pas de la précédente espèce, bien qu'on n'ait pas de renseignements positifs à cet égard.

II. S.-Ord. HISTRIOBDELLARIÆA.

VI. Fam. HISTRIOBDELLIDÆ.

Corps peu distinctement et inégalement annelé. Tête renflée, munie de tentacules et de deux prolongements terminés par des organes d'adhérences. Partie postérieure du corps bifurquée ; chacune des branches contractile et mobile, terminée également par une ventouse. Bouche infère, en fente simple. Un bulbe œsophagien, placé en dessous de la partie antérieure du tube digestif, renferme des mâchoires chitineuses, allongées, au nombre de trois, une supérieure et deux latérales. Anus dorsal. Pas de système vasculaire distinct. Animaux dioïques.

Les caractères présentés par ces animaux s'écartent encore beaucoup plus de ceux des véritables Hirudines que pour les Microbdellidæ. Les ventouses revêtent une apparence, qui rappelle bien plutôt ce qu'on connaît chez les Trématodes, que ce qu'on observe pour les Sangsues. L'organisation interne n'est pas moins anormale. Au premier abord les trois mâchoires, qu'on rencontre vers la partie antérieure du tube digestif, paraîtraient rappeler ce qui existe chez les *Hirudo* et genres voisins, mais en y regardant de plus près, on s'aperçoit facilement qu'elles sont bien plutôt analogues aux mâchoires des Annélides Polychètes. La distinction des sexes est un nouveau rapport avec celles-ci, dont elles s'écartent d'ailleurs par l'absence complète de soies.

En résumé c'est là un type dont la place est encore difficile à déterminer avec exactitude et M. Fœttinger (1884), qui a traité fort complètement cette question, propose d'en former un Sous-Ordre, Histriodrilides, mis auprès des Polygordides dans l'Ordre des Archiannélides. On peut en tout cas regarder la Famille des Histriobdellidæ comme un passage à la fois entre les Polychètes, les Hirudiniens et même les Lumbriciniens.

Genre HISTRIOBDELLA.

Van Beneden, 1858, p. 299.

Corps arrondi, anneaux alternativement larges et étroits. Tête distincte, portant, avec un appendice médian, deux appendices paires aux angles antérieurs de la région céphalique; en outre, de chaque côté de cette même région, un appendice membraneux, arrondi, très mobile, servant de patte et qui peut s'évaser en ventouse. Corps terminé en arrière par deux jambes très mobiles, servant à la locomotion, lesquelles portent, comme les appendices locomoteurs de la tête, une expansion membraneuse pouvant servir de ventouse.

Bouche protuse, son orifice cilié, ainsi que le tube digestif munie de trois mâchoires chitineuses mobiles, disposées e . suçoir.

Animaux dioïques. Orifices sexuels doubles, latéraux.

Développement direct.

Cette diagnose est empruntée au travail de M. P. van Beneden, qui a découvert ce ver singulier sur la côte d'Ostende. D'après son habitat sur les œufs du Homard, ce savant lui avait donné le nom d'*Histriobdella Homari*, v. Ben., M. Fœttinger, par un oubli regrettable des règles de la nomenclature, a appelé ce même animal *Histriodrilus Benedeni* dans un travail, cité précédemment, où il a étudié d'une manière très complète son anatomie.

INCERTÆ SEDIS.

Genre GYROCOTYLE.

Diesing, 1850, p. 408 et 1859, p. 492 (1).

Corps ovalaire, déprimé, atténué postérieurement. Annélations nettes.

Bouche petite, antérieure, subterminale. Anus au-dessus d'une ventouse postérieure, placée à l'extrémité du corps, couverte de plis cérébriformes.

(1) Il ne faut pas confondre les *Gyrocotyle*, Dies. avec les *Amphiptyches*, Gr. et W., dont l'espèce unique *A. urna* a été à tort désignée sous le nom de *Gyrocole amphiptyches*, W. (Diesing, 1858, p. 358), ces derniers appartiennent au groupe des Trématodes.

Pas d'yeux distincts.

Androgynes, orifice mâle antérieur, latéral, orifice femelle un peu en arrière sur la ligne médiane.

Ce genre est fondé pour un animal très imparfaitement connu, le *G. rugosa* de Diesing, que cet auteur avait d'abord signalé dans son *Systema helminthum* (1850, p. 408) et qu'il a depuis décrit et figuré (1855, p. 173, pl. I, fig. 17 à 21). Ce ver, qui n'a pas moins de 50^{mm} à 60^{mm} de long, sur 18^{mm} à 20^{mm} dans sa plus grande largeur, avait d'abord été donné comme recueilli dans l'intestion grêle d'un Antilope de Port Natal, mais il se trouve en réalité dans le manteau d'un Mollusque Lamellibranche de Valparaiso (*Mactra edulis*, King.). D'après cet habitat Diesing pense qu'on pourrait placer cet Hirudinien près des *Malacobdella*, l'organisation si spéciale de ces derniers ne permet guère cependant d'admettre cette manière de voir jusqu'à ce que des études plus complètes soient faites de ce *Gyrocotyle*.

Genre HETEROBDELLA.

Van Beneden et Hesse (nec Baird), 1864, p. 42.

« Sans les paires de testicules, qui s'échelonnent vers le milieu du corps, on ne croirait pas avoir une Hirudinée sous les yeux. On peut dire que ces vers sont des Sclerobdellaires inférieurs.

Le corps ne porte plus de ventouses proprement dites. La tête est tronquée en avant et un bulbe rétractile la termine ; en arrière on voit un prolongement membraneux, tronqué également, terminer le corps. On ne distingue plus de vaisseaux proprement dits, mais on aperçoit sur la ligne médiane du sang rouge, logé dans des poches, qui occupent l'espace laissé par les organes mâles. »

Ce genre, de l'aveu des auteurs auxquels est empruntée cette diagnose, demande de nouvelles recherches avant d'être admis définitivement.

Les espèces citées sont les : *H. pallida*, v. B. et H., *H. Scyllii*, v. B. et H.; toutes deux de petite taille 4^{mm} à 5^{mm}, elles ont été trouvées la première dans la cavité buccale du Merlan, l'autre sur la Grande Roussette.

GENRE FOSSILE.

Genre HIRUDELLA.

Munster, 1842, p. 98.

Diesing a changé ce nom primitif en celui d'*Hirudinella* plus régulièrement composé sans doute, mais qui ne me paraît pas cependant devoir être admis.

Deux espèces ont. été citées : *H. angusta*, Münst., *H. tenuis*, Münst.; toutes deux des schistes lithographiques de Bavière, c'est-à-dire de l'époque Jurassique (Étage Corallien).

Il est fort douteux, comme l'a fait remarquer Pictet, que les empreintes décrites et figurées par le comte de Münster, soient réellement la trace d'Hirudiniens; plusieurs auteurs modernes très autorisés, entre autres M. Zittel (1876-1880), M. Hoernes (1886) n'en font pas mention. On ne peut donc indiquer ici ce genre fossile que pour appeler l'attention sur lui et susciter de nouvelles recherches.

Cette remarque s'appliquerait aux autres traces de vers citées par les paléontologistes comme provenant soit d'Hirudiniens, dont il est ici plus particulièrement question, soit de Lombriciniens, le fait que ces différentes empreintes sont légitimement rapportées à l'un ou l'autre de ces ordres, est des moins certains.

On doit d'ailleurs, d'après leur organisation même, regarder la fossilisation de semblables animaux comme d'une extrême difficulté et ne pouvant se produire que dans des circonstances très exceptionnelles, puisqu'ils sont entièrement composés de parties molles. Cependant la fidélité avec laquelle ont parfois été reproduites les empreintes dans certains terrains, peut faire concevoir l'espérance de trouver avec le temps des preuves plus démonstratives que celles que nous possédons à l'heure actuelle, sur la présence de ces animaux dans les faunes anciennes.

D'un autre côté, en ce qui concerne les soies des Lombrics, des Naïs, les denticules maxillaires des Sangsues, des Aulastomes, ces derniers surtout, qui renfermeraient, on l'a vu, du carbonate de chaux d'après M. Leidy et M. Schneider, il ne serait pas impossible de rencontrer de tels organes sur des coupes heureuses dans des roches dures, des rognons silicifiés, par exemple.

Enfin, peut-être pourrait-on prouver l'existence de ces vers d'une manière en quelque sorte indirecte, si l'on trouvait l'empreinte ou le moulage des cocons, qui renferment les œufs, ces cocons présentant,

on l'a vu, une certaine résistance et des formes parfois assez caractérisées. Il est certain que, dans quelques calcaires lacustres, je citerai
en particulier ceux du Mas St-Puelles, près Castelnaudary (Aude),
ceux des environs de Pézenas (Hérault), on rencontre des corps, dont
la forme ovoïde rappelle d'une manière frappante, surtout dans la
seconde de ces localités, que j'ai pu étudier de plus près, l'aspect et
le volume du cocon ovifère de la Sangsue médicinale. Toutefois la
coupe de ces corps ne permet de constater aucune structure indiquant
d'organisation réelle et l'on peut, avec non moins de vraisemblance,
les regarder comme provenant d'œufs de Tortues d'eau douce (*Emys,
Cistudo,* etc.) ou de quelques Mollusques.

On aurait peut-être plus de chance de trouver sur les empreintes de
feuilles ou de tiges de plantes aquatiques, si admirables dans certains
tufs, des capsules ovifères de *Nephelis,* dont la forme est encore plus
particulière, mais jusqu'ici l'attention ne paraît pas avoir été attirée
sur ce point spécial.

ORDRE

BDELLOMORPHES (BDELLOMORPHÆ)

OU

MALACOBDELLES.

———

Hirudo species, MULLER, 1776, LINNÉ-GMÉLIN, 1789, BRUGUIÈRE, 1791, BLAIN-
  VILLE, 1827.
Malacobdella, BLAINVILLE, 1828.
Hirudinea planerina (pars), MOQUIN TANDON, 1846.
Bdellomorphæ, BLANCHARD, 1847.
Siphonostomæ (pars), DIESING, 1859.
Bdellomorpha, JOHNSTON, 1865.
Malacobdellidæ, CLAUS, 1878, HOFFMANN, 1877-1878, KENNEL, 1878.

Plathelminthes hirudiniformes à corps polymorphe, mou,
déprimé, indistinctement annelé ; tégument couvert de cils
vibratiles. Bouche antérieure, dans une échancrure plus ou
moins prononcée du lobe céphalique ; une ventouse postérieure cotyloïde, subventrale. Système nerveux composé
de deux masses ganglionnaires antérieures, réunies par des
commissures périproboscidiennes et prolongées en deux
cordons latéraux unis seulement par une commissure rectale à la partie postérieure du corps. Tube digestif muni
d'une trompe annexe, partant de la cavité buccale et étendue le long du dos. Anus distinct, placé au-dessus de la
ventouse. Sexes portés par des individus différents.

Les *Malacobdella*, seul genre jusqu'ici admis dans l'ordre des
BDELLOMORPHÆ, ont tout à fait l'apparence des Hirudiniens, avec
lesquels on les a longtemps confondus, en raison surtout de la
présence d'une ventouse postérieure, toutefois ils n'en présentent pas moins de grandes ressemblances avec certains Planariens et les Trématodes par l'absence d'annélations et la mol-
esse des tissus.

Le tégument est constitué d'une couche continue d'épithélium cylindrique à cils vibratiles, sur une matrice d'apparence granuleuse. De distance en distance s'élèvent, au milieu des cils, de véritables poils tactiles, supportés par des cellules spéciales. On trouve en outre des glandes en forme de bouteille, disséminées çà et là, *glandes unicellulaires*. La paroi cavitaire est complétée par une double couche de muscles, l'externe annulaire, l'interne longitudinale tapissée, à la face viscérale, d'un tissu conjonctif cellulaire plus ou moins lâche.

L'appareil musculaire général comprend en outre des trabécules dorso-ventraux placés irrégulièrement, autant qu'il est permis d'en juger, et, en tous cas, ne formant pas de dissépiments réels.

L'appareil nerveux offre un des points les plus intéressants de l'organisation de ces animaux. La disposition générale en a été fort bien vue et représentée dès 1845 par M. E. Blanchard; bien qu'on ait pu ajouter depuis certains faits de détail, rien d'essentiel n'a été changé à ce qu'en avait dit ce zoologiste et les conclusions remarquables, qu'il avait dès cette époque tiré de cet examen, quant aux rapports naturels de ces êtres bizarres, ont été trop longtemps oubliées. On trouve en avant deux ganglions écartés par toute la largeur du pharynx et réunis par une double commissure entourant non celui-ci mais une partie en quelque sorte annexe du tube digestif, la trompe, dont il sera question plus loin. La commissure inférieure, la plus considérable et qu'on découvre facilement par la simple compression de l'animal, passe entre cette trompe et le pharynx, la seconde est très ténue et n'a été découverte que dans ces dernières années par M. Hoffmann et M. von Kennel. Chacun des ganglions donne en arrière un filet nerveux simple, lequel court le long des parties latérales du corps dans la cavité viscérale et s'étend jusqu'à l'extrémité de celui-ci dans la ventouse postérieure, où il se réunit à son congénère par une commissure transversale passant au-dessus du canal digestif. Le ganglion cérébroïde émet des filaments, dont les antérieurs surtout sont assez volumineux, d'autres branches très ténues partent des cordons longitudinaux, elles sont assez difficiles à apercevoir, l'action de l'acide acétique facilite cet examen.

En dehors des poils tactiles cutanés signalés plus haut, on ne connaît chez l'adulte aucun appareil sensoriel spécial.

Le tube digestif, bien que d'un type peu compliqué, offre une modification curieuse, qui le différencie des groupes supérieurs des Vers pour le rapprocher des *Plathelmintha*. Dans sa portion fondamentale, il se compose d'un pharynx ovoïde, à parois musculaires épaisses, occupant environ le tiers de la longueur totale et d'un intestin régulièrement calibré, qui gagne en serpentant la partie postérieure du corps. Le pharynx s'ouvre en avant par un orifice buccal infundibuliforme, garni de papilles, c'est au même point qu'il reçoit cette partie annexe désignée sous le nom de *trompe*, laquelle, en tube tortueux d'un diamètre beaucoup moindre que l'intestin, atténuée en pointe en arrière, s'étend au-dessus du tube digestif jusqu'à l'extrémité postérieure du corps. A son orifice antérieur, la trompe est garnie de quatre papilles disposées en croix ; l'animal peut la projeter au dehors par extroversion et, comme on l'a vu plus haut, elle est entourée à sa partie antérieure par les commissures reliant les ganglions cérébroïdes. La trompe se termine en cœcum, l'intestin aboutit à un orifice anal facile à reconnaître au-dessus de la ventouse postérieure. La paroi interne de ces cavités, plus ou moins papilleuse, est couverte de cils vibratiles dépendant d'une couche épithéliale, plus en dehors se trouvent les plans musculaires, l'interne circulaire, l'externe longitudinal, puis vient le tissu conjonctif de la cavité viscérale. Les Malacobdelles sucent sans doute le fluide nourricier des Mollusques sur lesquels on les rencontre, mais on n'a aucune certitude à cet égard, le contenu de la trompe m'a paru variable suivant les individus, tantôt brun plus ou moins foncé, d'autres fois beaucoup plus clair.

Il existe un système de vaisseaux, assez difficiles à apercevoir, dans lequel on trouve deux troncs latéraux, qui s'unissent par des commissures transversales dans le lobe céphalique et dans la ventouse, c'est-à-dire aux deux extrémités du corps, puis sous la gaîne de la trompe un vaisseau dorsal moins distinct, dont on ne constate bien l'existence que dans les régions antérieures. Tous ces vaisseaux sont contractiles. Le véritable liquide nourricier ici encore paraît être le fluide cavitaire. Bien que la cavité cœliaque soit très réduite, son existence doit être prise en considération pour apprécier les affinités naturelles de ces êtres.

On connaît, surtout d'après les recherches de M. Kennel, un

appareil excréteur ou des vaisseaux aquifères, dont les orifices externes sont situés sur les parties latérales du corps vers le tiers antérieur. De ces orifices partent deux tubes, qui se ramifient en arborisations très riches dans les tissus somatiques parenchymateux.

Les organes de la reproduction sont portés par des individus différents et, sur les adultes, il est facile, à l'inspection seule de la teinte générale, de distinguer les mâles des femelles, les premiers étant d'un blanc laiteux, les secondes grisâtres. Chez les uns comme chez les autres, les appareils offrent une grande simplicité et sont très comparables dans leur développement. Ils apparaissent dans le parenchyme somatique sous la forme d'une masse celluleuse, qui s'isole par une paroi propre, laquelle, au moins pour l'ovaire, d'après M. Kennel, renferme des fibres de nature musculaire. Par les processus ordinaires, chez les mâles se développent des spermatozoïdes, chez les femelles des ovules. Ces derniers arrivés à leur entier développement mesurent environ $0^{mm},25$ et font issue à l'extérieur par des pores adventices, au moins ne paraît-il pas y avoir d'orifice préexistant pour la sortie des produits de la génération.

La fécondation, d'après ce qu'on peut préjuger, est vague et s'effectuerait par la rencontre fortuite des spermatozoïdes entraînés sur les œufs par les courants, qui parcourent les siphons des hôtes mêmes de la Malacobdelle, comme elle s'effectue pour ceux-là, toujours appartenant aux Mollusques Lamellibranches.

Quant à l'évolution, elle a été très complètement suivie par M. Hoffmann et présente un grand intérêt, comme venant à l'appui des idées émises par M. Blanchard sur les rapports naturels des Bdellomorphes. La segmentation est holoblastique et donne naissance à un *morula*, d'où dérivent, par délamination directe, les trois feuillets ectodermique, mésodermique et entodermique. Le petit embryon couvert de cils vibratiles à sa sortie de l'œuf, très légèrement ovoïde, porte à son extrémité amincie un bouquet de cils flagelliformes. Les phénomènes primordiaux s'accomplissent en huit ou dix jours. M. Kennel, qui a pu observer de jeunes individus, longs d'environ 2^{mm}, lesquels, tout en étant encore loin d'avoir acquis leur organisation définitive, présentaient déjà une ventouse postérieure distincte, les a trouvés pourvus de taches oculiformes.

C'est Müller qui le premier a fait connaître l'animal type de ce groupe, il le plaçait dans le genre *Hirudo* sous le nom d'*Hirudo grossa*, et cette manière de voir fut adoptée par les auteurs suivants, même Blainville dans ses premiers travaux, car ce naturaliste ne démontra la nécessité de former pour ce ver le genre *Malacobdella* qu'en 1827. En 1845 M. Blanchard, dans un mémoire présenté à l'Académie des Sciences, fit connaître l'organisation de ces êtres d'une manière détaillée et, avec une précision surprenante, si surtout on tient compte des conditions défavorables dans lesquelles se faisaient ces études, il établit, dès cette époque, en se basant spécialement sur l'examen de l'appareil nerveux, que ces vers s'écartaient complètement des Hirudiniens, ce qui l'avait engagé d'abord à créer le nouveau genre *Xenistum*, et devaient être rapprochés des Némertes et des Planariées. Cette conclusion est formulée graphiquement d'une manière très précise dans le tableau de la classification générale des Vers, donné en 1849 comme conclusion au travail sur l'organisation de ces animaux. Il est étonnant que ces vues aient été aussi complètement négligées par les auteurs suivants, Moquin-Tandon, Diesing, etc., car ils continuèrent de placer les Malacobdelles parmi les Hirudiniens, et qu'il faille arriver à ces derniers temps pour être ramené aux déductions premières de M. Blanchard, par les travaux de M. Hoffmann, de M. Kennel, lesquels, s'aidant des ressources que la technique moderne met à notre disposition, ont poussé très loin, comme on a pu en juger plus haut, l'étude anatomique et ontologique de cet animal. Ces auteurs arrivent à cette conclusion que les Malacobdelles ne doivent être regardés que comme des Némertes, à titre toutefois de famille spéciale dans le groupe. Bien qu'il puisse y avoir quelque chose de fondé dans cette manière de voir, en ayant surtout égard à la disposition des commissures nerveuses céphaliques par rapport au tube digestif et au développement embryonnaire, cependant la forme générale du corps, l'existence d'une cavité viscérale, la présence de la ventouse, peuvent justifier jusqu'à un certain point une division d'ordre plus élevée, les BDELLOMORPHÆ étant évidemment plus éloignées des deux groupes admis parmi les Térétulariens, ANOPLA et ENOPLA, que ceux-ci ne le sont entre eux. C'est d'ailleurs une affaire d'accolade d'importance secondaire, étant donné que les rapports naturels sont reconnus.

Genre MALACOBDELLA.

Blainville, 1827, p. 270.

Ce genre étant jusqu'ici unique est caractérisé par la diagnose donnée pour la Famille.

Les espèces qui lui appartiennent d'une manière certaine, ont été trouvées parasites ou commensales, la chose peut être douteuse, sur les feuillets branchiaux de divers Mollusques Acephalés : *Cardium aculeatum,* Lin., *Cyprina islandica,* Lin., *Meretrix exolæta,* Lin., *Venus mercenaria,* Lin., *Mya truncata,* Lin., *M. arenaria,* Lin., *Pholas crispata,* Lin. ; sur les côtes d'Europe et de l'Amérique du Nord, dans l'Océan Atlantique ou les mers qui en dépendent.

L'espèce typique, le *M. grossa,* Müll., et les *M. Valenciennei,* Blanch. *M. Cardii,* v. B. et H., sont des premières régions. M. Leidy avait signalé l'espèce de Müller comme habitant également les environs de Philadelphie, mais suivant M. Verrill, ce serait un type distinct auquel il a donné le nom de *M. mercenaria,* Verr., il y ajoute d'une localité voisine le *M. obesa,* Verr.

Toutes ces espèces demanderaient à être examinées de nouveau avant d'être admises comme légitimes, car, étudiées isolément par différents observateurs, sans que des comparaisons directes aient été possibles, leurs caractères différentiels tirés de la forme, de la coloration, etc., ne peuvent être admis sans réserves. D'un autre côté pour plusieurs, le *M. Cardii,* v. B. et H., entre autres, on n'a pu examiner qu'un exemplaire et sur les dessins se voient des particularités, la présence de dents par exemple, qui, si le fait était confirmé, indiqueraient des vers fort différents des Malacobdelles proprement dites.

Quant à la Branchiobdelle de l'Auricule signalée par Gay au Chili, il me paraît impossible de décider à quel genre elle appartient, d'autant qu'il s'agit comme hôte d'un Gasteropode pulmoné. J'ai dit plus haut (1), que l'*Hirudo viridis,* Rang, placé par Moquin-Tandon parmi les *Malacobdella* me paraît plutôt appartenir aux *Glossiphonia.*

(1) Voir page 519.

ORDRE

TÉRÉTULARIENS (TERETULARIA)

ou

MIOCŒLÉS.

———

Teretularia, BLAINVILLE, 1828.
Turbellaria rhabdocœla (pars), EHRENBERG, 1831.
Cestoidina, ÖRSTED, 1844.
Aplocœles ou *Némertiens*, E. BLANCHARD, 1847-1849.
Miocœlés, QUATREFAGES, 1849.
Nemertinea, DIESING, 1850; KEFERSTEIN, 1863.
Rhynchocœla, SCHULTZE, 1851; DIESING, 1862.
Nemertini et *Nemertea*, HUBRECHT, 1879, 1885.

Plathelminthes à corps polymorphe, plus ou moins aplati, ordinairement très allongé, couvert de cils vibratiles, pas de ventouses distinctes, mais le plus ordinairement des fossettes céphaliques garnies de cils vibratiles plus forts. Système nerveux formant un anneau péri-proboscidien d'où partent deux longs filaments postérieurs, qui n'offrent entre eux aucune connexion facilement perceptible (1). Tube digestif à deux orifices (?); une trompe sus-œsophagienne. Sexes portés par des individus différents (2).

Les TERETULARIA comprennent des vers souvent fort allongés, cylindriques ou plus ordinairement déprimés, presque toujours d'une grande mollesse et offrant même, dans bon nombre d'espèces, une remarquable tendance à se décomposer, jusqu'à se réduire en une sorte de bouillie, si les conditions biologiques dans lesquelles elles se trouvent ne leur sont pas tout à fait favorables. Cependant leur organisation ne laisse pas que

(1) Ceci, en effet, on le verra plus loin d'après les recherches de M. Hubrecht, n'est exact qu'au point de vue que j'appellerais macroscopique.
(2) Quelques exceptions sont connues aujourd'hui.

d'être assez complexe, mais, sauf quelques points encore douteux, a été dans ces derniers temps fort éclairée par les travaux de MM. Mac Intosh, Kennel, surtout Hubrecht, complétant les remarquables recherches auxquelles sont attachés les
noms d'Ehrenberg, de M. OErsted, de Max Schultze, de M. de
Quatrefages, de Claparède, de Keferstein.

L'enveloppe externe de la cavité viscérale comprend les téguments proprement dits et les couches musculaires placées
au-dessous; les connexions entre ces différentes parties sont si
intimes, qu'il ne serait pas convenable d'en scinder la description.

Les auteurs sont loin d'être d'accord sur le nombre et la
nature des couches, qui composent ces différentes parties. Pour
MM. Rathke et OErsted, la peau comprend deux couches au-
dessous desquelles se trouvent deux plans musculaires. M. de
Quatrefages (1846, p. 229) en donnant une description plus
approfondie, distingue d'abord un *épiderme cilié*, puis une couche plus profonde, le *derme*, laquelle se divise en une portion
externe, renfermant des vacuoles remplies d'un liquide transparent et une portion interne de structure cellulaire, vient enfin
une *couche fibreuse*, formée d'éléments transversalement disposés, ces différentes parties constituent les téguments; quant
aux couches musculaires, elles comprennent un plan superficiel à fibres longitudinales et un plan profond à fibres transversales, lesquels sont séparés par une sorte d'aponévrose, d'où
partent des brides rayonnantes. Il faut joindre à ces parties un
revêtement interne formant la paroi extérieure de la cavité
viscérale, couche qui serait de nature contractile également.
Suivant Keferstein (1863, p. 66), la peau ne comprendrait que
deux parties, la cuticule et au-dessous une couche finement
granuleuse, qui peut se subdiviser en deux portions, l'externe
renfermant les glandes de la mucosité, l'interne dans laquelle
se trouve la substance colorante pigmentaire; par contre, on
rencontrerait quatre plans musculaires qui, de dehors en dedans, se succèdent dans l'ordre suivant : une couche de fibres
annulaires, une couche de fibres longitudinales, puis, de nouveau, une couche de fibres annulaires, suivie tout à fait intérieurement d'une couche de fibres longitudinales.

Plus tard, dans un travail très étendu sur la structure anatomique des Némertes de la Grande-Bretagne, M. M'Intosh (1868-

1869, p. 307) a exposé avec grands détails la composition de l'enveloppe viscérale chez les animaux qui nous occupent ici. Suivant cet auteur, il faut, sous ce point de vue comme sous beaucoup d'autres, ainsi du reste qu'on le verra dans la suite, établir une grande différence entre ce qui existe chez les Némertes armées ou ENOPLA, qu'il appelle Ommatopléens, et les Némertes inermes ou ANOPLA, ses Borlasiens. Chez les premiers, qui ont pour type l'*Ommatoplea alba*, Thomson (= *Amphiporus lactifloreus*, Johnst.), on distinguerait les couches suivantes :

1 Épiderme cilié.
2 Couche granulo-globuleuse.
3 Couche basilaire anhiste.
4 Couche musculaire annulaire.
5 Couche musculaire longitudinale.
6 Fibres pariéto-viscérales.

Chez les NEMERTINEA ANÓPLA, tels que le *Nemertes olivacea*, Johnst. (= *Lineus gesserensis*, Müll.), la complication serait plus grande :

1 Épiderme cilié.
2 Couche aréolaire avec cellules granuleuses et globules.
3 Couche basilaire anhiste.
3 *bis* Couches : *a* de granules pigmentaires et de globules
         cuticulaires.
         b de fibres musculaires longitudinales.
4 Couche de fibres musculaires annulaires.
5 Couche de fibres musculaires longitudinales.

Les numéros d'ordre des différentes couches indiquent à la vue les rapports, qui semblent pouvoir être établis entre ces deux séries. Les fibres pariéto-viscérales, 6, quoiqu'elles ne soient pas mentionnées dans la seconde, y existent cependant.

Chez d'autres espèces, on rencontre différentes variétés ; l'une des plus remarquables est celle que présente le *Lineus longissimus*, Gunn., chez lequel la couche n° 3 *bis*, chargée de pigment, serait subdivisée en deux par une bande noire et superposée à un plan supplémentaire de fibres transversales, de nature fibreuse sans doute. En outre, la partie la plus interne de la première couche de fibres musculaires longitudinales renfermerait sur certains points des granules d'aspect glanduleux.

En somme, la principale différence entre ces deux sections porterait sur l'intercalation chez les Anopla de la double couche nº 3 *bis*, qui manquerait chez les Enopla, différence importante d'ailleurs, puisqu'elle ferait commencer les plans musculaires chez les premiers par une série de fibres longitudinales, disposition anormale, par rapport à ce qu'on peut considérer comme l'archétype de ce système dans le règne animal.

Par suite des perfectionnements de la technique microscopique, surtout en ce qui concerne la méthode des coupes en série, différents auteurs, et en particulier M. Hubrecht, ont pu pousser l'analyse beaucoup plus loin et montrer que de grandes variations se rencontraient suivant les types considérés, ce dernier zoologiste les ramène synthétiquement à trois, correspondant aux grandes divisions adoptées par lui dans le groupe (1). La disposition la plus simple et en même temps la plus normale en se reportant à l'archétype des Vers se rencontre chez les Enopla :

> *a* Couche de cellules épidermiques, superficielle.
> *b* — basilaire.
> *c* — de muscles annulaires, fondamentale.
> *d* — de muscles longitudinaux, fondamentale.

Les *Tubulanus* de la famille des Gymnocephalidæ diffèrent peu des précédents, on distingue dans leur tégument :

> *a* Couche de cellules épidermiques, superficielle.
> *b* — basilaire.
> *c* — de muscles annulaires, fondamentale.
> *d* — de muscles longitudinaux, fondamentale.
> *e* — de muscles annulaires, profonde.

Dans un certain nombre d'animaux du même groupe, les *Eupolia* par exemple, et pour les Rochmocephalidæ en général, la complication devient plus grande et l'on trouve de dehors en dedans :

> *a* Couche de cellules épidermiques, superficielle.
> b^1 — basilaire accessoire.
> a^2 — des cellules épidermiques, profonde.

(1) Voir en particulier les figures schématiques données par M. Hubrecht (1887, pl. XI), lesquelles exposent d'une manière très démonstrative les idées de l'auteur à ce sujet.

b Couche basilaire, fondamentale.
d^1 — de muscles longitudinaux, superficielle.
c — de muscles annulaires, fondamentale.
d — de muscles longitudinaux, fondamentale.

Les lettres feront saisir la concordance qu'on peut ici reconnaître dans la disposition compliquée de cette paroi somatique. On comprend l'utilité que peuvent avoir ces considérations pour l'établissement et la caractéristique des genres ou des groupes plus élevés, on verra même plus loin que le rapport variable des troncs nerveux avec ces différentes couches ajoute encore à cette importance taxinomique.

La couche des cellules épidermiques forme ce qu'on pourrait appeler une sorte de cuticule muqueuse dans laquelle, il faut l'avouer, les cellules deviennent souvent peu distinctes. Ce qu'elle offre de plus remarquable, ce sont les cils vibratiles, qui la recouvrent extérieurement et lui donnent son aspect spécial. Ces organes se rencontrent sur toute la surface du corps, M. de Quatrefages avait cru remarquer qu'on n'y voyait pas ces prolongements plus longs, généralement désignés aujourd'hui sous le nom de *poils tactiles*, lesquels existent habituellement chez les Planariés. Cependant ces organes ont été signalés par Keferstein chez l'*Ototyphlonemertes pallida*, Kef., où j'ai pu moi-même les observer. Sur certains points du corps dans les fossettes céphaliques, qui représentent des organes en partie sans doute sensoriels, les cils vibratiles acquièrent également un développement plus considérable. Ce ne serait pas ici le lieu d'entrer dans des détails sur la nature histologique de ces organes, je me bornerai à dire que, sur les lambeaux de téguments séparés de l'individu, leur mouvement est de peu de durée, et lorsque celui-ci cesse, il devient impossible de constater leur présence, ils semblent se liquéfier comme la cuticule elle-même.

Quant aux cellules épidermiques, elles peuvent varier beaucoup dans leur nature, mais présentent toujours en nombre plus ou moins considérable des éléments en glandes unicellulaires volumineuses.

Les couches musculaires peuvent également se simplifier et se réduiraient à la couche longitudinale chez les *Céphalotrix*.

La couleur chez ces Vers offre peu de particularités à signaler, cependant on peut dire d'une manière générale qu'elle est assez constante dans une même espèce et doit, par conséquent, servir utilement pour aider aux déterminations. Toutes les teintes peuvent se rencontrer, parfois ce sont des couleurs vives comme dans le *Tubulanus polymorphus*, Rénier, plus souvent elles sont moins brillantes. A moins que la coloration ne soit très foncée, il est rare qu'un Térétularien soit exactement unicolore, d'ordinaire la nuance est plus claire en avant qu'en arrière, ce qui tient non à un changement dans la nature du pigment, mais à la transparence des tissus, qui laissent en ce dernier point voir la teinte sombre des organes génitaux et digestifs. La face ventrale est aussi habituellement plus pâle que la face dorsale. Parfois cette différence est due en réalité à un changement dans la matière colorante comme chez le *Lineus sanguineus*, Rathke (1), où la partie antérieure étant rouge, la partie postérieure se montre brun verdâtre ou jaunâtre, ces nuances se fondant l'une dans l'autre d'une manière insensible. Enfin, des dessins nets se voient chez certaines espèces, je citerai les raies blanches des *Tubulanus annulatus*, Mont. (2), *Cerebratulus bilineatus*, Rénier (3), c'est toutefois le cas rare. Les mœurs des Térétulariens nous sont trop peu connues pour qu'il soit possible d'établir un rapport quelconque entre ces différentes colorations et l'habitat, ou toute autre particularité relative à la situation batymétrique, géographique, etc., des espèces.

L'appareil nerveux des Térétulariens est facile à reconnaître, si on veut se contenter d'observer sa disposition générale très apparente en examinant par transparence l'animal comprimé.

On distingue tout d'abord deux masses antérieures cérébroïdes, reliées par deux connectifs transversaux, desquelles partent de nombreux nerfs antérieurs et qui se continuent postérieurement en deux longs cordons plus ou moins latéraux. C'est à cela, il y a encore peu d'années, que se réduisait, croyait-on, tout l'appareil, mais les recherches modernes, celles de M. Hubrecht en particulier, montrent que la complication est beaucoup plus grande et que, suivant les espèces ou les groupes, de singulières différences peuvent se rencontrer.

(1) Pl. XXVII, fig. 6.
(2) Pl. XXVI, fig. 1.
(3) Pl. XXVII, fig. 10.

En ce qui concerne les masses cérébroïdes, situées latéralement, toujours assez près de l'extrémité antérieure, dans certains cas elles sont assez simples, piriformes, à petite extrémité
postérieure, tels sont les *Tubulanus* (*Carinella*, auct.). Plus ordinairement on distingue deux lobes, l'un antérieur, l'autre
postérieur, et comme le premier peut présenter un repli, une
fente, qui le divise en deux parties, l'une supérieure, l'autre inférieure (*Eupolia*), il semble alors que l'ensemble est trilobé.
Le lobe postérieur est parfois à distance de l'antérieur, auquel
il se trouve réuni par deux cordons, dans tous les cas, il est en
connexion avec un appareil constitué d'un tube, qui pénètre
dans son intérieur et va s'ouvrir d'autre part à la surface cutanée, il en sera question plus loin sous le nom de *tube cilié*
ou *organe latéral*.

Les commissures transversales, qui unissent les ganglions
cérébroïdes, sont plutôt courtes, l'inférieure (1), en même temps
un peu antérieure, est la plus considérable, large, inextensible,
la supérieure (2), au contraire, dont le bord antérieur se trouve
vers le niveau du bord postérieur de la précédente, est plus
étroite, un peu plus longue et élastique, susceptible de s'allonger lorsque la trompe fait issue à l'extérieur. Ce dernier
organe est en effet entouré par l'anneau que forment les deux
masses cérébroïdes et les commissures.

Les deux cordons nerveux postérieurs s'étendent sur toute
la longueur du corps, et déjà M. de Quatrefages avait remarqué la situation différente qu'ils peuvent occuper, se trouvant
le plus souvent tout à fait latéraux, d'autres fois rapprochés l'un
de l'autre vers la ligne médiane, ce qui caractérisait son genre
OErstedia, mais depuis les recherches de M. Mac Intosh et
des auteurs plus récents, on a pu se faire une idée des différences importantes, que peut présenter leur situation. Sans
entrer ici dans le détail des faits, qu'on trouvera exposés très
au long dans les travaux de M. Hubrecht, on peut poser comme
règle que chez les ANOPLA ces nerfs sont placés dans les couches
musculo-cutanées, soit superficiellement entre la couche basilaire et les muscles (*Tubulanus*), soit plus profondément entre
ou dans les plans formés par ceux-ci (*Cephalotrix*, ROCHMO-

(1) Pl. XXV, fig. 14, *e*.
(2) Pl. XXV, fig. 14, *d*.

CEPHALIDÆ en général); que chez les ENOPLA ils se trouvent à l'intérieur de ces couches dans le tissu conjonctif gélatineux qui double les téguments (1). Cette considération peut, on le comprend, être fort utile pour distinguer les espèces.

De ces parties qu'on peut regarder comme centres, partent différents nerfs formant un système dont la complexité, d'après les recherches les plus nouvelles, peut atteindre un degré, auquel on serait loin de s'attendre chez des êtres aussi dégradés. En premier lieu de la partie antérieure des lobes cérébroïdes émergent une grande quantité de branches nerveuses, dont les ramifications se rendent aux organes sensoriels spéciaux, poils tactiles, points oculiformes, lorsqu'ils existent, etc., la constatation en est facile et depuis longtemps ils ont été signalés. Du même point partent des racines dont la disposition ne peut être regardée comme absolument bien connue, mais qui en définitive se réunissent pour former un tronc dorsal souvent volumineux, impair, médian, *nerf médullaire* pour M. Hubrecht; il ne faut pas le confondre avec le nerf également impair *de la gaîne proboscidienne* du même auteur.

D'autres racines nerveuses émergeant des régions postérieures des mêmes lobes, forment un plexus autour de la portion antérieure de la cavité cœliaque, désignée par les auteurs comme œsophage, on a donné à cet ensemble le nom de *nerfs vagues.* Il y a également des rameaux d'origine cérébrale ou commissurale, qui se rendent dans la trompe elle-même.

Enfin, et c'est à M. Hubrecht qu'est due surtout la connaissance de ces faits, les grands cordons nerveux latéro-postérieurs émettraient, à des distances assez régulières pour qu'on puisse voir là une métamérisation réelle, un nombre considérable de branches dont les principales, entourant le corps, réunissent ces deux troncs directement pour le côté ventral, par l'intermédiaire du nerf médullaire pour le côté dorsal. De ces cordons et de leurs branches naissent des ramuscules nerveux se rendant soit aux viscères, soit surtout à la surface des téguments.

Chez les *Cerebratulus* et en général les ROCHMOCEPHALIDÆ (SCHIZONEMERTEA, Hubrecht), les grands cordons latéro-postérieurs et le nerf médullaire, situés tous deux entre la couche

____
(1) Voir HUBRECHT, 1887, pl. XI, fig. 13 à 17.

fondamentale des muscles annulaires et la couche superficielle
de muscles longitudinaux, sont unis par une sorte de fascia
réticulé plutôt que par une série d'anneaux nerveux distincts,
il en résulterait une véritable couche nerveuse, intercalée dans
les couches musculo-cutanées.

Cette complication de l'appareil nerveux est des plus intéressante, et M. Hubrecht a insisté sur l'importance soit de ce
réseau nerveux des ROCHMOCEPHALIDÆ, comme rappelant le système nerveux diffus des Rayonnés inférieurs, soit du nerf médullaire, dans lequel, suivant lui, on doit chercher l'analogue
du cordon rachidien des Vertébrés. Ces recherches demanderaient à être étendues, en variant autant que possible les
moyens techniques d'observation, car nous ne pouvons aujour-
d'hui disposer pour ces études que de la méthode des coupes,
aidée des différents procédés de coloration, ce qui, dans bien
des cas, peut jeter quelque doute sur la nature histologique
réelle d'éléments aussi délicats.

Au point de vue des organes sensoriels, les Térétulariens
paraissent généralement assez mal partagés.

La sensibilité générale est remarquablement grande, et chez
la plupart des espèces, celles surtout de longueur médiocre, le
moindre contact paraît vivement impressionner l'animal. Chez
d'autres, toutefois, cette sensibilité générale semble se modifier
jusqu'à un certain point et, d'après des observations que j'ai
déjà fait ailleurs connaître, très vive à la partie antérieure,
devient plus obtuse en arrière ou tout au moins y suit une marche assez singulière.. Sur un *Lineus gesserensis*, Müll., qui ne
mesurait pas moins de $0^m,40$, en piquant l'animal à environ
$0^m,05$ de l'extrémité postérieure, on voyait toute la partie située
en arrière du point irrité se contracter vivement, tandis que
les parties antérieures ne présentaient pas la moindre ride et
continuaient leur mouvement de progression, si l'animal était
en marche. En continuant de répéter l'expérience sur des points
de plus en plus rapprochés de l'extrémité céphalique jusqu'à
arriver à $0^m,05$ ou $0^m,06$ de celle-ci, j'ai toujours obtenu le
même résultat, seulement plus on s'éloigne de la partie caudale, plus il faut irriter fortement pour obtenir une contraction
énergique de la totalité des portions postérieures, si l'excita-
tion est médiocre, la contraction est vive sur une longueur de
$0^m,06$ à $0^m,10$, au-delà, elle va s'affaiblissant, mais se manifeste

cependant toujours jusqu'à l'extrémité terminale par de faibles
rides. Si on touche même très légèrement à 0ᵐ,02 en arrière
de la tête, l'animal rejette vivement celle-ci vers le point
excité. Ces résultats, que j'ai pu obtenir plusieurs fois, et toujours aussi nets, porteraient à admettre qu'il existe vers la
partie antérieure, à partir d'une zone située entre 2 et 5 centimètres de l'extrémité céphalique, un point où la sensibilité ne
se transmettrait plus d'arrière en avant, ou si l'on veut d'une
manière centriprète, mais seulement d'une manière centrifuge.
Il faut remarquer que ce Térétularien appartient précisément
au groupe des Rochmocephalidæ, chez lesquels M. Hubrecht a
décrit cette couche nerveuse réticulaire, intra-cutanée dont il
a été question un peu plus haut.

On doit aussi regarder comme certain, vu le nombre et l'importance des nerfs qui s'y rendent et en ayant égard à la disposition de certaines cellules épithéliales superficielles munies
de cils plus développés, *poils tactiles*, que l'extrémité antérieure du corps, le museau, jouit d'une sensibilité plus délicate,
comparable au toucher. Autant qu'on en peut juger, car l'observation suivie de ces animaux à l'état de nature n'est pas
sans présenter certaines difficultés, ils s'en servent pour palper
les objets qui les avoisinent.

Ces poils tactiles remplissent-ils d'autres fonctions senso-
rielles, gustatives ou olfactives par exemple ? Celles-ci appar-
tiennent-elles au tube cilié ou organe latéral dont il sera question plus loin à propos des organes de la respiration ? On ne
peut jusqu'ici rien dire à cet égard, d'autant que des manifes-
tations se rapportant à cet ordre de fait n'ont pas, que je sache,
été encore observées sur ces animaux.

Il n'en est pas de même pour l'audition, au moins dans les
Ototyphlonemertes et les *Otoloxorrhochma*, chez lesquels Keferstein et Ed. Graeffe ont constaté la présence de vésicules
renfermant de petits corps réfringents qu'il est difficile de ne
pas regarder comme des otocystes et des otolithes. Bien que
M. Hubrecht ait émis quelque doute sur la réalité de ces organes (1), l'examen que j'ai pu en faire sur l'*Ototyphlonemertes
pallida* de Keferstein, me confirme dans l'interprétation donnée
par ce dernier auteur. Ce sont deux cellules (2) sphériques

(1) Hubrecht, 1887, p. 95.
(2) Pl. XXVII, fig. 1 et 2.

parfaitement limitées, mesurant environ $0^{mm},03$, lesquelles renferment deux ou trois petites granulations réfringentes, ces cellules sont symétriquement placées sur les lobes cérébraux postérieurs et ne me paraissent pas pouvoir être confondues avec « les globules fortement réfringents des cellules glandulaires » de ces derniers. L'individu sur lequel à Saint-Malo a été faite l'observation était de très petite taille ; est-ce un jeune de quelqu'autre Térétularien et l'organe disparaîtrait-il avec l'âge ? Pour les Planaires, chez lesquelles les otocystes existent incontestablement, on sait que ces organes ne se rencontrent que sur un très petit nombre d'espèces.

Les organes de la vision sont plus répandus, bien qu'ils puissent aussi manquer totalement. Dans certains cas, les taches pigmentaires très petites forment un sablé nébuleux mal limité, chez le *Cephalotrix filum*, Rathke, par exemple ; plus souvent ces taches sont très nettes avec ou sans appareil cristallinien dans leur intérieur, le nombre peut en être considérable (1) ou limité, dans ce dernier cas, il est fréquemment de deux paires formant un quadrilatère plus ou moins allongé (2), parfois il n'en existe qu'une seule paire (3). Des amas pigmentaires placés dans le voisinage des organes oculiformes, tels que la bande transversale du *Tetrastemma melanocephala*, Johnst. (4) ou celle qui joint latéralement les yeux antérieurs et postérieurs chez le *Tetrastemma vermiculus*, Quatr. (5) ne peuvent être regardés que comme ornementaux, au moins leur signification physiologique nous est-elle jusqu'ici inconnue. La structure des organes visuels est généralement très simple, quoiqu'on puisse souvent rencontrer un cristallin (6).

L'appareil digestif des Térétulariens peut être regardé comme l'un des plus singuliers que nous présentent les animaux inférieurs, si l'on admet comme s'y rapportant la trompe et la

(1) Pl. XXV, fig. 4 ; pl. XXVI, fig. 13 et 15.

(2) Pl. XXV, fig. 5, 10 et 14.

(3) Pl. XXV, fig. 17.

(4) Pl. XXVI, fig. 6.

(5) Pl. XXV, fig. 8.

(6) Pl. IV, fig. 12 (*Nemertes antonina*, Quatr. = *Lineus sanguineus*, Rathke) ; fig. 13 (*Polia coronata*, Quatr. = *Tetrastemma coronatum*, Quatr.) ; fig. 14 (*Borlasia Camillæ*, Quatr. = *Eunemertes Neesii*, Œrst.).

cavité considérée par M. de Quatrefages comme en relation avec les organes génitaux, mais dans laquelle Max Schultze et les auteurs modernes voient le véritable tube alimentaire. Ces deux appareils sont munis antérieurement d'orifices distincts plus ou moins écartés, mais jamais dans ce dernier cas au point de se confondre, si ce n'est, d'après M. Hubrecht, chez les *Akrostomum*, Gr., qui, sous ce rapport, feraient passage aux BDELLOMORPHÆ.

La trompe est située à la partie supérieure de la cavité viscérale ; à l'état de repos, elle s'étend sur une longueur très variable en arrière, suivant les espèces et aussi suivant le développement de l'individu. Elle est à proportion plus développée chez les NEMERTINEA ENOPLA que chez les NEMERTINEA ANOPLA. Pour les premiers, elle atteint souvent la partie postérieure du corps, parfois même décrit sur son trajet de légères sinuosités indiquant assez qu'elle est plus longue que l'animal lui-même. Chez les seconds, au contraire, elle se prolonge rarement au-delà des deux tiers ou des trois quarts antérieurs. Dans une même espèce on remarque également que plus l'individu est développé, passé une certaine taille, car la proposition cesserait d'être vraie pour les animaux qui n'ont pas encore atteint l'âge adulte, plus la trompe est proportionnellement courte ; le fait est frappant, en particulier, pour le *Lineus longissimus*, Gunn., dans des exemplaires longs de plusieurs mètres, la trompe atteint à peine $0^m,20$ ou $0^m,30$. Il paraît en être à peu près de même dans des espèces voisines et de tailles différentes.

Cet organe offre de grandes variétés quant à sa composition anatomique, et, sous ce rapport, on distingue trois types : le premier serait désigné sous le nom de *trompes inermes simples ;* un type plus compliqué caractérise les Némertiens armés, tels que les *Amphiporus* et les *Tetrastemma ;* enfin il existe une disposition intermédiaire dans les *Valencinia*.

Chez le *Lineus sanguineus*, Rathke, ou le **L.** *longissimus*, Gunn. qui se rapportent au premier, la trompe communique avec l'extérieur par une ouverture située tout à fait en avant, elle se dirige directement en arrière, unie très intimement aux parties voisines jusqu'au niveau du collier nerveux, qui l'entoure, en sorte que sur une petite longueur elle n'est pas extroversile, M. Hubrecht a donné à cette portion le nom de *rhynchodæum* (1). En arrière de ce point, elle est absolument libre dans une cavité tubuleuse, *gaine de la trompe*, la partie postérieure seule étant fixée par un muscle spécial sur lequel j'aurai plus bas à revenir. Dans tout ce trajet, le calibre de la trompe, renflé d'abord en arrière des ganglions nerveux, va en diminuant de la partie antérieure à la partie postérieure, ce qui lui donne la forme d'un entonnoir très allongé. Cependant cela ne paraît pas absolument vrai dans tous les cas, et dans le *Lineus gesserensis*, Müll., j'ai trouvé des dimensions variées. Sur la trompe d'un magnifique exemplaire de près de 40 centimètres, les diamètres pris à peu près de centimètre en centimètre, l'étendue totale de l'organe étant environ de 40 centimètres, donnaient les chiffres suivants, en partant d'un point situé à 15^{mm} de l'extrémité antérieure : 0^{mm},476, 0^{mm},408, 0^{mm},245, 0^{mm},163, 0^{mm},272, 0^{mm},204 ; cette dernière mesure répondant à l'insertion du muscle rétracteur. On voit qu'après une diminution graduelle, qui occupe les trois cinquièmes ou les trois sixièmes antérieurs, se trouve un rétrécissement suivi d'une nouvelle dilatation. Cette disposition m'a paru générale, et je l'ai retrouvée dans toutes les espèces analogues; le mode d'examen consistait à couper les animaux en deux parties à une petite distance de l'extrémité antérieure, en arrière toutefois des masses nerveuses, pour intéresser un point où la trompe fût libre; celle-ci, par les contractions de la paroi du corps, est promptement expulsée et peut être examinée sans compression aucune, étant en général assez transparente ; ces manœuvres modifient sans doute quelque peu l'apparence des parties par suite des contractions auxquelles elles peuvent donner lieu, cependant la constance du résultat et d'un autre côté les rapports qu'on peut saisir entre cette disposition et ce qui existe dans les autres types me paraissent importants à noter.

La structure des parois de la trompe dans ces Némertiens est fort simple, elles se composent essentiellement d'une couche épithéliale externe, dont l'épaisseur est de 0^{mm},006 à 0^{mm},009, puis viennent des fibres musculaires longitudinales, qui, au moins sur les individus plongés dans l'alcool, forment pour

(1) Pl. IV, fig. 2 : *a* (*Polæa quadrioculata*, Œrst. = *Tetrastemma candidum*, Œrst.).

la plus grande part l'épaisseur de la paroi, et enfin, comme couche intérieure, des prolongements glandulaires de dimensions variables, suivant les points de l'organe qu'on considère. M. M'Intosh décrit la structure de la trompe à peu près comme il vient d'être dit, toutefois, il signale entre la couche glandulaire interne et les muscles annulaires une couche basilaire, dont je n'ai pu nettement constater l'existence. Cet auteur et Keferstein ont décrit une disposition très remarquable de fibres annulaires qui, suivant ce dernier, serait caractéristique des *Nemertinea anopla*. Sur la section transversale de la trompe (1) on voit en bas, à la partie médiane, deux faisceaux se détacher de la face extérieure de la couche musculaire interne ; celui de droite se dirige à gauche, et réciproquement celui de gauche à droite, tous deux en dehors, de sorte que ces faisceaux s'entrecroisent en X au milieu de la couche des fibres longitudinales, ils poursuivent ensuite leur trajet vers l'extérieur de façon à venir doubler la couche épithéliale, et gagnent la partie dorsale, mais avant de l'atteindre ils se rapprochent de nouveau de l'axe de la trompe et se réunissent au milieu de la couche de fibres longitudinales la partageant en deux parties, dont un segment externe tout à fait isolé.

Une question difficile à résoudre, bien qu'au premier abord elle paraisse assez simple, serait de savoir quel est le mode de terminaison de la trompe. Je crois devoir en parler ici, mes recherches à ce sujet ayant particulièrement porté sur les Némertes non armées. Sur ce point important, comme sur beaucoup d'autres relatifs à l'anatomie de ces êtres, les auteurs sont très peu d'accord. Quelques-uns, comme MM. Williams et Johnston, croient qu'elle présente un orifice postérieur externe situé, pour le premier, latéralement un peu en avant de la partie moyenne du corps ; pour le second, à l'extrémité caudale ; ces deux opinions ne sont plus admises aujourd'hui, et la plupart des auteurs, depuis les travaux de M. de Quatrefages, pensent que la trompe se termine en un cul-de-sac, sur lequel s'insère le muscle rétracteur ; ce dernier s'étendrait de ce point à la paroi du corps, ou, plus exactement suivant M. M'Intosh, à la gaîne de la trompe. Il m'a semblé à une certaine époque (2)

(1) M'Intosh, 1868-1869, p. 380, pl. XII, fig. 1.
(2) Voir dans *Association française, session de Bordeaux, 1872*, travail auquel j'emprunte en grande partie ce qui est relatif à l'appareil digestif.

qu'aucune de ces deux manières de voir n'était exacte, que la trompe présentait effectivement un orifice postérieur, mais débouchant au milieu de la cavité viscérale et non à l'extérieur. En effet, si on examine la partie postérieure de l'appareil proboscidien isolé chez le *Lineus longissimus*, Gunn., ou le *L. sanguineus*, Rathke, les tissus étant encore intacts, c'est-à-dire avant que l'action trop prolongée des liquides dans lesquels la préparation est placée, fût-ce même l'eau de mer, n'ait altéré les éléments et augmenté l'état de contraction des parties, on reconnaît que la terminaison en cul-de-sac est loin d'être aussi nette qu'on le dit généralement; en effet, les différentes couches qui composent la trompe sont assez épaisses, et on devrait les voir, en ce point, se recourber pour fermer l'extrémité postérieure du tube, c'est ce qui n'a pas lieu; il est vrai qu'il convient de retrancher la couche épithéliale externe, qui se continue sur le muscle rétracteur proboscidien, et la couche des fibres musculaires longitudinales, qui se confond avec ce même muscle, mais il n'en est pas de même de la couche de fibres annulaires et de la couche glandulaire, or celle-ci se continue jusqu'au fond de la trompe et repose sur le muscle rétracteur sans qu'on voie de limite tranchée comme celle qui devrait se rencontrer, si la couche des fibres annulaires, et sans doute une portion de la couche des fibres longitudinales, formaient en ce point une cloison réelle. Je dois ajouter que toujours, au bout de quelque temps, parfois même dès le début, la couche glandulaire est séparée du muscle rétracteur par une certaine épaisseur de tissu, surtout si l'on examine avec une compression un peu forte, ce qui, suivant moi, serait dû à la contraction accidentelle des fibres annulaires agissant, en ce moment, comme une sorte de sphincter; mais cela n'est pas constant, et cependant devrait l'être, si la terminaison en cul-de-sac était réelle. Cette manière de voir me paraît rendue plus probable par la disposition du muscle rétracteur, lequel, suivant la remarque déjà faite par plusieurs auteurs, n'est pas un tout plein, mais est généralement composé d'une série de faisceaux disjoints, plusieurs figures de M. de Quatrefages (1) et de M. M'Intosh(2) le montrent; moi-même, sur le *Lineus sanguineus*,

(1) De Quatrefages, 1846, pl. X, fig. 6.
(2) M'Intosh, 1868-1869, pl. VIII, fig. 4.

Rathke (1), j'ai observé ces faisceaux formant comme une sorte de cône tronqué, creux, dont la troncature correspondait à la terminaison de la trompe ; d'après ces observations, il serait permis de penser que l'orifice proboscidien postérieur trouve un libre passage au milieu de la masse musculaire. Toutefois, j'avoue conserver encore des doutes sérieux, attendu que je n'ai jamais pu voir le passage des matières contenues dans la trompe au travers de cette ouverture postérieure, et, quelque présomption qu'il puisse y avoir sur sa présence, tant qu'on n'aura pas obtenu cette preuve, que j'ai en vain cherché à produire mainte et mainte fois, on ne peut présenter ces idées que sous grande réserve. Les anatomistes familiarisés avec l'étude des animaux inférieurs comprendront pourquoi ces faits méritent d'être exposés, quoique la démonstration entière ne puisse encore être fournie, il est important de fixer l'attention sur ces points encore obscurs, c'est par des observations multipliées qu'on peut espérer, dans une circonstance heureuse et fortuite, arriver à les résoudre.

L'appareil proboscidien dit intermédiaire, ne diffère que très peu du précédent et n'en est, à proprement parler, qu'une variété consistant dans l'exagération du rétrécissement signalé pour la trompe du *Lineus gesserensis*, Müll. Je le crois propre au genre *Valencinia*, c'est au moins le seul sur lequel jusqu'ici j'aie eu l'occasion de l'observer. Sur le *V. longirostris*, Quatr., chez lequel la trompe atteint assez habituellement 6 à 10 centimètres de long avec une plus grande largeur d'environ 1 millimètre, on observe (2) d'abord comme dans le type précédent, en arrière des masses nerveuses, une dilatation, les parois sont relativement peu épaisses et la tunique interne, plissée suivant sa longueur, semble peu glandulaire, le diamètre se rétrécit ensuite et n'a plus guère que le tiers de la dimension primitive, sans que l'épaisseur des parois soit sensiblement modifiée ; mais bientôt celles-ci s'accroissent, au point de ne plus laisser voir en leur centre qu'un simple trait indiquant la présence d'un canal très étroit. Cette disposition n'existe que sur une petite longueur d'environ $0^{mm},74$, ensuite le canal devient brusquement un peu plus large (3), toutefois, les parois restant encore

(1) 1872, pl. **XI**, fig. 6.
(2) Pl. **XXVII**, fig. 12 : A.
(3) Pl. **XXVII**, fig. 12 : B.

fort épaisses, il n'occupe guère que le cinquième de la largeur totale, de $0^{mm},45$ en ce point; la longueur de cette portion atteint $2^{mm},89$, elle est suivie d'une nouvelle dilatation (1) également brusque, due encore à l'amincissement des parois ne mesurant plus que $0^{mm},7$ d'épaisseur, abstraction faite des glandes fort abondantes qui tapissent la face interne. Jusqu'à sa terminaison postérieure, le canal proboscidien ne présente plus de modification, qui mérite d'être signalée. Cette disposition avait déjà été, en partie au moins, indiquée et figurée, par M. de Quatrefages (2), sur cette même espèce. Il est à noter que ces changements d'épaisseur de la paroi dépendent exclusivement du développement variable des couches musculaires.

Chez les NEMERTINEA ENOPLA, l'appareil proboscidien se complique d'une manière remarquable, les particularités qu'il présente ont été soigneusement étudiées depuis Dugès (3) qui, le premier, les a reconnues; c'est à ce type que se rapportent les descriptions données par la plupart des auteurs. On y distingue trois portions dénommées différemment par les anatomistes, qui se sont occupés de cette question. M. de Quatrefages les a désignées sous le nom de *trompe*, *œsophage* et *intestin*. Keferstein, en rejetant ces dénominations, y a substitué les noms de *portion extroversile, appareil stylifère* et *portion glandulaire*. On pourrait peut-être critiquer ce dernier nom, attendu que la première portion est aussi bien pourvue de glandes que la troisième, et M. M'Intosh s'est servi simplement des mots : *portions antérieure, moyenne* et *postérieure*. Ces deux dernières nomenclatures peuvent être indifféremment employées.

La première portion est la plus longue et débouche en avant par une ouverture tout à fait terminale; elle est, comme dans les types étudiés plus haut, rétrécie et adhérente aux parties voisines, jusqu'en arrière des masses nerveuses, *rhynchodæum*; à partir de ce point, elle se dilate un peu pour conserver ensuite le même diamètre jusqu'à sa terminaison. Suivant M. M'Intosh, la portion antérieure de la trompe présente

(1) Pl. XXVII, fig. 12 : C.
(2) De Quatrefages, 1847, pl. IX, fig. 5.
(3) Dugès, 1830, pl. II, fig. 5.

de dehors en dedans les couches suivantes chez l'*Amphiporus
lactifloreus*, Johnst. :

1 Couche externe.
2 — musculaire longitudinale externe.
3 — spéciale réticulée ou moniliforme.
4 — musculaire longitudinale interne.
5 — musculaire annulaire interne.
6 — basilaire.
7 — de papilles glandulaires.

J'avoue n'avoir jamais pu distinguer un aussi grand nombre
de plans différents. On reconnaît fort bien la couche externe,
sorte de cuticule qui se réfléchit sur la gaîne de la trompe en
avant, intérieurement les papilles sont très nettes, mais entre
ces deux couches je n'ai rencontré qu'un plan externe de fibres
longitudinales et un plan interne de fibres annulaires.

La région moyenne ou portion stylifère mérite d'attirer particulièrement l'attention, car c'est elle qui distingue ce type
d'appareil proboscidien ; la première et la troisième région
ont, en effet, leurs analogues dans la trompe des NEMER-
TINEA ANOPLA. M. de Quatrefages a donné une description
détaillée de cet appareil, que Dugès et les zoologistes qui l'ont
suivi, n'avaient que fort imparfaitement compris. Il y distingue
une portion centrale, le stylet, comprenant une pointe et un
corps, le tout renfermé dans la poche du stylet; latéralement
se trouvent les glandes vénénifiques, les muscles adducteurs
du stylet, enfin les poches styligènes ; ces différentes parties
sont comme englobées dans une masse formée de fibres musculaires. Claparède a fait remarquer plus tard (1) que les poches styligènes n'étaient pas exactement closes, comme on l'a-
vait admis jusqu'alors, mais qu'elles présentaient à la partie
antéro-interne un canal, lequel venait déboucher dans le cul-
de-sac terminal de la portion extroversile ; pour lui, la véritable
glande vénénifique est une dilatation située en arrière du stylet
central et que M. de Quatrefages considérait comme une dilatation de l'œsophage (suivant sa nomenclature); le zoologiste
génevois a fort bien indiqué sur cette figure des sortes de follicules glanduleux qu'on observe ordinairement autour de la masse

(1) Claparède, 1861, p. 81, pl. V, fig. 6.

constituant l'appareil stylifère. Keferstein paraît avoir à peu près
complètement adopté les idées de Claparède. Il en est de même
de M. M'Intosh, qui, toutefois, a figuré avec beaucoup plus de
soin que ses prédécesseurs les particularités relatives à la disposition de cet appareil chez différentes espèces des côtes d'Angleterre ; on lui doit également une énumération détaillée des
plans musculaires qui entrent dans sa composition. Je laisse
ici de côté, à dessein, les opinions émises par ces différents
auteurs sur les relations physiologiques des diverses parties de
l'appareil stylifère, il en sera question après la description
anatomique.

Dans le *Tetrastemma flavidum*, Ehr. (1), que je prendrai pour
type, la portion centrale ou *stylet* comprend la *lame* (2) et son
manche (3). La première est transparente, hyaline, sa forme
rappelle celle d'un cône allongé, terminé à sa partie libre en
une extrémité aiguë, laquelle, par une ouverture percée au fond
du cul-de-sac de la portion extroversile précédemment étudiée,
peut faire saillie dans celle-ci et même, comme on le verra plus
loin, être projetée entièrement à l'extérieur ; l'extrémité opposée
est brusquement renflée en une masse sphéroïde. On ne peut
mieux comparer cet ensemble qu'à une épingle, dont cette masse
formerait la *tête* (4), nom qui lui est ordinairement donné, en ré-
servant à la partie conique celui de *pointe* (5). Cette forme est
celle qu'on rencontre le plus habituellement ; toutefois, dans
certaines espèces comme l'*Eunemertes gracilis*, Johnst. (6), la
lame est moins compliquée, et au lieu de se terminer par une
tête, présente une extrémité simplement arrondie. Ces caractères de forme sont très constants et peuvent, je crois, être
utiles pour les déterminations. Le stylet est placé sur une
partie d'un tout autre aspect, c'est le *manche* (7), que M. M'Intosh désigne sous le nom de *sac basilaire granuleux*. Dans
l'espèce prise comme type, sa forme est celle d'un tronc de cône,
dont la troncature, évidée en cupule, reçoit et embrasse la tête

(1) Pl. **XXV**, fig. 11.
(2) Pl. **XXV**, fig. 11 : *a*.
(3) Pl. **XXV**, fig. 11 : *b*.
(4) Pl. **XXV**, fig. 12 : *b*.
(5) Pl. **XXV**, fig. 12 : *a*.
(6) Pl. **XXV**, fig. 2 : *a*.
(7) Pl. **XXV**, fig. 11 : *b* ; fig. 12 : *c*.

du stylet, tandis que la base tournée en arrière est arrondie
en demi-sphère ; au lieu d'être transparente comme la partie
précédemment étudiée, cette portion est obscure, finement granuleuse. La nature chimique de ces deux organes, suivant les
auteurs, serait calcaire ; sous l'influence des acides, le stylet
disparaît avec rapidité, je n'ai, toutefois, jamais observé d'effervescence, au moins en me servant de l'acide acétique, les acides
minéraux puissants ont l'inconvénient de coaguler et d'altérer
trop profondément les tissus ; cette absence de dégagement
du gaz acide carbonique s'expliquerait par la petite quantité
qui en est produite, vu l'exiguïté de l'organe, et sa dissolution
immédiate. Quant au manche, M. M'Intosh aurait observé l'effervescence (1). Je n'ai jamais obtenu ce résultat ; il m'a semblé
que l'organe était attaqué beaucoup plus lentement que le
stylet et laissait une sorte de trame organique reproduisant sa
forme générale, aussi serais-je plutôt porté à penser que l'acide
acétique agit ici comme sur différents tissus animaux pour
les pâlir, les rendre peu à peu diffluents, mais ne les dissoudre
qu'à la longue, et la nature calcaire de cette partie semble au
moins douteuse. C'est toutefois un point à étudier, en cherchant à varier les moyens d'exploration.

Le manche éprouve, comme le stylet, certaines modifications
de forme. Ainsi, dans l'*Eunemertes gracilis*, Johnst. (2), déjà
cité, il est très allongé, presque cylindrique, quoique un peu
atténué en avant, et se renfle brusquement en arrière pour
former un véritable épatement, qui rappelle la forme donnée
au manche de certains instruments sur lesquels on doit faire
agir le maillet ou le marteau. Le rapport de la longueur du
manche à celle de la lame peut aussi être employé dans la spé-
cification des Térétulariens.

Cette partie centrale est entourée d'un espace clair (3). M. de
Quatrefages le désigne sous le nom de poche ou cavité propre
du stylet, M. M'Intosh sous celui d'emboîtement musculaire
(*muscular setting*) de l'appareil basilaire granuleux. La dénomination d'*espace hyalin*, qui ne préjuge rien sur le rôle ou la
nature de cette partie, paraît plus convenable. Toujours bien

(1) M. M'Intosh, 1868-1869, p. 328.
(2) Pl. XXV, fig. 2 : *b*.
(3) Pl. XXV, fig. 2 : *c* ; fig. 11 : *c*.

visible et d'une forme constante au niveau du manche du stylet,
cet espace hyalin ne se voit pas avec la même facilité autour
de la pointe dans toutes les circonstances, ce qui peut être at-
tribué au mouvement et par suite aux rapports plus variés de
celle-ci. Le manche y paraît complètement fixe, c'est-à-dire que
malgré la transparence de cette partie, qui la ferait volontiers
considérer comme fluide, jamais on ne le voit se rapprocher
davantage d'une des parois. C'est donc plutôt une masse solide
ou tout au moins d'une certaine consistance. Toutefois, lorsqu'on écrase complètement l'animal, l'espace hyalin disparaît
sans laisser de trace, abandonnant au milieu des éléments
musculaires qui l'entourent, le manche du stylet intact. Comme
on l'a vu, M. M'Intosh admet que cet organe est de nature
contractile ; je n'ai pu, quant à moi, lui reconnaître aucune
structure histologique appréciable.

De chaque côté de cette portion centrale se trouvent deux
organes auxquels leur constance, non moins que la singularité
de leur aspect, ont toujours fait attacher une grande importance, quoique leur rôle physiologique soit encore sujet à
contestation, ce sont les *poches styligènes* (1), ainsi nommées
par M. de Quatrefages. Suivant cet auteur, chez certaines espèces, *Polia ? humilis*, Quatr., *Amphiporus lactifloreus*, Johnst.
(= *Polia berea*, Quatr.), il n'y aurait qu'une de ces poches, plus
rarement encore, *Polia ? armata*, Quatr., il y en aurait quatre.
Ces faits sont très exceptionnels, il est possible que les observations se rapportent à quelques monstruosités, et le nombre
deux peut être regardé comme la règle générale. Parfois, cependant, elles font défaut ; d'après ce que nous connaissons du
développement de ces parties, il est probable qu'il s'agit, dans
ce cas, d'animaux encore imparfaits. Ces poches, de forme ovalaire, ayant leur grand diamètre dirigé plus ou moins suivant
l'axe de l'animal, mais souvent inclinées légèrement en dedans
ou en dehors, sont symétriquement placées dans les masses
musculaires qui constituent la portion moyenne de la trompe.
M. M'Intosh attache une certaine importance à leur position ;
ainsi, dans le *Tetrastemma melanocephalum*, Johnst., elles seraient situées beaucoup plus en avant que dans la grande majorité des autres Némertiens armés. Vu la mobilité des diffé-

(1) Pl. XXV, fig. 2 : *d* ; fig. 11, *d*.

rentes parties, ces rapports me paraissent d'une observation difficile et sujets à variations. Ainsi, pour le *Tetrastemma coronatum*, Quatr., espèce qui me semble, comme à M. M'Intosh, bien voisine de l'espèce précitée de Johnston, je n'ai jamais vu les poches styligènes placées aussi en avant que le figurent ces auteurs.

Ces organes renferment des lames de stylet à différents degrés de développement, plongées au milieu d'une substance transparente comme celle de l'espace hyalin, mais ici très certainement fluide, on peut en juger par la mobilité de ces lames, mobilité qui, tout en étant très perceptible, n'est pas telle qu'on ne soit porté à penser que ce liquide doit être assez épais.

Les lames contenues dans les poches styligènes sont toujours construites sur le même type que la lame centrale, c'est-à-dire que si celle-ci présente une tête, celles-là en seront pourvues également à leur développement parfait ; les dimensions m'ont également toujours paru semblables, cependant les auteurs citent des faits contradictoires. Ainsi Keferstein (1), chez son *Prosorochmus Claparedii*, dit avoir observé un jeune individu présentant les lames des poches styligènes plus développées que celle du stylet central. M. M'Intosh, de son côté (2), dans une étude fort approfondie du développement de ces organes chez l'*Amphiporus lactifloreus*, Johnst., indique des différences, mais en sens inverse, les lames latérales étant ici de dimensions moindres que la lame médiane. Comme pour tous ces cas, il s'agit d'individus en voie de développement, on est fondé à croire d'après les faits connus que, chez l'adulte, ces organes sont tous semblables sur un même individu.

Dans les poches styligènes, même chez l'animal complètement développé, les lames ne sont pas toutes également parfaites : les unes sont composées d'une pointe et d'une tête ; chez d'autres, la pointe seule existe, et, pour ces dernières, la longueur est elle-même variable ; ainsi, les unes sont égales aux pointes pourvues d'une tête, tandis que d'autres, beaucoup plus courtes, sont, en quelque sorte, réduites à l'extrémité aiguë. On remarque, en outre, dans les poches styligènes, des vésicules transparentes libres ; leurs dimensions sont variables, et on

(1) Keferstein, 1863, p. 74.
(2) M'Intosh, 1868-1869, p. 367.

voit fort bien que les plus grosses renferment un contenu absolument homogène, qu'un peu plus tard il y apparaît une extrémité aiguë de lame, puis celle-ci, croissant de plus en plus, sort de la vésicule qui, au contraire, diminue de volume, finit par ne plus constituer qu'une sorte de capuchon à l'extrémité élargie de la pointe, et disparaît lors de la formation de la tête. Il est habituel de rencontrer dans une même poche des lames et des vésicules transparentes à toutes ces périodes, ce qui démontre clairement le mode de développement de ces organes.

J'ai dit que ces vésicules et les lames étaient libres dans le liquide des poches latérales. M. de Quatrefages, qui ne paraît pas avoir eu connaissance des premières, indique, chez son *Borlasia balmea* (= *Eunemertes gracilis*, Johnst.) des pointes attenant à la paroi par des espèces d'organes glandulaires qui les produiraient (1); je n'ai jamais pu, même dans cette espèce, constater une semblable disposition.

Le nombre des pointes dans chaque poche est très variable, rarement au-dessous de quatre ou cinq, il peut s'élever jusqu'à quinze, et cela sur des individus appartenant à un même type. Quant à leur position, on remarque qu'elles sont dirigées suivant le grand axe de la cavité qui les renferme, mais les têtes indifféremment tournées en avant ou en arrière; j'ai trouvé cependant, chez l'*Eunemertes gracilis*, Johnst., des exemplaires chez lesquels les pointes, d'ailleurs nombreuses (neuf dans l'une des poches, huit dans l'autre), avaient toutes les extrémités aiguës tournées en arrière; ce fait paraît purement accidentel. Au point de vue de la composition chimique, les lames des poches styligènes sont semblables à la lame centrale, c'est-à-dire qu'elles disparaissent sous l'action de l'acide acétique, sans effervescence et sans laisser de trace sensible.

M. de Quatrefages, qui, le premier, a donné une bonne description de ces parties, regardait les poches styligènes comme des cavités entièrement closes. Claparède, chez l'*Amphiporus lactifloreus*, Johnst., a indiqué, comme on l'a vu, des canaux courts s'étendant de ces poches au fond du cul-de-sac terminal de la portion extroversile de la trompe où ils déboucheraient, opinion qu'ont adoptée Keferstein et M. M'Intosh. Au mois de juillet 1871, j'ai exposé, à la Société philomathique, le résultat

(1) De Quatrefages, 1846, p. 254; 1847, p. 166, pl. X, fig. 10.

d'observations faites sur les *Eunemertes gracilis*, Johnst. et *Tetrastemma flavidum*, Ehr., observations qui paraissent de nature à jeter quelque jour quant aux rapports des poches styligènes et du stylet central. Sur la première espèce (1), j'ai vu deux canaux se diriger transversalement en ligne directe des poches latérales, et déboucher dans l'espace hyalin péristylaire. Pour le *Tetrastemma flavidum*, Ehr., la disposition, au fond la même, est un peu plus compliquée, le canal (2) partant des poches styligènes, de leur face antéro-interne se dirige obliquement d'arrière en avant et de dehors en dedans, pour venir se réunir à celui du côté opposé ; il en résulte un tube unique qui marche directement, d'avant en arrière, sur la ligne médiane ; ce tube, dilaté en entonnoir, se continue avec l'espace hyalin, il paraît entourer et comme coiffer la pointe du stylet central, mais il est bien possible que ce soit une illusion causée par la transparence des parties et la compression qu'on est obligé de faire supporter à l'organe, dans ces sortes d'examen ; il est plus probable que ce prolongement des canaux des poches styligènes se rend à l'espace hyalin, en passant au-dessus de la pointe. Dans les différents mouvements exécutés par l'animal, il m'a été facile de remarquer que le canal est seulement bien visible dans tout son trajet, quand les parties ramenées en arrière se trouvent sur les couches musculaires, qui forment, pour la plus grande part, la portion moyenne de la trompe, elles apparaissent alors sur les parties voisines granuleuses en plus clair, grâce à la transparence du contenu qui ne se distingue pas, pour l'aspect, de celui qui remplit les poches styligènes ou l'espace hyalin ; lorsque, au contraire, les parties sont portées en avant, le canal disparaît sur les glandules qui tapissent la paroi interne de la portion extroversile, dans ce cas, ils semblent, au premier abord, se terminer en ce point suivant l'idée de Claparède, et comme je l'avais cru d'après lui autrefois. Cependant, une fois prévenu et sur des animaux dans de bonnes conditions, la trompe étant enlevée, par l'emploi attentif de forts grossissements de 400 à 500 diamètres, on peut reconnaître que ce canal existe dans l'épaisseur de la paroi supérieure, sa transparence et la ténuité de ses parois le dérobent seulement aux regards.

(1) Pl. XXV, fig. 2 : *d'*.
(2) Pl. XXV, fig. 11 : *d'*.

Cette communication directe entre les poches styligènes et l'appareil central, que j'ai décrite à cette époque, avait été vue précédemment par Gaimard (1), qui l'a figurée d'une manière très analogue dans les planches du Voyage en Scandinavie et en Laponie (1842-1845, Zoologie, pl. E, fig. 11) sur une espèce désignée par Diesing sous le nom de *Meckelia borealis*, laquelle doit vraisemblablement être rapportée aux *Amphiporus*, aux *OErstedia* ou quelque genre voisin.

Chez les *Drepanophorus*, l'armature proboscidienne se complique d'une façon singulière. Le nombre des lames en action devient beaucoup plus considérable, une vingtaine ou davantage, elles s'implantent en série linéaire sur une sorte de partie courbe, laquelle en somme n'est autre chose qu'un manche, étiré pour pouvoir supporter cette multiplicité de pointes; l'ensemble n'est pas sans analogie pour l'aspect avec une des mâchoires chez l'*Hirudo medicinalis*, Lin. ou quelqu'autre Gnathobdellidée. Les poches styligènes sont nombreuses, sans qu'il soit encore possible d'établir exactement quelle est la proportion de ces poches par rapport aux lames en action; à chacune de celles-là correspond un long tube dans lequel les lames de rechange sont disposées en série. Ces faits ont été fort bien étudiés par M. Marion (1875) et M. le baron de Saint-Joseph (1876-1877), M. Hubrecht (2) a donné une figure de l'appareil chez son *Drepanophorus serraticollis*.

Quels sont les rapports à établir entre les poches styligènes et le stylet central? Ici se retrouve le même désaccord parmi les différents zoologistes, qui se sont occupés de cette question. M. de Quatrefages et Max Schultze ont pensé, et cette opinion est celle qui se présente le plus naturellement à l'esprit, que les pointes des poches styligènes étaient destinées à venir remplacer la pointe centrale, lorsqu'elle venait accidentellement à disparaître. Mais il y avait une grande difficulté pour s'expliquer le mode de substitution, ces auteurs regardant les poches styligènes comme absolument closes. M. de Quatrefages (3) se demande « si la poche styligène ne se transporte « pas tout entière par suite de l'évolution des tissus quand

(1) Vaillant, 1876-1877, p. 132.
(2) Hubrecht, 1887, p. 16.
(3) De Quatrefages, 1846, p. 261.

« l'appareil stylifère a été déchiré ; peut-être alors tous les
« stylets en voie de formation s'atrophient-ils au profit d'un
« seul qui persiste. » Claparède (1), sans se prononcer d'une
manière absolue, a émis l'idée que les poches latérales, bien
loin de produire des stylets de rechange, étaient destinées à
recevoir les pointes centrales hors de service, et sans doute à
les résorber. A côté de ces deux manières de voir, Keferstein (2)
a proposé une hypothèse en quelque sorte intermédiaire :
« Contrairement à ces opinions, dit cet auteur, je pense que
« les pointes des poches latérales et celle du stylet n'ont abso-
« lument entre elles aucune liaison d'origine ; en effet, chez un
« jeune *Prosorochmus Claparedii*, Kef., long de 3^{mm}, j'ai vu
« sur le manche, encore incomplètement développé, du stylet,
« se former de bas en haut une pointe encore tout à fait trans-
« parente et non durcie par les sels calcaires ; notons en outre
« que, chez cette espèce (3), les pointes accessoires étaient tou-
« jours plus longues, presque du double que celle du stylet. »
Cette preuve ne me paraît pas à l'abri de toute critique ; il s'a-
git là d'un animal en voie de développement, on peut donc se
demander si la présence d'organes inachevés encore, comme
cela se rencontre d'habitude à la période embryonnaire, n'est
pas de nature à jeter quelque confusion, et si par exemple le
stylet incomplet, placé sur le manche central, n'aurait pas été
fourni par des poches latérales n'étant à cette époque capa-
bles que de sécréter des lames sans tête, cela est d'ailleurs en
rapport avec l'évolution de ces organes dans les poches styligènes.

M. M'Intosh s'est rallié à l'opinion de Keferstein en appor-
tant à l'appui de sa manière de voir des preuves du même
ordre que celle dont il vient d'être question, mais toutefois
plus nombreuses et plus variées, et ce zoologiste y a joint
des faits excessivement curieux relatifs à la position anormale
de pointes stylaires, faits sur lesquels on reviendra plus bas.
Pour ce qui est du premier point, il cite, entre autres exem-

(1) Claparède, 1861, p. 81.
(2) Keferstein, 1863, p. 74.
(3) Le mot *Art*, que je traduis dans son sens littéral par le mot *espèce*,
est sans doute mis pour *individu*, car certainement cette inégalité dans le
développement des pointes n'est pas la règle chez le *Prosorochmus Claparedii*, Kef., à l'état adulte.

ples (1), les stylets du jeune *Amphiporus lactifloreus*, Johnst.,
chez lequel « le stylet central est généralement plus grêle, plus
« aigu aussi bien que plus long, comparé au stylet latéral dont
« la tête est plus globuleuse que chez l'adulte. A mesure que
« l'animal avance en âge, la disproportion entre les deux sortes
« de stylets diminue, un ou plusieurs des stylets latéraux éga-
« lant pour la taille le stylet central. » L'auteur tire de ce fait
la conclusion « que chaque appareil produit ses propres sty-
« lets. » Cette conséquence comme pour le fait de Keferstein
ne me semble pas forcée. D'abord, en admettant, comme le
pense M. de Quatrefages, que les pointes latérales viennent se
substituer à la pointe centrale après s'être développées dans les
poches styligènes, il n'y a pas lieu de s'étonner si celles-ci
contiennent des pointes moins longues que celle placée sur
le manche. Dans le cas particulier que je viens de citer, on
peut croire que la différence entre le jeune et l'adulte provient
de ce que chez le premier l'activité des poches latérales étant
moindre, peut-être même la perte du stylet central étant moins
fréquente, la sécrétion est plus lente, et au lieu d'avoir trois
ou quatre pointes de rechange complètes, il n'y en a qu'en
voie de développement. Il est vrai que l'auteur indique des
différences de dimensions proportionnelles, malheureusement
il a négligé de les donner avec exactitude, et s'il faut s'en rapporter à ses dessins, qui doivent d'ailleurs être faits avec
grand soin, à en juger par la sévérité avec laquelle il critique
en maintes circonstances ceux de ses devanciers, ces différences
ne paraissent pas aussi grandes qu'il veut bien le dire ; les dimensions de la tête sont les mêmes, le diamètre de la lame à
sa base est dans le même cas, la longueur est seulement moitié
moindre ; or, rien ne peut faire supposer que les progrès du
développement ne l'amèneront pas à la taille de la pointe centrale. Pourquoi d'ailleurs, chez l'adulte, les dimensions des
pointes latérales changeraient-elles et non celles de la pointe
centrale ?

En résumé, je ne vois pas qu'on soit autorisé, sur les preuves
données par ces différents auteurs, à rejeter l'opinion de M. de
Quatrefages et de Max Schultze, bien plus la disposition anatomique nouvelle que j'ai signalée me paraît fortement plaider

(1) M'Intosh, 1868-1869, p. 367 ; pl. VIII, fig. 6.

en sa faveur. Elle nous montre, en effet, une communication directe entre les poches latérales et la partie centrale, et surtout le manche du stylet, puisque les canaux que j'ai décrits paraissent se perdre dans l'espace hyalin, qui entoure spécialement celui-ci. Or, M. M'Intosh (1) a rappelé chez l'*Amphiporus pulcher*, Johnst. une disposition très singulière que, depuis Max Schultze, nombre d'auteurs ont pu observer, à savoir la présence d'une seconde lame dans l'intérieur du manche en plus de la lame normale (2); cette partie supplémentaire pourrait parfois être incomplètement formée (ce n'est toutefois pas le cas habituel) et serait pour le savant zoologiste sécrétée là sur place, je crois plutôt qu'elle vient des poches latérales et qu'on l'observe, dans le manche, en un point du trajet qu'elle doit suivre pour se substituer à la lame centrale. Il serait curieux de savoir si, dans le cas où la lame contenue dans le manche est incomplète, celles des poches latérales sont plus avancées dans leur développement.

L'objection sans doute la plus sérieuse qu'on puisse faire à cette idée de remplacement, serait qu'elle conduit à admettre qu'une partie dure, odontoïde, formée en un point de l'organisme, doit se rendre en un autre point pour remplir sa fonction définitive, et cela, comme un corps étranger, en rompant toute connexion avec les parties voisines. En somme, jusqu'à ce qu'un observateur heureux soit arrivé à démontrer *de visu* la substitution d'une des lames latérales à la lame centrale, on ne peut que faire des hypothèses plus ou moins plausibles à ce sujet.

Le développement des poches latérales et du stylet a été, de la part de M. M'Intosh, l'objet d'une étude attentive. La région moyenne et la trompe apparaît d'abord d'une manière peu distincte, limitée par deux étranglements; les poches latérales se montrent ensuite, puis le manche de la portion centrale; c'est dans celles-là que se développent, en premier lieu, les pointes, précédées par des amas glanduleux, plus tard seulement la partie centrale possède une pointe (3). Ce développement, qui serait à peu près le même lors de la régénération de

______

(1) M'Intosh, 1868-1869, p. 337; pl. VI, fig. 11 et pl. VII, fig. 3.
(2) On peut même parfois en observer deux.
(3) M'Intosh, 1868-1869, p. 367; pl. IX, fig. 2, et pl. VII, fig. 6.

la trompe (1), me paraît encore en faveur de l'hypothèse que j'ai défendue plus haut, concernant les rapports réciproques des poches latérales et du stylet médian.

Ces parties peuvent présenter certaines anomalies. Il a été question plus haut du nombre variable des poches latérales, ce qui me paraît devoir être rattaché à une déviation organique. M. M'Intosh a cité le cas de deux poches styligènes, communiquant entre elles par un canal (2), ce n'est cependant pas sans doute le canal dont j'ai parlé comme établissant une liaison entre ces organes et l'espace hyalin, car cet auteur dit très expressément que l'une des poches présentait un canal antérieur, débouchant dans la portion extroversile. Enfin il indique, ce qui mérite d'être noté, la présence de pointes dans la partie postérieure de la trompe.

Dans l'épaisseur des couches musculaires, qui enveloppent les organes précédents, on rencontre des amas glanduleux ou pigmentaires (3), dont la présence est assez constante quoiqu'il soit difficile de savoir au juste quelle est leur signification. Tantôt ces amas ont la forme de massues à grosse extrémité postérieure, s'effilant en avant, leur nombre varie de douze à quinze, les granules qui les forment, plus ou moins rapprochés, sont réfringents, absolument noirs, ordinairement très petits, moléculaires, ils ont été fort bien figurés par Claparède (4) sous le nom de *follicules glanduleux*. Plus souvent encore, ces granulations constituent des masses placées au-dessous et en dehors des poches styligènes (5) ou des traînées irrégulières s'étendant circulairement en un point variable du pourtour de la portion stylifère ou encore allant de la poche styligène à l'espace hyalin. Il ne m'a pas été possible de reconnaître la nature histologique précise de ces organes.

La masse de la portion moyenne est, pour la plus grande part, formée d'éléments contractiles destinés à agir directement sur le stylet central ou à produire des mouvements généraux dans tout l'organe. Les premiers forment des faisceaux

---

(1) M'Intosh, 1868-1869, p. 346.
(2) M'Intosh, 1868-1869, p. 324.
(3) Pl. XXV, fig. 11 : c.
(4) Claparède, 1861, pl. V, fig. 6 : e.
(5) Keferstein, 1863, pl. V, fig. 4 : g.

qui viennent se recourber en anses au-dessous du manche, ce sont les protracteurs du stylet. Comme antagonistes, on trouve d'autres faisceaux dirigés obliquement d'avant en arrière et de dedans en dehors, insérés tout autour du point d'union de la lame et du manche ; on peut les désigner comme rétracteurs du stylet ; ce sont eux qui, apparaissant en coupe comme deux masses latérales claviformes, dont la petite extrémité aboutirait auprès de la lame, avaient été désignés avec doute par M. de Quatrefages comme glandes vénénifiques ; M. M'Intosh a bien déterminé la véritable nature de ces parties.

Quant aux fibres formant la paroi générale de cette portion moyenne, il faut établir une distinction dans leur étude, suivant qu'on considère celles qui entourent directement l'appareil stylifère ou celles qui, placées plus en arrière, limitent une cavité centrale, *cavité post-stylaire* (1), laquelle, tout en étant comprise dans la portion moyenne de la trompe, se trouve en rapport intime avec la troisième portion, puisqu'elle établit la communication entre celle-ci et la portion extroversile. Pour ce qui est des premières, il n'est pas très facile de se rendre compte de leur disposition, on y distingue surtout des fibres longitudinales, extérieurement se trouvent des fibres annulaires. Les différentes couches sont en continuité, au moins en partie, avec les couches musculaires de la portion extroversile. Quant aux parois de la cavité post-stylaire, ce qui distingue les systèmes de fibres qui les composent, c'est en quelque sorte leur indépendance des couches des parties plus antérieures, on y voit surtout un plan très épais de fibres, obliquement dirigées et entrecroisées ; c'est à elles qu'est dû un rétrécissement notable qui, on le verra dans un instant, sépare cette cavité de la portion postérieure proprement dite de la trompe. Ce plan est doublé d'une couche longitudinale en continuité postérieurement avec un système de même ordre. Toutes ces parties sont, aussi bien que la portion extroversile, revêtues de cellules épithéliales, qui recouvrent toute la trompe et se continuent sur sa gaîne.

Comme partie de l'appareil stylifère, je décrirai en dernier lieu, parce qu'elle fait passage entre les portions antérieure et postérieure, cette poche que j'ai désignée, il y a un instant,

(1) Pl. XXV, fig. 11 : *g*.

sous le nom de cavité post-stylaire, *œsophage* (Quatrefages), *poche à venin* (Claparède). Elle est placée (1), en effet, pour la plus grande partie, en arrière de l'appareil stylifère central et forme là une large dilatation, entourée par ce système de fibres musculaires spéciales, précédemment décrit. En ce point, c'est une cavité dont les parois paraissent lisses ; sa forme est très variable, tantôt sphérique, tantôt ovoïde, à grand axe antéro-postérieur, ou transversal, suivant l'état de contraction. D'ordinaire on y observe un liquide transparent, chargé de fines granulations moléculaires. Antérieurement se trouve un canal en entonnoir allongé, qui se rend, par son extrémité rétrécie, dans le cul-de-sac postérieur de la portion extroversile, à côté de la pointe du stylet central. Ce canal paraît asymétrique et placé tantôt sur le côté droit, tantôt sur le côté gauche, il est plus probable qu'il est médian et inférieur, le déplacement serait dû à la compression qu'on exerce pour étudier cet appareil par transparence. En arrière existe une communication analogue avec la portion glandulaire de la trompe, le conduit qui la forme, plus dilaté, toujours assez court, est certainement médian. On voit très souvent, en observant ces animaux, le liquide de la cavité moyenne passer dans la portion extroversile ou dans la portion glandulaire, ce qui indique une communication sinon facile, au moins possible entre elles.

La troisième portion de la trompe des ENOPLA rappelle la partie postérieure de l'appareil homologue chez les Térétulariens précédemment étudiés, et il ne paraît pas douteux qu'elle n'ait la même signification physiologique. Sa dimension en longueur, autant qu'on peut en juger, ces parties étant éminemment contractiles, peut égaler à peu près celle de la portion extroversile, plus souvent cependant elle est moindre, parfois de moitié. La forme n'est pas tout à fait celle d'un cylindre, mais l'organe s'atténue progressivement d'avant en arrière pour se terminer en une pointe obtuse, sur laquelle s'insère un muscle rétracteur. La structure des parois paraît très simple, on y trouve la cuticule externe, qui revêt toutes les cavités, plus en dedans une couche de fibres contractiles annulaires, puis une couche de muscles longitudinaux, enfin des glandes éten-

(1) Pl. **XXV**, fig. **11** : *g*.

dues sur toute la surface interne. Les couches musculaires seules présentent quelques particularités dignes d'être notées. La plus extérieure, très développée en avant, devient plus indistincte en arrière ; la seconde, en continuité antérieurement avec la couche interne de la portion précédente, conserve sur tout son parcours un développement à peu près égal, et se continue au moins en partie avec le muscle rétracteur. Dans la cavité circonscrite par ces parois, on observe ordinairement un liquide granuleux chargé de particules très fines, fortement réfringentes.

Quel que soit le type de l'appareil proboscidien, il est toujours séparé des parties voisines par une enveloppe à laquelle on a donné le nom de *gaîne de la trompe*. C'est chez les Némertes armées que cette partie paraît atteindre son plus grand développement ou tout au moins est le plus visible. Cette gaîne commence en avant au point où la trompe devient libre, et parfois se continue jusqu'à la partie postérieure du corps, comme on le voit chez le *Prosorochmus Claparedii*, Kef., encore jeune. Chez les individus adultes, surtout chez les Némertes inermes, on peut la suivre au plus au-delà du tiers ou de la moitié antérieure du corps. La trompe se meut dans l'intérieur de cette cavité avec une facilité extrême ; quant à la gaîne elle-même, elle est intimement unie aux parties voisines et n'exécute aucun mouvement propre.

En résumé, ces divers types d'appareil proboscidien, quelques différences qu'ils présentent, sont cependant construits sur un type commun évident ; chez tous nous observons une portion antérieure, qui est la plus large, à parois musculaires et, chose non moins importante, revêtue intérieurement d'une couche de glandes, une portion postérieure d'une structure analogue et également glandulaire. Entre ces deux parties se trouve une portion rétrécie, tantôt, comme chez les Némertes inermes proprement dites, ce rétrécissement est faiblement marqué, d'autres fois il se reconnaît au premier coup-d'œil, comme chez les *Valencinia ;* enfin, chez les Némertes armées, à ce rétrécissement s'ajoute le singulier appareil stylifère si caractéristique de ces animaux. En entrant dans le détail des faits, on pourrait pousser plus loin ces rapprochements, ce que j'en ai dit suffit toutefois pour faire saisir les homologies principales et nous forcer d'admettre par avance que des parties construites sur un plan si uniforme doivent, dans leurs usages physiologiques, remplir également des fonctions analogues.

Il est facile, surtout chez les Nemertinea enopla, d'observer dans la trompe des mouvements très singuliers et tout à fait caractéristiques ; ils ont fixé l'attention de Dugès, le premier naturaliste qui paraisse les avoir observés, au moins les a-t-il décrits avec une précision que tous les zoologistes ont pu depuis apprécier. Ces mouvements consistent dans la projection de cet appareil au dehors et sa rentrée dans l'intérieur de la gaîne. Pour le premier de ces actes, la portion de l'appareil qui s'étend de l'orifice proboscidien aux ganglions cérébroïdes, le *rhynchodæum*, livre passage à la portion antérieure, en se dilatant d'une manière sensible ; celle-ci se retourne comme un doigt de gant, à commencer par les parties situées en avant, de telle sorte qu'en dehors sa paroi interne devient externe et réciproquement, c'est surtout alors qu'on peut observer avec facilité la structure glandulaire, les papilles faisant saillie et flottant dans le liquide ambiant. Le mouvement se continue jusqu'à ce que cette portion se soit retournée en totalité, le cul-de-sac, qui la termine en arrière à l'état de repos, se trouve donc porté tout à fait en avant et forme une espèce de dôme, sa concavité étant également renversée ; au centre de cette partie convexe, on voit la lame du stylet qui fait saillie ; ce mouvement de projection justifie parfaitement le nom donné par M. Keferstein à cette région de l'appareil proboscidien, celui de *portion extroversile*. La portion postérieure se trouve par suite entraînée dans ce mouvement et forme l'axe de la partie extroversée, le muscle adducteur lui-même est fortement tendu. Bientôt, par l'action de ce dernier organe, un mouvement rétrograde s'exécute, et les parties rentrent dans l'intérieur du corps en ordre inverse de leur sortie, les parties profondes, lame du stylet, cul-de-sac de la portion extroversile, s'invaginant en premier lieu. Tous ces mouvements s'exécutent avec une extrême rapidité, il est souvent facile de les provoquer en comprimant un de ces animaux entre deux verres, mais on peut aussi les observer à l'état de liberté, et on voit ainsi ces êtres darder en quelque sorte cet organe comme pour frapper les objets qui les entourent. M. de Quatrefages a même vu de petits animaux, atteints par le stylet, perdre aussitôt le mouvement comme foudroyés (1).

Des faits analogues s'observent aussi chez les Nemertinea anopla, la première portion de la trompe étant susceptible de s'évaginer au dehors; toutefois, je dois avouer que je n'ai jamais vu ce phénomène se produire spontanément chez ces animaux, mais seulement dans le cas où ils étaient comprimés; la similitude de l'appareil et surtout la présence incontestable du muscle rétracteur, ne peuvent laisser cependant grand doute à cet égard.

Au-dessous de la trompe et s'étendant sur presque toute la longueur du corps, on observe le second tube, ou *cavité cœliaque ;* c'est la chambre médiane de la cavité générale du corps de M. de Quatrefages, le tube digestif de Max Schultze et des auteurs modernes.

Ce tube communique avec l'extérieur, en avant, par une ouverture très visible, surtout chez les Némertes inermes, où elle se trouve à la partie ventrale du corps, en un point plus ou moins rapproché des masses ganglionnaires nerveuses, mais toujours en arrière d'elles ; chez les espèces pourvues d'un stylet, cet orifice, placé vers l'extrémité antérieure, est parfois moins facile à apercevoir. Il est inutile de faire remarquer que, suivant les vues des différents auteurs, on a désigné cette ouverture sous le nom d'orifice génital ou de bouche. Dans les espèces où elle est le mieux visible, par exemple chez le *Lineus sanguineus*, Rathke, on voit partir du pourtour de l'orifice une série de traînées rayonnantes, ce sont des muscles dont l'usage est sans doute de le dilater. M. M'Intosh (2) croit que cet aspect est dû simplement à des plis de la muqueuse.

Avec Max Schultze, nombre de zoologistes admettent, en outre, une ouverture postérieure ; c'est l'opinion adoptée par MM. Van Beneden, M'Intosh, Hubrecht, etc. Cet orifice, visible seulement lors du passage des matières contenues dans la cavité cœliaque, serait situé à l'extrémité du corps, sauf peut-être chez certains *Cerebratulus* (s.-g. *Micrura*). M. de Quatrefages, M. W. Stimpson (3) plus récemment, n'ont pu reconnaître la

(1) Quatrefages, 1846, p. 225.
(2) M'Intosh, 1868-1869, p. 384.
(3) Stimpson, 1857, p. 15.

présence de cette ouverture. Je dois dire que je n'ai pas été plus heureux ; parfois, il est vrai, j'ai observé l'issue du liquide cœliaque par l'extrémité postérieure, mais cela m'a toujours paru résulter d'une rupture accidentelle, qu'explique facilement la disposition des parties.

La cavité cœliaque, sur toute sa longueur, affecte la forme d'un canal anfractueux, des dilatations, des culs-de-sac latéraux, y sont appendus surtout dans ses parties moyenne et postérieure, car en avant la cavité est moins irrégulière ; les lobes qui limitent ces culs-de-sac renferment les organes génitaux. Dans certains cas, chez les *Pelagonemertes* par exemple, la disposition rappelle fort bien celle des Planariens dendrocœles.

L'interprétation physiologique que méritent ces différentes cavités intérieures, trompe et cavité cœliaque, a donné lieu à des divergences très grandes entre les anatomistes qui se sont occupés de ces animaux. Je ne crois pas devoir entrer ici dans le détail des opinions émises à cet égard, l'historique en a d'ailleurs été fait, en premier lieu par M. de Quatrefages, et, dans ces derniers temps, par Keferstein et M. M'Intosh. Il me paraît inutile d'insister sur les idées abandonnées aujourd'hui comme celle de M. Œrsted qui avança, à une certaine époque, que la trompe se rapportait aux fonctions de reproduction, ou celle de M. Williams qui, tout en admettant que cet organe est pourvu d'un orifice postérieur, n'en croit pas moins que la cavité cœliaque est un appareil digestif dans lequel seulement les matières nutritives pénétreraient par endosmose. Pour simplifier cette exposition, je n'exposerai avec quelque détail que les idées de M. de Quatrefages et celles de M. Van Beneden, auxquelles avec de faibles nuances peuvent se rapporter toutes les opinions émises jusqu'à ce jour.

Pour le premier de ces auteurs, la trompe représenterait à elle seule tout le tube digestif, et serait comparable, par l'ensemble de sa constitution, à ce qu'on connaît pour les Planariés, les Trématodes et un grand nombre d'animaux rayonnés, chez lesquels cet appareil ne présente qu'une ouverture. Les preuves apportées à cette manière de voir sont anatomiques et physiologiques. Quant aux premières, il est un fait certain, c'est que, pour tous les animaux invertébrés chez lesquels existe un appareil nerveux bien constaté, celui-ci forme un collier autour du tube digestif ; ce rapport, qui paraît avoir une importance capitale, se retrouve chez les Némertiens, et est admis par tous les anatomistes. Quant au second point, la remarque d'animaux blessés par le stylet devrait porter à croire que c'est bien l'organe chargé de la préhension des aliments, organe que, chez les êtres analogues, nous voyons généralement dépendre directement de l'appareil digestif. Une objection qui se présente naturellement, c'est qu'on ne rencontre jamais dans les cavités proboscidiennes de résidus indiquant l'introduction de substances alimentaires, toutefois il n'y a pas lieu de trop s'en étonner, puisque nous savons que chez quelques animaux dégradés la digestion se passe à l'extérieur, l'estomac allant en quelque sorte au devant des aliments, c'est ce qu'on a observé chez les Physalies, certaines Astéries, etc. Pour les Némertes en particulier, le fait n'aurait rien d'étonnant, lorsque nous voyons la richesse glandulaire de la portion extroversile de la trompe, et l'on comprendrait parfaitement que la dissolution des aliments pût avoir lieu au moyen de cet organe comme chez les êtres que je viens de citer. La cavité cœliaque, suivant ce même zoologiste, serait uniquement destinée à recevoir le produit des organes génitaux, qui l'entourent, et à le conduire à l'extérieur. M. de Quatrefages a d'ailleurs apporté des preuves directes d'observation à l'appui de cette manière de comprendre l'acte digestif (1).

M. Van Beneden regarde la cavité cœliaque comme le véritable appareil digestif. La présence des deux ouvertures admises par cet auteur serait certainement en faveur de sa manière de voir; mais, comme je l'ai dit, peut-on admettre comme démontrée l'existence de l'orifice anal? Quant à la preuve physiologique que l'on croit trouver dans la présence de Grégarines dans l'intérieur du canal, elle ne peut être regardée comme absolue, l'existence de ces êtres ou d'infusoires analogues dans les parties les plus diverses de l'organisme et particulièrement dans les organes génitaux, est un fait habituel, il s'accorderait par conséquent tout aussi bien avec les idées émises par M. de Quatrefages. M. M'Intosh a soutenu la manière de voir du savant zoologiste de Louvain par des preuves plus directes, cet observateur dit expressément (2), qu'on a vu les Borlasies

(1) Quatrefages, 1846, p. 225.
(2) M'Intosh, 1868-1869, p. 388.

introduisant des fragments de Mollusques ou d'Annélides par l'orifice antérieur de la cavité cœliaque, et avoir trouvé dans la cavité même des soies de *Nereis*. Ce même auteur, au point de vue anatomique, pense qu'il n'est pas possible, connaissant la disposition de la trompe, d'admettre que les matières puissent y circuler d'avant en arrière, mais qu'au contraire le mouvement doit toujours s'y faire de la partie postérieure à la partie antérieure (1); cela serait tout au plus applicable aux Némertes armées, et encore pour celles-ci on ne s'explique pas bien, en admettant les idées de l'auteur anglais, comment lui-même aurait pu trouver des lames flottant librement dans la troisième position de la trompe, si elles n'avaient suivi un trajet opposé à celui qu'il regarde comme seul possible. Enfin, dans cette manière de voir, il existe une grande difficulté pour expliquer quel peut être l'usage physiologique de la trompe, il n'est pas admissible qu'un ensemble d'organes aussi compliqué n'ait pas un rôle important à remplir. On a pensé que ce pourrait bien être un organe défensif et ses mouvements, les observations de M. de Quatrefages, rapportées il y a quelques instants, font qu'on ne peut guère refuser un tel usage à cet appareil, mais cela ne s'applique qu'aux NEMERTINEA ENOPLA, pour les espèces dépourvues de stylet cette explication n'est pas admissible et chez elles cependant les différentes parties sont trop développées pour permettre de croire qu'elles soient sans emploi, il est vrai qu'on y a signalé l'existence de nématocystes. En outre, comment s'expliquerait cette richesse glandulaire de la portion extroversile, qui semble très naturelle avec les vues adoptées par M. de Quatrefages, puisqu'il devrait y avoir en ce point digestion et, de là, nécessité d'une sécrétion, à moins qu'on ne pense que celle-ci est simplement destinée à faciliter les mouvements d'entrée et de sortie de l'appareil, résultat bien insignifiant et peu en rapport avec le développement de ces organes; remarquons d'ailleurs, que chez aucun autre animal où se passent des extroversions semblables, trompe des Néréides, des Tetrarhynques, etc., on ne remarque rien d'analogue. Une opinion que je crois devoir rapporter, ne fût-ce que pour son originalité, est celle de Grube (2), suivant lui la trompe se-

(1) M'Intosh, 1868-1869, p. 326.
(2) Grube, 1855, p. 145.

rait chargée de tuer, de humer les êtres, dont les vers font leur proie, pour introduire les liquides digérés dans l'appareil cœliaque. Enfin, quelques naturalistes ont pensé que ce pourrait bien être simplement un organe du tact.

Au milieu de ces opinions contradictoires, il. est prudent, sans doute, de réserver son jugement, en attendant des preuves plus certaines en faveur de l'une en particulier. Cependant, pour coordonner les détails anatomiques exposés précédemment, voici, d'après mes observations, ce qui me paraît le plus probable sur l'usage physiologique de ces différentes parties. Tout d'abord, si M. M'Intosh a observé chez ses Borlasies l'introduction de matières alimentaires par l'ouverture cœliaque, je dois dire que, de mon côté, j'ai vu une fois, sur un *Valencinia longirostris*, Quatr., dans l'orifice subterminal antérieur, orifice proboscidien, une annélide errante, dont je n'ai pu déterminer exactement l'espèce, que ce Némertien était en train de digérer. Je ne puis donc conserver aucun doute sur le rôle de cet orifice, comme orifice buccal ; le fait était d'une grande netteté, et les dimensions de l'animal m'ont même permis de le faire constater à différentes personnes étrangères à la science, on distinguait l'orifice de la cavité cœliaque fermé, placé en arrière du point où pénétrait l'Annélide. En second lieu, les rapports de la trompe avec le collier nerveux me paraissent avoir une importance que les auteurs ont généralement trop méconnue. Chez tous les Invertébrés pour lesquels l'appareil nerveux est décrit, en particulier chez les articulés, les rapports de celui-ci avec le tube digestif sont constants, toujours il entoure ce dernier. Chez les Anévormes de M. Blanchard, cet anneau est, il est vrai, incomplet en dessous, mais on peut dire que le rapport fondamental n'en est pas moins conservé. Chez les Némertes, nous avons un appareil nerveux très distinct ; il forme en avant un anneau au travers duquel s'engage un tube, dans lequel il est impossible de méconnaître ce rapport fondamental d'un appareil digestif ; il est donc difficile de ne pas croire que c'est bien là sa signification, au moins d'après ce qu'on admet en général sur les corrélations organiques. Tous les auteurs ont remarqué qu'on ne trouve jamais, ou si exceptionnellement que cela revient presqu'au même, de corps étrangers, de résidus digestifs dans ces différentes cavités, sauf les Psorospermies citées par M. Van Beneden, sur lesquelles je me suis expliqué précédemment. Il paraît donc probable que, comme chez beaucoup d'autres êtres inférieurs, les aliments sont digérés dans les premières portions de l'appareil ou en dehors, et les matières rendues solubles s'engagent seules dans les parties plus profondes, je rappellerai ici les observations de M. de Quatrefages rapportées plus haut. La comparaison qu'on peut établir pour ces différents appareils entre ce qui existe chez les Némertes et ce qu'on connaît chez les Bdellomorphæ (1), parlent toutefois fortement en faveur de la manière de voir de M. Van Beneden, mais au résumé, c'est dans des faits nouveaux qu'il faut chercher une solution de ces questions intéressantes. Les observations les plus directes sont celles qui ont pour objet la préhension des aliments, mais, par malheur, elles sont contradictoires, et comme il est absolument impossible d'admettre que des parties si analogues n'aient pas des usages identiques, il convient d'attendre pour décider où se trouve la solution vraie.

L'appareil circulatoire chez les Térétulariens est double comme chez les autres Vers, toutefois le système des vaisseaux clos paraît mieux développé que le système cavitaire général, qui devient très rudimentaire.

Dans un grand nombre de cas, le premier renferme un liquide rougeâtre ou jaunâtre, qui le rend particulièrement visible, surtout autour du ganglion cérébroïde postérieur et dans le fond des fentes céphaliques, lorsqu'elles existent, là où se trouve une dilatation contenant une certaine quantité du liquide avec amincissement notable des téguments. Ce système des vaisseaux clos est constitué fondamentalement de deux troncs latéraux (2) et d'un tronc impair supérieur, plus ou moins bien limité, ce dernier (3) toujours situé entre la cavité cœliaque et la gaîne proboscidienne, les troncs latéraux sont très ordinairement au-dessous de cette dernière, dans certains cas cependant ils sont au-dessus, chez l'*Amphiporus Moseleyi*, Hubr., par exemple. Ce système offre en avant des ampoules, des dilatations, qui entourent plus ou moins com-

(1) Voir page 545.

(2) Pl. IV, fig. 3 : *i, i* (*Polia mandilla*, Quatr. = *Amphiporus lactiflo-reus*, Johnst.).

(3) Pl. IV, fig. 3 : *k.*

plètement les renflements cérébroïdes, surtout leurs lobes postérieurs.

Les principales différences, importantes au point de vue de la classification, sont relatives à la disposition des parties antérieures. Chez les ENOPLA, les trois troncs ne changent guère de volume et s'anastomosent à plein canal dans la tête en avant de l'appareil nerveux, chez les ANOPLA, au contraire, ils se ramifient antérieurement et finissent par se perdre dans les tissus.

Le liquide contenu dans l'appareil des vaisseaux clos, on l'a vu, est généralement plus ou moins coloré et, sauf de rares exceptions, privé de corpuscules. C'est le contraire comme dans les autres groupes de Vers pour le liquide cavitaire, d'ordinaire il est incolore, quoique M. de Quatrefages cite son *Polia sanguirubra* (= *Tetrastemma flavidum*, Ehr.) comme l'ayant légèrement teinté en rose (1), et présente toujours des corpuscules, toutefois, d'après M. Mac Intosh, ces derniers manqueraient chez le *Tetrastemma carcinophilum*, Köll. L'aspect de ces globules cavitaires varie beaucoup suivant les espèces. Leur forme est souvent celle de disques plus ou moins circulaires et tout à fait aplatis, comme dans le *Cerebratulus* (?) *depressus*, Quatr., où ils mesurent 0^{mm},025 de diamètre et sont frangés sur les bords, l'*Amphiporus* (*Polia*) *bembix*, Quatr., chez lequel ils sont parfaitement arrondis et larges de 0^{mm},008, le *Tetrastemma flavidum*, Ehr. D'autres fois, ils sont allongés, atténués aux extrémités de leur plus grand diamètre, toujours très aplatis ; on les a comparés à des Navicelles, c'est ce qui se voit chez le *Tetrastemma candidum*, Müll., leur longueur varie de 0^{mm},025 à 0^{mm},033 ; chez l'*Amphiporus lactifloreus*, Johnst., on rencontre à la fois des corpuscules arrondis sous forme de cellules nucléolées et d'autres fusiformes. MM. de Quatrefages et M'Intosh, auxquels j'emprunte la plupart de ces détails, ont décrit et figuré avec soin ces particularités. Les corpuscules sont le plus souvent transparents ou finement granuleux, incolores, cependant il y a des exceptions à ce fait, dans l'espèce citée un peu plus haut pour la coloration particulière de son plasma, les globules ont également une teinte rouge assez vive; chez l'*Amphiporus bembix*, Quatr., ils sont verdâtres, s'ils sont vus isolés,

____

(1) De Quatrefages, 1846, p. 241.

mais, par superposition, ils donnent « successivement le jaune
orangé, l'orangé rouge et le carmin presque pur » (1), suivant
le nombre des corpuscules superposés. Il est fort difficile d'examiner ces organites libres, en dehors des cavités qui les contiennent, tant ils s'altèrent avec rapidité, aussi leur structure
ne peut-elle être indiquée avec la précision désirable, tout
ce qu'on peut dire, c'est qu'ils paraissent avoir une grande
tendance à se réunir, à se coller les uns aux autres à l'état de
repos, ce qui pourrait faire supposer qu'ils n'ont pas de membrane propre; ce sont des réunions semblables, qui ont sans
doute trompé Keferstein (2) et lui ont fait admettre que, chez
l'*Eunemertes gracilis*, Johnst., on pouvait trouver des corpuscules sous forme de lamelles élargies déchiquetées.

Où se trouve renfermé ce liquide ? Cette question qu'il peut
paraître singulier de se poser est cependant résolue de différentes manières par les auteurs. M. de Quatrefages, Keferstein,
Claparède et, en général, les anciens anatomistes, pensent qu'il
se rencontre dans la cavité comprise entre la trompe et sa gaîne,
puis dans une véritable cavité viscérale interorganique étendue
sur le reste du corps. MM. Mac Intosh et Hubrecht, faisant
emploi des ressources nouvelles, que la technique met à notre
disposition aujourd'hui, pour ces sortes de recherches histologiques, n'admettent que la cavité péri-proboscidienne, les
différents viscères se trouvant, d'après leurs recherches, soit en
contact, soit réunis par un tissu gélatineux sans structure appréciable comparable à celui de certains Cœlentérés, les Acti-
niens par exemple, lequel comblerait tous les intervalles sans
laisser aucune cavité intestitielle.

La première manière de voir me paraît cependant la plus
exacte. D'une part la netteté avec laquelle dans les coupes les
couches cutanées se séparent, au moins sur certains points, des
parois de la cavité cœliaque, en laissant des vides irréguliers,
auxquels se rapportent probablement une partie des *espaces
sanguins* indiqués par M. Hubrecht (3), me porte à croire qu'il
existe là des lacunes représentant une cavité viscérale rudimentaire. D'un autre côté, dans une espèce vivipare que j'ai eu

(1) De Quatrefages, 1846, p. 242.
(2) Keferstein, 1863, p. 97, pl. V, fig. 2.
(3) Hubrecht, 1887, pl. II, fig. 3, 4, 7 : *bl*.

l'occasion d'examiner (1), les petits se mouvaient dans un espace libre, qui ne peut être autre chose qu'une cavité viscérale (2). Y a-t-il des différences suivant les espèces ou suivant certains états de développement? Les réactifs masquent-ils sur les coupes ces espaces libres par coagulation des liquides contenus ou altération des tissus? On pourrait ainsi expliquer cette divergence d'opinion entre des zoologistes les uns et les autres si expérimentés.

Il ne paraît pas douteux qu'ici, comme chez beaucoup de Vers inférieurs, la respiration ne soit presqu'exclusivement cutanée, les cils vibratiles, qui revêtent toute la surface de la peau, paraissent de nature à favoriser cet acte.

On s'est cependant demandé s'il ne fallait pas regarder comme se rapportant à la même fonction les deux *tubes ciliés*, un de chaque côté de la tête, désignés aussi par les auteurs sous le nom d'*organes latéraux*. Cet organe offre ceci de remarquable que le tube, qui le constitue, pénètre dans le lobe cérébral postérieur pour s'y terminer en cul-de-sac, et ce lobe affecte, on l'a vu, des rapports intimes avec une dilatation des vaisseaux clos, laquelle l'enveloppe complètement. L'extrémité libre se trouve aboutir aux fentes céphaliques, lorsqu'elles existent, celles-ci étant soit longitudinales comme chez les Rochmocephalidæ, soit transversales comme chez bon nombre d'Enopla, les *Amphiporus* par exemple ; les *Valencinia* présentent un simple orifice arrondi. La forme et la disposition de ces fentes offre un grand intérêt au point de vue taxinomique.

Cet appareil est-il bien en connexion avec l'acte de l'hématose, comme peuvent le faire supposer ses rapports avec la lacune vasculaire péri-cérébrale et l'abondance aussi bien que le développement exceptionnel des cils vibratiles placés soit à son orifice externe, soit à sa face intérieure ? ne doit-on pas y voir, comme on l'a supposé, un appareil sensoriel spécial ? ce sont des questions qu'on ne peut que poser dans l'état actuel de la science.

La présence d'un organe de sécrétion néphridien, annoncée par Max Schultze il y a déjà un certain nombre d'années (1851), comme l'a rappelé M. Hubrecht, n'a cependant été définitive-

(1) Pl. XXV, fig. 5.
(2) Voir aussi : Claparède, 1863, p. 23, pl. V, fig. 10.

ment démontrée, après longues contestations, que dans ces derniers temps par les recherches de M. Kennel, de M. Oudemans et du savant professeur de l'Université d'Utrecht lui-même. D'une manière générale, cet appareil consiste en une série de tubes placés soit dans les vaisseaux (Rhochmocephalidæ), soit dans le tissu gélatineux interorganique (Enopla), ces tubes se réuniraient sur un canal longitudinal, qui communique avec l'extérieur par des orifices en nombre variable et, dans certains cas, disposés symétriquement d'une façon métamérique suivant M. Oudemans.

L'appareil reproducteur, bien qu'un peu moins imparfait que ne l'avaient cru les anciens zoologistes, est cependant d'une grande simplicité.

Sauf de très rares exceptions, *Prosorochmus Claparedii*, Kef. *Tetrastemma hermaphroditica*, Marion, par exemple, les sexes sont portés par des individus distincts, aussi la dioïcité peut-elle être prise, abstraction faite de ces cas anormaux, comme caractère différentiel entre les Planariens et les Térétulariens. Les produits mâles et femelles se forment dans des amas de cellules absolument semblables au début (1), les sexes ne pouvant être déterminés qu'au moment de la maturité lorsque les glandes génitales renferment soit les spermatozoïdes, soit les ovules (2). Ce sont alors des sacs plus ou moins sphériques, souvent déformés par compression réciproque, situés latéralement entre la cavité cœliaque, et les parois somatiques, enveloppés dans le tissu gélatineux interorganique et disposés parfois irrégulièrement, d'autres fois de manière à se répondre d'un côté à l'autre métamériquement. On a regardé pendant fort longtemps ces sacs comme clos, la déhiscence aurait eu lieu soit à l'extérieur, soit dans la cavité cœliaque, d'une manière en quelque sorte accidentelle, mais on doit regarder aujourd'hui comme démontrée la présence d'un canal vecteur aboutissant à la surface cutanée, les observations de M. Hubrecht dans ses derniers ouvrages (1887), qui nous ont ici servi de guide ne laissent aucun doute à cet égard. Le développement des spermatozoïdes a été l'objet d'études suivies de la part de M. Sabatier (1882).

(1) Pl. IV, fig. 2 : *f* ; fig. 3 : *e*.
(2) Pl. IV, fig. 2 : partie postérieure du corps.

Les phénomènes de la reproduction et le développement des Térétulariens sont enveloppés de quelqu'obscurité, cependant depuis une trentaine d'années des faits très curieux ont été portés à la connaissance des naturalistes par un certain nombre d'observateurs, parmi lesquels on doit particulièrement citer Desor, Max Schultze, Gegenbauer, Krohn, M. Van Beneden, Kowalevsky, M. Mac Intosh, surtout MM. Metschnikoff, Barrois dont les travaux peuvent être regardés comme les plus complets et auxquels j'emprunte la plupart des faits qui suivent, résumés d'ailleurs dans l'ouvrage classique de Balfour (1883-1885).

Pour ce qui est de la fécondation, aucune observation directe n'est encore venue nous indiquer la manière dont elle s'accomplit, toutefois il paraît indubitable qu'elle est vague et non copulative, bien qu'on observe sur certains types, *Prosorochmus Claparedii*, Kef. (1) par exemple le développement de petits à l'intérieur du parent, mais cela doit plutôt s'expliquer par l'hermaphroditisme ou par la parthénogénèse (Marion, 1874, p. 28). La simplicité des organes fondamentaux, l'absence de tout appareil permettant l'intromission, tout se réunit pour faire penser que la liqueur fécondante étant mise en liberté, les spermatozoïdes se meuvent librement dans l'eau et vont ainsi se porter sur les œufs. La rencontre des deux produits mâle et femelle est peut-être favorisée par l'habitude qu'ont les Némertes de se rassembler en groupes où les individus sont très rapprochés, souvent même entortillés les uns dans les autres. Les mêmes difficultés se présentent pour savoir la manière dont les œufs sont évacués. On sait la facilité avec laquelle la portion postérieure du corps surtout se partage en segments, qui paraissent indépendants et peuvent conserver une certaine vitalité, j'ai rencontré fréquemment des parties plus ou moins considérables de ces vers se mouvant librement et gorgés d'œufs. Dans mes dessins, se trouve en particulier un croquis présentant ainsi une suite de neuf sortes d'anneaux séparés nettement par des étranglements, chacun renfermant de 10 à 20 œufs (2), ces anneaux s'isolaient avec la plus grande facilité comme les cucurbitains de Cestoïdes, auxquels on serait porté

(1) Pl. XXV, fig. 5.
(2) Pl. XXVII, fig. 19.

à les comparer. Les œufs contenus, dépourvus d'enveloppe propre, munis d'une vésicule germinative, n'ayant par conséquent aucun des caractères qui suivent la fécondation mesuraient $0^{mm},098$ de diamètre, les anneaux se séparant sous le moindre effort progressaient dans le champ du microscope dans un sens toujours le même et se rompaient avec une grande facilité. Des œufs, réunis par une sorte de mucus en masses allongées, ont été signalés par M. Mac Intosh comme provenant du *Lineus gesserensis*, Müll. (1).

Observés à une période plus avancée, les œufs, suivant M. E. Metschnikoff, subissent le phénomène du fonctionnement qui peut conduire le vitellus à présenter deux apparences différentes, tantôt en effet, ce qu'il a observé chez une espèce indéterminée, les cellules produites se rassemblent à la périphérie et, se comprimant les unes contre les autres, forment une blastosphère autour d'une cavité centrale, tantôt, comme chez un *Tetrastemma*, rencontré à Nice, la segmentation produit dans la totalité du vitellus des cellules arrondies identiques, et l'ensemble s'organise directement en un embryon. Dans l'un et l'autre cas la surface de celui-ci, presque dès les débuts, se couvre de cils vibratiles, dont le mouvement produit la gyration habituelle.

Au sortir de l'œuf ou peu de temps après, le petit être présente dans certains cas une forme singulière, très différente de celle de l'animal qui lui a donné naissance, et sa filiation réelle a dû nécessairement échapper aux premiers observateurs, qui le rencontrant, l'ont considéré comme un animal à part auquel Müller a donné le nom de *Pilidium* (πιλίδιον, petit chapeau). C'est une masse exactement hémisphérique ou plus souvent un peu oblongue, formée d'une substance homogène, revêtue d'une enveloppe distincte couverte de cils vibratiles et présentant, dans certaines espèces, une soie ou fouet vibratile, parfois remplacé par un faisceau de gros cils, insérés sur le sommet de la convexité, ces différents appendices permettent à l'animal de se mouvoir avec agilité dans le liquide. A cette époque, la base aplatie se creuse d'une cavité, résultant d'une dépression des téguments, qui s'accentue de plus en plus, c'est la première trace d'un appareil digestif (2). Cette cavité peut s'allonger, se

(1) M'Intosh, 1873-1874, pl. IV, fig. 3.
(2) Pl. XXVII, fig. 20 : *a*.

recourber en même temps, de sorte qu'il est alors possible (1)
d'y distinguer deux parties, l'une profonde en cul-de-sac à laquelle on a donné le nom d'estomac ; ses parois ont une apparence glandulaire, l'autre, qui met la précédente en communication avec l'extérieur, est infundibuliforme, les cils vibratiles,
qui couvrent la surface du petit être, se continuent dans son
intérieur. Près de l'ouverture buccale les téguments se prolongent en deux lobes ou voiles latéraux arrondis (*a'*), qui descendent de chaque côté du disque, c'est alors surtout que l'apparence générale justifie fort exactement le nom proposé par
Müller.

Vers cette époque des modifications plus importantes dans
leur résultat définitif commencent à se montrer (2). Sur les
parties latérales, près de la bouche, en avant et en arrière de
celle-ci, se produisent quatre petits épaississements appelés
disques formant une paire antérieure (*b*) et une postérieure (*c*)
autant qu'il est possible de réconnaître une orientation définie
à un pareil être, toutefois la suite du développement justifie
ces appellations. A ce moment, près des disques postérieurs
et en avant d'eux apparaît une paire de cellules, cela porte à
six le nombre de ces nouvelles formations, premiers vestiges
de l'animal définitif. Bientôt des changements notables ont
lieu dans ces disques, ils s'accroissent, se divisent chacun en
deux couches superposées, à peu près comme chez les animaux supérieurs on voit le blastoderme par sa division en deux
feuillets donner naissance à deux vésicules concentriques. Ils
se réunissent d'abord transversalement par paires, puis d'avant
en arrière, les vésicules intermédiaires, se soudant en premier
lieu aux disques postérieurs et plus tard aux disques antérieurs, servent ainsi de trait d'union entre ces différentes parties. En même temps, dans les disques antérieurs s'est creusée
une cavité, apparue d'abord comme une simple dépression des
deux feuillets qui la composent, puis devenant de plus en plus
profonde, c'est le rudiment de la trompe (*e*), les disques postérieurs de leur côté ont, dans la suite de leur développement,
englobé l'estomac du pilidium primitif, qui se trouve ainsi
faire partie du nouvel être. C'est peut-être dans ce fait embryo-

(1) Pl. XXVII, fig. 21.
(2) Pl. XXVII, fig. 22.

génique qu'il faudrait chercher l'origine de cette singularité, d'un animal, en apparence au moins unique, pourvu de deux appareils digestifs sans communications entre eux. Pendant ces différentes modifications la surface de l'embryon ainsi formé dans l'intérieur du pilidium par la réunion des disques et des vésicules se couvre de cils vibratiles, et le jeune Térétularien, dont la forme est dès lors assez distincte pour qu'on puisse reconnaître les caractères principaux du groupe, se meut dans une cavité revêtue d'une membrane qui s'est produite autour du nouvel être et à ses dépens au fur et à mesure du développement, membrane à laquelle M. Metschnikoff a donné le nom d'*amnion* (*g.*)

Voici du reste comment cet auteur résume lui-même la succession de ces différents phénomènes.

1° La première trace du corps d'un Némertien se présente sous la forme de deux paires de culs-de-sac cutanés, qui produiront non seulement le corps du ver, mais encore l'amnion qui l'entoure. La cavité résultant de l'enfoncement cutané correspond par conséquent à la cavité amniotique.

2° Il se forme en outre deux vésicules intermédiaires, qui plus tard sont en connexion avec les vaisseaux latéraux.

3° Les quatre disques dérivent d'une portion des culs-de-sac cutanés et représentent la future ligne germinative, qui paraît composée de deux feuillets germinatifs. Le feuillet externe donne naissance à l'épiderme et au système nerveux central, tandis que l'interne, plus mince, devient l'enveloppe musculaire.

4° La ligne germinative, résultant de l'accroissement des quatre disques, représente la future partie ventrale et la tête du Némertien, tandis que la paroi dorsale ne se formera que secondairement.

5° La trompe se développe sous forme de simple cul-de-sac à la partie antérieure de la ligne germinative.

Ce mode de développement par dérivation d'un pilidium, n'est pas général dans tout le groupe, il a été observé chez quelques ANOPLA ; chez d'autres animaux de la même tribu, les *Lineus* en particulier, le petit se développe également par quatre disques dans une sorte de larve transitoire, mais privée de mouvement et restant dans l'œuf, c'est ce qu'on désigne sous le nom de *type de Desor*. Enfin chez les ENOPLA et aussi le *Cephalotrix ? Galathex*, Dieck, l'animal se formerait directement sans métamorphoses. D'ailleurs ici, comme pour beaucoup d'êtres inférieurs, la difficulté de connaître avec certitude l'origine des embryons et de les conserver pour suivre le développement pendant un temps suffisamment long, font que certains points sont encore obscurs et surtout que les observations ne portent que sur trop peu de types.

Sauf un très petit nombre d'espèces d'eau douce ou terrestres habitant les endroits humides (*Prostoma*, Dug. =? *Geonemertes*, Semper), tous les Térétulariens sont marins. Ils se trouvent sous les pierres, dans la vase, souvent réunis en grand nombre et quelquefois entortillés les uns avec les autres en nœuds inextricables; certaines petites espèces, bon nombre de *Tetrastemma*, Ehr. par exemple, se rencontrent sur les plantes marines. Ces animaux habitent d'ailleurs, suivant les types, les niveaux les plus différents, presque toutes les espèces connues sont de la région littorale ou de la région côtière, mais soit dans les dragages du *Challenger*, soit dans ceux exécutés à bord du *Travailleur* et du *Talisman*, on a pu en ramener des zones abyssales par des profondeurs de plus de 2000 mètres. Les *Pelagonemertes*, Moseley, type anormal, nagent librement dans les eaux, les autres Térétulariens se meuvent tous sur le sol, les pierres ou les plantes par une sorte de reptation, pour laquelle les cils vibratiles, dont ils sont couverts, paraissent agir d'une manière effective.

Quelques cas de parasitisme ou de commensalisme peuvent être cités, ainsi le *Tetrastemma Kefersteinii*, Marion, se trouve dans la cavité branchiale des Ascidies, le *Tetrastemma carcinophilum*, Köll. sur le *Carcinus mænas*, Leach, un *Tetrastemma* jeune, d'espèce indéterminée, a été signalé par M. Willemoes-Suhm comme rencontré sur un autre Crustacé Brachyure du genre *Nautilograpsus*.

Il résulte de cet exposé, que, pour se procurer ces animaux, on devra explorer à marée basse les zones littorales en retournant les pierres et au besoin en fouillant le sol, celui surtout des prairies de zostères où se trouvent particulièrement certaines espèces de *Valencinia*, Quatr., et de *Tubulanus*, Rénier, qui s'y creusent des galeries tapissées d'une sorte de tube membraneux à la manière de quelques Annélides. Il faudra chercher également dans les anfractuosités des pierres, coquilles et autres débris rapportés par le chalut et la drague; en brisant de vieilles valves d'huîtres creusées par les *Clione*, il n'est pas rare de rencontrer de fort bonnes espèces, le *Drepanaphorus spectabilis*, Quatr., par exemple, au moins est-ce ainsi qu'avec M. le baron de St-Joseph, nous nous le sommes procuré en certaine abondance dans les environs de Saint-Malo. Enfin, pour découvrir les petits Térétulariens, il est bon de mettre dans des vases convenables des algues, fucus, etc., couverts d'eau de mer; au bout de quelques heures, une sorte de décomposition commençant à s'établir, ces animaux remontent à la surface sur les bords du récipient, procédé bien connu pour se procurer les Mollusques Nudibranches.

Le plus grand obstacle pour l'étude zoologique de ces animaux, résulte de la difficulté de les conserver vivants pendant un laps de temps convenable pour l'observation et de la quasi-impossibilité de les garder en collection dans un état satisfaisant. Il est bon de chercher à prendre un certain nombre d'individus d'une même espèce et après avoir fait un croquis colorié de l'ensemble, seul moyen de conserver souvenir de l'aspect extérieur, on étudiera par compression quelques exemplaires pour reconnaître la disposition de la trompe, des yeux, des fentes céphaliques, pour ces dernières il est souvent utile d'examiner l'animal nageant librement, sans le couvrir d'un verre ; d'autres exemplaires seront traités par une des méthodes de durcissement connues et serviront à obtenir des coupes variées, indispensables aujourd'hui pour les distinctions zoologiques, le nombre et l'agencement des couches cutanées par exemple fournissant, comme on a pu en juger, de très précieuses indications. Les petites espèces, comprimées et déshydratées suivant le mode habituel, peuvent être montées dans le baume du Canada et conservées ainsi, quoique toujours assez imparfaitement, pour des comparaisons ultérieures, la disposition des yeux, celle de l'appareil nerveux, restent toutefois assez distincts, si on a fait surtout emploi d'agents colorants.

Au point de vue des rapports généraux, les TERETULARIA occupent un rang très inférieur dans le groupe des Vers et offrent de réelles affinités avec les PLANARIÆA, si bien que pendant longtemps les naturalistes, avec Ehrenberg, les avaient réunis dans un même groupe des Turbellariées, opinion qui jusqu'à ces dernières années a eu des partisans, malgré les excellents arguments donnés contre cette manière de voir par M. de Quatrefages et depuis par nombre de zoologistes des plus autorisés. La présence d'une trompe rétractile, munie d'une gaîne spéciale, peut être regardée comme caractère particulier du groupe, et ne se retrouve que chez les Bdellomorphæ (1); on a vu plus haut, à propos de ces derniers, les idées des auteurs sur les liens à établir entre ces deux ordres. Pendant un certain temps on a cru trouver un organe analogue chez le *Prorhynchus* (2) parmi les Planariæa, ceci ne peut plus être admis, car il est reconnu pour ces derniers, que cette prétendue trompe n'est pas en relation avec l'appareil digestif, mais bien avec l'appareil reproducteur, ainsi qu'on le verra plus loin.

Tout récemment, M. Hubrecht (1883 et 1887) a émis l'opinion, au moins inattendue, de liens phylogénétiques à établir entre les Térétulariens et les Vertébrés, basés particulièrement sur la disposition de l'appareil nerveux, que cet auteur, on l'a vu plus haut, a étudié avec grand soin. Pour ce savant zoologiste la trompe doit être regardée comme analogue à l'hypophyse cérébrale, la gaîne proboscidienne à la corde dorsale.

L'ordre des Teretulariæa peut passer pour un de ceux où la nomenclature des espèces présente le plus de difficultés. Le polymorphisme porté à un très haut degré chez ces animaux, l'impossibilité déjà signalée de les conserver en collection sous un état tant soit peu satisfaisant, sont des obstacles, qui rendent les représentations iconographiques d'une exécution peu facile et s'opposent, dans une certaine limite, à la comparaison des types. On a voulu obvier à ces inconvénients par l'emploi des caractères anatomiques ; la présence ou l'absence du stylet proboscidien, la disposition des fentes céphaliques ont permis une division en grands groupes, qui paraît réellement naturelle et est généralement adoptée. Cet examen en quelque sorte extérieur a été promptement suivi d'une étude plus intime lorsque la méthode des coupes s'est généralisée, mais cela n'a pas conduit beaucoup plus loin et d'ailleurs avait ici à un très haut degré tous les inconvénients sur lesquels j'ai ailleurs insisté. De là résulte, en somme, que l'on est réduit à chercher d'une manière absolument empirique, au hasard en quelque sorte, les caractères propres à définir les genres et les espèces sur la limite desquels il est, par suite, souvent difficile de s'entendre.

(1) Voir page 543.
(2) Pl. XXV, fig. 1.

A ces causes, déjà trop sérieuses, de confusion s'en joint une autre résultant du mauvais emploi de la nomenclature, dont les règles ont rarement été aussi mal observées. Non seulement d'anciens auteurs ont appliqué différents noms génériques à un même animal, mais encore ces noms ont été repris par des zoologistes plus récents pour être appliqués à des espèces tout autres, c'est ainsi que le nom *Nemertes*, créé à tort par Cuvier pour le *Lineus longissimus*, dénommé bien avant lui par Gunner et Montagu, espèce inerme, est souvent appliqué aujourd'hui à des vers pourvus d'une trompe stylifère. Je ne crois pas devoir ici entreprendre le travail nécessaire pour ces rectifications, M. Hubrecht, mieux en position que personne de le mener à bien, s'en occupant actuellement, je me bornerai, comme M. Stimpson et le professeur d'Utrecht l'ont fait, à énumérer dans l'ordre chronologique les genres proposés par les différents auteurs en indiquant le ou les types primitifs auxquels le nom devrait être réservé.

Je rappelle pour mémoire que les premières espèces connues étaient comprises surtout dans les genres *Gordius*, Lin., *Planaria*, Müll., et je ne fais que citer les *Pilidium*, Müll., et *Alardus*, Busch., noms qui se rapportent à des êtres en voie de développement.

Enumération chronologique des genres créés dans l'Ordre
des TERETULARIA (1).

LINEUS, Sowerby, 1805. — *L. longissimus*, Sow. = *Gordius longissimus*, Gunn.

CEREBRATULUS, Rénier, 1807. — *C. marginatus*, Rénier.

TUBULANUS, Rénier, 1807. — *T. elegans*, Rénier; *T. polymorphus*, Rénier.

? Acicula, Rénier, 1807. — *A. macula*, Rénier. = Sp. ind.

(1) Dans cette énumération, les genres adoptés sont en *grandes*, les autres en *petites capitales*, ceux de ces derniers précédés du signe ? demanderaient, pour la plupart, de nouvelles études afin de décider s'ils méritent ou non d'être conservés comme groupes réels.

Borlasia, Oken, 1815 (1). — *B. angliæ*, Oken. = *Lineus longissimus*, Gunn.

Nemertes, Cuvier, 1817 (2). — *N. Borlasii*, Cuv. = *Lineus longissimus*, Gunn.

POLIA, Chiaje, 1825 (3). — *P. siphunculus*, Chiaje = *Cerebratulus marginatus*, Rénier; *Polia delineata*, Chiaje.

PROSTOMA, Dugès, 1828. — *P. clepsinoideum*, Dug.

? Lobilabrum, Blainville, 1828. — *L. ostrearium*, Blainv. = ? *Cerebratulus* ou *Lineus* monstrueux (sec. Hubrecht).

Meckelia, Leuckart, 1828 (4).— *M. Somatotomus*, Leuck.= *Cerebratulus marginatus*, Rénier.

Siphonenteron, Rénier, 1828. — *S. bilineatum*, Rénier = *Cerebratulus bilineatus*, Rénier.

? Ophjocephalus, Chiaje, 1829 (5). — *O. murenoides*, Chiaje = Sp. ind.

Notospermus, Huschke, 1830. — *N. drepanensis*, Husch. = *Cerebratulus geniculatus*, Chiaje (sec. Hubrecht).

? Micrura, Ehrenberg, 1831. — *M. fasciolata*, Ehr. = *Cerebratulus fasciolatus*, Ehr. (sec. Hubrecht).

Polystemma, Ehrenberg, 1831. — *P. adriaticum*, Ehr. = *Amphiporus lactifloreus*, Johnst.

(1) Borlasia, Keferstein, 1863. — *B. splendida*, Kef. = *Amphiporus splendidus*, Barrois.
Borlasia, Mac Intosh. 1873-1874. — *B. Elisabethæ*, M'Int.
(Cette dernière application du nom est adoptée à tort par M. Hubrecht, au moins faut-il le modifier en EUBORLASIA par exemple.)
(2) Nemertes, Keferstein, 1863. — *N. octoculata*, Kef. = *Planaria sanguinea*, Rathke = *Lineus sanguineus*, M'Int.
Nemertes, Hubrecht, 1879. — *N. gracilis*, Johnst.
(Même remarque que pour le genre précédent, on prendrait le nom d'EUNEMERTES).
(3) Ce nom de *Polia*, c'est un fait connu, avait été appliqué dès 1816 par Ochsenheimer à un genre de Lépidoptères, quoique ces animaux soient assez éloignés, il est plus régulier, comme l'a fait remarquer M. Hubrecht (1885), de changer pour les Térétulariens, cette dénomination en celle d'EUPOLIA, c'est d'après ce principe qu'ont été modifiés plusieurs des noms précédents.
(4) Meckelia, Mac Intosh, 1873-1874. — *M. asulcata*, M'Int. = Sp. dub.
(5) Bloch en *1797* ayant formé un genre de Poissons sous le nom d'Ophicephalus, le nom, en tous cas, ne pourrait être conservé pour les Térétulariens.

TETRASTEMMA, Ehrenberg, 1831. — *T. flavidum*, Ehr.

? HEMICYCLIA, Ehrenberg, 1831. — *H. albicans*, Ehr.

? OMMATOPLEA, Ehrenberg, 1831. — *O. tæniata*, Ehr.

AMPHIPORUS, Ehrenberg, 1831. — *A. albicans*, Ehr.

NOTOGYMNUS, Ehrenberg, 1831. = NOTOSPERMUS, Huschke, 1830.

CARINELLA, Johnston, 1833. — *Gordius annulatus*, Mont. = *Carinella annulata*, Johnst. = *Tubulanus elegans*, Rénier.

? AKROSTOMUM, Grube, 1840. — *A. Stannii*, Gr. = Sp. ind. (il est douteux qu'il s'agisse d'un Térétularien) (1).

? RAMPHOGORDIUS, Rathke, 1843. — *R. lacteus*, Rathke = Sp. ind. (genre encore plus douteux que le précédent).

CEPHALOTRIX, Œrsted, 1844. — *C. bioculata*, Œrst.; *C. cœca*, Œrst. = *C. (Planaria) linearis*, Rathke.

ASTEMMA, Œrsted, 1844. — *A. rufifrons*, Œrst. = *Nemertes rufifrons*, Johnst. = *Cephalotrix linearis*, Rathke.

? CHLORAIMA, Kölliker, 1844 (2). — *C. siculum*, Köll.

SERPENTARIA, Goodsir, 1845. — *S. fragilis*, Goodsir. = *Cerebratulus marginatus*, Rénier.

VALENCINIA, Quatrefages, 1846. — *V. longirostris*, Quatr.

ŒRSTEDIA, Quatrefages, 1846 (3). — *OE. maculata*, Quatr.

SCOTIA, Leuckart, 1849 (4). — *S. rugosa*, Leuck. = Sp. dub.

BASEODISCUS, Diesing, 1850. — *B. delineatus*, Dies. = *Eupolia delineata*, Chiaje.

? COLPOCEPHALUS, Diesing, 1850. — *C. quadripunctatus*, Dies. = *Borlasia quadripunctata*, Q. et G.

(1) M. HUBRECHT (Encyclop. Brit. 1884) cite cependant plusieurs fois ce genre dans son article *Nemerteans*, et le place parmi les ENOPLA, ce serait l'*Amphiporus hastatus*, M'Int.

(2) Il existe un genre *Chloræma* établi dès 1839 par DUJARDIN pour une Annélide Chætopode (Voir le tome I du présent ouvrage, p. 472).

(3) ŒRSTEDIA, Keferstein, 1862. — *OE. pallida*, Kef. = *Ototyphlonemertes Kefersteinii*, Dies.

    ŒRSTEDIA, Hubrecht, 1879. — *OE. vittata*, Hubr.; *OE. unicolor*, Hubr.

    (Il est douteux que ces dernières espèces aient rien de commun avec celles de M. de QUATREFAGES, peut-être serait-il préférable de prendre le nom de EUŒRSTEDIA pour les types décrits par M. HUBRECHT.

(4) L'auteur lui-même (1854) pense que ce n'est pas un animal réel, mais peut-être un débris d'Annélide, des tentacules de Térébelle, par exemple.

? CHLAMYDOCEPHALUS, Diesing, 1850. — *C. Novæ-Zelandiæ*, Dies. = *Borlasia Novæ-Zelandiæ*, Q. et G.

VERMICULUS, Dalyell, 1853. — *V. crassus*, Daly. = ? *V. rubens*, Daly. = *Amphiporus pulcher*, Johnst.; *V. variegatus*, Daly. = *Tetrastemma dorsale*, Abildg.; *V. coluber*, Daly. = *T. melanocephalum*, Johnst.; *V. lineatus*, Daly. = *Lineus gesserensis*, Mull.

CNIDON, Joh. Müller, 1854. — *C. urticans*, J. Müll. = *Cerebratulus urticans*, Max Müll. sp.

? DIPLOPLEURA, Stimpson, 1857. — *D. japonica*, Stimps.

? TÆNIOSOMA, Stimpson, 1857. — *T. septemlineatum*, Stimps.; *T. æquale*, Stimps.; *T. quinquelineatum*, Stimps. = *Borlasia quinquelineata*, Q. et G.

? DICHILUS, Stimpson, 1857. — *D. obscurus*, Stimps.

? CEPHALONEMA, Stimpson, 1857. — *C. brunniceps*, Stimps.

? EMPLECTONEMA, Stimpson, 1857. — *E. Camillea*, Stimps. = *Borlasia Camillea*, Quatr. = *Eunemertes Neesii*, Œrstd.; *E. viride*, Stimps.

? DIPLOMMA, Stimpson, 1857. — *D. serpentina*, Stimps.

? DICELIS, Stimpson, 1857. — *D. rubra*, Stimps.

? POLINA, Stimpson, 1857. — *P. rhomboidalis*, Stimps. = *Polia rhomboidalis*, Stimps. ; *P. grisea*, Stimps. = *Polia grisea*, Stimps.; *P. cervicalis*, Stimps.

? TATSNOSKIA, Stimpson, 1857. — *T. depressa*, Stimps.

? COSMOCEPHALA, Stimpson, 1857. — *C. beringiana*, Stimps.; *C. japonica*, Stimps.

LOXORRHOCHMA, Schmarda, 1859. — *L. coronata*, Schmar. = *Polia coronata*, Quatr. = *Tetrastemma coronatum*, Hubr.

PROSOROCHMUS, Keferstein, 1863. — *P. Claparedii*, Kef.

? QUATREFAGEA, Diesing, 1862. — *Q. dubia*, Dies. = *Valencinia dubia*, Quatr. = Sp. dub.

DITACTORRHOCHMA, Diesing, 1862. — *D. typicum*, Dies. = sp. ind.; *D. (Polia) mandilla*, Quatr. = *Amphiporus lactifloreus*, Johnst.

OTOTYPHLONEMERTES, Diesing, 1863. — *O. Kefersteinii*, Dies. = *Œrstedia pallida*, Kef. = *O. pallida*, Kef.

PTYCHODES, Diesing, 1863. — *P. splendida*, Dies. = *Borlasia splendida*, Kef. = *Amphiporus splendidus*, Barrois.

OTOLOXORRHOCHMA, Diesing, 1863. — *O. Graeffei*, Dies. = *Tetrastemma* sp. Graeffe.

GEONEMERTES, Semper, 1863. — *G. pelaensis*, Semper.

STYLUS, Johnston, 1865. — *S. viridis* = sp. ind. ; *S. purpureus* =
 Micrura purpurea, J. Mull.; *S. fragilis* = *Micrura fascio-*
 lata, Ehr.; *S. fasciatus* = *Micrura fasciolata*, Ehr.

DREPANOPHORUS, Hubrecht, 1874.— *D. rubrostriatus* = *Cerebratu-*
 lus spectabilis, Quatr. = *D. spectabilis*, Barrois.

? MACRONEMERTES, Verrill, 1874. — *M. gigantea*, Verr.

? OPHIONEMERTES, Verrill, 1874. — *O. agilis*, Verr.

PELAGONEMERTES, Moseley, 1875. — *P. Rollestoni*, Mosel.

? AVENARDIA, Giard, 1878. — *A. Priei*, Giard.

LANGIA, Hubrecht, 1879. — *L. formosa*, Hubr.

CARININA, Hubrecht, 1887. — *C. grata*, Hubr. (1).

EUPOLIA, Hubrecht, 1887.— *E. delineata*, Hubr. = *Polia delineata*,
 Chiaje (2).

On trouverait en définitive plus d'une soixantaine de genres,
mais ce nombre doit être considérablement diminué, si on veut
s'en tenir aux coupes suffisamment définies et l'on ne peut
guère en admettre que 16 à 18 comme certains. Un nombre à
peu près égal doivent être supprimés comme faisant double
emploi, les espèces auxquelles ils s'appliquent étant déjà attri-
buées à des genres précédemment formés. Le reste, soit environ 28, est douteux, la plupart étant établis pour des espèces
exotiques étudiées d'une manière trop superficielle dans leurs
caractères les plus extérieurs, forme et couleur surtout (3),
pour qu'il soit possible de se faire une idée de leurs rapports
naturels, plusieurs cependant étant soigneusement figurées,
seront sans doute facilement reconnues et mieux définies par
des observateurs placés dans des conditions convenables.

On s'accorde aujourd'hui à grouper les genres d'après les
idées de Max Schultze complétées et rectifiées par Keferstein,
le tableau ci-joint, que j'adopterai pour l'étude sommaire faite
ici de ces animaux, en indique les données fondamentales.

(1) A rapprocher du genre *Tubulanus*, Rénier (*Carinella* auct.).

(2) Peut–être devra-t-on joindre à cette liste le genre PSEUDONEMATON,
Hubrecht, 1883. Le *P. nervosum*, Hubr., unique espèce qui le compose, est
toutefois trop imparfaitement connu pour qu'on puisse décider cette
question.

(3) On peut en juger comme exemple par les figures reproduites ici
d'après Quoy et Gaimard : *Colpocephalus quadripunctatus*, Q. et G. d'Amboine (pl. XXVII, fig. 15, 16 et 17): *Chlamydocephalus Novæ-Zelandiæ*, Q.
et G. de la Nouvelle-Zélande (id. fig. 18), et d'après Schmärda : *Ophyoce-*
phalus heterorochmus, Schmar., du grand océan Pacifique (id. fig. 13, 14).

Ordre. TERETULARIA.

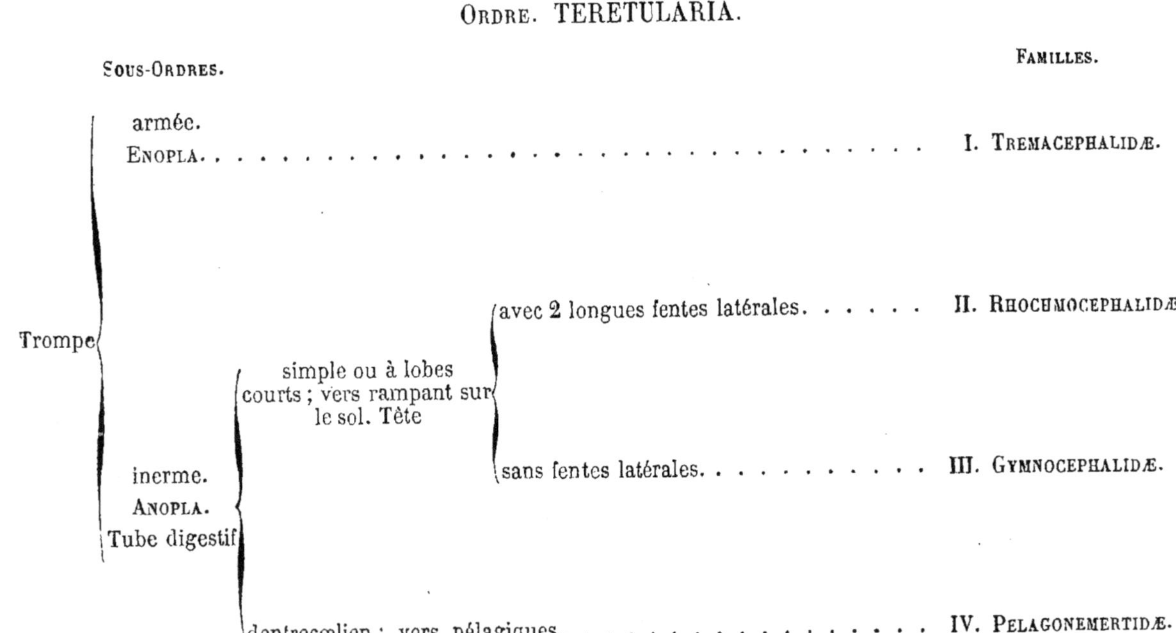

Dans la classification de Keferstein n'étaient pas compris les
Pelagonemertidæ découverts dans ces dernières années.

M. Hubrecht (1879) admet en somme la même division fondamentale en changeant toutefois la valeur des groupes, les
trois premières familles devenant autant de sous-ordres dont
les noms se trouvent modifiés de la manière suivante :

I Sub-Ordo. Palæonemertini = Gymnocephalidæ.
II — Schizonemertini = Rhochmocephalidæ.
III — Hoplonemertini = Tremacephalidæ.

Ces sous-ordres sont partagés eux-mêmes en 9 familles, lesquelles, en s'en tenant aux Térétulariens d'Europe, les seuls
convenablement connus, ne renferment chacune qu'un ou au
plus trois genres. Il ne me paraît pas que l'importance des caractères justifie des divisions d'ordre aussi élevées. Suivant le
même auteur, la suppression des groupes Enopla et Anopla de
Keferstein donnerait une division plus naturelle les Palæonemertini, pouvant être considérés comme l'origine commune
des deux autres groupes. Sans entrer dans cette discussion
théorique, développée avec beaucoup de talent et de compétence par M. Hubrecht, je crois mieux de m'en tenir ici à la
division très pratique précédemment exposée.

I. S.-Ord. ENOPLA.

Trompe très protractile en général, munie d'un stylet le plus
souvent unique, dans quelques cas multiple. Les troncs vasculaires s'anastomosent en avant sans changer notablement de
calibre.

Ce groupe ne renferme qu'une famille.

I. Fam. TREMACEPHALIDÆ.

Térétulariens le plus souvent de taille petite ou médiocre,
à trompe armée, orifice buccal généralement en avant du cerveau ; tégument ayant la couche basilaire sous la couche des
cellules superficielle, les deux couches musculaires fondamen-

tales, circulaire et annulaire, seules existent ; nerfs en dedans
des couches musculo-cutanées. Pas de grandes fentes céphaliques longitudinales, mais très souvent des fentes transversales
en rapport avec les organes latéraux. Développement sans métamorphoses.

Habitent le plus souvent la mer, dans quelques cas, rares,
l'eau douce ou même les lieux humides.

Ces Vers doivent être regardés comme les plus élevés du groupe
au point de vue de leur organisation. Non seulement la présence du
stylet proboscidien, mais encore la disposition de l'appareil nerveux,
l'adjonction aux organes sensoriels des otocystes, qu'on rencontre
chez quelques-uns d'entre eux et qui manquent dans les autres familles, peuvent en être regardés comme preuve.

Le nombre des Trémacéphalidés qu'on connaît sur nos côtes, fait
légitimement prévoir l'existence d'une multitude de types exotiques.
Ainsi la disposition des yeux en indiquant un rapport, bien faible il
est vrai, avec le *Tetrastemma* rend supposable que le *Borlasia* (*Col-*
pocephalus, Dies.) *quadripunctata* (1) trouvé par Quoy et Gaimard
(1833) dans les mers d'Amboine, appartient à cette Famille. La probabilité paraît plus grande encore pour quelques espèces observées
par M. Schmarda (1859) et qu'il rapporte à deux genres *Borlasia* et
Ommatoplea, la position de l'orifice cœliaque porté très en avant, l'absence de fentes céphaliques justifient le rapprochement, on doit même
ajouter que pour l'*Ommatoplea heterophthalma*, de la N^lle-Zélande,
sur une figure (2) se voient des stylets, mais celle-ci n'a pas
toute la clarté désirable, il faudrait y joindre l'*O. ophiocephala*, du
Cap de Bonne-Espérance, et pour ce genre *Borlasia* les *B. trilineata*,
B. dorycephala, tous deux de cette même localité, *B. cardiocephala*,
des côtes du Chili, *B. unilineata*, du Pérou, *B. bilineata*, de la Jamaïque.
Des espèces exotiques ont été également signalées par divers auteurs,
entre autres Stimpson, mais la plupart ne sont pas figurées et les
descriptions laissent de côté trop de caractères importants, pour qu'on
puisse, d'après les bases de la classification généralement admise
aujourd'hui, savoir à quel genre les rapporter ou s'ils méritent d'en
former de nouveaux. Il serait donc inutile d'insister davantage sur ce
point, ce qui vient d'être exposé fait suffisamment pressentir combien
des recherches dirigées dans ce sens seraient fructueuses.

Le tableau ci-joint, en grande partie emprunté à M. Hubrecht,
expose d'une manière synoptique les caractères distinctifs des genres
d'Europe les mieux déterminés.

(1) Pl. XXVII, fig. 15, 16, 17.
(2) Schmarda, 1859, Pl. X, fig. 90b.

I. S. Ord. **ENOPLA.**

I. Fam. TREMACEPHALIDÆ.

Corps — plus ou moins court, trompe à proportion longue. Yeux — nombreux. Trompe munie :

- d'un prolongement falciforme, multistylifère. . . . . **I. Drepanophorus, Hubr.**
- d'un stylet central unique. . . . . **II. Amphiporus, Ehr.**

peu nombreux (6 au plus) ou nuls. Otocystes — nuls. Yeux :

- grands ; corps plutôt court, rigidule. . . . . **III. Œrstedia, Quatr.**
- petits ; corps grèle très contractile :
  - Terrestres ou des eaux douces. . . . . **IV. Geonemertes, Semper.**
  - Marins, aquatiques. Lobe céphalique médian :
    - nul. . . . . **V. Tetrastemma, Ehr.**
    - distinct. . . . . **VI. Prosorochmus, Kef.**

distincts. Yeux :

- distincts. . . . . **VII. Otoloxorrhochma, Dies.**
- nuls. . . . . **VIII. Ototyphlonemertes, Dies.**

plutôt long et délié, trompe relativement courte. . . . . **IX. Eunemertes, M'Int.**

I. Genre DREPANOPHORUS.

Hubrecht, 1879, p. 225.

La structure de la trompe, munie d'une tige sur laquelle se trouvent des lames de stylet en nombre considérable, appareil accompagné de poches styligènes non moins multipliées, ne permet de confondre ces Térétulariens avec aucun autre.

Une espèce se rencontre sur nos côtes aussi bien méditerranéennes qu'océaniques, le *Drepanophorus spectabilis*, Quatr. (1); il se trouve fréquemment à St-Malo dans les vieilles coquilles d'huîtres ramenées par la drague. Cette espèce perd sa trompe avec grande facilité et dans ce cas pourrait ne pas être reconnue. M. Hubrecht a décrit un autre Drépanophore de la Méditerranée *D. serraticollis*, Hubr. (2). Enfin, n'est-ce pas de ce genre qu'il faudrait rapprocher le *Nemertes polyhopla*, Schmar. (3), du lác Nicaragua dans l'Amérique centrale.

II. Genre AMPHIPORUS.

Ehrenberg, 1831, Turbell. feuille *c*, 3ᵉ page.

La simplification de l'appareil stylifère, les yeux multipliés, c'est-à-dire au nombre de dix ou plus, différencient facilement ce genre soit du précédent soit des suivants. Il est plus malaisé parfois de le distinguer des *Eunemertes*, M'Int., cependant, à la longueur proportionnellement moins grande du corps, on peut joindre un caractère plus positif tiré des dimensions de la trompe, laquelle s'étend chez les *Amphiporus* jusqu'à l'extrémité postérieure du corps.

Les espèces doivent être assez nombreuses. Le type serait l'*A. albicans* de la Mer Rouge, décrit et soigneusement figuré par Ehrenberg. On a signalé des espèces de l'Amérique du Nord : *A. cruentatus*, Verrill, et des mers boréales, car l'espèce figurée par Gaimard (voy. Scandinavie et en Laponie — Aporocephala, Pl. C. fig. 1 à 22) et que Diesing a nommée (1862) *Ditactorrhochma typicum*, me paraît n'être autre chose qu'un *Amphiporus*.

Sur les côtes d'Europe, M. Mac Intosh décrit 4 espèces d'Angleterre et M. Hubrecht en signale 5 de la Méditerranée. Deux *A. pulcher*, Johnst., *A. lactifloreus*, Johnst., sont communes aux deux mers

---

(1) Pl. XXV, fig. 21 ; pl. XXVI, fig. 17.

(2) M. Hubrecht, à cause de sa ressemblance extérieure, se demande si ce n'est pas la même espèce que le *Cerebratulus crassus*, Quatr. (pl. XXVI, fig. 16).

(3) Pl. XXVII, fig. 3, 4, 5.

et se rencontrent en abondance sur les côtes de Bretagne. Ce dernier présente parfois des colorations très diverses et certaines différences dans l'arrangement des points oculiformes, qui ont pu être regardées comme justifiant des distinctions spécifiques (*P. mutabilis*, Quatr. (1), *P. mandilla*, Quatr. (2), *P. violacea*, Quatr.), mais il est plus probable qu'il ne s'agit là que de simples variétés. Dans certaines espèces le manubium est tronqué : *A. dubius*, Hubr., *A. armatus*, Dug., faciles à distinguer l'un de l'autre par le nombre et la disposition des yeux, dont on compte au plus une dizaine en quatre groupes pseudotetrastemmiens, tous en avant du cerveau, chez le premier, tandis que le second a les points oculiformes beaucoup plus multipliés, étendus, sur deux lignes latérales à la partie antérieure du corps, bien au-delà des ganglions cérébroïdes, des points oculiformes se voient aussi à la face ventrale, j'ai observé ce dernier animal à St-Malo.

M. Hubrecht, parmi les espèces qu'il décrit, signale les *A. hastatus*, M'Int., et *A. pugnax*, Hubr., comme anormaux dans le groupe et devant, suivant toute probabilité, en être distraits. Le premier, d'après lui, pourrait bien répondre à l'*Akrostomum Stannii*, Gr. Quant à l'autre espèce elle offre ce caractère de n'avoir pas moins de sept poches styligènes.

III. Genre OERSTEDIA.

Quatrefages, 1846, p. 221.

Corps cylindrique, rigidule, plutôt court ; 4 yeux volumineux disposés en quadrilatère, pas d'otocystes. Suivant M. de Quatrefages le caractère particulier du genre se tire de la disposition des cordons nerveux plutôt rapprochés de la ligne médiane et non latéraux. M. Hubrecht ajoute que l'organe latéral est placé au niveau de la partie antérieure du lobe cérébroïde supérieur, avec lequel il est en connexion intime.

Les deux espèces signalées par le premier de ces auteurs : *Œ. maculata* (3), Quatr., *Œ. tubicola*, Quatr.; toutes deux de Favignana, côtes de Sicile, n'ont malheureusement pas été revues depuis. M. Hubrecht, sous le nom d'*Œ. vittata* et *Œ. unicolor*, a fait connaître deux Térétulariens dont les rapports avec les précédents sont douteux (4); ils ont été retrouvés à Roscoff par M. Chapuis.

Ce genre en somme paraît très voisin des *Tetrastemma*, Ehr., avec lesquels M. Mac Intosh les confond, regardant les deux espèces typiques comme synonymes du *T. dorsale*, Abildg.

(1) Pl. XXVI, fig. 8, 9, 10.
(2) Pl. XXVI, fig. 11, 12, 13.
(3) Pl. XXVI, fig. 18.
(4) Voy. note page 601.

IV. Genre GEONEMERTES.

Semper, 1863, p. 559.

(? PROSTOMA, Dugès, 1828, p. 140).

Ce genre a été brièvement signalé par M. Semper en 1863, pour le *G. pelaensis*, trouvé à l'île Pelew, par ce savant voyageur; depuis la même espèce, peut-être importée, aurait été vue par M. Graff (1879), à Francfort sur le Mein, dans le doute il lui a imposé le nom nouveau de *G. chalicophora*. Enfin avant ce dernier auteur, M. Willemoes-Suhm (1874) avait décrit des Bermudes un Térétularien terrestre, le *Tetrastemma agricola*, qui doit être placé probablement dans ce genre *Geonemertes*. Celui-ci ne doit-il pas comprendre également les *Prostoma clepsinoideum*, Dug. et *P. lumbricoïdeum*, Dug. (1) des environs de Montpellier (lesquels me paraissent ne devoir être considérés que comme une seule espèce, car ils ne diffèrent que par une paire d'yeux en plus chez ce dernier) en y joignant même le *Polia Dugesii*, Quatr., des environs de Paris? Bien que j'aie pu observer à Montpellier même ce type, qu'on y rencontre sous les pierres humides, mes études ne sont pas assez complètes pour permettre d'être affirmatif à cet égard. Si le fait se vérifie, le nom de *Prostoma*, Dug. devra être repris comme ayant l'antériorité. Le *Tetrastemma aquarum-dulcium*, Sill., d'Amérique appartient peut-être aussi à ce genre.

Il faudrait s'attacher à trouver les caractères différentiels positifs pour ces animaux, qui ne sont guère distingués jusqu'ici des *Tetrastemma* que par leurs mœurs, ils habitent les eaux douces ou les lieux humides.

V. Genre TETRASTEMMA.

Ehrenberg, 1831, Turbell. feuille *c*, 1ʳᵒ page.

Vers en général de petite taille, rigidules, cylindriques, d'autres fois subdéprimés, polymorphes. Yeux petits ou médiocrement développés, cependant bien visibles, au nombre de 4, rarement 2, formant un rectangle ou un trapèze plus ou moins allongé; pas d'otocystes. Orifice proboscidien terminal; orifice buccal rapproché des lobes cérébraux, très peu en arrière de ceux-ci; trompe armée d'un stylet simple et pourvue de deux poches styligènes. Fentes respiratoires sans ramifications. Reproduction ovipare, quelques-uns sont hermaphrodites.

(1) Pl. XXV, fig. 13, 14, 15.

Les *Tetrastemma* sont nombreux en espèces, si l'on s'en remet aux noms cités par les auteurs, mais plusieurs d'entre elles sont sans doute nominales, et une révision sérieuse serait nécessaire pour fixer celles qui doivent être maintenues.

On trouve fréquemment sur nos côtes Océaniques : *T. flavidum*, Ehr. (1), remarquable par la distance qui sépare la paire d'yeux antérieurs de la postérieure; *T. dorsale*, Abildg., *T. candidum*, Müll. (2); *T. vermiculus*, Quatr. (3), chez lequel une traînée pigmentaire réunit chaque œil antérieur à l'œil postérieur correspondant; *T. melanocephalum*, Johnst. (4), et *T. coronatum*, Quatr., tous deux présentent dans l'espace compris entre les paires d'yeux une bande ou une tache pigmentaire noire transversale; *T. diadema*, Hubr.

Généralement les *Tetrastemma* sont des Vers vivants, à l'état de liberté, sous les pierres, très souvent sur les plantes marines. Quelques espèces sont pseudo-parasites plutôt que réellement parasites, on peut citer le *Tetrastemma Kefersteinii*, Marion, de la cavité branchiale des Ascidies, espèce remarquable par son hermaphroditisme, fait signalé antérieurement par Keferstein pour une espèce peut-être voisine, désignée par lui sous le nom de *Borlasia hermaphroditica*, Kef., mais qui ne présenterait que 2 points oculiformes.

Cette dernière particularité se retrouve sur le *Nemertes carcinophila*, Köll. (5), que son apparence me porte à rapprocher provisoirement de ce groupe plutôt que de former une nouvelle coupe générique pour les espèces bi-oculées. Ce Nemertien est ecto-parasite du *Carcinus mænas*, Leach. M. Willemoes a signalé un *Tetrastemma* rencontré sur un autre crustacé brachyure du genre *Nautilograpsus*, habitant des Sargasses, son aspect et la disposition de la trompe le rapprochent du précédent (6).

VI. Genre PROSOROCHMUS.

Keferstein, 1863, p. 55.

Ce genre est, semble-t-il, très voisin du précédent et, sans cette particularité que l'espèce unique qu'il renferme est vivipare, peut-être n'eût-on pas cherché à l'en séparer. Comme caractères plus positifs Keferstein indique l'extrémité antérieure bilobée avec un troi-

(1) Pl. XXV, fig. 9, 10, 11, 12.
(2) Pl. IV, fig. 2 (sous le nom de *Polia quadrioculata*, Quatr.).
(3) Pl. XXV, fig. 7, 7' et 8.
(4) Pl. XXVI, fig. 5, 6, 7.
(5) Pl. XXV, fig. 16, 17, 18, 19.
(6) Voir les remarques faites à l'occasion du G. *Myzobdella*, p. 537.

sième lobe dorsal en dessus et un peu en arrière des deux premiers, cette disposition, quoique réelle, est difficile à reconnaître. M. Mac Intosh ajoute, que les yeux ne forment pas un rectangle, ce qui me paraît contestable et, en tous cas, ne peut être regardé comme un caractère générique.

Le *P. Claparedii*, Kef. (1), a été rencontré sur différents points de nos côtes de la Manche et en Angleterre.

VII. Genre OTOLOXORRHOCHMA.

Diesing, 1863, p. 185.

La présence d'otocystes multiples renfermant des otolithes me paraît, comme chez les Planariæa, mériter d'avoir une valeur générique, bien que l'espèce, qui constitue ce groupe, soit encore très imparfaitement connue. On trouve quatre yeux comme chez les *Tetrastemma* et une trompe armée.

L'*O. Graeffei*, Dies., a été brièvement décrit par M. Ed. Graff en 1860, comme trouvé à Nice, c'est un petit Nemertien jaune verdâtre, dont la longueur n'excède pas 2^{mm} à 3^{mm}.

VIII. Genre OTOTYPHLONEMERTES.

Diesing, 1863, p. 180.

Ce genre offre le caractère spécial du précédent et n'en diffère que par l'absence des organes oculiformes, les otocystes n'y sont pas moins visibles et les fentes céphaliques transversales bien accentuées.

L'*O. pallida*, Kef., la seule espèce du genre, a été trouvée à St-Vaast-la-Hougue, par Keferstein, ce regretté savant l'avait regardée comme appartenant au genre *OErstedia*, Quatr. Je crois l'avoir retrouvée à St-Malo (2), l'individu n'était pas complètement développé et n'avait qu'une paire d'otocystes au lieu des deux paires décrites et figurées pour le type.

IX. Genre EUNEMERTES (3).

Mac Intosh, 1873-1874, p. 176.

Corps très allongé, plus ou moins déprimé. Partie céphalique avec des points oculiformes nombreux, pas d'otocystes. La trompe, qui ne s'étend pas jusqu'à l'extrémité postérieure du corps, est proportion-

(1) Pl. XXV, fig. 5, 5' et 6.

(2) Pl. XXVII, fig. 1, 1' et 2.

(3) En réalité, le nom employé par M. Mac Intosh, suivi en cela par M. Hubrecht, est *Nemertes* (non Cuv.).

nellement moins développée que dans les autres genres de la famille des TREMACEPHALIDÆ. Des fentes céphaliques longitudinales et des organes latéraux. Ovipares.

Ce genre ainsi limité ne paraît renfermer qu'un petit nombre d'espèces. M. Mac Intosh en énumère 3 dont une, à reporter dans un autre genre, a été citée plus haut avec les *Tetrastemma* (*T. carcinophilum*, Köll.), M. Hubrecht 5, dont deux *E. gracilis*, Jöhnst. (1), et *E. Neesii*, OErst. (2), sont communes aux côtes d'Angleterre et à la Méditerranée, elles sont l'une et l'autre fréquentes sur les côtes de Bretagne.

II. S.-Ord. ANOPLA.

Trompe peu ou point protractile, sans appareil stylifère. Les troncs vasculaires diminuent de calibre et disparaissent en quelque sorte antérieurement.

Les TERETULARIA ANOPLA sont fréquemment de grande taille et comprennent certains vers dont la longueur est surprenante.

Keferstein les a partagés en deux familles, ROCHMOCEPHALIDÆ et GYMNOCEPHALIDÆ auxquelles je crois devoir adjoindre, au moins provisoirement, le groupe des PELAGONEMERTIDÆ (3).

Comme pour le sous-ordre précédent, il n'est possible de bien définir que les genres européens, ils sont énumérés dans le tableau synoptique ci-contre.

Cependant des auteurs déjà cités ont fait connaître, de points très variés du globe, des Térétulariens, qui vraisemblablement appartiennent aux ANOPLA. Pour plusieurs de ceux-ci les fentes céphaliques caractérisant les ROCHMOCEPHALIDÆ, ont été parfaitement reconnues : *Borlasia vittata,* Q. et G., de l'île Van Diemen, *B. viridis,* Q. et G., de Port-Jackson ; *Meckelia ceylanica,* Schmar., *M. trigonocephala,* Schmar., *M. striata,* Schmar., tous trois de Ceylan, *M. macrorrhochma,* Schmar., de la Nouvelle-Zélande, etc. D'autres animaux, privés de ces fentes, se rapprocheraient plutôt des GYMNOCEPHALIDÆ : *Borlasia* (*Tæniosoma,* Stimps.) *quinquelineata,* Q. et G., Nouvelle-Guinée, Nouvelle-Irlande; *B.* (*Valencinia,* Dies.) *striata,* Q. et G., Guam. Il est plus difficile de savoir à quel groupe rapporter l'*Ophiocephalus heterorrochmus,* Schmar. (4), de l'Océan pacifique qui présenterait quatre fentes céphaliques.

(1) Pl. XXV, fig. 2; pl. XXVI, fig. 14, 15.
(2) Pl. XXV, fig. 3, 4.
(3) Voir le tableau, p. 604.
(4) Pl. XXVII, fig. 13 et 14.

II. S.-Ord. ANOPLA.

II. Fam. RHOCHMOCEPHALIDÆ.

Corps déprimé ou cylindrique, excessivement long; yeux nombreux. . . . . X. Lineus, Sow.

médiocrement allongé; yeux rares ou nuls. Trompe très grêle. . . . . XI. Euborlasia, M'Int.

bien développée. . . . . XII. Cerebratulus, Rénier.

à bords repliés en dessus, au point de se rejoindre. . . . . XIII. Langia, Hubr.

III. Fam. GYMNOCEPHALIDÆ.

Ganglion céphalique avec un lobe postérieur distinct, quoiqu'uni avec le lobe antéro-supérieur. Yeux distincts. XIV. Eupolia, Hubr.

nuls. XV. Valencinia, Quatr.

sans lobe postérieur distinct. Tête distincte du corps. . . . . XVI. Tubulanus, Rénier.

continue avec le corps. . . . . XVII. Cephalotrix, Œrst.

IV. Fam. PELAGONEMERTIDÆ.

XVIII. Pelagonemertes, Mosel.

II. Fam. ROCHMOCEPHALIDÆ.

Térétulariens de forme généralement très allongée, à trompe inerme, orifice buccal en arrière du cerveau. Tégument ayant la couche basilaire placée dans la couche des cellules superficielles ; en dehors des deux couches musculaires fondamentales, circulaire et longitudinale, une seconde couche longitudinale ; troncs nerveux, ou mieux couche nerveuse, entre celle-ci et les précédentes. Une longue fente longitudinale de chaque côté de la tête, avec un organe latéral partant de son extrémité postérieure et pénétrant dans le lobe cérébral correspondant. Développement accompagné de métamorphoses.

Toutes les espèces connues sont marines.

Bien que leur trompe soit inerme, les ROCHMOCEPHALIDÆ, par le développement des fentes céphaliques, la complication des couches tégumentaires, offrent des caractères d'élévation organique comparables à ceux de la famille précédente, à laquelle ils sont assimilés sous ce rapport par M. Hubrecht.

X. Genre LINEUS.

Sowerby, 1805.

Corps allongé, parfois excessivement, déprimé ; yeux nombreux.

A ce genre appartient comme type l'espèce la plus anciennement connue du groupe et la plus remarquable par la longueur prodigieuse qu'elle peut atteindre, le *L. longissimus,* Gunn. (1), abondant sur nos côtes océaniques, en particulier sur celles du Calvados et de Bretagne, les individus longs de 2^m à 3^m ne sont pas rares, les auteurs parlent d'exemplaires dix fois plus grands, la largeur n'excède cependant pas 2^{mm} à 4^{mm}. Deux autres espèces : *L. gesserensis,* Müll. (2), *L. sanguineus,* J. Rathke (3), se rencontrent dans les mêmes lieux, M. Barrois pense qu'elles ne sont pas distinctes et les identifie toutes deux au *Nemertes obscura* de Desor, nom qui, en tous cas, ne peut avoir la priorité. Le *L. lacteus,* Mont., constituerait un autre représentant de ce genre voisin du *L. sanguineus,* Rathke, dont il se différencie par sa coloration plus pâle surtout en arrière et son orifice buccal plus reculé. On peut ajouter le *L. variegatus,* Chapuis.

(1) Pl. XXVI, fig. 4 ; pl. XXVII, fig. 9.
(2) Pl. XXVII, fig. 8 et peut-être fig. 19.
(3) Pl. XXVII, fig. 6, 7.

XI. Genre EUBORLASIA (1).
Mac Intosh, 1873-1874, p. 193.

Corps allongé, moins cependant à proportion que dans le genre *Lineus,* cylindrique, renflé postérieurement, surtout à l'état de contraction ; yeux nuls ; tête appointie, fentes céphaliques très distinctes. Couches musculaires cutanées teintées en rouge. Trompe très grêle.

Ce genre ne renferme jusqu'ici qu'une espèce *E. Elisabethæ,* M'Int. (2), laquelle atteint rarement plus de 300^{mm} de long, sur une largeur de 5^{mm} à 6^{mm} ou 15^{mm}, à l'état de contraction ; la tête est jaune paille maculée de verdâtre avec les fentes céphaliques d'un rouge carmin brillant, corps brun sépia plus ou moins foncé, des anneaux pâles régulièrement distancés surtout en avant ; Angleterre, côtes de Bretagne, Méditerranée.

Le genre *Avenardia,* Giard, paraît assez voisin des *Euborlasia.* L'*A. Prici,* Giard, d'après un individu dans l'alcool que j'ai pu voir entre les mains de M. le baron de Saint-Joseph, semble rappeler le *Gordius serpentinus,* Daly.

XII. Genre CEREBRATULUS.
Rénier, 1807, tabl. VI, 23.

Ce genre, l'un des plus anciens, est, tel qu'on le comprend maintenant, assez mal défini, il se distingue des *Lineus* en ce que les yeux sont nuls ou sans limite nette, des *Euborlasia* non seulement, comme l'indique le tableau, par une trompe moins développée, mais encore par des parois somatiques très résistantes et une forme plus franchement cylindrique.

M. Hubrecht a ajouté (1879) à ces caractères vagues, que la trompe offre généralement des fibres croisées, polaires sur une section transversale et que ce même organe a dans certaines espèces quatre troncs nerveux longitudinaux. Toutefois dans un travail ultérieur (1887), il insiste sur la difficulté de distinguer ces Térétulariens des *Lineus.*

Le type, *C. marginatus,* Rénier, dont le diamètre, à l'état de contraction, pourrait aller jusqu'à 30^{mm}, a été signalé des côtes d'Angleterre et de la Méditerranée. Le *C. bilineatus,* Rénier (3), se trouve dans les mêmes localités et sur les côtes le Bretagne avec les *C. lacteus,* Gr., *C. hepaticus,* Hubr., *C. roseus,* Hubr., *C. modestus,* Chapuis.

(1) Le nom employé par M. Mac Intosh et adopté par M. Hubrecht est en réalité *Borlasia* (non Oken).

(2) Pl. XXVI, fig. 3.

(3 Pl. XXVII, fig. 10.

Ehrenberg, sous le nom de *Micrura,* a distingué des Vers, dont l'extrémité postérieure se termine en un filament grêle, plus ou moins long, nettement séparé du corps, cette manière de voir a été admise par M. Mac Intosh, mais, suivant M. Hubrecht, ces espèces doivent être comprises dans le genre *Cerebratulus.* On trouve sur nos côtes les *M. fasciolata,* Ehr. (1), *M. purpurea,* J. Müll., *M. fusca,* M'Int.

C'est également au genre *Cerebratulus* que cet auteur rapporte un certain nombre d'espèces, huit, prises dans les dragages du Challenger, la plupart à l'état de fragments, aussi ne sont-elles présentées qu'avec certaines réserves.

XIII. Genre LANGIA.

Hubrecht, 1879, p. 320.

« Bords marginaux du corps légèrement godronnés et repliés en haut sur le dos, qui, de la tête à l'extrémitéc audale, prend l'aspect d'un tube en partie clos. Troncs nerveux placés plutôt au-dessus de l'intestin que latéralement à celui-ci. Orifice du système aquifère à la partie dorsale, dans la cavité tubulaire supérieure. »

Une espèce *L. formosa,* Hubr., est citée de Naples.

Ce reploiement des bords du corps n'a-t-il pas son analogue, à la partie inférieure et pour la portion céphalique seulement chez le *Borlasia Novæ-Zelandiæ* de Quoy et Gaimard pour lequel Diesing a formé le genre *Chlamydocephalus?* La figure semble l'indiquer (2), mais le texte du Voyage de l'Astrolabe n'est pas suffisamment explicite sur ce point.

III. Fam. GYMNOCEPHALIDÆ.

Térétulariens de forme allongée, sans toutefois atteindre jamais les dimensions de certains Rochmocephalidæ. Tégument ayant la couche basilaire sous la couche des cellules superficielles ; en dedans des deux couches musculaires fondamentales, circulaire et longitudinale, une seconde couche circulaire ; troncs nerveux latéraux occupant une position variable par rapport aux couches musculo-cutanées. Tête sans fentes longitudinales, souvent avec de simples fossettes lorsque les organes latéraux existent, ce qui n'a pas toujours lieu.

Toutes les espèces connues sont marines.

(1) Pl. XXV, fig. 20.
(2) Pl. XXVII, fig. 18.

Les Gymnocephalidæ doivent être regardés comme le type le plus simple du groupe, et M. Hubrecht les considère comme en étant la souche, le nom de Paloeonemertini qu'il leur a imposé exprime cette idée. Les coupes génériques et les espèces sont peu nombreuses, comme dans la famille précédente.

Le développement n'est qu'imparfaitement connu.

XIV. Genre EUPOLIA.
Hubrecht, 1887, p. 10.

Corps déprimé, pouvant, dans l'espèce typique, atteindre une taille assez considérable, parois du corps plutôt épaisses. Lobes cérébraux développés, triples, le postérieur logé entre le supérieur et l'inférieur; troncs nerveux longitudinaux placés en dedans des couches musculaires; souvent une commissure postérieure au-dessus du tube digestif; des yeux nombreux (1). Trompe médiocre, gaîne proboscidienne mince, cependant visible, orifice proboscidien rapproché de l'extrémité antérieure. Des fentes céphaliques transversales; organes latéraux bien développés pénétrant dans le lobe cérébral postérieur.

Ce genre a pour type l'*E. delineata,* Chiaje, commun dans la Méditerranée, il atteindrait plus de 300^{mm} de longueur et est remarquable par les lignes longitudinales brunes, qui ornent son corps aussi bien à la face dorsale qu'à la face ventrale. L'*E. cæca,* Chapuis, a été trouvé à Roscoff. M. Hubrecht a décrit cinq autres espèces.

XV. Genre VALENCINIA.
Quatrefages, 1846, p. 185.

Corps subdéprimé, se rapprochant de la forme cylindrique dans certains cas, animaux de taille moyenne. Les lobes supérieur et inférieur de chaque ganglion cérébroïde particulièrement bien visibles; troncs nerveux longitudinaux placés vers la superficie des couches musculaires, séparés de l'épiderme par une mince épaisseur; yeux nuls. Trompe médiocre présentant trois régions bien distinctes, orifice proboscidien nettement éloigné de l'extrémité antérieure. Ni sillons, ni fentes céphaliques, mais simplement un petit orifice de chaque côté de la tête, conduisant par un canal cilié dans le lobe cérébral postérieur.

On doit regarder comme espèce typique le *V. longirostris,* Quatr. (2),

---

(1) M. Hubrecht (1887, p. 90) n'a pas trouvé ces organes sur les espèces d'*Eupolia* rapportées par le « Challenger », mais, vu l'état de conservation de ces animaux, il croit devoir réserver la question.

(2) Pl. XXVII, fig. 11 et 12.

commun sur les côtes de Bretagne et se rencontrant également dans la Méditerranée, auquel on peut joindre le *V. Armandi,* M'Int. (1). Des espèces encore citées, les unes se rapportent à un genre différent: *V. splendida,* Quatr. = *Tubulanus polymorphus,* Rénier ; *V. ornata,* Quatr. = *T. elegans,* Rénier; les autres: *V. dubia,* Quatr., *V. striata,* Q. et G., *V. elegans,* Stimps., sont trop imparfaitement connues pour qu'on puisse savoir avec certitude dans quel groupe les placer.

XVI. Genre TUBULANUS.

Rénier, 1807, tabl. VI, 21.

Très voisins des *Valencinia* par leur aspect extérieur, mais tête élargie, spatulée. Ganglions cérébraux composés de deux parties seulement par suite de l'absence du lobe postérieur; troncs nerveux longitudinaux placés immédiatement en dehors des couches musculaires sous les couches épidermiques; yeux nuls. Ici également, orifice proboscidien à une certaine distance de l'extrémité antérieure. Un sillon transversal au niveau du cerveau sans connexion avec un canal cilié.

Ce genre a pour type le *T. annulatus,* Mont. (2), auquel Rénier donnait le nom de *T. elegans,* épithète qui ne peut être admise, la précédente ayant la priorité. C'est par la même raison que le nom de *Tubulanus* me paraît devoir être préféré à celui de *Carinella,* Johnst. Le *T. polymorphus,* Rénier, d'une belle couleur rouge de Saturne, se trouve avec le précédent sur nos côtes océaniques et dans la Méditerranée ainsi que le *T. inexpectatus,* Hubr.

M. Hubrecht a, dans ses recherches sur les Némertiens recueillis à bord du Challenger (1887), créé un genre *Carinina,* qui diffère de celui-ci par la présence d'un troisième lobe cérébral dans lequel pénètre un tube cilié. Le *C. grata,* Hubr., a été trouvé dans l'Atlantique par des profondeurs de 2268 et 2451 mètres.

XVII. Genre CEPHALOTRIX.

Œrsted, 1844, p. 81.

Corps déprimé, tête continue avec lui. Les lobes supérieur et inférieur très distincts; troncs nerveux longitudinaux placés entre la couche musculaire longitudinale et une bande fibreuse interne isolée; pas d'yeux ou deux taches oculiformes latérales, mal limitées, pla-

---

(1) M. Hubrecht regarde cette espèce comme devant former un genre spécial *Carinoma.*

(2) Pl. XXVI, fig. 1, 2.

cées en avant sur les côtés de la tête, pouvant se décomposer en une multitude de petites taches pigmentaires. Orifice proboscidien terminal. Pas de tube latéral cilié.

Les *Cephalotrix* sont des Vers de petite taille atteignant à peine 30^{mm} à 40^{mm} de long. Le *C. linearis*, Rathke, en est le type, car les *C. bioculata* et *C. cæca* d'Œrsted ne paraissent en être que deux variétés, dans lesquels les yeux sont différemment disposés, mais ces organes ne paraissent pas, dans ce genre, avoir la fixité qu'on leur connaît chez d'autres Térétulariens ; *C. viridis*, Chapuis.

IV. Fam. PELAGONEMERTIDÆ.

« Corps foliacé, gélatineux, hyalin. Extrémité antérieure du corps large et carrément coupée, la postérieure rétrécie en pointe. Canal digestif avec treize paires de ramifications latérales disposées comme chez les Planaires Dendrocœles. Tégument mince, hyalin, doublé immédiatement d'une mince tunique musculaire formée de deux couches l'une circulaire externe, l'autre longitudinale interne. Animal nageant librement, pélagique » (Moseley).

XVIII. Genre PELAGONEMERTES.

Moseley, 1875, p. 175.

Ce genre étant unique dans la famille, les caractères donnés pour celle-ci, suffisent pour le déterminer.

Il a été fondé pour un animal recueilli au sud de l'Australie, pendant l'expédition du « Challenger », le *P. Rollestoni*, Mosel., long de 40^{mm}, large de 20^{mm}, épais de 5^{mm}. Bien qu'on ait pu distinguer les ovaires, on est en droit de se demander, si c'est un être arrivé à son parfait développement ou s'il doit subir des métamorphoses ultérieures.

Dans l'état où nous le connaissons, il diffère assez de tous les autres Térétulariens pour mériter de former une famille à part, jusqu'à ce que des études plus complètes nous éclairent sur ses rapports réels. M. Hubrecht le place dans les Enopla (Hoplonemertini, de cet auteur), cependant M. Moseley dit expressément que la trompe est inerme.

Il est possible que le *Pterosoma plana,* Lesson, figuré dans le Voyage de la Coquille, soit la même espèce ou quelqu'animal du même genre. Cette supposition faite par Moseley, si elle se vérifiait, obligerait de changer le nom générique proposé par ce dernier auteur.

ORDRE

PLANARIENS (PLANARIÆA)

ou

TURBELLARIÉS [1]

———

Fasciola, MULLER, 1774.
Planaria, MULLER, 1776, LAMARCK, etc.
Planariæ, BLAINVILLE, 1828.
Turbellaria Rhabdocœla (pars) et *Dendrocœla*, EHRENBERG, 1831.
Anevormes Aporocephales et *Rhabdocœles*, BLANCHARD, 1847-1849.
Turbellariæa Dendrocœla et *Rhabdocœla* (pars), DIESING, 1850.
Aprocta et *Proctucha Arynchia*, SCHULTZE, 1851.
Turbellariæa Dendrocœla et *Rhabdocœla Arhynchocœla*, DIESING, 1862.

Plathelminthes à corps polymorphe couvert de cils vibratiles, rarement allongé, généralement foliacé, aplati ; d'ordinaire pas de ventouses proprement dites, sauf dans certains cas et alors peu apparentes ; habituellement pas de fossettes céphaliques ciliées. Des ganglions sans collier péri-œsophagien, avec des cordons latéro-postérieurs libres. Tube digestif n'ayant qu'un seul orifice (2), sans mâchoires, ni trompe sus-œsophagienne. Sexes réunis sur un même individu.

Les Planariens sont toujours des animaux de petite taille atteignant rarement quelques centimètres de longueur, souvent microscopiques. Très contractiles et polymorphes, ils affectent dans leur état normal la forme de vers plus ou moins allongés, tantôt subcylindriques aplatis à la face ventrale, tantôt déprimés, foliacés ; bien qu'on puisse citer de nombreuses exceptions, la première forme appartient plutôt aux Rhabdocœliens, la se-

(1) Moins les TRÉMATODES.
(2) Les *Microstoma*, Œrst., font peut-être exception.

conde aux Dendrocœliens. Chez les *Convoluta*, OErst., les bords latéraux se rabattent en cornet d'oublie vers la face ventrale. On ne trouve jamais d'articulations distinctes, car les *Dinophilus*, O. Schm., chez lesquelles elles existent, au moins comme sillons superficiels à la surface de la peau, ne peuvent être regardés avec certitude comme des Planariens et seraient suivant l'opinion de M. von Graff, des Rotateurs ou des Annélides.

La paroi somatique est composée des couches musculaires revêtues extérieurement des couches cutanées, tapissées intérieurement d'un tissu parenchymateux, qui joue le rôle de péritoine.

Il est assez difficile de constater la structure en cellules des couches cutanées, on n'y reconnaît qu'une matrice paraissant homogène, revêtue par une cuticule continue. C'est celle-ci qui supporte les cils vibratiles, couvrant toute la surface extérieure du corps, lesquels, comme chez les Térétulariens, donnent à ces animaux leur aspect particulier. On rencontre très fréquemment dans les couches profondes de la peau des bâtonnets et des nematocystes (1), les premiers, dont l'usage physiologique ne peut être regardé comme encore parfaitement élucidé, sont d'ordinaire rassemblés en plus ou moins grand nombre dans des cellules spéciales bien limitées. M. von Graff regarde comme des appareils vénénifiques annexes du tégument, deux glandes placées vers les parties antéro-latérales du corps chez le *Convoluta convoluta*, Abildg. Enfin il convient de citer ici les appareils d'adhérence qui, sous forme de petites saillies molles, susceptibles de se mouler sur les corps, se trouvent en nombre parfois considérable à l'extrémité caudale chez certains Planariens, les *Monocelis*, Ehr., par exemple, et les ventouses dont il sera question à propos de certains DENDROCŒLA.

Le système musculaire en outre des deux couches fondamentales, l'externe annulaire, l'interne longitudinale, offre, comme chez les Hirudinées, des faisceaux dorso-ventraux, qui, notamment dans les espèces déprimées, sont nombreux et jouent un rôle important pour maintenir la forme de ces animaux.

Les mouvements consistent dans la reptation et la natation. Le premier mode de locomotion, de beaucoup le plus habituel,

(1) **Pl. XXIX, fig. 17 à 20.**

s'effectue, au moins pour les grandes espèces, comme le *Leptoplana tremellaris*, Müll., au moyen de la face ventrale formant une sole d'adhérence comme chez les Mollusques Gastéropodes, parfois aussi distincte que chez ceux-ci (*Geoplana*, Stimps., *Bipalium*, Stimps.), et jouissant de mouvements analogues, les cils vibratiles doivent sans doute, surtout chez les petites espèces, venir en aide ou même parfois suppléer entièrement aux contractions musculaires, car il est habituel de voir ces vers glisser en quelque sorte à la surface des corps immergés sans que, même à l'aide d'instruments grossissants, il soit possible de reconnaître des changements de forme indiquant un mouvement ondulatoire quelconque. La natation au sein du liquide ne paraît jamais être un mode de locomotion normal et ne s'observe guère, si ce n'est lorsque l'animal, quittant un point élevé, tombe en quelque sorte au fond, il s'agite alors par des ondulations antéro-postérieures, plus ou moins multipliées sans qu'il semble lui être possible de se diriger réellement. Il n'en est pas de même dans le cas de natation à la surface, qu'on pourrait appeler par flottage, et dans lequel le ver renversé sur le dos, la face ventrale adhérant en quelque sorte à l'air, se meut soit par des ondulations de ses bords latéraux, soit par le simple mouvement des cils vibratiles, ce mode de locomotion se voit très fréquemment sur les espèces retenues en captivité, surtout lorsque l'eau des aquariums s'altère.

L'appareil nerveux se compose essentiellement de deux ganglions latéraux, situés vers la partie antérieure du corps, plus ou moins écartés, mais en général peu distants l'un de l'autre, unis par une commissure transversale simple et passant au-dessus du tube digestif, si celui-ci, placé en avant, se trouve en rapport avec cet appareil, ce qui n'a pas toujours lieu. De ces ganglions partent d'un côté des nerfs antérieurs, se rendant aux organes des sens spéciaux, qui peuvent exister, d'autre part, deux longs cordons postérieurs latéraux, sans renflements ganglionaires, émettant de distance en distance des branches grêles et ne paraissant jamais s'unir d'un côté à l'autre. Les Acœla, d'après M. Graff, n'offriraient plus trace de ce système, mais M. Delage (1886) l'a trouvé chez un *Convoluta*. C'est en somme un appareil d'une grande simplicité, qui se rapporte d'une manière directe au type Anévorme.

Bien que bon nombre d'espèces paraissent fort mal douées au point de vue des organes sensoriels, cependant, si on considère l'ensemble du groupe on trouve les sens élevés représentés par des appareils souvent rudimentaires, mais qui ne peuvent laisser de doute sur leur rôle physiologique.

Le toucher général semble très délicat, à en juger par la sensibilité dont témoignent ces animaux au plus léger contact. On doit sans doute regarder comme se rapportant à un toucher plus spécial les longues soies rigides qui, de distance en distance, se voient parmi les cils vibratiles et sont particulièrement multipliées, plus régulièrement disposées, à la partie antérieure du corps qu'on peut désigner sous le nom de rostre. Celui-ci dans certaines espèces, *Alaurina*, Busch., et genres constituant la famille des Proboscidæ, devient même un organe plus spécialement tactile et constitue un prolongement en forme de trompe, qui par son aspect, sa structure, est susceptible de fournir d'excellents caractères taxinomiques. Tantôt en effet c'est un simple prolongement non rétractile, *Prorhynchus*, Schultze, d'autres fois il est muni d'une gaîne dans laquelle l'organe peut se retirer au moyen d'un muscle axile et de muscles rétracteurs, soit en nombre limité *Acrorhynchus*, Graff., *Gyrator*, Ehr., soit multiples, *Hyporhynchus,* Graff. On doit encore rattacher au sens du tact les tentacules, rares chez les Rhabdocœliens, où l'on peut cependant citer les *Vorticeros*, O. Schm., plus fréquents chez les Dendrocœliens et rapprochés de l'extrémité antérieure (1) ou reculés sur le dos (2).

Les organes oculiformes ne sont pas moins répandus, mais toujours fort rudimentaires et consistant en de simples taches pigmentaires accompagnés ou non, car la constatation ne peut en être faite dans tous les cas, de corps réfringents cristalliniens. Ces yeux offrent également d'excellents caractères spécifiques ou parfois génériques, suivant qu'on les rencontre ou au contraire qu'ils font défaut et, dans le premier cas, suivant leur nombre et leur disposition, ainsi on n'en trouve que deux, ou même un seul, chez un grand nombre de Rhabdocœliens (3), d'autres fois, au contraire, ils sont multipliés, affectant des arrangements très variés (4).

(1) Pl. XXIX, fig. 7, 9, 11.
(2) Pl. XXIX, fig. 5.
(3) Pl. XXVIII, fig. 2, 4, 5; pl. XXIX, fig. 16, 23.
(4) Pl. XXVIII, fig. 11; pl. XXIX, fig. 4", 13, 14.

Il n'est pas rare de rencontrer chez les Planariæa, et même d'une manière constante, dans certains groupes des Rhabdocœliens, le genre *Convoluta*, OErst., la famille des Monotidæ (1), par exemple, une cellule sphérique de petit diamètre, $0^{mm},026$ chez le *Monocelis lineata*, Müll., renfermant un corps réfringent de même forme (il mesure dans cette dernière espèce $0^{mm},016$ de diamètre) placé très exactement en son milieu, de sorte qu'il existe une zone transparente entre celui-ci et la paroi de la cellule. L'aspect de cet organe rappelle si complètement l'apparence des cellules otolithiques d'un grand nombre d'animaux invertébrés, particulièrement des Mollusques, que tout le monde s'accorde à le désigner du même nom en le considérant comme un appareil auditif. L'étude histologique de cet otocyste montre que l'otolithe proprement dit contenu est en partie calcaire, l'action des réactifs y fait reconnaître une cellule pourvue d'un noyau. Dans certains cas cette sphère centrale se complique par l'adjonction d'une ou deux paires d'élévations verruqueuses apposées sur elle d'une façon le plus souvent symétrique. En général, l'otolithe, plus ou moins central, est immobile, cependant M. Jensen dit qu'il peut se mouvoir chez le *Monocelis hamata*, Jens., ce qui tendrait à faire admettre que, chez ce ver au moins, la paroi interne de l'otocyste présente, comme dans d'autres invertébrés, des cils vibratiles. La constitution de cet organe, sa situation par rapport au cerveau, fournissent des caractères distinctifs d'autant plus précieux, qu'ils sont d'ordinaire très apparents et d'une constatation facile.

Beaucoup plus rarement que chez les Teretularia, on trouve des fossettes vibratiles (2), lesquelles, quand elles existent, pourraient être regardées comme le siège de sensations tactiles spéciales, bien qu'il soit impossible, dans l'état actuel de nos connaissances, d'en déterminer la nature réelle.

L'appareil digestif n'est pas moins important, au point de vue taxinomique, c'est à sa disposition générale, qui avait frappé les premiers observateurs, qu'est encore aujourd'hui emprunté le caractère sur lequel se base la division primordiale en sous-ordres des Planariæa. Il est toujours relative-

(1) Pl. XXVIII, fig. 7; pl. XXVIII, fig. 2.
(2) Pl. XXV, fig. 1 : *a*.

ment peu compliqué et ne présente jamais d'anus, sauf chez les *Microstoma*, OErst., encore le fait ne peut-il être regardé comme absolument établi, tant cette disposition est chez ces êtres inférieurs d'une constatation difficile. Dans certains cas, chez les *Proporus*, O. Schm., les *Convoluta*, OErst. (1), et d'une manière générale les Rhabdocœla acœla, la simplicité devient extrême, tout l'appareil étant réduit à un orifice buccal, qui conduit les aliments dans la cavité générale du corps remplie d'une masse sarcodique digérante. D'ordinaire, cependant, la cavité digestive est non-seulement distincte, mais encore précédée d'un pharynx remarquable par sa forme et le développement musculaire de ses parois.

Ce pharynx fait suite à la bouche, qui n'est en somme que son orifice externe et dont la position variable est fréquemment employée comme caractère distinctif. Elle peut être tout à fait antérieure, *Prorhynchus*, Schultze, ou sub-antérieure, *Macrostoma hystrix*, OErst. (2), ou médiane *Dendrocœlum lacteum*, Müll., *Mesostoma rostratum*, Müll. (3) ou enfin placée en arrière *Monocelis lineata*, Müll. (4). On doit aussi avoir égard à la position réciproque de l'orifice buccal et de l'orifice sexuel, comme on le verra plus loin.

Le pharynx musculeux, auquel le nom d'*œsophage* est souvent aussi appliqué, manque rarement; chez les Dendrocœliens il est constant et chez les Rhabdocœliens ne fait défaut que dans quelques groupes tels que les Acœla, cités plus haut, ou des animaux parasites *Graffilla*, Iher., *Anoplodium*, Schneid. Sa forme, sa disposition offrent des variations nombreuses, et comme cet organe, très apparent, est en général d'un facile examen, les zoologistes en ont fait grand emploi dans la classification. Tantôt il est simple, d'autres fois invaginé dans une gaîne et peut, par le jeu de ses fibres musculaires, faire saillie ou rentrer dans l'intérieur du corps. Souvent il présente une forme régulière campanulée, cylindrique, en tonneau (*pharynx dolioliforme*), sphérique, en rosette, ou rappelle parfois fort exactement la ventouse orale de certains Trématodes, enfin il

(1) Pl. XXVIII, fig. 7.
(2) Pl. XXVIII, fig. 6.
(3) Pl. XXVIII, fig. 5 : *a*.
(4) Pl. XXVIII, fig. 1, 3.

peut se développer davantage et se replier, ou plutôt se plisser, en offrant un aspect labyrinthiforme, chiffonné.

Cet œsophage constitue généralement toute la portion antérieure du tube digestif, dans quelques cas cependant la complication est plus grande, et chez les *Macrorhynchus*, Graff., il est précédé d'une trompe musculaire (1), également exsertile.

M. Hallez pense que la forme du pharynx pourrait fournir une base plus solide que la disposition du gastro-intestin pour la classification des Planaires « le *type dolioliforme* correspondant à peu près aux Rhabdocœles, le *type tubuliforme* aux Dendrocœles ». Chez ces derniers, le pharynx serait susceptible de se dilater en cloche ou en entonnoir, ce qui n'existerait pas pour les premiers. Ces idées, fort justes si on les applique aux espèces le plus habituellement sous nos yeux, n'ont cependant pu encore être assez généralisées pour qu'on les regarde comme définitivement acquises et réclament de nouvelles recherches.

Le reste du tube digestif auquel on peut donner le nom d'*estomac* ou de *gastro-intestin* est, quant à sa structure, d'une grande simplicité, formé de parois très peu épaisses, avec des glandules unicellulaires tapissant celles-ci ; ces glandules (? hépatiques) ne sont jamais colorées d'une manière aussi accentuée en brun que chez un grand nombre d'animaux inférieurs. La différence la plus importante résulte de la conformation de cet estomac tantôt en sac simple (Rhabdocœliens proprement dits) ou peu lobé (Alloiocœliens), tantôt dendritique, divisé en une multitude de cœcums, diversement ramifiés (Dendrocœliens).

La nourriture des Planaires se compose de matières animales, bien que dans certains cas l'estomac contienne des parcelles de végétaux. Dugès a montré qu'ils peuvent même s'attaquer à des proies d'un volume considérable, telles que certains Naïdiens, il n'est pas rare de rencontrer dans la cavité digestive des Planaires marines des soies d'Annélides. On peut observer aisément la manière dont ces êtres se nourrissent en laissant jeuner, pendant un certain temps des *Dendrocœlum lacteum*, Müll., ou autres Planaires d'eau douce d'une certaine taille, puis leur offrant une proie quelconque, par exemple des

____

(1) XXVIII, fig. 8 et 9 : *a*; pl. XXIX, fig. 23.

vers de farine (larves du *Tenebrio molitor*, Lin.) coupés en morceaux, on les verra s'appliquer sur ces tronçons et faire pénétrer dans leur estomac au moyen de leur pharynx, la matière blanche, dont sont remplies en grande partie ces larves. Dugès a observé et figuré la défécation, qui présente cette particularité que l'animal, après avoir évacué une partie du résidu digestif, fait pénétrer de l'eau dans l'estomac, l'y promène, pour le rincer en quelque sorte, puis expulse brusquement eau et matières alimentaires restantes.

Sauf chez les ACŒLA, on rencontre toujours une cavité périviscérale, dont l'importance d'ailleurs varie beaucoup suivant les groupes et qui renferme un liquide à corpuscules. En outre, il existe un système de canaux débouchant à l'extérieur, dont les tubes sont contractiles et qui, tout en étant plutôt sans doute chargé d'un rôle d'excrétion, doit en même temps servir à la circulation des fluides nourriciers, son rôle physiologique ne pouvant·être qu'imparfaitement défini, c'est le *système aquifère*. Bien que le liquide contenu soit parfois légèrement coloré en jaune ou en verdâtre, l'observation de ces vaisseaux offre toujours de grandes difficultés, et l'on ne peut que rarement reconnaître la disposition générale sur un même individu, d'ordinaire ils sont plus nets à la partie antérieure du corps, sur les côtés de l'appareil nerveux (1), et c'est chez les Rhabdocœles qu'on les voit le plus facilement. La disposition en est très variée, comme l'a indiqué et figuré schématiquement M. Graff (1882, p. 105). Dans le cas le plus simple (*Stenostoma leucops*, O. Schm.), il n'existe qu'un tronc longitudinal, qui débouche à l'extrémité postérieure médiane du corps; d'autres fois, il y a deux troncs, un de chaque côté, mais ils se réunissent en un canal commun, lequel débouche à l'extérieur comme dans le cas précédent (*Plagiostoma Lemani*, For. et Dupl., *Stenostoma quaternum*, Schmar.); les deux canaux peuvent avoir chacun un orifice efférent particulier situé latéralement en un point plus ou moins voisin de l'extrémité postérieure (*Derostoma unipunctatum*, Œrst., *Opistoma*, O. Schm., *Jensenia*, Graff); ou bien les canaux partant à la fois des extrémités antérieure et postérieure de l'animal s'unissent de chaque côté en un canal transversal médian ou submédian, qui s'ouvre plus ou

(1) Pl. **XXVIII, fig. 4.**

moins près de la ligne médiane (*Prorhynchus stagnalis*, Schultze) ; enfin ces canaux transversaux, la disposition générale restant la même, viennent parfois se réunir en débouchant l'un et l'autre dans le pharynx près de l'orifice buccal (*Mesostoma Ehrenbergii*, OErst.). Il est clair que l'on pourrait tirer de ces différentes dispositions d'excellents caractères taxinomiques, ils sont malheureusement d'un emploi peu commode.

Chez ces vers, comme pour la très grande majorité des animaux précédemment étudiés, la respiration paraît devoir être exclusivement cutanée, à peine peut-on regarder comme la perfectionnant par l'extension de la surface, les papilles qui ornent la partie dorsale d'un certain nombre de ces animaux, par exemple les *Thyzanozoon*, Gr. (1). Ici, de même que chez les Nemertes le revêtement vibratile du tégument peut venir utilement en aide à l'accomplissement de cette fonction. Les fossettes vibratiles, lorsqu'elles existent, jouent peut-être également un rôle dans les phénomènes de l'hématose.

A la suite de ces appareils, qui assurent la conservation de l'individu, on peut mentionner l'appareil à venin que présentent certains Macrorhynques tels que le *Macrorhynchus helgolandicus*, Metsch. Il se compose d'une petite glande vénénifique, dont le canal excréteur se continue avec un stylet chitineux, lequel fait issue à l'extérieur par l'orifice génital mâle.

Les appareils reproducteurs offrent un degré de complication des plus remarquables et une extrême variété, aussi les a-t-on toujours regardés comme susceptibles de fournir les plus grandes facilités pour caractériser les groupes et les espèces.

Tous les PLANARIÆA sont hermaphrodites, au moins ne peut-on citer qu'un très petit nombre d'exceptions, les *Microstoma*, OErst., par exemple, car le fait est douteux pour les *Stenostoma*, O. Schm., et a été reconnu inexact en ce qui concerne le *Plagiostoma dioicum*, Metsch.

L'orifice sexuel peut être simple, d'autres fois les appareils mâle et femelle ont chacun un orifice particulier, différence qui a été employée pour diviser les Dendrocœliens en MOGONOPORA et DIGONOPORA. Les rapports de ces orifices avec la bouche, leur position sur le corps, leur situation réciproque, offrent aussi grand intérêt. Ainsi, chez le *Prorhynchus stagnalis*,

<hr>

(1) Pl. XXXIX, fig. 11.

Annelés. Tome III. 41

Schultze, le pénis, armé d'un stylet chitineux (1), est si bien confondu avec l'orifice buccal qu'il avait d'abord été considéré comme une annexe du tube digestif comparable à la trompe des Térétulariens. Parfois les orifices sont placés en avant de la bouche (*Eurylepta*, Ehr.), parfois en arrière (*Oligocladus*, Lang), enfin l'orifice mâle peut précéder l'orifice femelle (*Automolos*, Graff) ou inversement être après lui (*Monocelis*, Ehr.).

Les organes mâles dans certains cas, comprennent avec les glandes fondamentales ou *testicules* et le canal vecteur de celles-ci, différents appareils de perfectionnement destinés soit à emmagasiner ou à modifier le sperme, soit à assurer la fécondation.

L'aspect des testicules est variable, et cette différence paraît constante dans de grands groupes. Chez les Acœla et les Alloiocœla parmi les Rhabdocœliens, chez tous les Dendrocœla, ils sont folliculeux, étant constitués d'une multitude de glandules sphériques dont les canaux efférents se réunissent de manière à former une glande en grappe. Chez les Rhabdocœla, s. str., à peu d'exceptions près, ils sont massifs, c'est-à-dire formant de chaque côté une grosse glande (2) tantôt ramassée, plus ou moins sphérique (*Jensenia*, Graff), d'autres fois allongée, claviforme (*Vortex*, Ehr.). J'ajouterai qu'au point de vue du rapport de ces glandes avec les tissus voisins les auteurs signalent une différence importante entre les Acœla, Rhabdocœla, s. str., d'une part et plusieurs Alloiocœla d'autre part, chez les premiers ces glandes sont entourées d'une tunique propre les isolant du parenchyme, ce qui manque chez les seconds ; cette remarque s'applique également aux glandes génitales femelles.

Les appareils de perfectionnement sont très simples en général et d'ailleurs manquent fréquemment. On peut trouver un réservoir où s'accumule le sperme, *vésicule séminale*, qui se présente d'ordinaire sous la forme d'une dilatation dans laquelle débouchent les canaux déférents, ceux-ci parfois se renflent en ampoules, constituant des *vésicules séminales accessoires*, qui coexistent avec (*Macrorhynchus mamertinus*, Graff)

____

(1) Pl. XXV, fig. 1 : *c*.

(2) Le *Gyrator hermaphroditus,* Ehr. fait exception, il est muni d'un seul testicule impair.

ou parfois remplacent (*Macrorhynchus Nægeli*, Köll.), la véritable vésicule séminale. Enfin, il s'adjoint souvent à cette vésicule une glande annexe, sorte de prostate *(vesicula granulorum, secret reservoir*, Graff), dont la structure et les rapports peuvent être intéressants à constater pour la classification de ces êtres, ainsi tantôt, et c'est l'ordinaire, le canal vecteur de cette glande (*ductus granulorum*) est simple, tantôt il se dilate en un réservoir prostatique (*vesicula granulorum*) ou se complique de la présence d'un tube chitineux (*Gyrator*, Ehr., *Hyporhynchus*, Graff, *Proxenetes*, Jens.); habituellement cette prostate est isolée de la vésicule séminale, d'autres fois toutes deux sont englobées dans l'appareil musculaire du pénis (*Acrorhynchus*, Graff, *Solenopharynx*, Graff).

Ce pénis lui-même peut offrir des dispositions variées. Chez les *Convoluta*, OErst., c'est un cylindre glanduleux, allongé. D'autres fois, c'est un appendice plus simple, mou, susceptible de s'évaginer et qui tantôt est plein, ne servant que comme organe d'adhérence lors de l'accouplement (*Castrada*, O. Schm.), d'autres fois et plus ordinairement, est creux pour servir en même temps à l'intromission du sperme et assurer la fécondation (*Mesostoma*, Dug.). Enfin dans nombre de cas, au moins chez les Rhabdocœla, un tube chitineux s'adjoint à ce pénis et peut, en se recourbant, en se divisant de différentes manières à son extrémité libre, se compliquer de façons très diverses, le genre *Proxenetes*, Jens., est particulièrement remarquable sous ce rapport (1).

Les organes femelles sont généralement d'un type élevé et ne présentent pas des modifications moins nombreuses. Les parties fondamentales comprennent un *germigène* ou *ovaire proprement dit* et un *vitellogène;* dans certains cas les organes se fusionnent pour former un corps glandulaire unique désigné sous le nom de *germi-vitellogène* (*Schultzia*, Graff), mais plus fréquemment ils sont distincts tout en pouvant offrir, surtout le vitellogène des dispositions et une structure variées. D'ordinaire ces organes sont pairs, c'est-à-dire qu'on trouve aussi bien du côté droit que du côté gauche un germigène et un vitellogène, cependant chez les *Mesostoma*, Dug., et genres voisins, chez les *Opistoma*, O. Schm., il y a un germigène et deux

(1) Pl. XXIX, fig. 22.

vitellogènes. Les *Derostoma*, Dug. au lieu d'avoir ce dernier organe sous forme d'une glande compacte, l'ont en réseau, ramifié.

Toutes ces glandes, au moins à l'époque de la reproduction, sont généralement très distinctes et faciles à caractériser. On trouve dans l'ovaire les ovules à l'état de cellules transparentes avec une vésicule et une tache germinatives très nettes, souvent l'ovaire claviforme les contient sur une seule rangée et aplatis par compression réciproque en disques si régulièrement superposés, qu'on croirait avoir sous les yeux un tissu végétal. Le vitellogène est au contraire toujours opaque, granuleux.

A ces parties fondamentales peuvent s'adjoindre des organes de perfectionnement d'une complication parfois remarquable. Ils consistent en appareils destinés à favoriser soit la fécondation, soit l'incubation.

Les premiers, qui sont les plus habituels, consistent dans certains cas en un simple réservoir du sperme (*bursa seminalis*), compliqué (*Convoluta*, OErst., *Proxenetes*, Jens.) ou non de parties chitineuses. Dans d'autres cas, il s'établit une division et l'on distingue à la fois une bourse copulatrice (*bursa copulatrix*) et un réservoir séminal (*Byrsophlebs*, Jens., *Mesostoma*, Dug., *Vortex*, Ehr.), ce dernier (*receptaculum seminis*) paraît destiné à féconder les œufs au fur et à mesure de leur sortie par l'oviducte.

Enfin dans certains cas l'œuf n'est pas évacué immédiatement après la fécondation, mais peut séjourner dans le corps de la femelle et y achever son développement, il est alors renfermé dans une poche annexe particulière, à laquelle on a donné le nom d'*uterus*, celui-ci peut être simple, uniovulé (*Mesostoma trunculum*, O. Schm., *M. splendidum*, Graff), ou double et pluriovulé (*Mesostoma rostratum*, Müll.). Cet utérus dans bien des cas semble plutôt destiné à fournir à l'œuf, ou aux œufs réunis, une enveloppe protectrice et pourrait être assimilé à l'ootype des Trématodes.

Bien que les organes des deux sexes soient réunis sur le même individu, la fécondation par accouplement est nécessaire, d'après ce qui nous est connu. L'accouplement a été observé sur un certain nombre d'espèces depuis Dugès, qui, l'un des premiers, l'a décrit et figuré. On est généralement d'accord, bien que la preuve directe ne paraisse pas en avoir encore été donnée, pour admettre qu'il est simultané et réciproque. La difficulté est de se rendre compte du mécanisme suivant lequel le pénis d'un des individus pénètre dans l'organe femelle du conjoint lorsque les orifices sexuels distincts, comme chez les Digonopora, sont placés à une certaine distance l'un devant l'autre, attendu que les individus, ainsi que j'en ai fait l'observation (1867-1871) sur le *Leptoplana tremellaris*, Müll., sont appliqués l'un contre l'autre, les faces ventrales se répondant, et dans le même sens, c'est-à-dire les deux têtes dirigées du même côté et non en sens inverse (*tête-bêche*) comme on l'a admis souvent théoriquement. M. Metschnikoff et M. Hallez ont d'ailleurs montré que le développement des produits de l'un et de l'autre sexe ne marchait pas de pair et que d'ordinaire l'un d'eux était à maturité, tandis que l'autre se trouvait loin d'y être parvenu (*hermaphroditisme successif*). Ceci conduirait à penser, qu'au moment de la fécondation, le fluide spermatique n'agit pas de suite sur les ovules, mais reste emmagasiné jusqu'à ce qu'ils aient achevé leur évolution et les féconde au fur et à mesure de la descente, ce qui au reste serait bien en rapport avec la complication des organes femelles d'accouplement, tels qu'ils ont été décrits plus haut. A moins que chaque individu n'agisse uniquement soit comme mâle soit comme femelle, sans fécondation réciproque simultanée, lors d'un accouplement.

Les œufs mûrs sont parfois déposés isolément ou réunis en plaques plus ou moins étendues par apposition les uns à côté des autres (*Leptoplana tremellaris*, Müll.); il n'est pas rare non plus d'en voir un nombre plus ou moins considérable dans une enveloppe commune, ce qui rappelle la disposition connue chez certains Hirudiniens (1). Ces œufs ou ces cocons sont fixés aux corps submergés soit directement, soit par l'intermédiaire d'un pédicule.

Dans certains cas rares il y a viviparité. Les œufs, en nombre plus ou moins considérable s'accumulent dans les cavités utérines et y achèvent leur évolution, on peut souvent observer les jeunes embryons ayant rompu la coque de l'œuf et se remuant en sens divers dans le corps du parent (2).

(1) Voir en particulier la pl. G, fig. 4, du *Voyage en Scandinavie et en Laponie* de Gaimard (1842-1845), pour le *Mesostoma marmoratum*, Schultze.

(2) Pl. XXVIII, fig. 5 : c.

Le développement a été étudié avec grands détails sur un certain nombre d'espèces appartenant aux différents groupes et, d'après ces recherches, on doit admettre que la segmentation d'abord holoblastique donne naissance à un gastrula épibolique où l'on peut distinguer, avec l'ectoderme, qui lui a donné naissance, un hypoblaste formé du restant des grosses cellules de segmentation, desquels se détachent d'autres cellules d'où résulte un mésoblaste distinct. L'embryon a d'abord la forme d'une sphère couverte de cils vibratiles, au moyen desquels il tourne par un mouvement de rotation rapide dans l'intérieur de l'œuf.

L'évolution de cet embryon offre, suivant les espèces, certaines différences assez importantes, il serait désirable toutefois, que le développement fût connu sur un plus grand nombre de types pour permettre de juger de leur valeur et de leur généralité. Sur les Rhabdocœles, les Dendrocœles mogonopores et même plusieurs Dendrocœles digonopores le développement est direct et le petit sort de l'œuf rampant comme l'adulte, pourvu d'yeux, muni de sa trompe, etc., en un mot ayant à très peu près l'aspect, qu'il devra conserver plus tard, sauf la complication moindre de la plupart de ses appareils. Au contraire chez les *Eurylepta*, Ehr., et les *Thysanozoon*, Gr., genres appartenant au dernier de ces groupes, l'embryon au sortir de l'œuf offre une forme bizarre, qui rappellerait assez bien à première vue le pilidium de certains Térétulariens, son corps allongé, cylindrique ou ovoïde, présentant des prolongements symétriques, chargés de cils vibratiles plus développés que ceux du reste du corps, au moyen desquels il nage en flottant dans les eaux; il acquiert sa forme définitive par la décroissance graduelle jusqu'à disparition des prolongements, l'élongation et l'aplatissement du corps. Ces observations sont au reste d'une extrême difficulté, attendu qu'il n'a pas été possible jusqu'ici de conserver en captivité et de suivre dans son évolution pendant un temps suffisant, l'embryon sorti de l'œuf, et un certain nombre de larves ciliées, observées ne peuvent être rapportées qu'avec doute aux PLANARIÆA.

La rapidité avec laquelle s'effectue l'évolution varie, non seulement suivant les conditions de température, comme chez tous les êtres inférieurs, mais, pour certaines espèces, suivant certaines conditions biologiques en rapport avec les saisons.

Chez différentes Planaires rhabdocœles des eaux douces, en particulier chez le *Mesostoma grossum*, Müll., cité plus haut, les œufs pendant la belle saison, depuis le printemps jusqu'à l'automne sont nombreux dans chaque individu, 30 à 40, de petite taille mesurant $0^{mm},23$ à $0^{mm},27$ de diamètre, ce sont ceux qui éclosent dans la matrice. Aux approches de l'hiver, cette espèce produit des œufs plus volumineux, revêtus d'une coque plus solide, lesquels sans doute sont déposés dans la vase et n'éclosent qu'au printemps suivant.

Enfin on observe quelquefois une reproduction asexuelle par bourgeonnement, c'est là un cas très rare dans cet ordre et il n'est guère connu que pour le groupe des MICROSTOMIDÆ. Les bourgeons se forment par étranglement, à l'extrémité d'un premier individu vers son tiers postérieur ; les deux parties ainsi formées s'étant égalisées comme taille, le même partage se reproduit sur chacune d'elles, il en résulte alors une série d'articulations alternativement larges et étroites, puis les mêmes phénomènes se continuent. M. Hallez, M. Graff, ont, dans ces derniers temps, étudié d'une manière très approfondie ce mode de multiplication.

On sait depuis les mémorables expériences de Dugès, reprises par Moquin Tandon et différents auteurs, que les Planaires peuvent être citées parmi les animaux, qui jouissent à un haut degré de la puissance de reproduction des parties coupées et un de ces vers sectionné, soit en long, soit en travers, ne tarde pas à se compléter dans chacun de ses fragments qui finit par reproduire un animal complet.

La grande majorité des espèces des PLANARIÆA sont aquatiques et ne peuvent rester longtemps hors des eaux douces ou salées qu'elles habitent, quelques-unes, le *Macrostoma hystrix*, Œrst., par exemple, se trouveraient indifféremment dans l'un ou l'autre de ces derniers milieux, fait très singulier pour des animaux de cette classe. On connaît aussi un certain nombre de ces vers ayant des habitudes terrestres et qui, tout en recherchant les lieux humides, le terreau, la mousse, les bois pourris, le dessous des pierres, etc., ne restent pas cependant volontiers immergés. Parmi les Rhabdocœliens, on ne peut guère citer que le *Prorhynchus sphyrocephalus*, Man ; les genres terrestres sont plus nombreux parmi les Dendrocœliens : *Polycladus*, Blanch., *Geobia*, Dies., *Rhynchodemus*, Leidy,

Geoplana, Stimps., *Bipalium*, Stimps., *Leimacopsis*, Dies.; tous appartenant à la section des Monogonopora. Quelques-uns de ces genres renferment un nombre assez considérable d'espèces, une vingtaine pour les *Geoplana*, Stimps., onze environ pour les *Bipalium*, Stimps. Ces Planaires terrestres sont surtout connues des parties tropicales du Nouveau-Monde ou des Indes orientales, cependant le *Rhynchodemus terrestris*, Dug., n'est pas très rare dans l'Europe tempérée.

En ce qui concerne la répartition des espèces aquatiques, bien qu'il y ait une prédominance marquée de types marins, cependant les Planaires des eaux douces sont encore assez nombreuses en prenant l'ensemble du groupe, mais pour ce qui est des grandes divisions considérées en particulier, on peut saisir, surtout en ce qui concerne les Dendrocœliens, des concordances assez frappantes, les Mogonopora étant en général des eaux douces ou terrestres, tandis que les Digonopora sont exclusivement marins.

Enfin différents faits de symbiotisme ont été signalés, l'hôte étant toujours jusqu'ici un invertébré marin, soit Crustacé, soit plus souvent Mollusque ou Rayonné. Ce pourrait être parfois un simple commensalisme, le Planarien se trouvant à la surface du corps : *Monocelis Hirudo*, Lev., sur le *Pagurus pubescens*, Kroyer; *Bdellura parasitica*, Leidy, sur le *Polyphemus occidentalis*, Lam.; *Graffilla Tethydicola*, Graff, sur le pied d'un Gastéropode Nudibranche ; *Anoplodium? Clypeasteris*, Graff, *Typhlolepta Stimpsoni*, Dies., *T. acuta*, Gir., *T. acuminata*, Stimps. sur les téguments de différents Echinodermes (*Clypeaster*, *Echinarachnius*, *Chirodota*). On peut en rapprocher sans doute les *Graffilla Mytili*, Lev., *Enterostoma Mytili*, Œrst., *Acmostoma Cyprinæ*, Graff, rencontrés soit sur les branchies, soit dans la cavité palléale de Mollusques acéphalés, et qui par conséquent sont, à proprement parler ectoparasites. Mais parfois il peut y avoir endoparasitisme le *Macrostoma? Scrobiculariæ*, Villot, le *Provortex? Tellinæ*, Leuck. ont été rencontrés dans l'intestin de ces deux Acéphales et c'est à ce dernier genre que je crois devoir rapporter un Rhabdocœlien, dont je dois connaissance à mon collègue et ami M. le professeur Balbiani, comme trouvé dans les mêmes circonstances chez le *Solen vagina*, Lin., à Villers-sur-Mer ; dans l'intestin d'une Holoturide on a signalé également l'*Anoplodium?*

Myriotrochi, Graff; enfin le *Nemertoscolex parasiticus*, Greeff., pour l'*Echiurus Pallasii*, Guérin, les *Anoplodium parasita*, Schneid. et *A. Schneideri*, Semper, pour différentes espèces d'Holoturides habitent la cavité somatique de leur hôte et le *Graffilla Muricicola*, Iher., se trouve dans le rein de différents *Murex* (1). Les *Graffilla* Iher. et les *Anoplodium*, Schneid., offrent des traces de dégradation organique, qu'on peut regarder comme en rapport avec ce genre de vie spécial, mais pour les autres espèces la structure et la disposition des appareils ne paraissent nullement modifiées, même pour des espèces réellement endoparasites, d'ailleurs les *Graffilla*, qui viennent d'être cités nous offrent, on l'a vu, des espèces commensales et parasites. On serait porté à conclure de ces faits que les liquides, qui remplissent les cavités somatiques et baignent les organes chez les animaux inférieurs marins, diffèrent peu du liquide ambiant et à admettre, d'après les idées sur l'influence des milieux, qu'on trouverait là l'explication de la persistance du type, mais il faut remarquer que sinon dans les mêmes hôtes au moins dans des animaux très analogues, tels que les Cydippes, les Noctiluques, se trouvent des Distomes, c'est-à-dire de véritables Trématodes.

Le nombre des espèces qui composent l'ordre des PLANARIÆA peut être estimé à plus de 500, qui se répartissent à peu près également entre les deux groupes des Rhabdocœliens et des Dendrocœliens. L'étude historique de la classification de ces êtres nous entraînerait beaucoup trop loin et d'ailleurs a été faite avec un soin extrême et toute compétence par M. Graff d'une part (1882) et M. Lang d'autre part (1884), dans les ouvrages desquels la question est exposée d'une manière plus générale que ne semblerait l'indiquer au premier abord le titre de ces travaux, chacun de ces auteurs n'ayant traité en détail qu'une partie du groupe. Je me bornerai donc à indiquer seulement les grands traits de la distribution systématique de ces

---

(1) M. SILLIMAN (1881) sous le nom de *Syndesmis* a signalé un Planarien, parasite d'un Nématoïde, parasite lui-même de l'*Echinus sphœra*. Ce ver est imparfaitement connu et ne peut être signalé que pour mémoire.

êtres en cherchant à donner l'énumération raisonnée de nos
genres et espèces indigènes (1).

Bien que, on le verra plus loin, des auteurs fort recommandables aient proposé une division un peu différente, la plupart des helminthologistes admettent encore les deux Sous-Ordres créés par Ehrenberg, qui le premier étudiant ces vers d'une manière scientifique, les divisa en RHABDOCŒLA et DENDROCŒLA d'après la considération du gastro-intestin simple chez les premiers, plus ou moins ramifié chez les seconds.

I. S.-Ord. RHABDOCŒLA.

Planariens de forme généralement plus ou moins allongée, peu ou pas déprimés, de petite taille. Intestin parfois indistinct et remplacé par un parenchyme somatique sarcodaire, mais le plus souvent reconnaissable et dans ce cas toujours simple, rarement avec quelques gros lobes.

Les PLANARIÆA RHABDOCOELA sont aujourd'hui fort bien connus, depuis surtout la publication du travail magistral de M. Graff (1882), qui a étudié ce groupe d'une manière très approfondie.

Ce savant énumère 267 espèces plus ou moins bien connues, dont les trois cinquièmes habitent les eaux marines, on n'en connaît qu'une de terrestre.

C'est naturellement l'Europe qui fournit le plus fort contingent, un certain nombre de ces vers ont été signalés de l'Asie et des îles indo-archipélagiques, d'Afrique, d'Amérique, surtout de sa partie Nord, de l'Australie et de la Nouvelle-Zélande. Nos connaissances sont encore trop imparfaites pour qu'on puisse essayer de se faire une idée de la répartition géographique.

L'auteur que je viens de citer, a proposé de partager ce sous-ordre en trois groupes, auxquels on peut donner le rang de tribus, qui se distinguent par la disposition de l'appareil digestif, du système nerveux, du système reproducteur, etc.

(1) Pour faciliter les recherches on trouvera ajoutés en note, à leurs familles respectives, les genres cités dans les généralités, lesquels, n'ayant pas encore été trouvés en France, pourraient ne pas être mentionnés dans la partie systématique.

S.-Ord. **RHABDOCŒLA.**

TRIBUS.

Intestin — nul, une substance sarcodique digérante le remplace. . . . . I. ACŒLA.

Intestin distinct. Glandes mâles — formées habituellement de 2 testicules compacts (1). . . . . II. RHABDOCŒLA, s. str.

— folliculeuses. . . . . III. ALLOIOCŒLA.

I. Tribu. ACŒLA.

Rhabdocœliens formés, sous le tégument, d'une substance sarcodaire, dans laquelle s'opère la digestion sans différentiation en tube intestinal et parenchyme ; d'ordinaire sans pharynx. Appareil nerveux parfois rudimentaire ou nul (?); pas d'appareil d'excrétion ; toutes les espèces connues présentent un otocyste. Testicules folliculeux ; ovaires pairs.

L'état rudimentaire des appareils digestifs et nerveux fait des Acœliens les êtres les plus dégradés du sous-ordre des Rhabdocœles, aussi régulièrement devraient-ils être cités en dernier lieu, mais cela romprait la série naturelle qui conduit aux Dendrocœliens. Cette dégradation doit être d'autant plus remarquée qu'elle n'est pas en relation, d'après ce qu'on en sait aujourd'hui, avec des habitudes symbiotiques, tous les Acœliens paraissant vivre en liberté au milieu des eaux marines.

Ce sont des vers de petite taille, presque toujours plus ou moins cylindriques, rarement aplatis ou allongés, cependant parmi eux se trouve le genre singulier des *Convoluta*, Œrst., dans lequel, on l'a vu plus haut, les bords aplatis du corps se recourbent en cornet d'oublie.

Cette tribu comprendrait deux familles : PROPORIDÆ, n'ayant qu'un orifice sexuel (genre unique Proporus, O. Schm.); APHANOSTOMIDÆ, avec deux orifices sexuels.

M. Graff divise cette dernière en quatre genres, les uns ne présentent pas de parties dures à la bourse séminale, et sont privés d'yeux, Aphanostoma, Œrsted, ou en présentent Nadina, Uljanin, les autres au contraire avec une armature chitineuse à l'orifice de cette

(1) Le G. Alaurina a les testicules folliculeux et on ne trouve qu'une glande chez le *Gyrator hermaphroditus,* Ehr.

bourse ont la bouche soit en avant de l'otocyste, CYRTOMORPHA, Graff, soit en arrière, CONVOLUTA, Œrsted.

On peut citer des côtes de France, les espèces suivantes : *Nadina minuta*, Clap. (Saint-Vaast-la-Hougue), *Convoluta convoluta*, Abildg. (1), (St-Malo), *C. Schultzii*, O. Schm. (Roskoff.)

II. TRIBU. RHABDOCŒLA s. str.

Le tube digestif est distinct du parenchyme, il existe toujours une cavité somatique, très souvent spacieuse, dans laquelle l'intestin, régulièrement constitué, est retenu par un tissu conjonctif délicat ; un pharynx, d'ailleurs très diversement disposé. Système nerveux, sauf de rares exceptions, bien développé ainsi que l'appareil excréteur ; un très petit nombre d'espèces présentent des otocystes. Testicules constitués d'ordinaire par deux glandes compactes ; organes femelles comprenant des germivitellogènes ou des germigènes et des vitellogènes distincts (2) ; toutes ces glandes génitales sont isolées du parenchyme somatique par une membrane propre particulière ; pénis présentant des formes très variées, souvent compliqué et muni d'un appareil copulateur chitineux.

Ce groupe est de beaucoup le plus étendu et comprend, sauf une ou deux, toutes les espèces des eaux douces du sous-ordre et l'unique Rhabdocœlien terrestre le *Prorhynchus sphyrocephalus*, Man. On y trouve également des espèces parasites, qui dans les genres GRAFFILLA, Ihering, et ANOPLODIUM, Schneider, offrent une dégradation de l'organisme, surtout en ce qui concerne l'appareil nerveux, par laquelle ils font, jusqu'à un certain point, retour aux ACŒLA.

M. Graff répartit les espèces en sept Familles dont le tableau synoptique suivant peut donner une idée.

(1) Pl. XXVIII, fig. 7, 7'.
(2) C'est à ce groupe que se rapportent les genres dioïques ou crus tels, cités page 629.

Tribu. RHABDOCŒLA. s. str.

FAMILLES.

Pharynx
— Reproduction simple.
— — uniquement sexuelle, ovaire le plus souvent double. . . . . I. Macrostomidæ.
— — sexuelle et gemmipare, ovaire simple. II. Microstomidæ.
— Bouche plus ou moins compliqué.
— — antérieure. . . . . III. Prorhynchidæ.
— — Pharynx ventrale.
— — — extrémité antérieure en rosette, rarement dolioliforme;
— — — — simple, ciliée . . . . IV. Mesostomidæ.
— — — — prolongée en trompe tactile, non ciliée.. . . . V. Proboscidæ.
— — — toujours dolioliforme. . . . . VI. Vorticidæ.
— — — tubuleux, très long. . . . . VII. Solenopharyngidæ.

Sauf la dernière de ces familles, qui ne comprend que le genre SOLENOPHARYNX, Graff, avec l'unique espèce *S. flavidus*, Graff, de la mer Méditerranée, on a signalé de France des espèces plus ou moins nombreuses dans toutes les autres.

I. FAM. MACROSTOMIDÆ. — G. MACROSTOMA, Œrsted.(1). Pas d'oto-cyste, bouche ventrale en arrière du cerveau : *M. hystrix*, Œrst. (2), (St-Malo, Lille), *M. platurus*, Dug. (Montpellier). — G. OMALOSTOMA, Ed. van Beneden. Diffère du précédent par la position de la bouche placée en avant du cerveau : *O. Schultzii*, Ed. v. B. (St-Vaast-la-Hougue), *O. Claparedii*, Ed. v. B. (Concarneau).

II. FAM. MICROSTOMIDÆ. — G. MICROSTOMA, Œrsted. Animaux munis de fossettes vibratiles et d'un cœcum intestinal antérieur ; *M. lineare*, Œrst. (Lille, Montpellier). — G. STENOSTOMA, O. Schmidt (3). Ne présente pas de cœcum intestinal antérieur : *S. Lemnæ*, Dug. (Montpellier), *S. leucops*, O. Schm. (Lille, Montpellier).

Le *Derostoma?* *squalus*, Dug., appartient peut-être à ce groupe (4).

Je rappellerai que les deux genres cités sont ceux dans lesquels se rencontreraient des Rhabdocœliens dioïques.

III. FAM. PRORHYNCHIDÆ. — G. PRORHYNCHUS, Schultze. Genre unique dans la famille et ne comprenant que deux espèces dont le *P. stagnalis*, Schultze (5) (Lille), est le plus anciennement connu et avait été placé parmi les Térétulariens, la disposition singulière de son pénis rappelant, au premier abord, la trompe armée de quelques-uns de ces Vers.

IV. FAM. MESOSTOMIDÆ. — G. PROXENETES, Jensen. Testicules pe-tits plus ou moins sphériques, organe copulateur compliqué, chiti-neux, un seul orifice génital : *P. gracilis*, Graff (6) (Saint-Vaast-la-Hougue). — G. MESOSTOMA, Dugès. Testicules en bourses très allon-gées, otocystes nuls, organe copulateur tubuleux, traversé par le produit des glandes mâles, ces vers sont le type le plus répandu des Rhabdocœliens des eaux douces : *M. grossum*, Müll. (7), *M. Ehren-bergii*, Focke, *M. tetragonum*, Müll., *M. personatum*, O. Schm., *M. vi-ridatum*, Müll. (Lille, Arras), *M. fusiforme*, Dug., *M. rostratum*, Müll. (Montpellier). — G. CASTRADA, O. Schmidt. Diffère du pré-

(1) Le nom de *Turbella*, Ehr., paraît avoir l'antériorité.
(2) Pl. XXVIII, fig. 6, 6'.
(3) Le nom de *Catenula*, Dug., paraît avoir l'antériorité.
(4) Add. G. ALAURINA, Bursch. — ? G. NEMERTOSCOLEX, Greeff.
(5) Pl. XXV, fig. 1.
(6) Pl. XXIX, fig. 15 à 22.
(7) Pl. XXVIII, fig. 5, 5'.

cédent par la conformation de l'organe copulateur en cul-de-sac extroversile, qui n'est pas traversé par le produit des glandes mâles : *C. radiata*, Müll. (Lille) (1).

V. Fam. PROBOSCIDÆ. — On subdivise ce groupe en trois sous-familles suivant que la trompe n'est pas pourvue de gaîne ni de muscle axile (Pseudorhynchina), ou est pourvue de ces organes, et, dans ce cas, suivant que les muscles rétracteurs proboscidiens sont longs et limités au nombre de quatre (Acrorhynchina) ou au contraire sont courts et nombreux (Hyporhynchina). La seconde division est représentée par deux genres dans la faune française.

G. Macrorhynchus, Graff. Orifice sexuel simple, la vésicule séminale et la prostate non enveloppées dans l'appareil musculaire de l'organe copulateur : *M. Nægelii*, Köll. (2), (St-Vaast-la-Hougue, St-Malo), *M. croceus*, Fabr., *M. helgolandicus*, Metsch. (Wimereux). — G. Gyrator, Ehrenberg. Diffère des précédents par la présence de deux orifices sexuels : *G. hermaphroditus*, Ehr. (3).

VI. Fam. VORTICIDÆ. — Ce groupe comprend avec des animaux ayant le pharynx et le cerveau normalement développés (Euvorticina) (4), des vers chez lesquels au contraire ces appareils restent à l'état rudimentaire (Vorticina parasitica) (5). Les premiers seuls renferment quelques genres à mentionner ici.

G. Provortex, Graff. La bouche est dans le premier tiers du corps, pharynx dolioliforme, les testicules sont arrondis, germigènes et vitellogènes isolés et doubles, ces derniers simples, allongés : *P. hispidus*, Clap. (St-Vaast-la-Hougue). — G. Vortex, Ehrenberg. Offre les caractères du précédent, sauf la forme des testicules, qui sont très allongés, et la composition du germigène unique, les espèces sont nombreuses : *V. Helluo*, Müll. (= *V. viridis*, Schultze), *V. Hallezii*, Graff, *V. Graffii*, Hallez (Lille), *V. truncatus*, Müll. (Montpellier). — G. Derostoma, Dugès. Se distingue par la présence d'un vitellogène ramifié en réseau : *D. megalops*, Dug. (6) (Arras, Montpellier), *D. polygastrum*, Dug. (Montpellier).

(1) Add. G. Byrsophlebs, Jensen.
(2) Pl. XXVIII, fig. 8, 9; XXIX, fig. 23.
(3) Add. G. Acrorhynchus, Graff. — G. Hyporhynchus, Graff.
(4) Add. G. Schultzia, Graff. — G. Jensenia, Graff. — G. Opistoma, O. Schmidt.
(5) Add. G. Graffilla, Ihering. — G. Anoplodium, Schneider.
(6) Pl. XXVIII, fig. 4, 4'.

III. Tribu. ALLOIOCŒLA.

Tube digestif distinct du parenchyme, le développement de ce dernier est tel, que la cavité somatique se trouve excessivement réduite ; pharynx toujours développé, musculaire, polymorphe, parfois plissé, chiffonné ; intestin en sac irrégulièrement élargi ou lobé. Système nerveux bien développé, ainsi que l'appareil excréteur ; les otocystes existent assez fréquemment. Testicules pairs, formés de follicules réunis en glandes en grappe ; organes femelles comprenant des germivitellogènes ou des germigènes et des vitellogènes distincts, ces derniers sont irrégulièrement lobés, rarement en partie ramifiés ; toutes ces glandes génitales sont d'ordinaire privées de tunique propre spéciale et placées dans les interstices du parenchyme somatique ; pénis d'un type simple sans appareil copulateur chitineux ou l'ayant peu développé.

Par toute leur organisation les Planariens de cette tribu font passage au sous-ordre suivant, soit par la constitution de l'appareil digestif, soit par la disposition des glandes mâles, aussi voyons-nous les auteurs les plus compétents en désaccord sur la position que quelques-uns d'entre eux doivent occuper ; les *Vorticeros* et les *Monocelis* par exemple, que M. Hallez place dans les Dendrocœliens.

Les genres et les espèces, en nombre beaucoup moins considérable que dans la tribu précédente sont réparties en deux Familles, l'une PLAGIOSTOMIDÆ, comprend les Alloïocœliens privés d'otocyste, l'autre MONOTIDÆ, où se rencontre cet organe.

Parmi les premiers on peut citer les genres suivants. — G. PLAGIOSTOMA, O. Schmidt. Le pharynx, normalement développé, est placé dans la première moitié du corps, l'on trouve des germigènes et des vitellogènes pairs distincts : *P. vittatum*, Fr. et L. (Wimereux). — G. VORTICEROS, O. Schmidt. Très voisin du précédent, mais facile à reconnaître tout d'abord par la présence de deux tentacules, qui prolongent la partie antérieure du corps, laquelle est simple et arrondie chez les PLAGIOSTOMA : *V. auriculatum*, Müll., *V. luteum*, Hallez (Wimereux). — G. ENTEROSTOMA, Claparède. Diffère des précédents par la situation du pharynx dans la seconde moitié du corps : *Enterostoma fingalianum*, Clap. (Wimereux). — G. CYLINDROSTOMA, Œrsted. Pourrait former un sous-groupe caractérisé par les glandes génitales femelles réunies en deux germi-vitellogènes ; pas d'espèces françaises (1).

Les MONOTIDÆ ne comprennent que deux genres dont l'un, celui des MONOCELIS, Ehrenberg, chez lequel l'orifice mâle se trouve placé en arrière de l'orifice femelle est représenté sur nos côtes par plusieurs espèces : *M. fusca*, Œrst. (Wimereux), *M. lineata*, Müll. (2) (St-Malo), *M. longiceps*, Dug. (= *M. bipunctatus*, Leydig) (Montpellier) (3).

II. S.-Ord. DENDROCŒLA.

Planariens de forme généralement aplatie, foliacée. Pharynx chiffonné ou cylindrique, intestin toujours distinct, dendritiquement ramifié. Glandes sexuelles mâles toujours folliculeuses.

Les PLANARIÆA DENDROCOELA, dans ces dernières années, n'ont pas donné lieu à des études moins importantes que les Vers du précédent sous-ordre, je rappellerai le travail de M. Lang sur la section qu'il désigne sous le nom de Polycladidées.

Stimpson (1857) proposa de partager ces Vers en deux groupes, regardés par lui comme des sous-tribus et établis d'après la disposition des orifices sexuels débouchant à l'extérieur par une seule : MONOGONOPORA ; ou par deux ouvertures : DIGONOPORA. Cette manière de voir fut généralement adoptée, quoiqu'elle soit basée sur un caractère qui manque de généralité, car chez les *Stylochus*, Ehr., les orifices mâle et femelle sont déjà très rapprochés, pour les *Stylochoplana*, Stimps., les *Discocelis*, Ehr., ils sont réunis, et cependant, par l'ensemble de leur organisation, ces Planariens ne peuvent être éloignés des espèces typiques de la section des DIGONOPORA.

Les deux groupes d'ailleurs offrent d'autres caractères plus importants tirés soit de la disposition de l'appareil digestif, soit de la constitution de l'appareil reproducteur femelle, d'après lesquels dans différents travaux M. Lang s'est appliqué à les définir, en en changeant toutefois la dénomination, les MONOGONOPORA, de Stimpson, devenant ses TRICLADIDEA, les DIGONOPORA, ses POLYCLADIDEA. Cette modification, outre qu'elle paraît contraire aux règles de la nomenclature, a l'inconvénient d'appliquer au second groupe une désignation qui rappelle trop celle du genre ancien *Polycladus*, Blanch., lequel fait précisément partie du groupe des MONOGONOPORA. Pour

(1) Add. G. ACMOSTOMA, Schmarda.
(2) Pl. XXVIII, fig. 1 à 3.
(3) Add. G. AUTOMOLOS, Graff.

Annelés. Tome III.   42 cette double raison les dénominations imposées antérieurement par Stimpson me paraissent devoir être conservées.

Une question plus importante serait de décider quel rang il convient d'assigner à ces divisions désignées comme tribus dans la classification ici adoptée. M. Lang les regardait (1881) comme devant avoir la valeur d'ordres au même titre que les Trématodes, les Cestodes et les Némertiens, toutefois dans le dernier et important travail (1884) auquel, pour ce groupe, sont faits ici de larges emprunts, il ne leur donne plus que le titre de sous-ordres comme aux Rhabdocœles, en sorte que les PLANARIÆA se trouvent partagées en trois groupes d'égale valeur.

Cette opinion mérite d'être prise en sérieuse considération, si on a égard à l'importance des caractères différentiels cités plus loin, surtout en ce qui concerne les organes fondamentaux femelles. Toutefois la disposition générale du tube digestif, malgré certaines différences donne à ces animaux une assez grande similitude pour qu'on soit autorisé à maintenir l'ancienne division, plus simple à apprécier dans la pratique. Il est cependant incontestable que ces tribus ont une valeur très supérieure aux divisions de même nom établies dans le groupe précédent.

S.-Ord. **DENDROCŒLA.**

TRIBUS.

Ramifications stomacales partant	de 3 troncs, un antérieur, deux postérieurs..	I. MONOGONOPORA.
	de nombreux troncs rayonnants. . .	II. DIGONOPORA.

I. Tribu MONOGONOPORA.

Dendrocœliens ayant le corps déprimé, le plus souvent allongé. Pharynx cylindrique, conduisant directement dans les branches stomacales, celles-ci constituées toujours de trois troncs principaux, un médian antérieur, deux postéro-latéraux, tous diversement ramifiés, les ramifications n'étant jamais anastomosées. Organes femelles fondamentaux composés de germigènes pairs et de vitellogènes folliculeux ; les canaux efférents des organes mâles et femelles débouchent toujours à l'extérieur par un orifice unique, placé en arrière du pharynx, en un point du corps d'ailleurs très variable.

Les Monogonopora, d'après l'ensemble de leurs caractères, font un passage très naturel des Rhabdocœla aux Digonopora. Bien qu'ils soient Dendrocœliens dans le sens propre du mot, vu la disposition de leur appareil gastrique, cependant ce dernier, par sa simplicité relative, rappelle celui de certains Alloïocœliens, chez lesquels l'estomac commence à se lober et n'offre pas encore la complication qu'on rencontre dans la tribu suivante ; sa division en trois branches, d'où le nom de Tricladea proposé par M. Lang, permet de reconnaître facilement les Dendrocœliens appartenant à ce groupe.

La forme du corps est également intermédiaire entre celle des vers précédents et de ceux dont il sera question plus loin. D'une manière générale elle est allongée et cela peut aller au point de rappeler parfois celle des Térétulariens, dans le genre *Bipalium*, Stimps., par exemple. On observe au reste sous ce rapport et en ce qui concerne la forme de la tête une très grande variété.

Les Monogonopora paraissent jusqu'ici les moins riches de l'ordre comme types spécifiques, car on en compte à peine une centaine, y compris encore bon nombre d'espèces douteuses. Cependant c'est le groupe où les conditions d'existence sont les plus diverses, les espèces terrestres sont particulièrement nombreuses, 4/9 du chiffre total, les espèces des eaux douces entrent dans le reste pour 2/5 environ, en sorte qu'il n'y a relativement qu'un petit nombre d'espèces marines, à peine 1/6.

L'imperfection de nos connaissances, en ce qui concerne l'organisation d'un grand nombre des types compris dans cette tribu, rend leur distribution systématique fort difficile, dès l'instant qu'on veut avoir égard à l'ensemble des espèces, dont un grand nombre, exotiques, n'ont été distinguées que par des caractères extérieurs, dont l'importance réelle ne peut être appréciée en l'absence de données anatomiques corrélatives.

M. Stimpson, 1857, divisait son groupe des Monogonopora, en quatre familles.

Tribu. MONOGONOPORA.

<pre>
                            ⎧ : eaux   ⎧ au plus 6 (ordinairement 2) ou
                            ⎪ douces ou⎨   nuls. . . . . I. Planariadæ.
O   ⎧ en arrière ⎪ marines. ⎪
r   ⎪ de la   ⎨ Yeux   ⎩ très nombreux. . . . . II. Polycelidæ.
i   ⎪ bouche.   ⎪
f   ⎨ Habitat   ⎪
i   ⎪   ⎩ terrestre. . . . . III. Geoplanidæ.
c   ⎪
e   ⎩ en avant de la bouche.. . . . . IV. Polycladidæ.
</pre>

Ce dernier groupe ne doit pas être confondu avec celui des Polycladidea proposé par M. Lang comme sous-ordre des Planariæa
dendrocoela (1); ici, d'une manière plus conforme aux règles de la
nomenclature, il s'applique à une division renfermant le genre
Polycladus, Blanch.

Dans cet arrangement systématique la situation de l'orifice génital,
la disposition des yeux, qui chez les animaux voisins paraissent n'être
pas sans importance au point de vue de la taxinomie, sont des caractères qui peuvent justifier certaines de ces divisions. Il n'en est pas
de même de l'habitat, considération éthologique plus propre à mettre
en évidence des analogies que des affinités réelles et qui conduit l'auteur à réunir dans un même groupe les *Rhynchodemus*, Leidy, très
voisins des Planaires proprement dites et les *Geoplana*, Stimps., ainsi
que les *Bipalium*, Stimps., auxquels la présence d'une sole ventrale
donne une apparence si particulière.

Diesing en 1862 a donné une classification, qui paraît moins imparfaite. Il élève à huit le nombre des familles et cherche à les distinguer par des caractères apparents, dont quelques-uns ont une réelle
valeur. Ainsi la forme du corps et surtout de la tête, qui tantôt présente des tentacules ou en est privée, tentacules qu'il ne faut pas
confondre avec de simples prolongements du bord, désignés dans les
descriptions sous le nom d'*auricules,* ces deux sortes d'organes pouvant d'ailleurs co-exister comme dans le genre *Galeocephala*, Stimps.
La position de la bouche soit centrale, soit antérieure ou postérieure;
la position de l'orifice génital par rapport à celle-ci, en arrière de laquelle il est généralement placé, bien qu'il puisse, paraît-il, parfois
être antérieur. La forme de l'œsophage, laquelle peut comme chez les
Rhabdocoela notablement varier quoiqu'à un degré moindre. Enfin
cet auteur se sert des caractères tirés de la présence ou de l'absence
des yeux et, ainsi que dans l'arrangement proposé par M. Stimpson,
du nombre de ces organes.

Le tableau ci-joint emprunté à ce travail donnera une idée de cette
classification. Remarquons toutefois que les représentants d'un bon
nombre de groupes, en particulier des cinq genres Procotyla, Leidy,
Bdellura, Leidy, Leimacopsis, Diesing, Galeocephala, Stimpson,
Procerodes, Girard, correspondants chacun à l'une des cinq dernières
familles, sont très imparfaitement connus jusqu'ici et plusieurs d'entre
eux pourraient bien ne pas appartenir à cette tribu.

(1) Voir page 645.

TRIBU. MONOGONOPORA.

FAMILLES.

				FAMILLES
Tentacules céphaliques véritables	nuls. Ventouse	nulle. Yeux	nuls.	I. ANOCELIDÆ.
			distincts au nombre de 2.	II. PLANARIADÆ.
			distincts au nombre de 6 ou plus.	III. POLYCELIDÆ.
		distincte et	frontale.	IV. PROCOTYLIDÆ.
			à l'extrémité postérieure.	V. BDELLURIDÆ.
	distincts, au nombre de deux. Yeux	nombreux.		VI. LEIMACOPSIDÆ.
		au nombre de 2. Tête	continue avec le corps, subauriculée.	VII. GALEOCEPHALIDÆ.
			distincte, sans auricules.	VIII. PROCERODIDÆ.

Les trois premières familles seules renferment des espèces appartenant à la faune française.

I. Fam. ANOCELIDÆ. — G. Anocelis, Stimpson. OEsophage cylindrique ; l'*A. cæca*, Dug., a été trouvé dans les ruisseaux des environs de Montpellier. — A cette famille appartiendraient les genres terrestres Polycladus, Blanchard, et Geobia, Diesing, de l'Amérique méridionale.

II. Fam. PLANARIADÆ. — G. Planaria, Müller. Tête peu ou point auriculée, bouche vers le milieu de la longueur du corps, œsophage entier, non lobé ; le *Pl. torva*, Müll. (1) (=? *P. alpina*, Dana) remarquable par la grosseur de ses yeux, sa teinte foncée, est commun dans tous nos cours d'eau sur les plantes aquatiques ; le *Pl. fusca*, Dug. (nec Pall.) ne me paraît pas en être distinct. — G. Rhynchodemus, Leidy. Diffère du précédent par la position de la bouche reculée vers la partie postérieure du corps ; le *R. terrestris*, Müll. (2), a été observé par Dugès dans le Languedoc, et je l'ai trouvé en Bretagne aux environs de Saint-Malo, sous les pierres et dans la mousse humide. — G. Dendrocoelum, OErsted. Tête pourvue d'auricules tentaculiformes et pénis rétractile dans une longue gaîne. Les différentes espèces habitent les eaux douces et, si quelques-unes ont été rencontrées dans la mer Baltique, c'est que la salure des eaux de celle-ci est très faible. Le *D. lacteum*, Müll. se trouve abondamment par toute la France dans les eaux vives, on peut se demander si le *D. vitta*, Dug. plus allongé, ayant les yeux plus rapprochés et les pseudotentacules moins saillants, si le *D. fuscum*, Pall., dont la coloration est plus foncée en diffèrent réellement ; le *D. lacteum* aurait une aire d'extension très grande, non seulement il se rencontrerait dans toute l'Europe, mais encore en Egypte, car le ver figuré par Savigny et désigné par Audouin sous le nom de *Planaria Pallasii*, paraît devoir lui être réuni.

III. Fam. POLYCELIDÆ. — Cette famille est divisée en deux sections par Diesing, Apoda et Gasteropoda, suivant que la face ventrale est simple ou renforcée de fibres musculaires formant une sole, au moyen de laquelle ces Planaires terrestres (G. Geoplana, Stimpson, et Bipalium, Stimpson,) rampent sur le sol à la manière des Limaces. Bien que cet appareil locomoteur se présente suivant les cas avec un développement assez variable, il est probable qu'une étude plus attentive conduira à lui donner une valeur systématique plus grande et à faire considérer les genres, qui le présentent, comme devant former une famille distincte.

(1) Pl. XXVIII, fig. 10, 10'.
(2) Pl. XXVIII, fig. 12, 13, 14.

G. Polycelis, Ehrenberg. Appartient à la première section et se caractérise par le nombre considérable de ses yeux, disposés en série marginale à la partie antérieure du corps, le *P. nigra*, Müll. et le *P. viganensis*, Dug. (1), pourraient bien n'être que les variétés d'une même espèce, ils diffèrent seulement par la forme générale du corps et les pseudotentacules plus allongées chez ce dernier, l'un et l'autre sont communs dans toute l'Europe (2).

II. Tribu. DIGONOPORA.

Dendrocœliens ayant le corps déprimé, le plus souvent élargi, foliacé. Pharynx de forme variable, conduisant dans une sorte de vestibule stomacal commun, d'où partent de nombreux troncs, ramifiés dans toute l'étendue du corps, soit terminés simplement, soit dans d'autres cas anastomosés en réseau. Organes femelles fondamentaux constitués par des germigènes folliculeux, disséminés comme les testicules et des vitellogènes en deux glandes compactes; sauf quelques exceptions, les canaux efférents mâles et femelles débouchent isolément à l'extérieur par des orifices distincts, placés en arrière de la bouche, l'orifice mâle précédant l'orifice femelle.

Ces Planariens Dendrocœles, bien qu'ils atteignent la taille maximum connue dans l'ensemble du groupe, taille qui peut aller jusqu'à 40^mm ou 50^mm, doivent cependant être regardés comme moins élevés en organisation que les précédents. La diffusion en quelque sorte du tube digestif (Polycladidea), la communication de celui-ci avec l'extérieur par les ramifications ultimes dans certains genres (*Yungia*, Lang ; *Cycloporus*, Lang), l'anastomose de ces mêmes branches entre elles dans quelques autres (*Anonymus*, Lang, *Prosthecæreus*, Schmar.) sont autant de caractères d'infériorité, on peut y joindre la simplification relative des organes femelles.

M. Lang a cherché à établir (1881), que ces Plathelmintha forment un lien entre les Rayonnés et les Vers en les considérant comme des Cténophores rampants, ingénieuse hypothèse appuyée de considérations très séduisantes.

Le même auteur énumère, dans son grand ouvrage, les Polycladées (1884), près de 230 espèces, mais une bonne moitié ne sont

(1) Pl. XXVIII, fig. 11, 11'.
(2) Add. V. Fam. BDELLURIDÆ — G. Bdellura, Leidy.
    VI. Fam. LEIMACOPSIDÆ — G. Leimacopsis, Diesing.

qu'imparfaitement connues et demanderaient des études plus complètes avant d'être définitivement admises (1). Tous ces animaux sont
marins et périssent rapidement dans l'eau douce.

Cette tribu a été partagée en deux sections suivant que les animaux
sont privés de ventouse : ACOTYLEA ; ou en présentent une : COTYLEA ;
la ventouse, dans ce dernier cas, est toujours ventrale et placée en
arrière des orifices digestifs et sexuels. Il n'est pas toujours aussi
facile d'en constater la présence, qu'on le croirait au premier abord,
et, lorsque cela se peut, il est plus commode d'avoir égard soit à
la position des tentacules : cervicaux chez les ACOTYLEA, marginaux
chez les COTYLEA ; soit à la situation de l'orifice digestif : postérieur
chez la plupart des premiers ; antérieur chez la plupart des seconds.
Mais dans l'une et l'autre section les tentacules peuvent manquer,
parfois la bouche est centrale et la présence ou l'absence de l'organe
d'adhérence reste comme seul caractère positif.

La distribution en familles adoptée par M. Lang peut être résumée
de la manière suivante.

(1) Peut-on citer ici, à titre d'espèce douteuse, l'*Homopneusis frondosus*
de Lesson, trouvé adhérant aux rochers de l'île Waigiou ? (décrit et figuré :
Voy. de « la Coquille » — 1830, t. II, 1re part. p. 451 ; Mollusques, pl. XII).
Cet être bizarre se compose d'un corps discoïde large de 81^{mm}, sur 68^{mm}
de haut, de la partie moyenne dorsale duquel et suivant deux directions
en croix, partent quatre troncs ramifiés dichotomiquement en une riche
arborisation, celle-ci entoure tout l'animal, dont le diamètre atteint par là
plus de 160^{mm}. Les bords du disque sont minces, très dentelés, la face inférieure présente en son milieu une bouche centrale ovale, nue, lisse, garnie d'un large rebord renflé, lobé, plissé et sur son pourtour de stries
rayonnantes, qui semblent être des vaisseaux anastomosés. Cette face inférieure est jaune olivâtre, avec la bouche du plus riche violet, tandis
qu'au pourtour se voient des festons arrondis, plus foncés en couleur et
ayant chacun deux ovales d'un blanc lacté. Reste du corps ainsi que les
arborisations (sauf les troncs d'origine et les plus grosses branches, qui
sont colorés en rouge vif) gris bleuâtre mélangé de blanc.
Il n'est pas facile, d'après la description que résume cet extrait, de déterminer la place d'un tel être. Lesson croit devoir le rapprocher des
Planocera, Blainv., toutefois il ne le fait pas sans quelques restrictions,
l'exemplaire unique ayant été perdu. D'un autre côté L. Agassiz (1862,
p. 159) (d'après ces mêmes documents, car il n'en cite pas d'autres) range
l'*Homopneusis* parmi les Méduses, auprès des *Polyclonia*, Brandt. Quelque justifiées que soient les présomptions en faveur de cette manière de
voir, la compétence spéciale de Lesson sur le groupe des Acalèphes, ne
doit-elle pas engager à suspendre ce jugement, jusqu'à ce qu'un zoologiste
autorisé ait pu voir de nouveau l'animal en nature et décider de ses affinités réelles ?

Tribu. DIGONOPORA.

Iʳᵉ Sᴇᴄᴛ. **ACOTYLEA.**

FAMILLES.

Tentacules {
- distincts, cervicaux. . . . . I. Pʟᴀɴᴏᴄᴇʀɪᴅæ.
- nuls. Bouche {
  - vers le milieu du corps. . . . . II. Lᴇᴘᴛᴏᴘʟᴀɴɪᴅæ.
  - très reculée. . . . . III. Cᴇsᴛᴏᴘʟᴀɴɪᴅæ.

IIᵉ Sᴇᴄᴛ. **COTYLEA.**

Bouche placée {
- vers le milieu de la longueur du corps. . . . . IV. Aɴᴏɴʏᴍɪᴅæ.
- en avant du milieu de la longueur du corps. Celui-ci {
  - ovale ou elliptique. Pharynx {
    - en collerette. . . . . V. Psᴇᴜᴅᴏᴄᴇʀɪᴅæ.
    - tubuleux. . . . . VI. Eᴜʀʏʟᴇᴘᴛɪᴅæ.
  - allongé. . . . . VII. Pʀᴏsᴛʜɪᴏsᴛᴏᴍɪᴅæ.

De ces familles, les deux premières et les deux dernières seules ont, jusqu'ici, des représentants sur nos côtes, mais il n'est guère douteux qu'une recherche attentive n'accroisse le nombre des espèces indigènes dans une grande proportion.

I. Fam. PLANOCERIDÆ. — G. Stylochoplana, Stimpson. Des tentacules cervicaux nettement séparés du corps, plutôt courts et obtus que grêles et régulièrement coniques, pas d'yeux marginaux, mais des amas oculifères à la base des tentacules. M. de Quatrefages a signalé la présence à Saint-Malo du *S. maculata*, Quatr. (1), de couleur roussâtre ou brune, marqué de taches blanches en série médiane, ayant les orifices génitaux rapprochés, bien distincts ; dans la même localité et à Cette j'ai observé une espèce tout à fait semblable, mais ayant l'orifice génital unique, ce serait le *S. agilis*, de M. Lang, c'est, suivant l'auteur, le seul caractère qui permette de distinguer ces deux animaux (2).

II. Fam. LEPTOPLANIDÆ. — G. Leptoplana, Ehrenberg. Corps allongé, yeux nombreux, en amas dans la zone cérébrale et en deux groupes latéro-cervicaux aux points où devraient se trouver les tentacules, s'ils existaient comme chez les PLANOCERIDÆ ; *L. tremellaris*, Müll., l'une des Planaires les plus communes sur toutes nos côtes, aussi bien méditerranéennes qu'océaniques, ayant d'ailleurs une répartition géographique très étendue, puisqu'elle remonte jusqu'en Danemarck et en Scandinavie, points où on l'a d'abord observée, elle aurait même été trouvée dans la mer Rouge ; cette belle espèce, qui peut atteindre plus de 30^{mm} de longueur, est grisâtre sur les bords, roussâtre vers le mileu du corps, transparente, d'apparence gélatineuse, il y a de chaque côté deux groupes d'yeux, l'un interne, longeant la zone cérébrale composée d'ocelles très petits, l'autre externe pseudo-tentaculaire, arrondi, formé d'yeux plus développés ; *L. fallax*, Quatr. (Granville, St-Malo), très voisin du précédent, moins transparent toutefois, d'un blanc légèrement laiteux sur les bords, plus régulièrement ovalaire, les yeux forment deux groupes de chaque côté, mais l'un antérieur, l'autre postérieur, le premier composé d'ocelles très petits, sauf parfois un d'eux placé antérieurement(3).

VI. Fam. EURYLEPTIDÆ. — Cette famille, une des plus riches, avec celle des LEPTOPLANIDÆ en formes spécifiques, est représentée par des espèces relativement nombreuses sur nos côtes, car on y trouve des types de tous les genres admis par M. Lang, sauf pour les Aceros, Lang. Le tableau synoptique suivant indique les caractères distinctifs les plus apparents de ces groupes.

(1) Pl. XXIX, fig. 5, 6.
(2) Add. G. Planocera, Blainville. — G. Stylochus, Ehrenberg.
(3) Add. G. Discocelis, Ehrenberg.
 IV. Fam. ANONYMIDÆ. — G. Anonymus, Lang.
 V. Fam. PSEUDOCERIDÆ.— G. Thysanozoon, Grube. — Yungia, Lang.

Fᴀᴍ. EURYLEPTIDÆ.

GENRES.

Tentacules

plus ou moins développés, toujours bien distincts. Pharynx

campanuliforme, au moins en partie. Rameaux intestinaux ultimes

terminés en cul-de-sac. . . . . I. Pʀᴏsᴛʜᴇᴄᴀᴇʀᴇᴜs, Schmar.

en communication avec l'extérieur. . . . . II. Cʏᴄʟᴏᴘᴏʀᴜs, Lang.

cylindrique. Bouche

en arrière du cerveau. . . . . III. Eᴜʀʏʟᴇᴘᴛᴀ, Ehr.

en avant du cerveau. . . . . IV. Oʟɪɢᴏᴄʟᴀᴅᴜs, Lang.

rudimentaires ou nuls. Dans la région antérieure de la poche pharyngienne, la branche intestinale impaire médiane

manque. . . . . V. Sᴛʏʟᴏsᴛᴏᴍᴀ, Lang.

est distincte. . . . . VI. Aᴄᴇʀᴏs, Lang.

G. Prosthecæreus, Schmarda. *P. vittatus*, Mont. (1), jolie petite espèce d'une teinte blanche ou lavée de jaunâtre, avec des lignes longitudinales noires, multiples, parallèles aux bords (Saint-Vaast-la-Hougue, Concarneau, Cette) ; *P. argus*, Quatr., jaune plus ou moins ferrugineux, avec des taches blanches et rousses disséminées sur tout le corps, des taches violettes ou pâles sur les bords. — G. Cycloporus, Lang. *C. tuberculatus*, Lang. Cette Planaire a le corps couvert de papilles, qui se détachent en roux sur la teinte violette ou orangée du fond ; parfois, d'après M. Lang, le tégument est lisse, tel n'était pas le cas pour les individus que j'ai rencontrés à Saint-Malo en octobre 1866 et septembre 1867, ils mesuraient 6^{mm} à 8^{mm} de long. — G. Eurylepta, Ehrenberg. *E. cornuta*, Müll., remarquable par la teinte rouge de son tube digestif, dont la portion centrale et les branches primaires antérieures sont particulièrement visibles, atteint plus de 15^{mm} de longueur (Saint-Malo). — G. Oligocladus, Lang, très voisin du genre précédent, dans lequel les deux espèces, qui le composent, ont d'abord été placées : *O. sanguinolentus*, Quatr. (2), l'appareil digestif est également coloré en rouge vif (Saint-Malo) ; *O. auritus*, Clap., fort analogue à la précédente espèce, dont il diffère par l'absence des groupes postérieurs d'ocelles peri-cérébraux (? Wimereux). — G. Stylostoma, Lang. Ce genre est particulièrement remarquable par la présence d'un vestibule antérieur, commun à la bouche et à l'orifice génital mâle : *S. variabile*, Lang, petite planaire jaune paille, ponctuée de rouge de Saturne, teinte qui colore également l'intestin et ses branches, longue de 11^{mm} à 12^{mm} (Saint-Malo).

VII. Fam. PROSTHIOSTOMIDÆ. — G. Prosthiostoma, Quatrefages. L'espèce la plus anciennement connue, le *P. siphunculus*, Chiaje (3), se trouve assez communément sur les côtes de Bretagne (Bréhat, Saint-Malo), sa longueur peut aller jusqu'à 40^{mm} et 50^{mm}.

(1) Pl. XXIX, fig. 9.
(2) Pl. XXIX, fig. 7, 8.
(3) Pl. XXIX, fig. 4, 4', 4".

APPENDICE

VERMES DUBII

ORTHONECTIDA.

('Ορθός, en ligne droite ; νήκτος, qui nage.)

Giard, 1877.

Vers présentant une annélation distincte, à tégument couvert sur presque toute son étendue de cils vibratiles, sans tube digestif visible. Parasites de divers animaux marins (Ophiuridæ, Teretularia, Planariæa).

Ces êtres singuliers, sur la nature desquels il serait prématuré d'émettre une opinion définitive, se présentent sous la forme de corps allongés ou sphériques, toujours de petite dimension, les plus grandes espèces ne dépassant pas $0^{mm},200$ à $0^{mm},300$. Leur structure est des plus simples, le tégument formé de deux couches, ectoderme et endoderme, est divisé en anneaux de longueurs inégales en général. La surface présente des cils, rigides sur les anneaux placés aux extrémités, vibratiles sur les anneaux médians, ces derniers cils, aidés parfois des mouvements du corps, servent à la locomotion. Celle-ci pour certains d'entre eux (*Rhopalura*) aurait lieu, d'après les observations de M. Giard, en ligne droite et avec une certaine rapidité, c'est de cette particularité que ce zoologiste a tiré le nom imposé au groupe tout entier, pour d'autres (*Intoshia*) les mouvements sont moins distincts, parfois réduits à une rotation sur place autour de leur grand axe. Entre les deux couches tégumentaires, dont l'externe au moins offre au début une disposition nettement cellulaire (Metschnikoff, 1881, pl. XV, fig. 8 et 26) se trouveraient, suivant M. Giard, des fibres musculaires dépendant de l'endoderme. La cavité de ces petits corps ne renferme qu'un parenchyme finement granuleux dans lequel se développent à certaines époques les produits destinés à la reproduction de l'espèce. Il n'existe pas trace d'organes digestifs, cependant M. Jourdain (1880, p. 4, pl. II, fig. IV) dit avoir reconnu à l'extrémité antérieure un orifice dilatable, qu'il considère comme étant la bouche. L'organisation des *Ortho-nectida* se rapprocherait alors, sous ce rapport, de celle des infusoires à parenchyme interne digérant d'une façon vague, c'est-à-dire indifféremment dans toute sa masse. On n'a pas signalé d'organes se rapportant à l'un des grands appareils vasculaires, sécréteurs, etc., non plus qu'un appareil nerveux ou des organes des sens.

La reproduction s'effectue normalement, autant qu'on peut le savoir aujourd'hui, par le concours des sexes, en tous cas sur certains individus on rencontre des spermatozoïdes, sur d'autres des cellules ovulaires. La question reste encore indécise de savoir, si ces individus, très différents les uns des autres, appartiennent bien à une seule et même espèce (Metschnikoff), ou représentent des espèces distinctes, pouvant même être placées dans des genres différents. La multiplication paraît aussi pouvoir se faire par bourgeonnement dans de grosses cellules plasmatiques (*plasmodiumschlauch*), lesquelles, d'a-près les observations de M. Metschnikoff, donneraient naissance les unes à des mâles, les autres à des femelles, et qui sont elles-mêmes soit des individus femelles modifiés, soit des produc-tions de l'endoderme (Giard). Le développement des œufs a lieu par évolution blastomérique, les cellules à un certain mo-ment se différenciant en un groupe supérieur, qui donnera naissance aux anneaux antérieurs, et un groupe inférieur, com-posé de cellules plus grosses devant former le reste du corps.

Les ORTHONECTIDA se rencontrent comme parasites, soit dans la cavité incubatrice de certains Ophiures, soit dans la cavité stomacale de quelques Térétulariens et Planariens. Ils ont été trouvés également dans l'épaisseur du tégument de ces der-niers Vers. On observe toujours à la fois deux formes, l'une allongée, l'autre raccourcie.

La première indication sur ces organismes est donnée dans un travail de Keferstein (1868, pl. II, fig. 8), sur quelques Planaires marines de Saint-Malo, il se borna à figurer, très exactement d'ailleurs, ce qu'il désigne simplement dans l'explication des planches comme *animal énigmatique*. M. Mac Intosh. (1873-1874, p. 129, pl. XVIII, fig. 17, 18, 19) fut plus explicite, sans toutefois avancer notablement la question, aussi est-ce à M. Giard que revient l'honneur d'avoir réellement le premier fait connaître ces êtres d'une manière scientifique. Dans une première communication faite à l'Académie des Sciences (1877), il décrivit et dénomma les deux genres *Rhopalura* et *Intoshia*, ce dernier renfermant les espèces figurées par Keferstein et M. Mac Intosh. Deux autres notes (1879) et un mémoire accompagné de planches(1875?) furent publiés par le même auteur soit pour ajouter de nouveaux détails, soit pour répondre à quelques critiques faites par M. Metschnikoff. Ce dernier, en effet, avait cette même année donné deux notes sur ce même sujet, elles furent suivies en 1881 d'un mémoire étendu spécialement consacré à l'étude de ces organismes, l'auteur y modifie d'une façon malheureuse la nomenclature spécialement établie par M. Giard. Il convient encore de citer un travail de M. Jourdain (1880) où ce zoologiste propose le nouveau genre *Prothelminthus* et les notes anatomiques de M. Julin (1881, 1882).

Malgré ces intéressants travaux dus à des savants aussi autorisés sur la matière, bien des doutes restent encore sur la position qu'il convient d'assigner à ces êtres singuliers. M. Giard frappé des rapports qu'ils présentent dans leur organisation avec le stade *planula* et guidé par les théories sur l'évolution, croit devoir regarder ce groupe comme ayant la valeur d'une classe dans le sous-embranchement des Vers. M. Metschnikoff les rapproche des *Dinophilus* (1).

D'un autre côté, suivant les vues émises par M. Edouard van Beneden dans ses récents travaux (1882), vues adoptées par M. Whiteman (1883), les ORTHONECTIDA formeraient avec les RHOMBOZOA (DICYÉMIDES et HÉTÉROCYÉMIDES) un embranchement des MÉSOZOAIRES, reliant entre eux les embranchements des PROTOZOAIRES et des MÉTAZOAIRES, proposés par Huxley. C'est donc des Rayonnés les plus inférieurs que devraient être rapprochés les êtres dont il est ici question. Toutefois, comme le fait remarquer M. Claus (1884), on peut regarder comme con-

---

(1) On a vu plus haut (page 622) que la place de ceux-ci dans la série est loin d'être certaine.

testable la nécessité d'établir cette division des Mésozoaires, que d'ailleurs M. Edouard van Beneden présente sous toutes réserves.

La valeur comme groupe des Orthonectida et leur place dans la série des êtres organisés, ne peuvent donc être fixées d'une manière certaine dans l'état actuel de nos connaissances.

I. Genre RHOPALURA.

('Pόπαλον, massue ; οὐρά, queue.)

Ropalura, Giard, Metschnikoff, Jourdain.

Second anneau ayant sa surface hérissée de papilles.

M. Giard ajoute à ce caractère la composition de l'exoderme, formé de grandes cellules et la présence dans l'endoderme de faisceaux musculaires, mais cela est contesté par M. Metschnikoff.

Ce genre ne paraît jusqu'ici renfermer qu'une espèce.

Rhopalura Ophiocomæ.

Rhopalura Ophiocomæ, Giard, 1875 (?), p. 453 ; pl. XXXIV (6 fig.); XXXVI, fig. 1 à 4, 6 à 12.
    Id.   *id.*   Giard, 1877, p. 813.
Rhopalura Giardii, Metschnikoff, 1879, p. 547 et 618.
    Id.   *id.*   Metschnikoff, 1881, pl. XV, fig. 19 à 55 (anatomie et développement).
Rhopalura Ophiocomæ, Jourdain, 1880, pl. II, fig. VIII.

Corps composé de 5 ou 6 segments, le troisième faisant plus du tiers de la longueur totale, le second portant des papilles sur quatre ou cinq rangées annulaires, chacune composée de 12 à 15 papilles.
Long. 0^{mm},108 (1).

Hab. — La cavité incubatrice de l'*Ophiocoma neglecta* (Vimereux, Giard) et la cavité péritonéale de l'*Amphiura squamata* (la Spezzia, Metschnikoff).

Les caractères sus-énoncés répondent à la description primitive de M. Giard. Les individus figurés par M. Metschnikoff auraient les segments au nombre de 9, sensiblement égaux, les papilles du second anneau moins nombreuses et moins régulièrement disposées. Sont-ce

(1) Cette dimension, et il en est de même pour les espèces suivantes, se rapporte à la forme allongée.

là de simples particularités individuelles, faut-il y voir des différences spécifiques ? c'est ce qu'il est difficile de décider actuellement, ces êtres, pendant leur évolution, offrant de grandes variations suivant le stade qu'on considère. Ainsi à un certain moment l'anneau papillifère manque et ces animaux ont alors les caractères du genre suivant.

M. Metschnikoff a admis (1879, p. 618) l'identité des *Rhopalura Ophiocomæ* et *R. Giardii,* il a cru devoir plus tard (1881) conserver ce dernier nom, bien qu'il n'ait évidemment pas l'antériorité.

II. Genre INTOSHIA.

(dédié à M. Mac Intosh).

Intoshia, Giard.
Prothelminthus, Jourdain.
Rhopalura sp. Metschnikoff.

Anneaux du corps peu différents entre eux, sans papilles disposées comme dans le genre précédent.

Pour **M. Metschnikoff** les êtres composant ce groupe ne sont autre chose que les individus femelles, la forme *Rhopalura* étant la forme mâle.

Les espèces sont également assez mal définies et, en présence des incertitudes qui règnent encore, on le voit, sur la légitimité de la coupe générique, cette question ne peut être résolue. M. Giard avait d'abord admis les *I. Linei* et *I. Leptoplanæ,* ce dernier d'après une figure donnée par Keferstein, tous deux parasites de vers Térétulariens ou Planariens, plus tard il a fait connaître une troisième espèce *I. gigas,* parasite des Ophiures. Enfin M. Jourdain en a décrit une quatrième, pour laquelle il a cru devoir créer le nouveau genre *Prothelminthus,* d'après la présence d'un orifice buccal ; avant d'admettre cette coupe d'une manière définitive, il serait bon que le fait fût contrôlé comparativement. Le nombre des espèces à peu près bien déterminées ne semble guère être de plus de deux, encore, sont-ce plutôt les différences d'habitat, qui portent à les distinguer, que tout autre caractère positif.

1. Intoshia gigas.

Intoshia gigas, Giard, 1875, p. 456 ; pl. XXXV (10 fig.); XXXVI, fig. 5.
    Id.   *id.*   Giard, 1879, p. 545.
    Id.   *id.*   Jourdain, 1880 pl. II, fig. VII.

Extrémités du corps, surtout l'antérieure, atténuées, 8 à 9 segments.

Long. $0^{mm},270$ à $0^{mm},300$.

Annelés. Tome III.   43

Hab. — *Ophiocoma neglecta* (Vimereux).

Cette espèce peut atteindre, on le voit, une taille relativement grande, eu égard à la petitesse des animaux du même groupe. C'est à elle que M. Metschnikoff assimile son *Rhopalura Intoshii*, mais, en admettant qu'on puisse distinguer deux types spécifiques, c'est plutôt du suivant qu'il convient, je crois, de le rapprocher.

2. Intoshia Linei.

Rhathselhaftes Thier, KEFERSTEIN, 1869, pl. II, fig. 8 et explication des planches.
Parasitic ciliated animal, MAC INTOSH, 1873-1874, p. 129; pl. XVIII, fig. 17, 18 et 19.
Intoshia Linei, GIARD, 1877, p. 813.
Intoshia Leptoplanæ, GIARD, 1877, p. 814.
Prothelminthus Hessei, JOURDAIN, 1880, pl. II, fig. 2 à 5.
Rhopalura Intoshii, METSCHNIKOFF, 1881, p. 287; pl. XV, fig. 1 à 18 (anatomie et développement).

Extrémités du corps obtusément arrondies, 10 à 12 segments.
Long. $0^{mm},098$ à $0^{mm},115$.

Hab. — Dans la cavité viscérale ou l'épaisseur du tégument chez différentes espèces de *Lineus* et chez le *Leptoplana tremellaris* (Vimereux, Saint-Malo, Saint-Vaast-la-Hougue, la Spezzia).

Quoique les observations de Keferstein et de M. Mac Intosh puissent être regardées comme incomplètes, il n'y a aucun doute qu'il ne s'agisse du même être; M. Giard n'indique pas suffisamment les raisons qui le portent à établir son *I. Leptoplanæ*. Quant au genre *Prothelminthus*, M. Jourdain ne le propose qu'avec réserve et, comme je l'ai dit plus haut, de nouvelles observations seraient nécessaires pour confirmer la présence de l'orifice buccal signalé par le savant professeur de Nancy, la constatation des faits de cet ordre sur des organismes de petite taille et très transparents est, on le sait, des plus délicates. Quant à la dénomination introduite par M. Metschnikoff, si la modification du nom de genre est justifiée, puisque cet auteur admet qu'il n'y a là que des différences sexuelles, le changement de l'épithète est inexplicable.

ENTEROPNEUSTI.

('Εντερον, intestin ; πνέω, je respire.)

GEGENBAUR, 1870 (1).

Animaux vermiformes, pourvus d'un appareil branchial situé intérieurement dans la partie antérieure du corps et composé d'une série de poches, dans lesquelles l'eau est introduite au moyen d'orifices pharyngiens et ressort par une série de pores symétriquement placés à la région dorsale.

Le caractère tiré de l'appareil respiratoire peut être regardé comme l'un des plus importants et c'est à sa disposition qu'est emprunté le nom proposé par Gegenbaur pour désigner ce groupe, auquel il donne le rang de classe dans l'embranchement des vers.

Un seul genre y étant compris, les détails anatomiques et historiques qui seront donnés à l'occasion de celui-ci, dispensent d'entrer dans de plus longs développements sur l'organisation et les rapports de ces êtres.

GENRE BALANOGLOSSUS.

(Βάλανος, gland ; γλῶσσα, langue.)

Balanoglossus, CHIAJE.
Stimpsonia, GIRARD.

Animal à corps allongé, plus ou moins aplati ou cylindrique ; on peut y distinguer trois parties l'une antérieure, trompe, plus ou moins ovoïde comme enchâssée dans la seconde, collier, auquel fait suite le corps proprement dit, qui lui-même peut d'ordinaire être subdivisé en plusieurs régions. Orifices antérieur et postérieur du tube digestif béants, non susceptibles d'occlusion. Sexes distincts. — Habitent la mer.

Au premier abord, les *Balanoglossus* (2) ne paraissent que peu différer des Annélides et des Térétulariens, avec lesquels on les a pendant longtemps réunis, bien qu'ils en soient évidemment très éloignés.

(1) P. 158 (traduction française, 1874, p. VIII et 150).
(2) Pl. XXVI, fig. 19.

Leur forme générale est assez analogue à celle de ces Vers, ils sont très allongés, éminemment contractiles, à un moindre degré cependant que pour les animaux cités en dernier lieu, enfin certains accidents de la surface tégumentaire les font souvent paraître comme annelés.

On peut les reconnaître facilement à la division spéciale de leur corps. En avant se trouve une masse musculaire (1) tantôt sphérique, plus souvent ovoïde ou piriforme, à petite extrémité tournée en avant, on la désigne sous le nom de *trompe* (*gland*, pour quelques auteurs), il ne faudrait pas toutefois la confondre avec l'organe de même nom des Térétulariens, car cette partie quoiqu'évidemment mobile n'est pas susceptible de s'invaginer pour rentrer dans l'intérieur du corps. Bien que, par suite même de sa constitution et de ses usages, la forme de la trompe sur un même individu soit assez variable (2), cependant ses dimensions relatives sont susceptibles de fournir certains caractères propres à faciliter les distinctions spécifiques.

La seconde portion, à laquelle on donne le nom de *collier*, a l'apparence d'une sorte de ceinture peu étendue, qui entoure le corps immédiatement en arrière de la trompe; cette ceinture, ou si l'on veut cet anneau, offre en avant un bord libre, d'où résulte une sorte de cupule, dans laquelle la trompe est comme enchâssée, rappelant le gland entouré du prépuce, suivant l'expression de Steph. delle Chiaje, qui a tiré le nom générique de cette particularité. En arrière, le collier est plus ou moins soudé avec le corps proprement dit et sa limite en ce point n'est souvent indiquée que par un simple bourrelet. Dans le sillon laissé entre la trompe et le collier, se voient plusieurs ouvertures, dont la plus importante est la *bouche* (3), on la regarde comme placée du côté ventral, au côté opposé existent un ou deux pores, suivant les espèces, *pores proboscidiens*. L'orifice buccal est des plus facile à reconnaître, d'autant qu'il reste toujours béant et n'est pas susceptible de se fermer comme chez les Vers en général, on pourrait même dire comme dans la grande majorité des animaux; le collier lui forme une sorte de vestibule en entonnoir, très exactement figuré par M. Kowalevsky (1867, pl. I, fig. 6).

A ces deux portions que certains auteurs regardent, peut-être non sans raison, comme devant être réunies et formant la tête de l'animal, fait suite le corps proprement dit, excessivement allongé à proportion, et qui lui-même se subdivise en trois régions : antérieure ou *branchio-génitale;* moyenne ou *stomacale;* postérieure ou *caudale.* Elles sont dans la plupart des espèces faciles à distinguer par leur

(1) Pl. XXVI, fig. 20 : *a.*
(2) Pl. XXVI, fig. 19 et 20.
(3) Pl. XXVI, fig. 20 : *b.*

aspect extérieur, d'ordinaire même par leur coloration, qui cependant varie suivant les saisons avec le développement des organes reproducteurs.

La première est généralement aplatie ou même creusée en gouttière par suite de la présence de portions lamelleuses latérales, qui prolongent les côtés ou mieux les deux bords supérieurs du corps dans cette région, ces prolongements sont tantôt aplatis comme foliacés, chez le *Balanoglossus clavigerus,* Chiaje, par exemple, où ils se relèvent en haut, arrivant à se souder antérieurement sur la ligne médio-dorsale avant d'atteindre le collier, tantôt forment deux sortes de bourrelets latéraux ; plus rarement ils manquent, *Balanoglossus Talaboti,* Marion. A la partie antérieure et médiane, sur une longueur plus ou moins grande suivant les espèces, se voient, également sur le dos, deux élévations symétriques en demi-cylindres ou demi-cônes, séparées par un sillon assez profond, antéro-postérieur, elles correspondent à la série des chambres branchiales indiquées par de fines stries en travers. Entre cette sous-région branchiale et la région suivante, l'espace se trouve occupé par les organes de la génération, lesquels commencent déjà d'exister au niveau et entre les poches respiratoires.

La région stomacale, plus ou moins cylindrique, se distingue très souvent par la présence à sa partie supérieure de bosselures assez régulièrement disposées, lesquelles correspondent aux organes dits hépatiques.

Quant à la troisième, elle paraît comme chiffonnée suivant la plus ou moins grande quantité de sable qu'elle contient, ses parois sont plus minces qu'aux autres régions et de fines rides y accusent une annélation plus ou moins distincte. Tous les zoologistes, qui ont recherché ces animaux, ont reconnu leur prodigieuse fragilité, ils se brisent avec une facilité extrême, aussi ne peut-on presque jamais, surtout lorsqu'il s'agit de grands individus, obtenir de sujet dans un état complet d'intégrité.

Pour terminer la connaissance topographique de cet étrange animal, il suffira d'indiquer brièvement les différentes cavités, qui occupent le corps et peuvent servir de points de repère dans l'étude anatomique. La principale d'entre elles est étendue de l'orifice buccal à l'extrémité postérieure du corps formant le tube branchio-digestif ; de sa partie antérieure et dorsale remonte dans la trompe un canal, d'abord fort étroit, puis dilaté, désigné sous le nom de *diverticulum intestinal* ou mieux *pharyngien,* auquel on a fait jouer un rôle important dans la morphologie de ces êtres en y cherchant l'analogue de la corde dorsale. La trompe elle-même présente une cavité, plus ou moins irrégulière par suite de la présence de trabécules musculaires et conjonctives, qui la traversent en différents sens, elle communique avec l'extérieur par les *pores proboscidiens,* ouvertures dont la situation et le nombre variant avec les espèces peuvent fournir de bons caractères spécifiques, malheureusement l'observation n'en est pas toujours facile. Des lacunes analogues existent dans le collier. Enfin on trouve entre la paroi du corps et le tube branchio-digestif une cavité viscérale divisée sur la plus grande partie de son étendue en deux parties droite et gauche par suite d'adhérences, *mésentères,* unissant sur la ligne médiane, aussi bien à la partie dorsale qu'à la partie ventrale, l'enveloppe tégumentaire et le tube digestif sur toute la longueur du corps. Les deux demi-cavités ainsi constituées sont au reste loin d'être libres, un nombre infini de trabécules musculaires et conjonctifs les traversent, formant une multitude de vacuoles irrégulières dans lesquelles se trouve le liquide sanguin viscéral.

L'anatomie descriptive et générale des Balanoglosses a donné lieu à de très importants travaux parmi lesquels on peut citer en première ligne celui de M. Kowalevsky (1867), et depuis ceux de MM. Spengel (1884) (prodrome d'un grand ouvrage, qui sera spécialement consacré à l'histoire de ces animaux), Marion (1886), Koehler (1886), différents détails ont également été donnés à ce sujet par MM. Agassiz (1873) et Bateson (1883 à 1886), les études de ces derniers se rapportent toutefois plutôt à la connaissance du développement, comme on le verra plus loin.

En ce qui concerne l'enveloppe cutanée, sa constitution rappelle assez ce qu'on connaît chez certains Teretularia. On trouve une cuticule couverte de cils vibratiles sur toute son étendue, au-dessous se voit une matrice hypocuticulaire (*hypoderme* des auteurs), plus épaisse renfermant de grosses glandes unicellulaires, auxquelles on attribue la sécrétion de l'abondant mucus, qui recouvre constamment le corps de l'animal. Au-dessous se rencontrent les couches musculaires au nombre de deux, l'une externe annulaire, l'autre interne longitudinale au moins sur le *Balanoglossus clavigerus,* Chiaje (Kowalevsky, 1867, pl. II, fig. 8 : *a* et *b*), car chez le *Balanoglossus Talaboti,* Marion, la disposition serait inverse, la couche externe étant longitudinale (Marion, 1886, pl. XVII, fig. 14 : *m l* et *m t*). Ces opinions contradictoires pourraient se concilier si, comme l'indique M. Koehler pour son *Balanoglossus sarniensis,* il existe, en dehors des deux couches musculaires fondamentales habituelles, une troisième couche longitudinale, moins développée, il est vrai, que les deux autres. Intérieurement, la face qui correspond à la cavité viscérale, serait formée d'un tissu conjonctif, qui s'étend plus ou moins dans cette cavité même et, avec quelques fibres musculaires, la comble en grande partie. M. Kowalevsky figure des sortes d'éléments étoilés dans ce tissu conjonctif.

La structure de la trompe présente de grands rapports avec celle

du tégument, car on y trouve une cuticule ciliée, une couche hypocuticulaire, dans laquelle les glandes à mucus paraissent seulement
moins développées et sous laquelle M. Marion signale une couche
basale, enfin deux plans musculaires disposés, d'après tous les observateurs, sur le plan typique habituel, c'est-à-dire les fibres annulaires
placées extérieurement. Les fibres musculaires longitudinales ne
forment pas un plan à proprement parler et loin d'être régulièrement
antéro-postérieures, elles constituent plutôt une masse lacuneuse en
s'entrecroisant dans des directions variées. Ces fibres, d'après M. Marion, seraient chez son *Balanoglossus Hacksi* du type strié, tandis que
celles constituant les couches musculaires cutanées seraient lisses. Ce
sont ces lacunes d'où résulte à proprement parler la cavité proboscj-
dienne, laquelle, on l'a vu, communique avec l'extérieur, en un point
situé à la base de la trompe au côté dorsal, tantôt par un pore simple,
soit symétrique (*Balanoglossus minutus*, Kow., *B. clavigerus*, Chiaje,
B. sarniensis, Koehl.), soit placé un peu à gauche de la ligne médiane
(*Balanoglossus Kowalevskyi*, Agass.), tantôt par un pore double (*Balanoglossus Kupfferi*, Will.-S.).

M. Kowalevsky, Keferstein et M. Al. Agassiz, après Steph. delle
Chiaje, ont décrit un orifice à la partie terminale antérieure de la
trompe, lequel n'a pas été retrouvé par les autres observateurs et
dont je n'ai pu moi-même constater la présence sur l'individu, unique
il est vrai, que j'ai eu à ma disposition. Cette erreur d'aussi habiles
anatomistes mérite de fixer l'attention et ne doit cependant pas être
attribuée à des différences spécifiques, car M. Spengel, qui a pu examiner des exemplaires pris dans le golfe de Naples, où avaient été
faites les études de M. Kowalevsky et de Keferstein, n'a pas non
plus revu cette perforation antérieure.

Comme se rapportant aux organes de la locomotion, il faut citer
encore un appareil d'apparence semi-cartilagineuse, placé dans la profondeur des tissus au-dessus de la bouche à la base de la trompe,
partie à laquelle on a donné le nom de *squelette de la trompe* ou *plaque pharyngienne*. M. Al. Agassiz, qui l'a soigneusement étudié sur
son *Balanoglossus Kowalevskyi*, décrit cet organe comme formé d'une
portion antérieure à la fois épaissie et aplatie, plus large en avant
qu'en arrière où elle se divise en une paire de prolongements coniques, doublement courbés en dehors et en bas de manière à entourer partiellement le tube pharyngien. Malgré son aspect et sa consistance, le squelette proboscidien ne présente jamais la structure
caractéristique du cartilage à chondroblastes et est en général formé
d'un tissu homogène, cependant sur le *Balanoglossus Talaboti* M. Marion a observé que, « dans la portion axille de l'organe, on voit pénétrer une série de cellules plus ou moins allongées, dont quelques-unes
ont encore leur noyau apparent, mais qui sont toutes plus ou moins

emplies par des globules adipeux » (Marion, 1886, p. 322, pl. XVII, fig. 13). Il en résulte une apparence plus voisine de celle du cartilage proprement dit, mais ce n'est là qu'une apparence. Cette plaque est placée au-dessous du diverticulum pharyngien.

De même que chez beaucoup d'autres animaux inférieurs analogues, nos connaissances sur l'appareil nerveux laissent encore à désirer, la délicatesse des tissus qui le composent, ne permet pas de le suivre par les méthodes anatomiques ordinaires et les éléments, qui le constituent, ne présentent ni un aspect particulier, ni des réactions assez spéciales, pour que les moyens mis à notre disposition par la technique microscopique, puissent permettre de les reconnaître sans hésitation. D'après les données les plus généralement admises, on trouve dans le collier une masse centrale, qu'on pourrait comparer au ganglion cérébroïde des Annelés en général, elle est placée au-dessus du tube digestif, de la plaque pharyngienne et du diverticulum. Au point de vue de sa constitution histologique, M. Kochler y signale une couche celluleuse externe et une couche fibreuse interne, en arrière ces éléments se confondent insensiblement avec les éléments cutanés. Chez le *Balanoglossus sarniensis*, Koehl., au moins, un canal se voit dans cette portion centrale de l'appareil nerveux, il est surtout distinct en arrière et finit par s'ouvrir à l'extérieur à la partie dorsale. On trouverait ensuite sur le reste de la longueur du corps une couche nerveuse continue sous l'épithélium externe, laquelle en s'épaississant le long de la ligne dorsale et de la ligne ventrale, formerait deux cordons nerveux, l'un supérieur, l'autre inférieur. Cette disposition ne serait pas sans rapport avec ce qu'on a vu plus haut exister, d'après M. Hubrecht, chez quelques Térétulariens (1).

On ne connaît pas d'organe spécial des sens, sauf peut-être pour le toucher, auquel peuvent servir la trompe et le collier.

La locomotion chez les Balanoglosses paraît peu active, quoi qu'en ait dit Steph. delle Chiaje, lequel affirme les avoir vus se mouvoir avec agilité à la manière des Murènes et des Sangsues; s'il n'y a pas eu confusion avec un autre animal, le fait est au moins très exceptionnel. En général, déposés sur le sable des plages où ils habitent, ils se bornent à s'y enfoncer, puis à monter et descendre dans le tube qu'ils se sont ainsi creusé. M. Spengel (1884, p. 499) a particulièrement bien observé et décrit la manière dont les choses se passent pour la première de ces opérations chez le *Balanoglossus clavigerus*, Chiaje. L'animal se sert de sa trompe comme certains Mollusques Acéphalés, les *Solen* par exemple, se servent de leur pied, il l'amincit, l'allonge, l'enfonçant dans le sable, puis ensuite le gonflant sous le sol, s'en sert comme d'un point d'appui sur lequel il se tire,

____

(1) Voir **page** 557.

se hale, en quelque sorte ; ces deux temps de la progression successivement répétés lui permettent de descendre assez rapidement à la profondeur voulue dans le sable mouillé. Ce qui rend le phénomène particulièrement bizarre chez le Balanoglosse, c'est que l'orifice buccal restant béant, le sable y pénètre pour ressortir par l'anus, les parois du corps agissant à la façon d'un emporte-pièce, comme certains instruments perforateurs. L'animal expulse ensuite des portions branchio-génitales et gastriques du corps, ces matériaux inutiles, l'intestin seul en restant toujours plus ou moins rempli.

Le tube digestif paraît présenter, suivant les espèces, certaines modifications dont on peut faire emploi pour les distinctions spécifiques. Il est inutile de revenir sur ce qui a été déjà dit de l'orifice buccal.

La portion qui y fait suite est tantôt en tube simple, *Balanoglossus Talaboti,* Marion, *B. Hacksi,* Marion, plus souvent divisée par deux demi-cloisons, produites par des replis latéraux de la paroi, lesquels se touchent plus ou moins exactement sur la ligne médiane et forment ainsi un canal supérieur, où se trouvent les orifices conduisant dans les cavités branchiales, *portion respiratoire,* un canal inférieur, plus spécialement destiné, sans doute, au passage des matières alimentaires et que la constitution de ses parois fait désigner généralement sous le nom de *portion glandulaire.*

Dans la région stomacale, on observe sur les parois dorsale et parfois latérales, des enfoncements, cryptes évidemment glandulaires, qui communiquent chacun avec la cavité digestive par un orifice en boutonnière étroite. Les glandules, qui tapissent ces cavités, sont d'une teinte verte, on les assimile physiologiquement à l'organe hépatique. Les cryptes peuvent faire saillie à l'extérieur, rendant alors la région stomacale nettement distincte, leur nombre, leur disposition en rangées plus ou moins régulières ont été employées pour caractériser les espèces.

Sans insister sur la disposition du reste du tube digestif, il faut faire remarquer que sa surface interne présente des cils vibratiles surtout abondants et actifs dans des gouttières dorsales et ventrales répondant aux mésentères, qui fixent l'intestin à la paroi cutanée.

On ignore quel est exactement le genre de nourriture de ces êtres; comme bon nombre d'animaux marins inférieurs, ils vivent probablement aux dépens des matières végétales et animales apportées avec l'eau qui doit servir à la respiration.

L'appareil des vaisseaux clos ne peut être encore regardé comme parfaitement connu. Suivant Chiaje et M. Kowalevsky il offrirait une grande complication, mais la méthode de coloration par le carmin, préconisée par ce dernier auteur, prête évidemment à la critique. La méthode des coupes a donné, sans doute, dans ces derniers temps des notions plus sûres, toutefois, comme le fait remarquer M. Koehler, il est difficile d'arriver sur ce point à quelque chose de précis, tant qu'on n'aura pu employer les injections, bien que le liquide, qui remplit les tubes, soit naturellement coloré, au moins chez certaines espèces.

Il paraît y avoir un organe d'impulsion, cœur, dans la région collaire et le pédoncule proboscidien, mais l'organe regardé comme tel par M. Spengel serait de toute autre nature, *glande de la trompe,* pour M. Koehler, qui désigne comme cœur ce que le premier appelle espace sanguin. Quant aux vaisseaux principaux on trouve un tronc dorsal sous-nervien (auquel en avant et sur un court trajet, s'en joint un autre sus-nervien), un tronc ventral, placé en dedans de la couche nerveuse, et deux troncs latéraux se distribuant aux branchies; des rameaux antérieurs partent du cœur pour se rendre à la trompe et à la plaque squelettique pharyngienne.

M. Spengel signale dans le liquide cavitaire des cellules libres douées de mouvements amœboïdes, sans pouvoir décider s'il s'agit de corpuscules, comparables à ceux qu'on trouve dans ce liquide chez les animaux analogues, ou d'organismes parasitaires.

Les organes respiratoires, dont M. Kowalevsky a le premier fait connaître la disposition curieuse, doivent particulièrement fixer l'attention, aussi bien au point de vue de la morphologie générale de ces êtres qu'au point de vue des différences spécifiques.

Ils consistent en une série de poches placées par paires le long de la ligne dorsale, immédiatement en arrière du collier et se prolongeant plus ou moins loin sur la région branchio-génitale; ces poches respiratoires apparaissent à l'extérieur sous forme de boursouflures transversales ou de bourrelets, tantôt de même largeur sur toute la longueur de la série, ce qui donne à l'ensemble l'aspect d'un demicylindre, *Balanoglossus clavigerus,* Chiaje, tantôt diminuant d'avant en arrière, d'où résulte une figure triangulaire plus ou moins allongée, *Balanoglossus sarniensis,* Koehl.; ces différences de forme peuvent parfois tenir à l'âge.

Chacune de ces poches communique d'un côté avec la cavité pharyngienne par une sorte de fente, susceptible d'occlusion, et avec l'extérieur par un pore ; la suite de ceux-ci se distingue parfois avec facilité comme une série de perforations, situées, à une petite distance de la ligne médiane, dans un sillon placé en dehors et près des bourrelets branchiaux. Les lamelles branchiales sont soutenues par un système de tiges repliées en forme de longue fourche, ou si l'on veut d'épingle à cheveux, et unies deux à deux par l'une des branches d'où résulte une sorte d'ancre ; les branches de la fourche sont tantôt libres, *type simple : Balanoglossus Kowalevskyi,* A. Agass., *B. sarniensis,* Koehl., *B. Talaboti,* Marion, *B. Hacksi,* Marion ; plus rarement elles sont réunies par de petites trabécules transversales, de sorte que l'espace est partagé en une série de perforations sous forme de petits parallé-logrammes, *type fenêtré : Balanoglossus clavigerus*, Chiaje, *B. minutus*, Kow. Cette disposition que l'on peut assez aisément constater sur des lambeaux de la paroi somatique comprenant quelques poches respiratoires, dont on enlève les tissus mous soit par un râclage mé-thodique, soit au moyen d'un pinceau, paraît pouvoir fournir un excellent caractère pour grouper les espèces.

En mélangeant à l'eau des matières colorantes en suspension telles que de la sépia ou de l'encre de Chine, M. Kowalevsky a montré que celles-ci s'engageaient dans l'orifice buccal et, au bout de quelque temps, ressortaient par les pores dorsaux. Toutefois les particules les plus ténues seules sont ainsi expulsées, pour peu qu'elles soient un peu grossières, elles continuent de cheminer dans le tube digestif et sont rejetées par l'anus.

Comme sécrétions spéciales on ne peut guère citer que le mucus abondant dont se recouvrent ces animaux surtout lorsqu'ils sont irri-tés. Est-ce là un moyen de défense ? On peut regarder la chose comme d'autant plus probable que sur certaines espèces ce mucus donne une odeur souvent très forte et très tenace, rappelant soit celle de l'iode, *Balanoglossus Talaboti,* Marion, soit celle de l'iodoforme, *Ba-lanoglossus sarniensis,* Koehl., ou communiquant à l'alcool dans le-quel on plonge les animaux, l'odeur du rhum, *Balanoglossus Robini,* Giard. Quoique les auteurs aient insisté sur ces particularités, il est difficile d'admettre qu'on puisse établir sur de semblables considéra-tions des distinctions d'espèces.

Les organes reproducteurs sont d'une extrême simplicité. Les glan-des, qui composent cet appareil, apparaissent à une distance variable du collier, et sont placées d'abord sur les côtés de la sous-région branchiale, étant intercalées entre les poches respiratoires, puis se continuent jusqu'à la région stomacale, diminuant de volume au fur et à mesure qu'elles s'en rapprochent, pour finir par disparaître. Lorsque les bords supérieurs du corps se prolongent en lamelles ali-formes, c'est dans celles-ci que sont logées ces glandes. A un même niveau ou par segment, si on pouvait employer cette expression pour un animal où la segmentation est évidemment assez obscure, on rencontre de chaque côté à la partie dorsale deux glandes en sacs simples d'inégales grandeurs, lesquelles se réunissent en un canal commun débouchant à l'extérieur par un pore unique peu visible.

Chez le *Balanoglossus sarniensis,* Koehl., la disposition serait diffé-rente, de chaque côté l'une des glandes étant dorsale, l'autre ventrale, M. Koehler, auquel est emprunté ce détail, n'a d'ailleurs pu obser-ver aucun individu à l'état de maturité sexuelle. La nature des pro-duits différencie seule les organes de chaque sexe, toutefois la cou-leur des spermatozoïdes et des œufs n'étant souvent pas la même, cela peut permettre de distinguer à première vue les individus mâles et femelles pour certaines espèces.

On ignore de quelle manière a lieu la fécondation, la disposition des organes fait supposer qu'elle doit être vague, les naturalistes, très expérimentés dans ces sortes de recherches, qui ont étudié les Balanoglosses, ne sont pas toutefois encore parvenus à l'obtenir artificiellement. Malgré cela, le développement a été suivi avec un très grand soin, il suffit de rappeler les travaux de MM. Metschnikoff, Alex. Agassiz, Bateson, et cette étude a fourni les données les plus intéressantes en ce qui concerne les rapports zoologiques de cet être anormal.

Comme chez beaucoup d'animaux marins la larve, dont on ne connaît pas encore les premiers développements, offre une forme si différente de celle de l'adulte, qu'il fut d'abord impossible aux observateurs de reconnaître la filiation réelle, et J. Müller, en la faisant connaître, lui imposa le nom de *Tornaria*. C'est un petit être fort simple, globuleux, aplati à sa face ventrale, où se trouve la bouche, précédée d'un lobe céphalique bien distinct, avec deux taches pigmentaires oculiformes ; à la partie postérieure se voit l'orifice anal. Ce qui rend surtout cette larve remarquable, c'est la présence de deux bandes ciliées, l'une préorale, l'autre postorale, lesquelles par leur disposition rappellent assez exactement ce qu'on connaît chez les larves d'Astérides connues sous le nom de *Bipinnaria*. Plus tard apparaît une couronne de gros cils vibratiles, qui entoure le corps en un point variable suivant les espèces et, persistant davantage que les bandés ciliées, a permis de reconnaître comme étant un stade suivant de l'évolution, un être dont la forme rappelle déjà celle du Balanoglosse, car le lobe céphalique s'y est transformé en un organe ovoïde musculeux, dans lequel on peut alors retrouver la trompe de l'animal adulte, conservant toutefois encore à son extrémité les points oculiformes. M. Metschnikoff fut celui qui, le premier, constata ce fait important et d'une étude d'autant plus difficile, que le changement du *Tornaria* en larve balanifère se fait très brusquement, sans transition, comme depuis l'a montré M. Alexandre Agassiz.

Il serait inutile d'insister ici sur les changements ultérieurs que subit cette larve, le dernier auteur cité les ayant suivis pas à pas et figurés pour son *Balanoglossus Kowalevskyi* dans un travail (1873) auquel il suffit de renvoyer, aussi bien qu'aux importants mémoires de M. Bateson sur le même sujet. Ce dernier auteur a signalé chez la larve balanifère une papille anale, qui lui sert comme organe d'adhérence pour ne pas être entraînée par le flot ou les courants, jusqu'à ce que le développement de la portion caudale lui permette de s'ancrer plus solidement dans le sol. Il serait bien possible que le sable, dont est toujours remplie la partie postérieure du tube digestif, jouât donc un rôle dans la station.

D'après les recherches plus récentes de M. Bateson (1884) l'évolution dans d'autres cas serait plus simple, le stade *Tornaria* manque et le développement est en quelque sorte direct par la formation, après une segmentation rudimentaire, d'un gastrula, lequel se modifie en larve balanifère. A aucun moment l'être ne nage librement dans la mer, il rampe sur le sol comme l'adulte et est privé d'organes oculiformes. Ce qu'il y a peut-être de plus singulier, c'est qu'avec un développement si différent de celui observé par M. Alex. Agassiz pour le *Balanoglossus Kowalevskyi*, Agass., l'animal adulte offre si bien les caractères de celui-ci, que M. Bateson déclare ne pouvoir l'en différencier et laisse la question en suspens.

Cette opposition tient-elle à ce que contrairement à l'un des principes, qui paraissaient des mieux établis dans les lois naturelles, deux évolutions différentes dès le début peuvent conduire à une même forme parfaite, est-ce au contraire un même être, qui, dans des conditions encore à déterminer, offre des différences dans son développement ? L'une et l'autre hypothèse n'en sont pas moins en dehors des faits habituellement constatés. Ajoutons toutefois qu'avant d'admettre, ou même de discuter cette question il serait nécessaire qu'une étude sérieuse et approfondie établisse avec certitude l'identité morphologique du *Balanoglossus Kowalevskyi* d'Agassiz et de l'espèce observée par M. Bateson.

Arrivés à l'état parfait, les Balanoglosses dont la taille, suivant les espèces, varie de 150ᵐᵐ à 400ᵐᵐ, peut-être plus, habitent à une certaine profondeur dans le sable, un tube, ayant ses parois lubréfiées et cimentées par le mucus, dont le corps de l'animal est abondamment recouvert ; ils s'y tiennent le corps enroulé en hélice, celle-ci dirigée dans un sens déterminé, dextre, suivant M. Bateson. D'après ce dernier observateur et d'après M. Giard, cette retraite est décélée par un tortillon de sable, rappelant celui que produisent les Vers de terre, seulement la section en serait ici elliptique ; M. Koehler, et il s'agit cependant peut-être de la même espèce, ne l'a pas observé pour son Balanoglosse de l'île de Herm. Ceci peut s'expliquer d'ailleurs soit par la nature différente des terrains, soit par la présence de courants, qui enlèveraient les matériaux au fur et à mesure qu'ils sont déposés à l'orifice du trou, ou par quelqu'autre cause, et pour des Annélides plus communs tels que l'*Arenicola piscatorum*, Lam., on sait que tantôt on trouve un tortillon sableux très développé, d'autres fois, c'est une simple perforation.

Ces remarques ont été faites sur des espèces qui habitent la région littorale dans ses zônes inférieures, plusieurs d'entre elles descendent plus bas et se rencontrent dans la région côtière, enfin dès 1875, M. Marion a signalé le *Balanoglossus Talaboti* comme recueilli par une profondeur de 350ᵐ, c'est-à-dire vers la limite supérieure de la région abyssale. Ces êtres peuvent descendre beaucoup plus bas ainsi qu'il résulte des observations faites par Willemoes-Suhm pendant l'expédition du Challenger. Trois fragments ont été rapportés dans ces dragages :

1° Une tête et la partie antérieure du corps, celle-ci longue de 11^{mm}, large de 18^{mm}, de couleur jaune, le collet était d'un rouge vif, le corps rouge jaunâtre ; de la côte O. d'Afrique, par 6° de latitude N. environ , profondeur 4572^{m};

2° Un fragment indiquant un individu d'environ 152^{mm} ; vers le milieu de l'Atlantique par 1° de lat. N. environ, profondeur 3383^{m} ;

3° Un gros fragment rougeâtre, avec le collet (la même espèce sans doute que le n° 1), la longueur totale de l'individu pouvait être estimée à 76^{mm} ou 127^{mm}, il mesurait près de 19^{mm} de large ; voisinage de l'île Crozet, profondeur 2926^{m}.

L'auteur, avec grande raison, n'a pas cru devoir établir de nouvelles espèces sur des documents aussi incomplets, il n'en est pas moins fort intéressant de constater la présence de ces animaux par de semblables profondeurs et sur des points aussi variés.

Ces détails sur la station des Balanoglosses indiquent à eux seuls comment on pourra se les procurer, soit en les recherchant à marée basse dans le sable avec une bêche ou tout autre instrument approprié, soit en promenant la drague à des profondeurs plus ou moins grandes. D'après M. Bateson, pour avoir les larves à divers états de développement il suffit, à la saison voulue, de placer dans un vase de forme convenable, avec de l'eau de mer une certaine quantité du sable dans lequel habitent les adultes, d'agiter vivement le tout et, après un court repos, d'en faire la décantation, ceci peut être répété une ou plusieurs fois ; on laisse ensuite le sable resté en suspension se rassembler au fond du vase et les jeunes Balanoglosses, que leur légèreté a maintenus dans le liquide, se voient à la loupe rampant sur le sol ou sur les parois.

Les rapports zoologiques du genre *Balanoglossus* sont encore difficiles à établir et les naturalistes les plus éminents se trouvent en désaccord sur ce point, malgré l'état avancé de nos connaissances soit en ce qui concerne l'anatomie de l'animal parfait, soit pour ce qui est du développement. Différents auteurs ont discuté la question, n'ayant aucune observation nouvelle à apporter, je me bornerai à indiquer sommairement les différentes idées émises à ce sujet, renvoyant pour plus de détail à l'excellent résumé donné par M. Koehler dans ses derniers travaux (1886 et 1887).

Steph. delle Chiaje voyait dans son Balanoglosse un ver, jusqu'à un certain point, voisin des Nemertes, toutefois les quelques zoologistes, qui en ont parlé après lui, soit d'après sa description, M. de

Quatrefages (1846), soit de visu, mais sur des documents peu complets, Keferstein (1863), n'hésitent pas à regarder cet être comme très anormal et croyaient prématuré de rechercher ses affinités naturelles.

Avec une connaissance très parfaite de l'organisation chez l'adulte, M. Kowalevsky pensait que, malgré l'absence de soies, il convenait de placer cet étrange animal auprès des Annélides, opinion vers laquelle penchent M. Al. Agassiz et Gegenbaur, lequel forme de ces derniers, comme on l'a vu, une classe spéciale.

Cette manière de voir ne compte plus guère de partisans aujourd'hui et les naturalistes, s'ils accordent une importance prépondérante à l'étude du développement, par exemple M. Metschnikoff, rangent ces êtres parmi les Echinodermes, ayant surtout en vue la forme primitive de la larve, le Tornaria, ou s'ils ont plutôt égard à l'état définitif, ainsi M. Bateson, considèrent le *Balanoglossus* comme une forme soit ancestrale, soit dérivée, des Vertébrés, le diverticulum pharyngien représentant la notochorde, et c'est pour ces auteurs le groupe des Hemichordata.

Tout récemment M. Mac Intosh et M. Hammer (1887) ont fait un rapprochement inattendu entre les *Balanoglossus* et un Molluscoïde bryozoaire, le *Cephalodiscus dodecacephalus*, M'Int., découvert dans les dragages du Challenger. Cet être, qui donne naissance à des colonies réticulées, est rapproché par ces auteurs des *Rhabdopleura*, Allm., mais M. Hammer d'après la présence d'une notochorde, laquelle ici également serait un diverticulum du canal digestif, d'après la présence de perforations collaires, assimilées aux fentes branchiales, et la position de l'appareil nerveux, situé à la partie dorsale, n'hésite pas à le placer parmi les Hemichordata de Bateson, dans le voisinage des Enteropneusti, dont il représenterait en quelque sorte le type social.

La connaissance du genre Balanoglosse est de date relativement récente, en 1829 Steph. delle Chiaje le fondait pour le *Balanoglossus clavigerus*, qu'il avait découvert parmi les invertébrés du golfe de Naples, dont il publiait l'histoire. Bien que la caractéristique, basée sur l'apparence extérieure et particulièrement sur la division du corps en régions, fût très suffisante, certaines erreurs quant à l'organisation anatomique, l'imperfection des figures, qui accompagnent le travail, en y joignant la difficulté de se procurer ces animaux furent cause de son oubli pendant une longue période, aussi M. de Quatrefages (1846) ne le citait qu'en passant, pour appeler de nouvelles recherches et M. Ch. Girard (1854), proposait le nom de *Stimpsonia aurantiaca*, pour un animal de l'Amérique du Nord, qui, sans aucun doute, appartient au genre *Balanoglossus*.

Keferstein, il est vrai, près de dix ans plus tard (1863), retrouvait à

Naples même l'espèce décrite par Chiaje et cherchait, au moyen de méthodes plus parfaites, à en mieux apprécier l'organisation. Toutefois, n'ayant à sa disposition que des matériaux insuffisants (un fragment qui comprenait, avec la trompe et le collier, la région branchio-génitale), la courte note qu'il consacre à cette étude laisse à désirer sur certains points, et il faut arriver au magnifique et important mémoire de Kowalevsky (1867) pour avoir des notions exactes et étendues sur l'organisation de ces êtres singuliers. Ce travail (1) a poussé si loin nos connaissances sur ce sujet, qu'on n'a pu que le compléter, l'étendre, grâce au perfectionnement croissant des procédés d'investigation, sans en modifier d'une manière importante les conclusions générales, comme on a pu le voir dans le résumé anatomique présenté plus haut. C'est le savant zoologiste russe, qui le premier a fait connaître la disposition de l'appareil respiratoire d'où quelques années plus tard Gegenbaur (1870) tirait le nom d'Enteropneusti.

Kowalevsky décrivait en même temps une seconde espèce, de la baie de Naples également, le *Balanoglossus minutus*, Willemoes-Suhm (1871) y ajoutait le *Balanoglossus Kuppferi*, d'une localité toute différente, puisqu'il avait été trouvé dans l'Œresund.

Elias Metschnikoff vers cette époque (1869 à 1870) venait de découvrir le fait capital de la métamorphose du *Tornaria* en *Balanoglossus*, étude que reprit M. Alexandre Agassiz (1873) dans des conditions beaucoup plus favorables sur une espèce qu'il pensait nouvelle, le *Balanoglossus Kowalevskyi*, que, on le verra plus loin, certains zoologistes regardent toutefois comme devant être identifiée à l'animal décrit précédemment par M. Ch. Girard.

M. Spengel (1884), dans une note déjà citée, signalait un Balanoglosse de grande taille trouvé dans la mer Rouge, mais sans donner d'autres renseignements, ni lui imposer un nom, et le premier animal de ce genre appartenant à l'Océan pacifique ou ses dépendances, décrit d'une manière suffisante, est le *Balanoglossus Hacksi* du Japon, que notre savant collègue et ami M. le professeur Marion, faisait connaître (1885), en même temps que le *Balanoglossus Talaboti* du golfe de Marseille.

Sur nos côtes océaniques un observateur, dont le nom est fréquemment revenu dans l'étude anatomique du genre, M. Koehler, donna dans plusieurs travaux successifs vers 1886 la description détaillée, accompagnée d'excellentes figures, du *Balanoglossus sarniensis* trouvé par lui à l'île de Herm dans la mer de la Manche. Cet animal est-il distinct des *Balanoglossus salmoneus* et *B. Robini*, indiqués de Con-

---

(1) Analysé la même année par Claparède dans les *Archives des Sciences physiques et naturelles de Genève* (nouvelle période, t. XXIX, p. 249-251, 1867), ce qui n'a pas peu contribué, sans doute, à en vulgariser les intéressants résultats.

carneau par M. Giard (1882), la question reste en suspens, ces dernières espèces n'ayant pas été systématiquement décrites, pas plus que le *Balanoglossus Brooksi*, Bat., des côtes d'Amérique.

En mettant à part ceux-ci qu'on ne peut regarder, jusqu'à plus ample étude, que comme espèces nominales, nous trouvons encore sept types spécifiques distincts, au moins dans l'état actuel de nos connaissances, car suivant toute probabilité plusieurs d'entre eux devront aussi être réunis ultérieurement. Il est d'ailleurs assez difficile de déterminer ces espèces avec sûreté, bien que des descriptions comparatives aient été données de plusieurs d'entre elles et qu'on possède de toutes des figures, dont bon nombre exécutées avec grand soin. Cela tient à différentes causes, dont les principales sont la grande contractilité de ces animaux, ce qui peut sensiblement modifier leurs formes, par exemple en ce qui concerne la trompe, et d'autre part leur fragilité, telle, que très peu de naturalistes ont eu l'occasion de voir un individu entier.

Pour le tableau synoptique suivant, on s'est efforcé de choisir les caractères qui paraissent le moins sujets à variation. Quelques-uns d'entre eux peuvent être considérés comme ayant une valeur morphologique réelle et l'on doit citer en première ligne la structure des lamelles branchiales appartenant soit au *type fenêtré,* soit au *type simple* (1), ainsi que la présence ou l'absence des prolongements latéro-dorsaux aliformes dans la région branchio-génitale. Le nombre des pores proboscidiens se trouve, sans doute, dans le même cas, mais il faut reconnaître que cette disposition anatomique, à l'inverse des précédentes, est, comme il a été dit plus haut, assez difficile à constater (2). Quant à la forme du collier, à celle de la région branchio-génitale, on ne peut voir là que des caractères de second ordre.

En somme ce tableau, destiné à donner une vue d'ensemble des espèces du genre *Balanoglossus*, Chiaje, ne peut être présenté qu'avec grandes réserves, au reste M. Spengel, qui depuis longtemps s'occupe de ce sujet et a déjà rassemblé de nombreux matériaux, devant sous peu faire paraître sur ce groupe un important ouvrage monographique, il serait superflu, dans l'attente de ce travail, de pousser plus loin cette étude.

(1) Voir p. 670.
(2) Voir p. 666.

Genre BALANOGLOSSUS, Chiaje.

Lamelles branchifères du type

fenêtré. Prolongements aliformes de la région branchio-génitale
- très développés. . . . . 1. *B. clavigerus*, Chiaje.
- peu développés. . . . . 2. » *minutus*, Kow.

simple. Collier

plus long que large ou très peu moins. Prolongements aliformes de la région branchio-génitale
- très développés. . . . . 3. » *sarniensis*, Kœhl.
- peu développés. . . . . 4. » *Kowalevskyi*, A. Agass.

notablement plus large que long. Trompe

Région branchio-génitale avec un seul pore médian.
- déprimée. . . . . 5. » *Hacksi*, Marion.
- arrondie. . . . . 6. » *Talaboti*, Marion.

avec deux pores symétriques. . . . . 7. » *Kuppferi*, Will. S.

Species dubiæ.

8. *B. salmoneus*, Giard.

9. » *Robini*, Giard.

10. » *Brooksi*, Bat.

En ce qui concerne la répartition géographique des Balanoglosses, malgré le peu de temps depuis lequel on s'occupe de ces êtres, on doit déjà juger que leur aire d'extension est très vaste.

Des côtes d'Europe nous connaissons les *Balanoglossus clavigerus*, Chiaje, *B. minutus*, Kow., et *B. Talaboti*, Marion, de la Méditerranée; on a trouvé : dans le golfe de Gascogne avec la seconde espèce, les *Balanoglossus salmoneus*, Giard, *B. Robini*, Giard; dans la Manche, le *Balanoglossus sarniensis*, Koehl.; dans l'Œresund, le *Balanoglossus Kuppferi*, Will.-S. Les côtes Atlantiques de l'Amérique du Nord nous offrent le *Balanoglossus Kowalevskyi*, A. Agass., (auquel on peut réunir, au moins provisoirement, le *Balanoglossus aurantiacus*, Girard) et le *B. Brooksi*, Bat. Enfin le Japon a fourni le *Balanoglossus Hacksi*, Marion, et M. Spengel (1884, p. 506) cite, on l'a vu, un Balanoglosse de la mer Rouge.

Si l'on joint à ces données les découvertes du Challenger (1), on ne peut douter que ce genre ne soit très largement répandu.

1. BALANOGLOSSUS CLAVIGERUS.

Balanoglossus clavigerus, CHIAJE, 1829, t. IV, p. 117; pl. LVII, fig. 3 à 6.
  Id.   *id.*   CHIAJE, 1841, t. III, p. 127; pl. III, fig. 3 à 6.
  Id.   *id.*   QUATREFAGES, 1846, p. 184.
  Id.   *id.*   QUATREFAGES, 1847, p. 96.
  Id.   *id.*   KEFERSTEIN, 1863, p. 91; pl. VII, fig. 6 à 9.
  Id.   *id.*   KOWALEVSKY, 1867, pl. I, fig. 1, 2; II, fig. 7, 7', 8, 9, 20, 21; III, f. 10 à 15.
Balanoglossus claviger, SPENGEL, 1884, p. 494; pl. XXX, fig. 8 (6), 9 (*b*).

Trompe en ovoïde allongé, avec un seul pore médian. Collier simple, à bord antérieur non frangé, le postérieur bien visible. Corps nettement divisé en trois régions, à bords latéro-supérieurs très prolongés dans la région branchio-génitale, les prolongements lamelleux ainsi formés pouvant se rejoindre au-dessus des branchies et même étant soudés antérieurement sur une petite longueur en arrière du collier, les branchies occupent environ moitié de cette région; région stomacale à très peu près égale à la précédente en demi-cylindre, le côté dorsal plan, chargé de diverticulums hépatiques en rangées transversales et sur deux séries au plus de chaque côté de la ligne médiane; région caudale cylindrique.

(1) Voir page 674.

Cavité digestive munie, dans la région branchiale, de replis latéraux de la paroi plus ou moins développés, parfois en contact sur la ligne médiane et subdivisant la cavité en deux tubes superposés.

Lamelles branchiales soutenues par des fourches sub-cartilagineuses avec des trabécules transversales (*type fenêtré*).

A l'état de maturité sexuelle en mai, juin, juillet.

Couleur jaunâtre.

Longueur 250^{mm} à 350^{mm} et au-delà.

Hab. — Golfe de Naples.

Cette espèce, la première en date, n'est toutefois bien connue que depuis le travail de M. Kowalevsky.

2. Balanoglossus minutus.

(Pl. XXVI, fig. 19 et 20).

Balanoglossus minutus, Kowalevsky, 1867, p. 15; pl. I, fig. 3 à 6; III, fig. 16, 17, 19.

Id.   *id.*   Spengel, 1884, p. 494; pl. XXX, fig. 1, 3, 4, 5, 6, 7, 8 (6), 9 (*b*), 10, 11.

Id.   *id.*   Bateson, 1885, pl. IX, fig. 61 à 63.

Id.   *id.*   Bateson, 1886, pl. XXVIII, fig. 64, 66 à 69; XXIX, fig. 70 à 73; XXX, fig. 90 à 92 ; XXXI, 93, 98 ; XXXII, fig. 103, 104, 108 à 112.

Trompe plutôt conique à l'état de repos, allongée, avec un seul pore médian. Collier subdivisé par deux étranglements, le premier en arrière du milieu de sa longueur, bord antérieur non frangé, mince, le postérieur séparé du corps par un sillon bien visible. Corps déprimé dans ses deux premières régions, mais avec des prolongements latéraux plus épais que chez le *Balanoglossus clavigerus*, Chiaje, et non repliés en dessus comme chez celui-ci ; la région branchio-génitale plus longue au moins d'un tiers que la suivante, les branchies sont loin d'en occuper la moitié; les diverticulums hépatiques ne forment qu'une série de chaque côté de la ligne médiane ; région caudale assez régulièrement cylindrique.

Cavité digestive, dans la région branchiale, subdivisée plus ou moins complètement par des replis latéraux de la paroi en deux chambres superposées.

Lamelles branchiales soutenues par des fourches sub-cartilagineuses avec des trabécules transversales.

A l'état de maturité sexuelle en septembre, octobre et novembre.

Couleur.....

Longueur 100^{mm} à 120^{mm}.

Hab. — Baie de Naples (Strada nuova di Posilippo); Arcachon.

C'est à cette espèce que je crois devoir rapporter un exemplaire de
cette dernière localité, que j'ai eu entre les mains, il était conservé
dans l'alcool depuis plusieurs années.

3. BALANAGLOSSUS SARNIENSIS.

? Balanoglossus sp. ind. BELL, 1885, p. 836.
Balanoglossus sarniensis, KŒHLER, 1885, p. 46; pl. I, fig. 1 (1).
    Id.   *id.*   KŒHLER, 1886, p. 225.
    Id.   *id.*   POUCHET, 1886, p. 272.
    Id.   *id.*   KŒHLER, 1886, p. 440.
    Id.   *id.*   KŒHLER, 1886, p. 139, pl. IV à VI (32 fig.).
    Id.   *id.*   KŒHLER, 1886, p. 506.
    Id.   *id.*   KŒHLER, 1887, p. 154, pl. I à III (16 fig.).

Trompe conique, à l'état d'extension; le pore proboscidien
unique, sans doute médian. Collier proportionnellement long;
car il n'est guère que d'un tiers plus court que la trompe, son
bord antérieur festonné, le postérieur imparfaitement délimité.
Corps divisé en trois régions nettement distinctes; région
branchio-génitale aplatie, à bords lamelleux, relevés en gouttière, l'ensemble des branchies, qui offre à peu près la forme
d'un triangle allongé, n'en occupe qu'une petite partie, le cinquième ou le sixième, cette région est cependant plus longue
que la suivante; celle-ci, région stomacale, cylindrique, avec
des diverticulums hépatiques formant des sortes d'annélations
transversales sur le dos, lesquelles sont interrompues sur la
ligne médiane; région intestinale très longue, bien plus que les
deux précédentes réunies, irrégulièrement bosselée suivant la
quantité de sable qu'elle contient.

Cavité digestive dans sa région branchiale, subdivisée par des
prolongements latéraux de la paroi en deux tubes superposés.

Lamelles subcartilagineuses branchiales en fourches simples,
sans trabécules transversales (*type simple*).

(1) Quoique portant la date de 1885, ce travail est postérieur aux trois
suivants du même auteur, car on les y trouve cités.

Région branchio-génitale d'une couleur orange foncé, qui devient vert foncé au niveau des diverticulums hépatiques, cette dernière teinte se prolongeant sur toute la région stomacale et même au-delà pour se perdre insensiblement à la région intestinale, laquelle finit par devenir tout à fait incolore. Trompe jaune vif.

Longueur totale 350^{mm}; largeur au niveau du collier environ 10^{mm}.

Hab. — Ile de Herm (Iles Anglo-Normandes).

M. Kœhler, auquel sont empruntés ces détails, n'a jamais recueilli d'individu absolument entier, mais il a trouvé des fragments de la région intestinale ayant à peu près 400^{mm}, ce qui fait présumer que l'espèce peut atteindre une taille beaucoup plus considérable que celle indiquée plus haut.

Le mucus a une odeur d'iodoforme très prononcée et très tenace.

C'est, comme je l'indique dubitativement dans la synonymie, au *Balanoglossus sarniensis* qu'il faut rapporter, peut-on croire, l'espèce que M. Bell a indiquée, sans autre explication, comme trouvée par M. Spencer dans les mers britanniques, dit-il, mais il s'agit en réalité de la plage d'Herm. Ces auteurs n'auraient pas voulu sans doute que la découverte d'un animal aussi remarquable pour la faune qu'ils appellent anglaise, fût annoncée par un autre qu'un de leurs nationaux, les recherches de M. Kœhler ont été faites pendant les étés de 1884 et 1885, à l'île d'Herm, cette dernière année est précisément celle où M. Bell, en novembre, présentait sa communication à la Société zoologique de Londres.

4. Balanoglossus Kowalevskyi.

? *Stimpsonia aurantiaca*, Girard, 1854, p. 367.
Balanoglossus Kowalevskii, Al. Agassiz, 1873, p. 421; pl. I à III.
? *Balanoglossus aurantiacus,*Verrill, 1873, p. 351 et 627.
?   *Id.*   *id.*   Leidy, 1883, p. 93.
Balanoglossus Kowalevskii, Spengel, 1884, p. 494; pl. XXX, fig. 8 (5), 9 (*a*).
     Id.   *id.*   Bateson, 1885, p. 81; pl. IV à IX, fig. 1 à 60.
     Id.   *id.*   Bateson, 1886, pl. XXVIII, fig. 65; XXIX, fig. 78, 79; XXX, fig. 80 à 89; XXXI, fig. 99, 101; XXXII, fig. 102.

Trompe de forme plutôt conique, environ trois fois plus longue que large, pouvant se rider transversalement en annulicules, munie d'un pore asymétrique à gauche. Collier six fois moins long que celle-ci, très peu plus large que haut, avec le bord antérieur non visiblement échancré ou festonné, postérieurement séparé du corps par un sillon net, et, en ce point, ayant un renflement circulaire plus ou moins subdivisé en deux anneaux par un sillon transversal. Corps déprimé, présentant aux angles supérieurs, dans la région branchiogénitale, des épaississements en bourrelets ni lamelleux, ni susceptibles de former voûte au-dessus de la face dorsale; cette région branchio-génitale occupe bien près de moitié de la longueur du corps, l'intestin est relativement très court (1) et les trois divisions somatiques paraissent beaucoup moins distinctes que chez les 1 *Balanoglossus clavigerus*, Chiaje et 2 *B. minutus*, Kow.; la série des poches branchiales occupe sur la première région une longueur qu'on peut estimer au double de celle de la trompe.

Lamelles branchiales soutenues par des fourches subcartilagineuses simples, sans trabécules transversales.

Trompe de couleur jaune rosé, collier d'une teinte un peu plus foncée, corps avec des traits verdâtres bordés de blanc dans la région hépatique, une bande inférieure d'un rouge sale à la face ventrale sur toute la longueur, bordée des circonvolutions vert foncé du canal alimentaire.

Longueur totale 100ᵐᵐ à 150ᵐᵐ; largeur 3ᵐᵐ à 6ᵐᵐ.

Hᴀʙ. — Côtes Atlantiques des Etats-Unis depuis la Nouvelle Angleterre jusqu'à Charlestown (Caroline du Sud).

Pour donner à ce Balanoglosse une aire d'habitation aussi étendue, il faut admettre, avec M. Verrill, l'identité de l'espèce trouvée au nord par M. Al. Agassiz avec le *Stimpsonia aurantiaca* de M. Girard. Bien que ce dernier animal soit certainement un *Balanoglossus*, la description ne permet pas d'affirmer que l'assimilation soit légitime et M. Verrill lui-même avoue, qu'une comparaison directe de types provenant de l'une et l'autre localité, serait nécessaire avant d'affirmer le fait d'une manière positive (2).

L'espèce habite, à une profondeur de 30 cent. à 40 cent., des tubes creusés verticalement dans le sable, le diamètre en est assez

____

(1) M. Agassiz, auquel sont empruntés ces détails, a surtout en vue des individus comparativement jeunes, qu'on peut avoir plus facilement entiers, avec l'âge ces proportions doivent sans doute se modifier, surtout en ce qui concerne le développement relatif de l'intestin.

(2) Voir également plus loin la remarque faite à propos du n° 10 *Balanoglossus Brooksi*, Bat.

large, eu égard au volume de l'animal, et les parois agglutinées au
moyen de mucus. Sa présence est décélée par un amas de sable en
tortillon elliptique d'un aspect spécial, à l'orifice du trou.

5. BALANOGLOSSUS HACKSI.

Balanoglossus Hacksi, MARION, 1885, p. 1289.
    Id.   *id.*   MARION, 1886, p. 306; pl. XVI, fig. 1 à 5, 5', 6, 9 et
                10; pl. XVII, fig. 7 et 8; fig. A dans le texte.

Trompe (dans l'état de conservation où se trouve l'exemplaire) courte, globuleuse, avec une pointe assez aiguë en
avant; un sillon postéro-supérieur conduit au pore proboscidien, qui est simple et médian. Collier très court, composé
d'une collerette infundibuliforme, embrassant la base de la
trompe comme la cupule du gland dans le fruit du chêne,
suivie de deux bourrelets, limités par des sillons annulaires
très accentués tous deux à la face ventrale, tandis que le dernier est seul nettement apparent à la face dorsale, où la limite
postérieure du collier se voit plus distinctement qu'à la face
opposée. Corps ridé transversalement, très aplati dans les régions branchiales et stomacales, les seules qui aient pu être
examinées ; elles sont peu distinctes l'une de l'autre, les bourrelets longitudinaux médio-dorsaux se prolongeant sur la seconde et les diverticulums hépatiques n'étant pas bien visibles.

Cavité digestive régulièrement tubuleuse, sans replis latéraux, même dans la région antérieure.

Lamelles subcartilagineuses branchiales en fourches simples,
sans trabécules transversales.

Sur le vivant la trompe et le collier présentent des marbrures
irrégulières d'un brun violet très vif (terre de Sienne brûlée
mêlée à une pointe de cobalt); ces marbrures se continuent sur
le corps en y prenant une direction générale en travers.

Longueur 130^{mm} (?), dont 15^{mm} environ pour la trompe et le
collier; largeur 11^{mm} à 12^{mm}.

HAB. — Yoko-Hama, dans une boue sableuse par 10^m de fond.

Cette espèce, que ces caractères suffisent pour distinguer de ses
congénères, n'est cependant connue que d'une manière imparfaite
par un exemplaire conservé depuis cinq ans dans la liqueur et qui
avait été remis par M. le Dr Hacks à M. le professeur Marion. C'était
un individu femelle.

6. BALANOGLOSSUS TALABOTI.

Balanoglossus Talaboti, MARION, 1875, p. 473.
    Id.   *id.*   MARION, 1883, p. 31.
    Id.   *id.*   MARION, 1885, p. 1289.
    Id.   *id.*   MARION, 1886, p. 320; pl. XVII, fig. 11 à 14; fig. B, C, D, dans le texte.

Trompe en fer de lance, assez régulièrement conique, très acuminée lorsque l'animal est entièrement déployé, munie d'un pore dorsal médian, précédé d'un sillon longitudinal, qui en avant s'atténue. Collier notablement plus large que haut, à bord antérieur mince, légèrement ondulé, plutôt qu'échancré, à la partie ventrale, bord postérieur accusé par un simple sillon; la surface du collier présente assez en arrière un anneau. Corps régulièrement cylindrique, au moins cinq fois plus long que les portions précédentes réunies (1); sauf la région branchiale, qui occupe le tiers antérieur, les autres régions somatiques ne sont pas distinctes, les diverticulums hépatiques n'apparaissant pas à l'extérieur.

Cavité digestive régulièrement tubuleuse, sans replis latéraux, même dans la région branchiale.

Lamelles subcartilagineuses soutenant les branchies, en fourches simples, sans trabécules transversales.

D'une belle couleur rose clair légèrement teinté d'orange, sans aucune tache.

Longueur totale 110^{mm} à 120^{mm} (?); largeur 12^{mm}.

HAB. — Au large de Marseille, dans une vase gluante, par 350^m de profondeur.

Cette espèce n'est pas phosphorescente et sécrète un mucus d'une odeur vive, rappelant celle des vapeurs d'iode.

L'individu observé était un mâle.

7. BALANOGLOSSUS KUPPFERI.

Balanoglossus Kuppferi, WILLEMOES-SUHM, 1871, p. 383; pl. XXXIII, fig. 31-32.
    Id.   *id.*   TAUBER, 1879, p. 60.
    Id.   *id.*   SPENGEL, 1884, p. 494; pl. XXX, fig. 2, 8 (5), 9 (*a*).
    Id.   *id.*   LEVINSEN, 1884, p 279.

(1) « Le seul individu ramené par la drague était mutilé comme à l'ordinaire dans sa région postérieure » (Marion, 1886, p. 320).

Trompe courte, subsphérique, deux pores symétriquement placés vers son côté postéro-supérieur. Collier simple, deux fois plus large que long. La région antérieure du corps se limite mal de la région moyenne, les diverticulums hépatiques étant peu distincts à la surface du corps; les branchies paraissent se continuer jusqu'à l'estomac.

Cavité digestive (?).

Lamelles branchiales soutenues par des fourches subcartilagineuses simples, sans trabécules transversales.

A l'état de maturité sexuelle vers la mi-juillet.

Longueur 25^{mm}, largeur 7^{mm}.

Hab. — Dans l'Œresund, par une profondeur de 23^m à 30^m.

Cette espèce n'a été jusqu'ici qu'incomplétement décrite et figurée, M. Willemoes-Suhm n'ayant eu à sa disposition que de jeunes individus.

8. Balanoglossus salmoneus.

Balanoglossus salmoneus, Giard, 1882, p. 389.
  Id.   *id.*   Giard, 1882, p. 526.
  Id.   *id.*   Bateson, 1886, pl. XXIX, fig. 74, 75; XXXI, fig. 93 A, 95 à 97; XXXII, fig. 105 à 107.

Corps beaucoup moins large dans la région thoracique que pour l'espèce suivante, ayant cependant les bords supérieurs amincis et recourbés en haut.

Couleur saumonée dans les deux sexes (1), plus vive chez la femelle, plus tendre chez le mâle, d'un rose terne chez l'animal asexué.

Longueur 600^{mm}.

Hab. — Concarneau, remonte dans les zones découvrant à toutes marées.

Ces caractères, empruntés aux deux notes citées de M. Giard, ne permettent pas encore de déterminer avec une précision suffisante les affinités de cette espèce. Bien que la région branchio-génitale soit un peu réduite en largeur, les prolongements dorsaux sont encore assez développés pour se recourber et se rejoindre plus ou moins exactement au-dessus des pores respiratoires et du système nerveux.

(1) Il s'agit sans doute seulement de la région branchio-génitale.

9. BALANOGLOSSUS ROBINI.

Balanoglossus Robinii, GIARD, 1882, p. 389.
       Id.   id.   GIARD, 1882, p. 526.
? *Balanoglossus claviger,* SPENGEL, 1884, p. 506.
Balanoglossus claviger, BATESON, 1886, pl. XXIX, fig. 76, 77; XXXI, fig. 94, 100.

Corps élargi dans la région branchio-génitale, des prolongements aliformes se recourbant en haut et se rejoignant sur la ligne médiane au point de recouvrir plus ou moins complètement les pores respiratoires et le système nerveux.

Couleur jaune orangé dans le sexe mâle, jaune grisâtre chez la femelle, brun clair chez l'animal non encore à maturité (1).

Longueur 1ᵐ,500.

HAB. — Concarneau, dans des zones un peu plus basses que celles où se trouve le 8 *Balanoglossus salmoneus,* Giard.

Ce Balanoglosse, sur lequel M. Giard a découvert le curieux commensal, *Anoploncreis Hermanni,* communique à l'alcool, dans lequel on le plonge, une odeur caractéristique analogue à celle du rhum.

M. Spengel est porté à croire que le *Balanoglossus Robini,* Giard, ne diffère pas du 1 *B. clavigerus,* Chiaje. Le peu de renseignements que nous avons sur cette espèce ne permet guère de juger ce qu'il y aurait de fondé dans cette manière de voir.

10. BALANOGLOSSUS BROOKSI.

Balanoglossus Brooksii, BATESON, 1885, p. 82.
       Id.   id.   BATESON, 1886, p. 518, 528.

HAB. — Baie de Chesapeacke (Etats-Unis).

Cette espèce n'a pas été décrite d'une manière systématique, M. Kœhler en fait la remarque (1886, p. 142), et M. Bateson s'est contenté de la mentionner nominalement dans différents travaux. On peut croire d'après les indications données, qu'elle a, comme les deux espèces précédentes, les côtés du corps prolongés vers le dos en ailes, qui, à la région branchiale, se touchent presque, couvrant ainsi les

____

(1) Même remarque que pour l'espèce précédente.

fentes respiratoires et le système nerveux dorsal. D'après ce caractère, cette espèce ne serait-elle pas le véritable *Balanoglossus aurantiacus,* Girard (1), à peu près des mêmes localités et qui, d'après la description primitive de l'auteur, paraîtrait présenter de semblables prolongements latéraux ?

Le *Balanoglossus Brooksi,* Bat., exhale une odeur d'iodoforme très prononcée.

(1) Voir page 682 la synonymie du nº 4 *Balanoglossus Kowalevskyi,* A. Agass.

TABLE ALPHABÉTIQUE

DES

ORDRES, FAMILLES, GENRES ET ESPÈCES

CITÉS DANS LA DEUXIÈME PARTIE DU TOME TROISIÈME

(Les chiffres en caractères *gras* renvoient à la page où se trouve la description des espèces, genres et groupes plus élevés).

A

Annelés. Tome III.   45

C

E

I

J

L

N

P

U

Annelés. Tome III.   47

TABLE ALPHABÉTIQUE

AUTEURS CITÉS DANS LA SECONDE PARTIE

DU TOME TROISIÈME (1).

A

Agassiz (Alex.). 1873. The history of Balanoglossus and Tornaria. *(Mem. Amer. Acad. Arts and Sc.*, t. IX, p. 421-436, pl. I à III. — *Analyse et extrait par* M. Ed. Perrier ; *Archiv. Zool. experim.*, t. II, p. 395-408, pl. XVIII).

Agassiz (Louis). 1860-1862. Contributions to the Natural History of the United States of America, t. III (1860) et t. IV, 1862, 46 pl.

Audouin et Milne Edwards. 1832. Classification des Annélides et description de celles qui habitent les côtes de France. *(Ann. Sc. nat.* 1re série, t. XXVII, p. 337-447).

B

Baer (Karl Ernst). 1827. Beiträge zur Kenntniss der niedern Thiere. *(Nov. Act. Phys. Med. Acad. C. L. C. Naturæ curiosorum*, t. XIII, pars II, p. 523-762, pl. XXVIII-XXXIII).

Baird (W.). 1869. Descriptions of some new Suctorial Annelides in the collection of the British Museum. *(Proc. Zool. Soc. London*, p. 310-318).

Balfour (Francis M.). 1883-1885. Traité d'Embryologie et d'Organogénie comparées. (Traduction française par MM. Robin et Mocquard. — *Paris*).

Barrois (J.). 1875. Des phénomènes généraux de l'embryogénie des Nemertiens. *(Comp. rend. Acad. Sc.*, t. LXXX, p. 270-273. — 25 janvier 1875).

  1876. De l'embryologie des Némertiens. *(Comp. rend. Acad. Sc.*, t. LXXXII, p. 859-862. — 10 avril 1876).

  1877. Mémoire sur l'embryologie des Nemertes. *(Ann. Sc. nat.*, 6e série, t. VI, art. n° 3 : 232 pages, pl. I à XII).

---

(1) Les travaux dont la date est précédée d'un *point d'interrogation* n'ont pu être directement consultés, ils ne me sont counus que par des citations fait s par les auteurs.

BARTHÉLEMY (A.). 1884. Sur la physiologie d'une Planaire verte. (Convoluta Schultzii). (*Comp. rend. Acad. Sc.*, t. XCIX, p. 197-200. — 28 juillet 1884).

BATESON (William). 1884. The early Stages in the Development of Balanoglossus (sp. incert.). (*Quat. Journ. of. Micr. Sc.*, N^lle^ série, t. XXIV, p. 208-236, pl. XVIII à XXI).

1885. Note on the Later Stages in the Development of Balanoglossus Kowalevskii, (Agassiz) and on the Affinities of the Enteropneusta. (*Proc. Roy. Soc. London*, t. XXXVIII, p. 23-25. — 11 décembre 1884).

1885. The later Stages in the Development of Balanoglossus Kowalevskii, with a Suggestion as to the Affinities of the Enteropneusta. (*Quat. Journ. Micr. Sc. London*, N^lle^ série, t. XXV, suppl. p. 81-122 pl. IV à IX).

1886. Continued account of the Later Stages in the Development of Balanoglossus Kowalevskii, and of the Morphology of the Enteropneusta. (*Quat. Journ. Micr. Sc. London*, t. XXVI, p. 511-533, pl. XXVIII à XXXIII, fig. 64 à 112 et 12 diagrammes).

1886. The Ancestry of the Chordata. (*Quat. Journ. Micr. Sc. London*, t. XXVI, p. 535-571).

BAUDELOT (E.). 1864. Observations sur le système nerveux de la Clepsine. (*Comp. rend. Acad. Sc.*, t. LIX, p. 825-828. — *Ann. Sc. nat.*, 5e série, t. III, p. 127-136, pl. II).

BELL. 1885. Specimen of Balanoglossus collected by Mr. Spencer at Herm. (*Proced. Zool. Soc. London*, p. 836. — 17 novembre 1885).

BENEDEN (Edouard van). 1876. Recherches sur les Dicyémides, survivants actuels d'un embranchement des Mésozoaires. (*Bull. Acad. Roy. Belgique*, 2e série, t. XLI, p. 1160-1205 ; t. XLII, p. 35-97, pl. I à III).

1882. Contribution à l'histoire des Dicyémides. (*Arch. Biol.* III, p. 195-228, pl. VII et VIII).

BENEDEN (P.-J. van). 1851. Notice sur un nouveau Nemertien de la côte d'Ostende. (*Bull. Acad. roy. de Belgique*, t. XVIII, n° 1, 10 p., 1 pl.).

1858. Histoire naturelle d'un animal nouveau désigné sous le nom d'Histriobdella. (*Bull. Acad. roy. de Belgique*, 2e série, t. V, p. 270-303, 1 pl.).

1861. Recherches sur la faune littorale de la Belgique (Turbellariés). (*Mém. Acad. roy. de Belgique*, t. XXXII, 56 pages, pl. V à VII. — 7 janvier 1860).

Id. et GERVAIS (Paul). 1859. Zoologie médicale. Exposé méthodique du règne animal basé sur l'anatomie, l'embryogénie et la paléontologie, comprenant la description des espèces employées en médecine, de celles qui sont venimeuses et de celles qui sont parasites de l'homme et des animaux (*Paris*, 2 vol.).

Id. et HESSE (C.-E.). 1864-1865. Recherches sur les Bdellodes ou Hirudinées et les Trématodes marins. (*Mém. Acad. roy. de Belgique*, t. XXXIV,

1864, 142 pages, 14 pl., 1er, 2e, 3e et 4e appendices, id., 1864-1865, p. 143-168, pl. XIV à XVII).

BERGH (R.-S.). 1884. Thatsachen aus der Entwickelungsgeschichte der Blutegel. (*Zool. Anzeig.*, t. VII, p. 90-94).

1885. Ueber die Metamorphose von Nephelis. (*Zeitsch. f. wiss. Zool.*, t. XLI, p. 284-301, pl. XVIII et XIX).

1885. Die Metamorphose von Aulostoma gulo. (*Arbeit. Inst. Würzburg*, t. VII, p. 231-291, pl. XII à XV).

BLAINVILLE (Ducrotay de). 1822. De l'organisation des animaux ou principes d'anatomie comparée (t. I, *Paris*).

1827. Article : SANGSUE. (*Dict. Sc. nat.*, t. XLVII, p. 205-273).

1827-1828. Article : VERS. (*Dict. Sc. nat.*, t. LVII, p. 365-625).

BLANCHARD (Emile). 1845. Mémoire sur l'organisation d'un animal appartenant au sous-embranchement des Annelés. (Le genre Malacobdelle (Malacobdella) de Blainville). (Présenté à l'Académie des Sciences le 5 mai 1845). (*Ann. Sc. nat.*, 3e série, t. IV, p. 364-379, pl. XVIII).

1847-1849. Recherches sur l'organisation des Vers. (*Ann. Sc. nat.*, 3e série : t. VII, p. 87-128 ; 1847 : t. VIII, p. 119-149 et 271-341, pl. VIII à XIV ; 1847 : t. X p. 321-364, pl. XI et XII ; 1848 : t. XI, p. 106-202, pl. VI à VIII ; 1849 : t. XII, p. 5-68 ; 1849).

1849. Second mémoire sur l'organisation des Malacobdelles (groupe du sous-embranchement des Vers). (*Ann. Sc. nat.*, 3e série, t. XII, p. 267-276, pl. V).

1849. Voir GAY.

BONNET (Charles). 1745. Traité d'Insectologie ou observations sur quelques espèces de Vers d'eau douce, qui, coupés par morceaux, deviennent autant d'animaux complets. (*Seconde partie*, in-8°, 232 pages, 4 pl., *Paris*).

BOURNE (A.-G.). 1880. On the Structure of the Nephridia of the Medicinal Leech. (*Quat. Journ. Micr. Sc. London*, 3e série, t. XX, p. 283-302, pl. XXIV et XXV).

1882. The central duct of the Leech's nephridium. (*Quat. Journ. Micr. Sc. London*, 3e série, t. XXII, p. 337-338).

1883. Contributions to the Anatomy of the Hirudinea (abstract). (*Proc. roy. Soc. London*, t. XXXV, p. 350-357. — 21 juin 1883).

1884. Contributions to the Anatomy of the Hirudinea. (*Quat. Journ. Micr. Sc. London*, 3e série, t. XXIV, p. 419-506, pl. XXIV à XXXIV).

BRUGUIÈRE. 1791. Tableau encyclopédique et méthodique des trois règnes de la nature contenant l'Helminthologie, ou les Vers infusoires, les Vers intestins, les Vers mollusques, etc. (*Septième livraison*, 83 pages (vers infusoires seulement) 95 pl.).

BUDGE (Julius). 1849. Clepsine bioculata. (*Verhandl. nat. hist. Vereins d. preuss. Rheinl. und Westphal. Bonn.*, 67 pages, 2 pl.).

1850. Ueber die Geschlechts-organe von Tubifex rivulorum. (*Arch. f. Naturgesch.* 1ʳᵉ part., p. 1-8, pl. I (16 fig.).

BUSCH (W.). 1851. Beobachtungen über Anatomie und Entwickelung einiger wirbellose Seethiere. (*Berlin*, p. 115-116, pl. XI, fig. 1-6).

BUTSCHLI (O.). 1873. Einige Bemerkungen zur Metamorphose des Pilidium. (*Arch. f. Naturgesch.* t. XXXIX, 1ʳᵉ part., p. 276-283, pl. XII, fig. 1-9).

1876. Studien uber die ersten Entwicklungsvorgänge der Eizelle, die Zelltheilung und die Conjugation der Infusorien. (*Abhandl. senck. naturf. Gesells. Frankfurt am Main*, t. X, p. 213-464, 14 pl. — La partie relative au développement du Nephelis vulgaris, Moq. T. se trouve p. 215-222, pl. I et pl. II, fig. 1,2).

1877. Entwickelungsgeschichtlichė Beiträge III. Zur kenntniss des Furchungs-processes und der Keimblätterbildung bei Nephelis vulgaris, Moquin Tandon. (*Zeitsch. f. wiss. Zool.*, t. XXIX, p. 239-252, pl. XVIII).

C

CARLET (G.). 1883. Le mode de fixation des ventouses de la Sangsue, étudié par la méthode graphique. (*Comp. rend. Acad. Sc.* t. XCVI, p. 448 et 449 — 12 février 1883).

1883. Sur la morsure de la Sangsue. (*Comp. rend. Acad. Sc.* t. XCVI, p. 1244-1246 — 23 avril 1883).

1883. Sur les mécanismes de la succion et de la déglutition chez la Sangsue. (*Comp. rend. Acad. Sc.* t. XCVI, p. 1439 et 1440 — 14 mai 1883).

1883. Le procédé opératoire de la Sangsue. (*Ann. Sc. nat.* 6ᵉ série, t. XV, art. 5, 1883, 5 pages, fig. dans le texte).

CARTER (H.-J.). 1858. On the Spermatology of a new species of Naïs. (*Ann. and. Mag. of Nat. Hist.* 3ᵉ sér. t. II; p. 20-33 et 90-104, pl. II, III et IV).

CARUS et GERSTÆKER. 1863. Handbuch der Zoologie (cité d'après CZERNIAVSKY 1880).

CHAMISSO (Adelbertus de) et EYSENHARDT (Carolus Guilelmus). 1821. De animalibus quibusdam e classe vermium linneana, in circumnaviga-tione terræ, auspicante Comite N. Romanzoff, duce Ottone de Kotzebue, annis 1815-1818 peracta, observatis. — Fasciculus secundus, reliquos vermes continens. (*Nov. Act. Phys. Med. Acad. C. L. C. Naturæ curiosorum*, t. X, p. 343-374, pl. XXIV-XXXIII).

CHAPUIS (F.). 1886. Note sur quelques Némertes récoltées à Roscoff dans le courant du mois d'août 1885. (*Arch. Zool. exper.* 2ᵉ sér. t. IV; p. XXI-XXIV).

Chiaje (Stephanus delle). 1825-1829. Memorie sulla storia e notomia degli animali senza vertebre del Regno di Neapoli. (t. II, 1825, p. 185-444, pl. XIII à XXIX (2 pl. XXVIII); t. IV, 1829, p. 1 à 214, pl. L à LXIX).

1841. Descrizione e notomia degli animali invertebrati della Sicilia citeriore osservati vivi negli anni 1822-1830. (*Napoli*, 4 vol. et 173 pl.).

Claparède (Ed.). 1861. Recherches anatomiques sur les Annélides, Turbellariés, Opalines et Grégarines observés dans les Hébrides. (*Mém. Soc. Phys. et Hist. nat. Genève*, t. XVI, 1re partie, p. 71-164, 7 pl.).

1862. Recherches anatomiques sur les Oligochètes. — Lu à la Société de Physique et d'Hist. nat. de Genève dans ses séances de juin et d'octobre 1861. (*Mém. Soc. Phys. et Hist. nat. Genève*, t. XVI, p. 217-291, pl. I-IV).

1863. Beobachtungen über Anatomie und Entwicklungsgeschichte wirbelloser Thiere an der Küste von Normandie angestellt. (*Leipzig*, in-4°, 120 pages, 18 pl.).

Claus (C.). 1884. Traité de zoologie. (2e édit. française traduite de l'allemand sur la 4e édition par G. Moquin-Tandon, *Paris*).

Cuvier (Georges). 1817. Le règne animal distribué d'après son organisation pour servir de base à l'Histoire naturelle des animaux et d'introduction à l'Anatomie comparée. 4 vol. *Paris*.— t. III, par Latreille. (Les *Annélides* se trouvent dans le t. II, p. 510 à 532, les *Intestinaux cavitaires et parenchymateux*, t. IV, p. 26 à 48).

1829-1830. Le règne animal, etc. 2e édit. 5 vol. *Paris*. — t. IV et V, par Latreille. (Les *Annélides* se trouvent p. 186 à 217, les *Intestinaux cavitaires et parenchymateux*, p. 246-273, du t. III).

1849. Le règne animal distribué d'après son organisation pour servir de base à l'Histoire naturelle des animaux et d'introduction à l'Anatomie comparée. — Edition accompagnée de Planches gravées représentant les types de tous les genres, les caractères distinctifs des divers groupes et les modifications de structure sur lesquelles repose cette classification, par une réunion de disciples de Cuvier, MM. Audouin, Blanchard, Deshayes, Alcide d'Orbigny, Doyère, Dugès, Duvernoy, Laurillard, Milne Edwards, Roulin et Valenciennes. (Sans date). Ouvrage ordinairement désigné sous le nom de *Règne animal illustré*. Les *Annélides* et les *Rayonnés* ont paru en 1849).

Czerniavsky (V.). 1880. Materialia ad Zoographiam Ponticam comparatam. III Vermes. (*Bull. S. I. Nat. Moscou*, t. LV, 2e part. p. 213-363, pl. III à V).

D

Dalyell (Sir John Graham). 1851-1858. The powers of the creator displayed in the creation; or, observations on life amidst the various forms of the humbler tribes of animated nature; with practical comments and illustrations. (3 vol. *London*, 1851, t. I; 1853, t. II; 1858, t. III).

Darwin (Charles). 1844. Brief descriptions of several terrestrial Planariæ and of some remarquable Marine species, with an account of their habits. (*Ann. and Mag. of nat. Hist.* t. XIV, p. 241-251, pl. V, fig. 1-4).

Delage (Y.). 1885. De l'existence d'un système nerveux chez les Planaires acœles et d'un organe des sens nouveau chez le Convoluta Schultzii. (*Comp. rend. Acad. Sc.* t. CI, p. 256-258. — 20 juillet 1885).

1886. Etudes histologiques sur les Planaires Rhabdocœles acœles (Convoluta Schultzii, O. Schm.). (*Arch. Zool. exper.* 2ᵉ sér. t. IV, p. 109-160, pl. V et VI).

Desor (E.). 1850-1857. On the Embryology of Nemertes, with an Appendix on the Embryonic developpement of Polynöe; and Remarks upon the Embryology of Marine Worms in general. (*Boston. Journ. Nat. Hist.* t. VI, p. 1-18, pl. I et II).

Dewoletzky. 1880. Zur anatomie der Nemertinen. (*Zool. Anzeig.* t. III, p. 375-379 et 396-400).

Dieck (G.). 1874. Beiträge zur Entwickelungsgeschichte der Nemertinen (*Jen. Zeits. f. Med. u. Naturw.* VIII, p. 500-521, pl. XX et XXI).

Diesing (Karl Moritz). 1850. Systema helminthum. (t. I. *Vienne*).

1855. Sechzehn Gattungen von Binnenwürmern und ihre Arten. (*Denkschriften d. Mat. Nat. Classe der K. Acad. Wien.* t. IX, p. 171-185, pl. I-VI. — 5 octobre 1854).

1858. Vierzehn Arten von Bdellideen. (*Denkschriften d. Mat. Nat. Classe der K. Acad. Wien.* t. XIV, p. 63-80, 3 pl.).

1858. Revision der Myzhelminthen. Abtheilung : Trematoden. (*Sitz. K. Akad. Wien.* t. XXXII, p. 307-390. 2 pl. — 24 juin 1858).

1859. Nachträge und Verbesserung zur Revision der Myzhelminthen. (*Sitz. K. Akad. Wien.* t. XXXV, p. 421-451. — 24 mars 1859).

1859. Revision der Myzhelminthen. Abtheilung : Bdellideen (*Sitz. K. Akad. Wien.* t. XXXIII, p. 473-513. — 24 juin 1858).

1862. Revision der Turbellarien. Abtheilung : Dendrocœlen. (*Sitz. K. Akad. Wien.* t. XLIV. 1ʳᵉ part. p. 485-578. — 3 octobre 1861).

1862. Revision der Turbellarien. Abtheilung : Rhabdocœlen. (*Sitz. K. Akad. Wien.* t. XLV, 1ʳᵉ part. p. 191-318. — 28 novembre 1861).

1863. Nachträge zur Revision der Turbellarien. (*Sitz. K. Akad. Wien.* t. XLVI, 1ʳᵉ part. p. 173-188. — 17 juillet 1862).

Dorner (H.). 1865. Ueber die Gattung Branchiobdella, Odier. (*Zeitsch. f. wiss. Zool.* t. XV, p. 464-493, pl. XXXVI-XXXVII).

Doyère (P.-L.-N.). 1856. Essai sur l'Anatomie de la Naïs sanguinea. (*Mém. Soc. Lin. Normandie*, t. X, p. 306-322, pl. XVIII, 1854-55).

Dugès (Ant.). 1828. Recherches sur l'organisation et les mœurs des Planariées. (*Ann. Sc. Nat.* 1ʳᵉ série, t. XV, p. 139-183, pl. IV, V).

1828. Recherches sur la circulation, la respiration et la reproduction des Annélides abranches. (*Ann. Sc. Nat.* 1ʳᵉ série, t. XV, p. 284-337, pl. VII-IX).

1830. Aperçu de quelques observations nouvelles sur les Planaires et plusieurs genres voisins et appendice. (*Ann. Sc. Nat.* 1re série, t. XXI, p. 72-92, pl. II).

1832. Description d'un nouveau zoophyte voisin des Bothriocéphales (Catenula Lemnæ, Nob.) (*Ann. Sc. nat.* 1re série, t. XXVI, p. 198-205, pl. XI, B).

1837. Nouvelles observations sur la zoologie et l'anatomie des Annélides abranches sétigères (*Ann. Sc. nat.* 2o sér. t. VIII, p. 15-35 pl. I, fig. 1 à 30).

Dujardin (Félix). 1842. ... Ripistes nouveau genre d'Annélide de la famille des Naïdines (*Bull. Soc. Philom. de Paris.* Extrait des procès-verbaux des séances, p. 93. — 20 août 1842).

Dutilleul (G.). 1884–1886. Sur l'appareil génital de Pontobdella muricata (*Bull. Sc. dépt. Nord*, 2e série, I, 7e et 8e année, t. XVI de la coll. p. 349-354; II, 9e année, t. XVII de la coll. p. 125-130, pl. I).

1886. Sur l'appareil générateur de la Pontobdelle (*Comp. rend. Acad. Sc.* t. CII, p. 559. — 8 mars 1886).

Dutrochet (H.). 1817. Note sur un Annélide d'un genre nouveau (*Bull. des Sciences par la Soc. philom. de Paris*, p. 130-131).

1819. Note sur un nouveau genre d'Annélide (*Bull. des Sciences par la Soc. philom. de Paris*, p. 155).

E

Ebrard. 1857. Nouvelle monographie des Sangsues médicinales; description, classification, nutrition, reproduction, croissance, qualités des diverses races, multiplication dans les bassins, les barails, les marais et les étangs; du commerce des Sangsues et de ses fraudes, législation; du dégorgement, des maladies et de la conservation, etc. (12 pl. renfermant 104 figures dont 76 coloriées. *Paris*).

Ehrenberg (C. G.) et Hemprich. 1831. Symbolæ physicæ. Animalia evertebrata exclusis insectis percensuit, Dr C. G. Ehrenberg (*Series prima cum tabularum decade prima. Berlin*).

Eichwald (Dr v.). 1847. Erster Nachtrag zur Infusorienkunde Russlands (*Bull. Soc. I. Nat. Moscou*, t. XX, 2e part. p. 285-366, pl. VIII et IX).

Eisen (G.). 1878-1880. Preliminary report on genera and species of Tubificidæ (*K. Svenska vet. Akad.* t. V, no 16; 26 pp. 1 pl. — (Comm. 12 mars 1879.)

Eisig (H.). 1878. Berichtigung (*Zool. Anzeig.*, I, p. 126).

Emerton (J. H.). 1873. Worms of the genus Nais (*Bull. Essex Inst.* t. V, p. 12-13. — 3 février 1873).

Eysenhardt, 1821. Voir : Chamisso.

F

FABRICIUS (Othon). 1780. Fauna groenlandica, systematice sistens animalia Groenlandiæ occidentalis hactenus indagata, quoad nomen specificum, triviale, vernaculumque; synonyma auctorum plurium, descriptionem, locum, victum, generationem, mores, usum, capturamque singuli, prout detegendi occasio fuit, maximaque parte secundum proprias observationes (*Hafnia (Copenhague) et Lepsia*, 452 pag., 1 pl.).

FAIVRE (Ernest). 1855. Observations histologiques sur le grand sympathique de la Sangsue médicinale (*Ann. Sc. nat.* 4e sér. t. IV, p. 249-261, pl. 8 A).

1856. Etude sur l'histologie comparée du système nerveux chez quelques Annélides (*Ann. Sc. nat.* 4e sér. 1re partie, t. V, p. 335-374, 2e part. t. VI, p. 16-82, pl. 1 et 2).

FILIPPI (Filippo de). 1849. Sopra un nuovo genere (Hæmentaria) di Anellidi della Famiglia delle Sanguisughe (*Mem. R. Acad. Sc. Torino*, 2e sér. t. X, p. 401-412, pl. I, Torino).

? 1865. Note di un viaggio in Persia nel 1862 (*Milano*).

FOETTINGER (A.). 1884. Recherches sur l'organisation de l'Histriobdella Homari, P. J. van Beneden, rapportée aux Archiannélides (*Arch. biol.* t. V, p. 433-516, pl. XXV-XXIX).

FREDERICQ (Léon). 1878. La digestion des matières albuminoïdes chez quelques invertébrés (*Arch. Zool. exper.* t. VII, p. 391-400. — *Lumbricus terrestris*, p. 394. *Hæmopis vorax*, p. 396).

FREY (Henry) et LEUCKART (Rud.). 1847. Beiträge zur Kenntniss wirbelloser Thiere, mit besonderer Berüchsichtigung der Fauna des norddeutschen Meeres (*Braunschweig*, 1847, 170 pages, 2 pl. — Verzeichniss der zu Fauna Helgoland's gehörenden wirbellosen Seethiere, p. 136-168).

G

GAIMARD (Paul). 1842-1845. Voyages de la commission scientifique du Nord en Scandinavie, en Laponie, au Spitzberg et aux Feröe, pendant les années 1838, 1839 et 1840 sur la corvette la « Recherche » commandée par M. Fabure. (*Paris*. — Les planches C à G concernant les Aporocephala (Térétulariens et Planariens) ont paru sans texte).

1833. Voir : QUOY.

GAY (Claude). 1849. Historia fisica y politica de Chile segun documentos adquiridos en esta republica durante doce anos de residencia en ella y publicada bajo los auspicios del supremo Gobierno. (*Annélides*, par E. BLANCHARD. t. III, p. 40-72).

GEDDES (P.). 1878. Sur la fonction de la Chlorophylle chez les Planaires vertes. (*Comp. rend. Acad. Sc.* t. LXXXVII, p. 1095. — 30 décembre 1878.)

GEGENBAUR (Carl). 1870. Gründzüge der vergleichenden Anatomie. (2ᵉ édit. 892 pages, 319 fig. *Leipzig*. — Traduction française, 855 pages, 319 fig., *Paris*, 1874.)

GERSTAECKER 1863. Voir : CARUS.

GERVAIS (Paul). 1838. Note sur la disposition systématique des Annélides chétopodes de la famille des Naïs. (*Bull. Acad. Roy. Sc. de Bruxelles,* t. V, p. 13-20.)
1859. Voir : BENEDEN.

GIARD (Alfred). 1875 ? Les Orthonectida. Classe nouvelle du phylum des Vermes (*Journ. de l'Anat. Phys.* t. XV, p. 449-464 ; pl. XXXIV-XXXVI. — Ce travail est en réalité d'une date postérieure.)

1877. Sur les Orthonectida, classe nouvelle d'animaux parasites des Echinodermes et des Turbellariés. (*Comp. rend. Acad. Sc.* t. LXXXV, p. 812-814. — 29 octobre 1877.)

1878. Sur l'Avenardia Priei, Némertien géant de la côte occidentale de la France. (*Comp. rend. Acad. des Sc.* t. LXXXVII, p. 72-75. — 8 juillet 1878.)

1879. Sur l'organisation et la classification des Orthonectida. (*Comp. rend. Acad. Sc.* t. LXXXIX, p. 545-547. — 22 septembre 1879).

1879. Nouvelles remarques sur les Orthonectida. (*Comp. rend. Acad. Sc.* t. LXXXIX, p. 1046-1049. — 15 décembre 1879.)

1882. Sur un type synthétique d'Annélides (Anoplonereis Hermanni) commensal des Balanoglossus. (*Comp. rend. Acad. Sc.* t. XCV, p. 389-391. — 21 août 1882.)

1882. Sur deux espèces nouvelles de Balanoglossus et un Annélide commensal de l'un d'eux, Anoplonereis Hermanni, n. g. et sp. (*Ass. franç.,* XIᵉ Session, *La Rochelle*, p. 526-527.) — Remarques de M. Ed. Perrier.

GIRARD (Ch.). 1854. Descriptions of new Nemerteans and Planarians from the coast of the Carolinas. (*Proc. Acad. Nat. Sc. Philadelphia,* t. VI, 1852-1853, p. 365-367. — 28 juin 1853.)

GMELIN. 1789 (voir LINNÉ).

GOODSIR (Harry D. S.). 1845. Descriptions of some Gigantic Forms of Invertebrate animals from the Coast of Scotland. (*Ann. and. Mag. of Nat. Hist.* t. XV, p. 377-383, pl. XX.)

GRAEFFE (Eduard). 1860. Beobachtungen über Radiaten und Würmer in Nizza. (*Neue Denks. schweizerischen Gesells. f. gesamm. Naturw.* t. XVII, 59 pag., et 10 pl.)

GRAFF (L. v.). 1874. Zur Kenntniss der Turbellarien. (*Zeitsch. f. wiss. Zool.* t. XXIV, p. 123-160.)

1875. Neue Mittheilungen über Turbellarien. (*Zeitsch. f. wiss. Zool.* t. XXV, p. 407-425, pl. XXVII et XXVIII.)

1879. Kurze Mittheilungen über fortgesetzte Turbellarien studien, II. (*Zool. Anzeig.* t. II, p. 202-205.)

1879. Geonemertes chalicophora, eine neue Landnemertine. (*Morph. Jahrber.* t. V, p. 430-449, pl. XXV-XXVIII.)

1882. Monographie der Turbellariden. I Rhabdocœlida. (*Leipzig*, 424 pag. 20 pl.)

1885. Planarians. (*Encycl. Brit.* éd. IX, t. XIX, p. 170-175, 10 fig. dans le texte.)

Gratiolet (Pierre). 1862. Recherches sur le système vasculaire de la Sangsue médicinale et de l'Aulastome vorace. (*Ann. Sc. nat.* 4ᵉ sér. t. XVII, p. 174-225, pl. VII.)

Grebnitzky. ? 1873. (Travail sur les Lombricinés écrit en langue russe, il ne m'est connu que par la citation faite par M. Czerniavsky, 1880, p. 362.)

Greeff (Richard). ? 1878. Acicularia Virchowii, Langerhans. (*Versamml. deutsch. Naturforsch. u. Aertze in Cassel.* — Sitzung v. 12 sept. Tageblatt Nr. 3, p. 51.)

1879. Ueber pelagische Anneliden von der Küste der Canarischen Inseln. (*Zeitsch. f. wiss. Zool.* t. XXXII, p. 237-283, pl. XIII, XIV et XV.)

1879. Typhloscolex Mülleri, W. Busch. Nachtrag und Ergänzung zu meinen Abhandlung: Ueber pelagische Anneliden von der Küste der Canarischen Inseln. (*Zeitsch. f. wiss. Zool.* t. XXXII, p. 661-671, pl. XXXIX.)

Grimm. ? 1877. Exploration de la région Aralo-Caspienne. (Travail en langue russe que je n'ai pu consulter, il ne m'est connu que par les citations faites dans le *Zoological record*, 1877, Verm. p. 18 et par M. Leuckart, *Arch. f. Naturgesch.* 1877, 2ᵉ part. p. 500.)

Grube (Adolph-Eduard). 1840. Actinien, Echinodermen und Würmer des Adriatischen und Mittelmeers, nach eigenen Sammlungen beschrieben. (*Königsberg*, in-4°. 92 pag. 1 pl.).

1844. Ueber den Lumbricus variegatus Müller's und ihm verwandte Anneliden. (*Arch. f. Naturgesch.* Xᵉ ann. 1ʳᵉ part. p. 198-217. pl. VII).

1851. Die Familien der Anneliden, mit Angabe ihrer gattungen und Arten. (*Berlin*, in-8°. 164 pag. — *Oligochæta* et *Discophora*, p. 97 à 116 et 144 à 150).

1851. Middendorf. Sibirische Reise. (t. II ; pars. 1. *Wirbellose Thiere. Annulaten*, p. 1 à 24, pl. I-II).

1855. Bemerkungen über einige Helminthen und Meerwürmer. (*Arch. f. Naturgesch.* 1ʳᵉ part. p. 137-158, pl. VI-VII.)

1860. Beschreibungen neuer oder wenig bekannter Anneliden (Funfter Beitrag). (*Arch. f. Naturgesch.* 1ʳᵉ partie, p. 71-118, pl. III à V).

1861. Ein Ausflug nach Triest und Quarnero. (*Berlin*, 1861, in-8º, 175 pag. 5 pl.)

1866. Beschreibungen neuer von der Novara. — Expedition mitgebrachten Anneliden und einer neuen Landplanarie. (*Verh. K. K. Zool. Bot. Gesells. Wien*, t. XVI, p. 173-184.)

1866. Ueber Landblutegel. (*Jahr. Ber. Schlesisch. Gesellch. f. vaterland. Cultur im* 1865, *Breslau*, p. 59-61.)

1868. Reise der österreichischen Fregate Novara um die Erde in den Jahren 1857, 1858, 1859 unter den Befehlen des Commodore B. von Wüllerstorf-Urbair. (*Zoologischer Theile zweiter Band. III Abth.* — *2 Anneliden,* 46 pag. IV planches.)

1871. Beschreibungen einiger Egel-Arten. (*Arch. f. Naturgesch.* 1ʳᵉ part. p. 87-121, pl. III et IV.)

1872. Ueber die Fauna des Baikalsee's sowie über einige Hirudineen und Planarien anderer Faunen. (*Jahr.-Ber. Schlesisch.-Gesellsch. f. vaterland. Cultur.* 1871, p. 53-56.)

1872. Mittheilungen über Saint-Malo und Roscoff und die dortige Meeres-besonders die Anneliden fauna. (*Abhandl. Schlesisch.-Gesellsch. f. vaterland. Cultur.* 1869-1872, p. 75 à 146, pl. I et II.)

1872. Beschreibungen von Planarien des Baikalgebietes. (*Arch. f. Naturgesch.* t. XXXVIII, 1ʳᵉ part. p. 273-292, pl. XI et XII.)

1873. Ueber einige bisher noch unbekannte Bewohner des Baikalsee. (*Schlesisch.-Gesellsch. f. vaterland. Cultur. Jahr. Ber.* 1872, p. 66-68, *Breslau.*)

1879. Untersuchungen über die physikalische Beschaffenheit und die Flora und Fauna der Schweizer Seen. (56º *Jahr. Ber. Schlesch.-Gesellsch. f. vaterland. Cultur.* 1878, *Breslau,* p. 115-117.)

Id. et ŒRSTED. 1859. Communication sur différents Annélides. (*Amtl. Ber. üb. 33 Versamml. deutsch. Naturf. u. OErzte zu Bonn im* sept. 1857, p. 156-159.)

GRUBER (A.). 1883. Bemerkungen über die Gattung Branchiobdella. (*Zool. Anzeig.*, t. VI, p. 243-248.)

GRUITHUISEN (Fr. V. P.). 1823. Anatomie der Gezüngelten Naide und über Entstehung ihrer Fortpflanzungsorgan. (*Nova Acta Phys. Med. Acad. C. L. C. Nat. curiosorum*, t. XI, p. 235-248, pl. XXXV.)

1828. Ueber die Nais diaphana und Nais diastropha mit dem Nerven- und Blutsystem derselben. (*Nova Acta Phys.-Med. Acad. C. L. C. Nat. curiosorum*, t. XIV, p. 409-420, pl. XXV). (Présenté le 26 juillet 1825.)

H

HALLEZ (Paul). 1879. Contributions à l'Histoire naturelle des Turbellariés. (*Thèse Fac. de Paris,* juillet 1879. — *Lille*, 213 pages, XI pl.).

HANSEN (Armauer). 1881. Sur la terminaison des nerfs dans les muscles volontaires de la Sangsue. (*Arch. Biol.*, t. II, p. 342-344, une fig. dans le texte).

HARMER (S.-F.). 1887. Appendix-Report on Cephalodiscus dodecalophus etc. by W. C. M'Intosh. (*The Voyage of H. M. S. Challenger*, t. XX, p. 40-47, 4 fig. dans le texte).

HARTING (J.-E.). 1877. On the occurrence in England of Dutrochet's Land.-Leech (Trochetia subviridis). (*The Zoologist*, 3e série, t. I, p. 515-523).

HAYCRAFT. 1884. On the action of a Secretion obtained from the medicinal Leech on the Coagulation of the Blood. (*Proced. Roy. Sc. London*, t. XXXVI, p. 478-487).

HEMPRICH, 1831. Voir EHRENBERG.

HERRERA, 1865. Voir MENDOSA.

HERTWIG (O.). 1877. Beiträge zur Kenntniss der Bildung, Befruchtung und Theilung des thierischen Eies. — 2o Theil 1. Die ersten Entwickelungsvorgänge im Ei der Hirudineen (Hæmopis und Nephelis). (*Morphol. Jahrb.*, t. III, p. 2-32, pl. I à III).

HOERNES (R.). 1886. Manuel de Paleontologie. (Traduit de l'allemand par L. DOLLO. — *Paris*, 741 pages).

HOFFMANN (C.-K.) 1877-1878. Zur Entwickelungsgeschichte der Clepsinen. Ein Beitrag zur kenntniss des Hirudinen. (*Niederl. Arch. f. Zool.*, t. IV, p. 31-54, pl. III et IV).

1877-1878. Zur Anatomie und Ontogenie von Malacobdella. (*Niederl. Archiv. f. Zool.*, t. IV, p. 1-29, pl. I et II, 1877-78.

1880. Untersuchungen über den Bau und die Entwickelungsgeschichte der Hirudineen. (*Naturk. Verhand. Holl. Maats. d. Wetensch.* 3do *Verz. Deel.* IV., 1st *Stuk.*, 69 pages, 12 pl.).

HOFFMEISTER (Werner). 1842. De vermibus quibusdam ad genus Lumbricorum pertinentibus. — (Dissertationis anatomico-zoologicæ pars prima quam consensu et auctoritate gratiosi medicorum ordinis in Universitate literaria Friderica Guilelma ut summi in medicina et chirurgia honores rite sibi concedantur Die XXIII. M. Septembris A. MDCCCXLII. h. l. q. s. publice defendet auctor. (*Berlin*, 28 pag. pl. I-II).

1843. Beitrag zur Kenntniss deutscher Landanneliden. (*Arch. f. Naturgesch.* IXe ann. 1re partie. p. 183-198. pl. IX. fig. I-VIII).

HOUGHTON (William). 1860. On the occurence of the Fingered Naïs (Proto digitata) in England. (*Ann. and. Mag. of Nat. Hist.*, 3e série, t. VI, p. 393-396, fig. dans le texte. — Décembre 1860).

HUBRECHT (A.-A.-W)? 1874. Aanteekeningen over de Anatomie, Histologie en Ontwikkelingsgeschiedenis van eenige Nemertinen. (*Utrecht.* Diss. inaug.).

1875. Untersuchungen über Nemertinen aus dem Golf von Neapel. (*Niederl. Arch. f. Zool.*, t. II, p. 98-135, pl. IX-XI).

1875. Some remarks about the minute anatomy of Mediterranean Nemerteans. (*Quat. Journ. Micr. Sc.*, t. XV, p. 249-256, pl. XIII, fig. 6-8, 1875).

1879. The genera of European Nemerteans critically revised with description of several new species. (*Notes Leyd. Mus.*, note XLIV, p. 193-233).

1879. Vorlaufige Resultate forgesetzer Nemertinen-Untersuchungen. (*Zool. Anzeig.*, t. II, p. 474-476).

1880. Zur Anatomie und Physiologie des Nervens-systems des Nemertinen. (*Verh. Ak. Amst.*, t. XX, 47 pages, 4 pl.— Extrait *Quat. Journ. Micr. Sc. London*, 2ᵉ série, t. XX, p. 74-282).

1879-1880. Etudes sur les Némertiens. — I. Résultats préliminaires des recherches entreprises sur les Némertiens. — II. Révision des genres des Némertiens d'Europe et description de plusieurs espèces nouvelles. (*Arch. Zool. exper.*, t. VIII, p. 520-527).

1880. Zur Nemertinen-Anatomie. (*Zool. Anzeig.*, t. III, p. 406-407).

1880. New species of European Nemerteans. (First appendice to note XLIV, vol. 1). (*Notes Leyd. Mus.*, t. II, p. 93-98).

1880. The peripheral Nervous System in Palæo-and Schizonemertini, one of the Layers of the Body-wall. (*Quat. Journ. Micr. Sc.*, 2ᵉ série, t. XX, p. 431-442, pl. XXXII et XXXIII).

? 1881. Het peripherich zenuwstelster der Nemertinen. (*Tijdschr. Nederl. Dierk. Ver.*, p. 131-137).

1882. Notiz über die während der zwei ersten Fahrten des Willem Barents gesammelten Nemertinen. (*Niederl. Arch. Zool.*, suppl. I, n° 3, 2 pages, fig. A et B, ex tab. Echinodermen).

1883. Studien zur Phylogenie des Nervensystems. — II. Das Nervensystem von Pseudonematon nervosum g. et sp. n. (*Verh. Ak. Amst.*, t. XXII, 19 p., 2 pl.).

1883. On the Ancestral Form of the Chordata. (*Quat. Journ. Micr. Sc.* t. XXXIII, p. 349-363, pl. XXIII).

1884. Nemertines or Nemerteans (Nemertea). (*Encycl. Brit.*, éd. IX, t. XVII, p. 326-331).

1885. Der excretorische Apparat bei Nemertinen. (*Zool. Anzeig.*, t. VIII, p. 51-53).

1885. Zur Embryologie der Nemertinen. (*Zool. Anzeig.*, t. VIII, p. 470-472. — Analysé : *Bull. Sc. Nord*, 2ᵉ série, 7ᵉ et 8ᵉ années, t. XVI de la coll., p. 254-255).

? 1885. Proene eener Ontwikkelingsgeschiedenis van Lineus obscurus, Barrois. (*Utrecht*, in-4°, 50 pages, 6 pl.).

1886. Contributions to the Embryology of the Nemertea. (*Quat. Journ. Micr. Sc.*, 3ᵉ série, t. XXVI, p. 417-448, pl. XXII. — Analyse du travail de ? 1885 sur le développement du Lineus obscurus, Barrois.

1887. Report on the Nemertea collected by H. M. S. Challenger during the years 1873-76. (*The Voyage of H. M. S. Challenger*, t. XIX, n° I, 150 pages et XVI pl.).

HUSCHKE. 1830. Beschreibung und Anatomie eines neuen an Sicilien gefundenen Meerwurms, Notospermus drepanensis. (*Isis*, t. XXIII, p. 681-683, pl. VII, fig. 1 à 7).

HUXLEY (T.-H.). 1877. The Anatomy of Invertebrated Animals. (*London*, 1877. — *Vermes*, p. 176-250).

I

IHERING (H.-V.). 1880. Graffilla Muricicola, eine parasitische Rhabdocœle. (*Zeitsch. f. wiss. Zool.* t. XXXIV, p. 146-174, pl. VII).

INTOSH (W.-C. Mac). 1868-1869. On the structure of the British Nemerteans and some New British Annelids. (*Trans. Roy. Soc. Edinburg*, vol. XXV, pars II, p. 305-433, pl. IV-XVI. — 20 avril 1868).

     1873-1874. A Monograph of the British Annelids. Part. I. The Nemerteans. (*Ray-Society London*, 214 pag. 23 pl.).

     1875. On Valencinia Armandi a new Nemertean. (*Trans. Lin. Soc. London*, 2ᶜ sér. Zool. t. I, pars II, p. 73-81, pl. XVI. — 17 juin, 1875).

     1875. On *Amphiporus spectabilis*, Qu, and other Nemerteans. (*Quat. Journ. Micr. Sc.* t. XV, p. 277-293, pl. XIV-XV).

     1887. Report on Cephalodiscus dodecalophus, a new type of the Polyzoa. (*The Voyage of H. M. S. Challenger* t. XX, 37 pages, 7 pl. 2 figures dans le texte).

J

JENSEN (O.-S.). 1873. Indberetning om en i Sommeren 1870 foretagen Reise i Kristiania og Kristianssands Stift forat undersoge Land og Ferskvands-Molluskerne tilligemed Iglerne. (*Nyt Mag. Naturvid.* t. XIX, p. 146-182).

     1878. Turbellaria ad litora Norwegiæ occidentalia. (*Bergen*, 97 pag.).

JIJIMA (J.). 1882. The Structure of the Ovary and the Origin of the Eggs and the Egg-strings in Nephelis. (*Zool. Anzeig.* t. V, p. 12-14, — *Quat. Journ. Micr. Sc.* 3ᶜ série, t. XXII, p. 182-211; pl. XVI à XIX).

JOHNSON (J.-R.)? 1816. A treatise on the medicinal Leech, including its medical and natural History with a description of its anatomical structure. (*London*, in-8º 2 pl.).

JOHNSTON (George). 1865. A Catalogue of the British non parasitical Worms in the collection of the British Museum. (*London*, 1 vol. in-8º. 365 p. 20 pl.).

JOSEPH (G.). 1883. Ueber die dunkelgrünen Pigmentnetze im Körper des Blutegels. (*Zool. Anzeig.* t. VI, p. 323-326).

JOURDAIN (S.). 1880. Sur une forme très simple du groupe des vers le Prothelminthus Hessi, S.-J. = ? Intoshia Leptoplanæ. (*Rev. Sc. Nat. Montpellier*, — juin 1880. Cité d'après le tirage à part : 7 pages, 1 pl.).

JULIN (C.). 1881. Recherches sur l'organisation et le développement des Orthonectides. (*Bull. Acad. Roy. Belgique*, 3ᶜ sér. t. II, p. 504 à 513).

1882. Contribution à l'histoire des Mésozoaires ; recherches sur l'organisation et le développement embryonnaire des Orthonectides. (*Arch. Biol.* III, p. 1-54, pl. I-III).

K

KEFERSTEIN (Wilhelm). 1863. Untersuchungen über Niedere Seethiere. (*Zeitsch. f. wiss. Zool.* t. XII, p. 1-147, pl. I-XI. — Publié le 16 juin 1862).

1863. Anatomische Bemerkungen über Branchiobdella parasita (Braun) Odier. (*Arch. f. Anat. Phys. u. wiss. Med.* p. 509-520, pl. XIII).

1868. Ueber eine Zwitternemertine (Borlosia hermaphroditica) von St-Malo. (*Arch. f. Naturgesch.* t. XXIV, p. 102-105, pl. III, f. 1-2).

1869 ? Beiträge zur Anatomie und Entwickelungsgeschichte einigen See-Planarien von St-Malo. (*Abh. K. Gesells. Wiss. Göttingen*, t. XIV, 38 pag. et 3 pl. 1868, — d'après le tirage à part).

KENNEL (J.). 1878. Bemerkungen uber einheimische Landplanarien. (*Zool. Anzeig.* t. I, p. 26-29).

1878. Beiträge zur Kenntniss der Nemertinen. (*Arbeit. Inst. Würsburg*, t. IV, p. 304-381, pl. XVII-XIX).

1882. Ueber Ctenodrilus pardalis, Clap. Ein Beitrag zur Kenntniss der Anatomie und Knospung der Anneliden. (*Arbeit. Inst. Würzb.* t. V, p. 373-427, pl. XVI).

KESSLER. ? 1868. (Travail publié en langue russe, connu d'après l'indication donnée par Leuckart : *Arch. f. Naturgesch.* 2ᵉ partie, p. 274, 1869).

KINBERG (J.-G.-H.). 1867. Annulata nova. (*OEfversigt. af Kongl. Vetenskaps. Akademiens Förhandlingar* 1866, p. 97-103 et 356-357. — *Stockholm*).

KŒHLER (R.). 1885. Contribution à l'étude de la faune littorale des îles Anglo-Normandes (Jersey, Guernesey, Herm et Sark.). (*Ann. Sc. Nat.* 6ᵉ sér. t. XX, art. nᵒ 4, 62 pages, 1 pl.). — Malgré cette date de publication la note est postérieure à février 1886).

1886. Observations zoologiques et anatomiques sur une nouvelle espèce de Balanoglossus. (*Comp. rend. Acad. Sc.* t. CII, p. 224-227. — 25 janvier 1886).

1886. Sur le Balanoglossus sarniensis. (*Comp. rend. Acad. Sc.* t. CII, p. 440-441. — 22 février 1886).

1886. Contributions à l'étude des Enteropneustes. Recherches anatomiques sur le Balanoglossus sarniensis, nov. sp. (*Journal international mensuel d'Anatomie et d'Histologie*, t. III ; p. 139-190, pl. IV-VI).

1886. Sur la parenté du Balanoglossus. (*Zool. Anzeig.* t. IX, p. 506-507).

Annelés. Tome III.   48

1887? Recherches anatomiques sur une nouvelle espèce de Balanoglossus le B. sarniensis. (*Bull. Soc. Nancy*, 2ᵉ sér. t. VIII, p. 154-201, pl. I-III). — D'après le tirage à part : 42 pages, 3 pl. comprenant 16 fig.; ce travail reproduit en grande partie l'anté-précédent mémoire.

Kowalevsky (A.). 1867. Anatomie des Balanoglossus, delle Chiaje. (*Mém. Acad. Imp. St-Pétersbourg*, 7ᵉ série, t. X, n° 3, 18 pages, 3 pl. — 11 janvier 1866).

Kupffer (C.) 1864. Blutbereitende Organe bei den Rüsselegeln. (*Zeitsch. f. wiss. Zool.* t. XIV, p. 337-345, pl. XXIX : A).

L

Lamarck (J.-B.-P.-A. de). 1816-1818. Histoire naturelle des animaux sans vertèbres, présentant les caractères généraux et particuliers de ces animaux, leur distribution, leurs classes, leurs familles, leurs genres, et la citation des principales espèces qui s'y rapportent ; précédée d'une introduction offrant la détermination des caractères essentiels de l'Animal, sa distinction du végétal et des autres corps naturels; enfin l'exposition des principes fondamentaux de la Zoologie. (*Vers*, t. III, p. 131-234, 1816. *Hirudinées*, t. V, p. 289-297, 1818).

1840. Histoire naturelle des animaux sans vertèbres, présentant les caractères généraux et particuliers de ces animaux, leur distribution, leurs classes, leurs familles, leurs genres et la citation des principales espèces qui s'y rapportent, etc. (2ᵉ édit. revue et augmentée par MM. G.-P. Deshayes et Milne Edwards, 1840, t. III).

Lang (Arnold). 1879. I. Das Nervensystem der Marinen Dendrocœlen. (*Mitth. Zool. Stat. Neapel.* t. I, p. 459-488, pl. XV-XVI).

1881. Sur les relations des Platyelmes avec les Cœlenterés d'une part et les Hirudinées de l'autre. (*Arch. Biol.* t. II, p. 533-552, 8 fig. dans le texte).

1882. Untersuchungen zur vergleichenden Anatomie und Histologie des Nervensystems der Plathelminthen. IV. Das Nervensystem der Tricladen. (*Mitth. Zool. Stat. Neapel*, t. III, p. 53-76, pl. V et VI).

1882. V. Vergleichende Anatomie des Nervensystems der Plathelminthen. (*Mitth. Zool. Stat. Neapel*, t. III, p. 76-96).

1882. Der Bau von *Gunda segmentata* und die Verwandschaft der Plathelminthen mit Cœlenteraten und Hirudineen. (*Mitth. Zool. Stat. Neapel*, t. III, p. 187-251, pl. XII-XIV).

1884. Die Polycladen (Fauna und Flora des Golfes von Neapel. — *Leipzig*, 688 pages, 39 pl. 54 fig. dans le texte).

Langerhans (P.). 1877. Ueber Acicularia Virchowii, eine neue Annelidenform. (*Monatsb. Ak. Berlin*, p. 727-728, une pl. — 26 novembre 1877).

LANKESTER (E. Ray). 1869. On the existence of distinct larval and sexual forms in gemmiparous Oligochætous Worms. (*Ann. and Mag. of Nat. Hist.* 4e série, t. IV, p. 102-104, fig. dans le texte).

1869. The sexual form of Chætogaster Limnæi. (*Quat. Journ. Micr. Sc. London*, 3e série, t. IX, p. 272-285, pl. XIV-XV).

1870. A contribution to the knowledge of the Lower Annelids. (*Trans. Lin. Soc. London*, t. XXVI, p. 631-646, pl. XLVIII et XLIX. — 5 décembre 1867).

1871. Outlines of some Observations on the Organization of Oligochætous Annelids. (*Ann. and Mag. of Nat. Hist. London*, 4e série, t. VII, p. 90-101 et 173-174).

1878. The vascular system of Branchiobdella and the blood-corpuscles of the Earth-worm. (*The Journ. Anat. Phys.*, t. XII, p. 591-592. — *London and Cambridge*).

1880. Observations on the Microscopic Anatomy of the Medicinal Leech (Hirudo medicinalis). (*Zool. Anzeig.*, t. III, p. 85-90).

1880. On Intra-epithelial capillaries in the Integument of the Medicinal Leech. (*Quat. Journ. Micr. Sc. London*, 3e série, t. XX, p. 303-306, pl. XXVI).

1880. On the Connective and Vasifactive Tissues of the Medicinal Leech. (*Quat. Journ. Micr. Sc. London*, 3e série, t. XX, p. 307-317, pl. XXVII et XXVIII).

LEACH. 1815. The miscellany zoological. (T. II, *London*).

LEIDY (Joseph). 1852. Contributions to Helmintology. (*Proc. Acad. Nat. Sc. Philadelphia*, t. V. (1850-1851). I, p. 96-97 ; II, p. 205-209 ; III, p. 224-227 ; IV, p. 239-244 ; V, p. 284-290 ; VI, p. 349-351).

1852. Description of new genera of Vermes. (*Proc. Acad. Nat. Sc. Philadelphia*, t. V. (1850-1851). p. 124-126).

1850-1854. Descriptions of some American Annelida abranchia. (*Journ. Acad. Nat. Sc. Philadelphia*, 2e sér. t. II, p. 43-50, pl. II).

1855-1858. Contributions towards a Knowledge of the Marine Invertebrate Fauna of the coasts of Rhode Island and New Jersey. (*Journ. Acad. Nat. Sc. Philadelphia*, 2e sér. t. III, p. 135 à 152 ; pl. X et XI).

1880. Notice of some aquatic Worms of the Family *Naiades*. (*Amer. Nat.* t. XIV, p. 421-425. Fig. dans le texte).

1883. On Balanoglossus, etc. (*Proc. Acad. Nat. Sc. Philadelphia*, 1882, p. 93. — Note reproduite in extenso *Ann. and Mag. of Nat. Hist.*, 5e série, t. X, p. 79, 1882).

LEMOINE (Victor). 1880. Recherches sur l'organisation des Branchiobdelles. (*Ass. franç.*, IXe Session, *Reims*, p. 745-774, pl. XIa, XIb, XIc).

LESSON (R.-P.). 1830. Voyage autour du Monde exécuté par Ordre du Roi sur la Corvette de Sa Majesté, « la Coquille », pendant les années 1822, 1823, 1824 et 1825, par M. L.-J. DUPERREY. — Zoologie. (2 vol. en

4 parties et planches. — § III. Vers, t. II, 1ᵣₑ partie, p. 451-454, pl. XII des Mollusques).

1831. Nouvelle espèce et nouveau genre de Ver Planaire ; l'Universi-branche arborescent, Homopneusis frondosus (Zool. de la Coq., pl. 12 des Mollusques). (*Bull. Sc. nat. Férussac,* t. XXVI, p. 104-105).

LEUCKART (Rud.). 1828. Breves animalium quorumdam maxima ex parte marinorum descriptiones. Commentatio gratulatoria. (*Heidelberg*).

1849. Zur Kenntniss der Fauna von Island. Erster Beitrag. Wurmer. (*Arch. f. Naturgesch.* 1ʳᵉ partie, p. 159-208).

1869. Bericht über die Wissenschaftlichen Leistungen in der Natur-geschichte der niederen Thiere während der Jahre 1868 und 1869. (*Arch. f. Naturgesch.* 2ᵉ partie, p. 207-344).

1847. Voir FREY.

LEVINSEN (G.-M.-R.). 1881. Smaa Bidrag til den gronlandske Fauna. (*Vid. Medd. nat. Foren. Copenhague,* p. 127-136, pl. II, fig. 1-6).

1881. Piscicola rectangulata en ny Igle fra Amurlandet. (*Vid. Medd. nat. Foren. Copenhague,* p. 137-140, pl. II, fig. 7-11).

1884. Systematisk geografisk Oversigt over de Nordiske Annulata, Gephyrea, Chætognathi, og Balanoglossi. (*II. Vid. Medd. nat. Foren. Copenhague* (1883), p. 92-350, pl. II et III).

LEYDIG (Franz.). 1848. Zur Anatomie von Piscicola geometrica mit theil-weiser Vergleichung anderer einheimischer Hirudineen. (*Zeitsch. f. wiss. Zool.* t. I, p. 103-134, pl. VIII à X).

1857. Lehrbuch der Histologie des Menschen und der Thiere. (551 pages. 271 fig. — *Hamm*).

1864. Vom Bau des thierischen Körpers. Handbuch der vergleichen-den Anatomie. (t. I ; 1ʳᵉ part. 278 pages.— Atlas. pl. I à X, sous le titre de : *Tafeln zur vergleichenden Anatomie.-Tübinge*).

1865. Ueber Phreoryctes menkeanus, Hoffm. nebst Bemerkungen über den Bau anderer Anneliden. (*Arch. f. mikr. Anat.* t. I, p. 249-294, pl. XVI à XVIII).

1865. Ueber die Annelidengattung Æolosoma. (*Arch. f. Anat. Phys. u. wiss. Med.,* p. 360-666, pl. VIII, B).

1866. Traité d'Histologie de l'Homme et des Animaux. — Voir plus haut 1857. (Traduit de l'allemand par R. LAHILLONNE. — *Paris,* 629 pages, 276 fig. dans le texte). ,

LINNÉ (C.). 1766-1768. Systema naturæ per Regna tria naturæ, secundum classes, ordines, genera, species, cum characteribus, differentiis, synonymis, locis. (*Editio duodecima reformata.-Holmiæ*).

LINNÉ (Caroli à) Cura GMELIN (Jo. Frid.). 1789. Systema naturæ, etc. (*Lug-duni*).

M

MAGGI (L.). ? 1865. Intorno al genere Æolosoma. (*Soc. Ital. Scienc. Nat.* t. I, pl. I et II.)

MARION (A.-F.). 1873-1874. Recherches sur les animaux inférieurs du golfe de Marseille. (1er *Mém.* : *Ann. Sc. Nat.* 5e sér. t. XVII, art. 6 ; 23 pag. pl. XVII, 1873. — 2º *Mém.* : *Ann. Sc. Nat.* 6e sér. t. I, art. 1 ; 30 pag. pl. I et II, 1874.)

1875. Anatomie d'un type remarquable du groupe des Némertiens (*Drepanophorus spectabilis*). (*Comp. rend. Acad. Sc.* t. LXXX, p. 893-895. — 5 avril 1875.)

1875. Dragages profonds au large de Marseille (juillet-octobre 1875). Note préliminaire. (*Revue des Sciences naturelles*, t. IV, p. 469-477.)

1878. Dragages au large de Marseille. — Première année : Juillet-Septembre 1875. (*Ann. Sc. Nat.* 6e série, t. VIII, art. nº 7 ; 48 pag. pl. XV-XVIII.)

1883. Considérations sur les faunes profondes de la Méditerranée. (*Annales du Musée de Marseille*, t. I, Mém. nº 2, 50 pages.)

1885. Sur deux espèces de Balanoglosses. (*Comp. rend. Acad. Sc.* t. CI, p. 1289-1291. — 14 décembre 1885.)

1886. Etudes zoologiques sur deux espèces d'Enteropneustes (Balanoglossus Hacksi et B. Talaboti). (*Arch. Zool. expér.* 2e sér. t. IV, p. 305-326, pl. XVI-XVII, 4 fig. dans le texte.)

MAYER. 1859. Ueber das Reproductionsvermögen der Naiden. (*Froriep's Notizen*, 1859, IIe part. p. 214-218.)

MENDOSA et HERRERA (Alfonso). 1865. Observationes acerda de la Sanguijuela que se usa en esta capital. (*Mexico.* — d'après le tirage à part.)

METSCHNIKOW (Elias). 1866. Ueber eine Larve von Balanoglossus. (*Arch. f. Anat. Phys. u. wiss. Med.* p. 592-595, pl. XVII B.)

1869. Studien über die Entwickelung der Echinodermen und Nemertinen. (*Mém. Acad. Imp. Sc. St-Pétersbourg*, t. XIV, nº 8, 73 pages, 12 pl. — Le développement des Némertes comprend les pages 49-65 et les pl. IX B et X.)

1869. Ueber Tornaria. (*Nachricht v. d. Georg. Aug. Univers. zu Göttingen*, nº 15, p. 287. — 19 juillet.)

1870. Ueber Tornaria. (*Zeitsch. f. Wiss. Zool.* t. XX, p. 131-144, pl. XIII.)

1871. Beiträge zür Entwickelungsgeschichte einiger niederen Thiere. (*Bull. Acad. Imp. Sc. St-Pétersbourg*, t. XV, p. 502-509.)

1878. Ueber die Verdaungs-organe einiger Susswasserturbellarien. (*Zool. Anzeig.* t. I, p. 387-390.)

1879. Zur Naturgeschichte der Orthonectiden. (*Zool. Anzeig.* t. II, p. 547-549, 1879. — *Odessa*, septembre 1879.)

1879. Naträgliche Bemerkungen über Orthonectiden. (*Zool. Anzeig.*
T. II, p. 618-620. — 4/16 octobre 1879.)

1881. Untersuchungen über Orthonectiden. (*Zeitsch. f. wiss. Zool.*
t. XXXV, p. 282-303, pl. XV. — *Odessa*, 15/27 juin 1880. — ? Trad.
Bull. Sc. Nord, t. IV, p. 361-371.)

1881. Ueber die systematische Stellung von *Balanoglossus.* (*Zool.
Anzeig.* t. IV, p. 139-143 et 153-157.)

Milne Edwards (H.). 1832. Voir Audouin.

Milne Edwards (H.). 1840. Voir Lamarck.

Minor (W.-C.). 1864. On Natural and Artificial Section in some Chætopod
Annelids. (*Ann. and Mag. of Nat. Hist.* 3e sér. t. X, p. 323-333,
1863. — (Une note indique ce travail comme tiré de : *Silliman's
American Journal,* for january 1863.)

Minot (Charles-Sedgwick). 1876-1877. Studien an Turbellarien. Beiträge
zur kentniss der Plathelminthen. (*Arbeit. Inst. Würzburg,* t. III,
p. 405-471, pl. XVI-XX.)

Monnier. 1873. Anatomie des Sangsues. (*Ass. franç.* IIe Sess. *Lyon,* p. 559-
562, pl. XI-XII.)

Moquin-Tandon (A.). 1846. Monographie de la Famille des Hirudinées.
(*Nouvelle édition, Paris,* 1 vol. 448 pag. Atlas 14 pl.)

1860. Eléments de Zoologie médicale, contenant la description détaillée
des animaux utiles à la médecine et des espèces nuisibles à l'Homme
particulièrement des venimeuses et des parasites, précédée de considérations générales sur l'organisation et sur la classification des
animaux et d'un résumé sur l'Histoire naturelle de l'Homme.
(*Paris.*)

Moseley (H.-N.). 1872-1873. On the Anatomy and Histology of the Land-
Planarians of Ceylon, with some account of their Habits and a
Description of two new Species and with notes on the Anatomy of
some European aquatic Species. (*Proc. Roy. Soc. London,* t. XXI,
p. 169-174.)

1874. On the anatomy and histology of the Land-Planarians of Ceylon,
with some account of their habits, and a description of 2 new species, and with notes on the anatomy of some European aquatic
species. (*Phil. Trans. Roy. Soc. London,* t. CLXIV, p. 105-171, pl. X-
XV.)

1875. On Pelagonemertes Rollenstoni. (*Ann. Nat. Hist.* 4e ser. t. XV,
p. 165-168, pl. XV B.)

1875. On a young specimen of Pelagonemertes Rollestoni. (*Ann. Nat.
Hist.* 4e ser. t. XVI, p. 377-383, pl. XI.)

Müller (Joh.). 1850. Ueber eine eigenthümtiche Wurmlarve, aus der Classe
der Turbellarien und aus der Familie der Planarien. (*Arch. f. Anat.
Phys. u. wiss. Med.* p. 485-500, pl. XII et XIII.)

1854. Ueber verschiedene Formen von Seethieren. (*Arch. f. Anat.
Phys. u. wiss. Med.* p. 69-98, pl. IV à VI.)

MULLER (Otto Fridrich). 1771. Von Wurmern des sussen und salzigen Wassers, mit Kupfern. (*Copenhague*, in-4°. 200 pag.; 16 pl.).

1773-1774. Vermium terrestrium et fluviatilium seu Animalium Infusoriorum, Helminthicorum et Testaceorum non marinorum succincta Historia. (*Copenhague et Leipsik*, t. I, pars 1, 1773, 135 pag.; t. I, pars 2, 1774, 72 pag. et Index; t. II, 1774, 214 pag. et Index. — Le tome II est consacré à l'étude des *Mollusques*).

1776. Zoologiæ danicæ prodromus seu Animalium Daniæ et Norvegiæ indigenarum characteres, nomina et synonyma imprimis popularium. (*Copenhague (Havniæ)*, 282 pages.)

1788-1806. Zoologia Danica seu Animalium Daniæ et Norvegiæ variorum ac minus notorum descriptiones et historia. (*Havniæ.— Copenhague.*)

MÜNSTER (Georg-Graf zu). 1842. Beiträge zur Petrefacten-Kunde. (T. V, *Bayreuth.*)

N

NASSE. ? 1882. Beiträge zur Anatomie der Tubificiden. (*Inaugural Dissertation*, 30 p., 2 pl., *Bonn*).

NICHOLSON (H. Alleyne). ? 1873. Contributions to a Fauna Canadensis being an account of the animals dredged in Lake Ontario in 1872. (Analyse : *Amer. J. of Sc.*, 3e série, t. V, p. 387-389; par A. E. V. (VERRILL). — Le texte aurait paru dans : The canadian journal).

NOLL (F.-C.). 1862. Ueber eine Land-Planarie (Planaria terrestris. O. F. Müller ?). — Sur une planaire terrestre. (*Der zool. Garten*, p. 254-255, 6 fig.).

NUSBAUM (Joseph). 1884. Zur Entwickelungsgeschichte der Hirudineen. (Clepsine). (*Zool. Anzeig.*, t. VII, p. 609 à 615).

1885. Zur Entwickelungsgeschichte der Geschlechtsorgane der Hirudinen (Clepsine complanata, Sav.). (*Zool. Anzeig.*, t. VIII, p. 181-184).

O

ODIER (A.). 1823. Mémoire sur le Branchiobdelle, nouveau genre de la famille des Hirudinées (Lu à la Société Philomatique de Paris en novembre 1819). (*Mém. Soc. Hist. nat. de Paris*, t. I, p. 69-78, pl. IV).

OKEN. 1815. Lehrbuch der Naturgeschichte. Dritter Theile; Zoologie mit 40 Kupfertafeln. (I part. *Fleischlose Thiere Iena*, 1815, 850 pages. — II part. *Fleischthiere Iena*, 1816, 650 pages).

OLSSON (Peter). 1875. Bidrag till Scandinaviens Helmintfauna, I. (*K. Sw. Akad. Handlingar (Stockholm)*, t. XIV (N. f.) 1, p. 1-35, pl. I-IV).

ÖRSTED (A.-S.). 1842-1843. Conspectus generum specierumque Naïdum ad faunam Danica pertinentium. (*Naturhistorisk Tidsskrift. Kroyer*. t. IV, p. 128-140, pl. III).

1844. De Regionibus marinis. Elementa Topographiæ historiconaturalis Freti Æresund (Dissertatio inauguralis). (*Copenhague*, 90 pages, 2 pl.).

1844. Entwurf einer systematischen Einleitung und specielle Beschreibung der Plattwürmer auf microscopische untersuchengen gegründet. (*Copenhagen*, 96 pages, 3 pl. et fig. dans le texte).

1859. Voir GRUBE.

OSTROUMOFF (A.). 1883. Ueber die Art der Gattung Branchiobdella, Odier, auf den Kiemen des Flusskrebses (Astacus leptodactylus, Esch.). (*Zool. Anzeig*. t. VI, p. 76-78).

OUDEMANS (A.-C.). 1885. The circulatory and Nephridial Apparatus of the Nemertea. (*Quat. Journ. Micr. Sc. London*, suppl. 3e série, t. XXV, p. 1-80, pl. I à III).

P

PACKARD (A.-S. Jun). 1866-1869. Observations on the Glacial Phenomena of Labrador and Maine, with a view of the recent invertebrate fauna of Labrador. (*Mem. of the Boston Society of Natural History*, t. I, part. 2, p. 210-303, pl. VII-VIII. — 4 octobre 1865).

PALLAS (Petrus S.). 1774-1776. Spicilegia zoologica. Fasciculi decem et undecimus. (*Berlin*).

PERRIER (Edmond). 1870. Sur la circulation des Oligochætes, du groupe des Naïs. (*Comp. rend. Acad. Sc.* t. LXX, p. 1226-1228. — 6 juin 1870).

   1870. Sur la reproduction scissipare des Naïdines. (*Comp. rend. Acad. Sc.* t. LXX, p. 1304-1306. — 13 juin 1870).

   1872. Histoire naturelle du Dero oblusa. (*Arch. Zool. exper.* t. I, p. 65-96, pl I, 6 fig.).

   1875. Sur le Tubifex umbellifer. R. Lank. (*Arch. Zool. exper.* t. IV. *Notes et Revues*, p. VI-VIII).

PHILIPPI (R.-A.). 1867. Kurze Notiz über zwei Chilenische Blutegel. (*Arch. f. Naturgesch*. XXXIIIe année, 1re part. p. 76-78, pl. II, fig. A et B).

   1870. Ueber Temnocephala chilensis. (*Arch. f. Naturgesch*. XXXVIe année, 1re part. p. 35-40, pl. I, fig. 1-6).

   1872. Macrobdella ein neues Geschlecht der Hirudineen. (*Zeits. Gesammter Naturwissenschaft*. 2e sér. t. VI, p. 439-442, pl. III).

POIRIER et ROCHEBRUNE (A.-T. de). 1884. Sur un type nouveau de la classe des Hirudinées. (*Comp. rend. Acad. Sc.* t. XCVIII, p. 1597. — 30 juin 1884).

POUCHET (G.). 1886. Observations relatives à la note récente de M. Kœhler sur une nouvelle espèce de Balanoglossus. (*Comp. rend. Acad. Sc.* t. CII, p. 272. — 1er février 1886).

PRITCHARD (Andrew). 1832. The Microscopic Cabinet of select animated Objects; with a description of the Jewel and doublet Microscope, test objects, etc. (246 pag. 13 pl. *London*).

Q

Quatrefages (A. de). 1845. Etudes sur les types inférieurs de l'embranchement des Annelés. — Mémoire sur quelques Planariées marines appartenant aux genres Tricelis (Ehr.), Polycelis (Ehr.), Prosthiosto-
mum (Nob.), Eolidiceros (Nob.), et Stylochus (Ehr.). (*Ann. Sc. Nat.*
3ᵉ série, t. IV, p. 129-184, pl. III-VIII).

1846. Etudes sur les types inférieurs de l'embranchement des Annelés. — Mémoire sur la famille des Nemertiens (Nemertea). (*Ann. Sc.
Nat.* 3ᵉ sér. t. VI, p. 173-303, pl. VIII-XIV).

1847 ? Recherches anatomiques et zoologiques faites pendant un
voyage sur les côtes de la Sicile et sur divers points du littoral de
la France.— 2ᵉ partie.— 1º Mémoire sur quelques Planariées marines, etc. p. 29 à 84, pl. III à VIII. — 2º Mémoire sur la famille des
Némertiens, p. 85 à 220, pl. IX à XXIV. (Le texte de cet ouvrage
est entièrement emprunté aux deux mémoires précédents, sauf quelques légères additions pour les Nemertes, plusieurs planches relatives à ces dernières sont aussi ajoutées et n'existent pas dans les
Annales des Sciences naturelles, auxquelles cependant les renvois
sont faits de préférence, cet ouvrage étant plus répandu que le
Voyage en Sicile).

1849. Sur la classification des Annelés. (*Soc. Philom. de Paris*, p. 77-78.
— 11 août 1849.

1852. Etudes sur les types inférieurs de l'embranchement des Annelés.
Mémoire sur le système nerveux, les affinités et les analogies des
Lombrics et des Sangsues. (Extrait). (*Ann. Sc. Nat.* 3ᵉ série, t. XVIII,
p. 167-179).

1852. Etudes sur les types inférieurs de l'embranchement des Annelés.
Mémoire sur le Branchellion de d'Orbigny. (B. Orbiniensis, A. de Q.).
(*Ann. Sc. Nat.* 3ᵉ sér. t. XVIII, p. 279-328, pl. VI à VIII).

Quoy (J.-R.-C.) et Gaimard (P.). 1833. Voyage de découvertes de l'Astrolabe, exécuté par ordre du Roi pendant les années 1826-1827-1828-
1829, sous le commandement de M. J. Dumont-d'Urville.(*Zoologie.
Vers apodes*, t. IV, p. 284-292).

R

Ranke (J.). 1875. Beiträge zu den Lehre von den Uebergangs-Sinnesorga-
nen. Das Gehörorgan der Acridier und das Sehorgan der Hirudineen.
(*Zeitsch. f. wiss. Zool.* t. XXV, p. 143-164, pl. X. — II. *Die Auger
des Blutegels*, p. 152-162 fig. 5-12).

Rathke (Heinrich). 1843. Beiträge zur fauna Norwegens. (*Nov. Act. Phys.
Med. Acad. C. L. C. Naturæ. Curiosorum.* t. XX, 1ʳᵉ partie, 1843,
p. 2-264, pl. I à XII).

1862. Beiträge zur Entwicklungsgeschichte der Hirudineen. (Herausgegeben und theilweise bearbeitet von Rudolf Leuckart). (*Leipzig.* 116 pages, VII pl.).

Ratzel (Fritz). 1868. Beiträge zur anatomischen und systematischen Kenntniss der Oligochæten. (*Zeitsch. f. wiss. Zool.* t. XVIII, p. 563-591, pl. XLII).

1869. Vorlaufige Nachricht über die Entwickelungsgeschichte von Lumbricus und Nephelis. (*Zeitsch. f. wiss. Zool.* t. XIX, p. 281-283).

Reighard (Jacob). 1885. On the Anatomy and Histology of Aulophorus vagus. (*Proc. Amer. Acad. Arts and Sc.* t. XX, p. 88-106, pl. I à III. — Octobre 1884).

Rénier (Etienne-André). 1807. Tavole per servire alla classificazione e conoscenza degli Animali. (*Padova.* — Tableaux synoptiques).

Risso (A.). 1826. Histoire naturelle des principales productions de l'Europe méridionale et particulièrement de celles des environs de Nice et des Alpes-Maritimes. (Les *Lumbricini* et les *Hirudinea* sont décrits dans le t. IV, p. 426 à 432).

Robin (Charles). 1875. Mémoire sur le développement embryogénique des Hirudinées. (*Mém. Acad. Sc.* t. XL, 399 pag. 19 pl.).

Rochebrune. 1884. Voir Poirier.

Rösel von Rosenhof (Aug. Joh.). Die monathlich-herausgegebenen Insectenbelustigungen, IIIe part. 1755 (*Nürnberg*).

<h1 style="text-align:center">S</h1>

Sabatier (Armand). 1882. De la spermatogénèse chez les Nemertiens. (*Rev. Sc. nat. Montpellier,* 3e série, t. II, p. 165-181, pl. II à IV).

? 1882. De la spermatogénèse chez les Nemertiens. (*Mem. Acad. Montpellier,* t. X, p. 385-397, pl. XIX à XXI).

Saint-Joseph (Baron de). 1876-1877. Note sur l'armature de la trompe de la Ptychodes splendida, Dies. (Cerebratulus spectabilis, Quat.) (*Bull. Soc. Philom. de Paris,* 7e série, t. I, p. 148. — 23 juin 1877).

Saint-Loup (Remy). 1883. Sur la structure du système nerveux des Hirudinées. (*Comp. rend. Acad. Sc.,* t. XCVI, p. 1321-1322. — 30 avril 1883).

1884. Sur la fonction pigmentaire des Hirudinées. (*Comp. rend. Acad. Sc.,* t. XCVIII, p. 441-444. — 18 février 1884).

1884. Remarques sur la morphologie des Hirudinées d'eau douce. (*Bull. Soc. Philom. de Paris,* 7e série, t. IX, p. 23-26. — 13 décembre 1884).

1885. Recherches sur l'organisation des Hirudinées. (*Ann. Sc. nat.,* 6e série, t. XVIII, art. n° 2, 127 p., pl. VI-XIII).

1886. Sur les fossettes céphaliques des Nemertes. (*Compt. rend. Acad. Sc.,* t. CII, p. 1576-1578. — 28 juin 1886).

1887. Sur quelques points de l'organisation des Schizonémertiens. (*Comp. rend. Acad. Sc.*, t. CIV, p. 237-239. — 24 janvier 1887).

Salensky (W.). 1885-1886. Etudes sur le développement des Annélides. 2e partie. Développement de Branchiobdella. (*Arch. Biol.*, t. VI, p. 1-64, pl. I à V).

Savigny (Jules-César). 1820. Système des Annélides, principalement de celles des côtes de l'Egypte et de la Syrie, offrant les caractères tant distinctifs que naturels des Ordres, Familles et Genres, avec la description des Espèces. (Présenté à l'Institut en juin 1817. — *Paris*, in-fol. 128 p.).

Schmarda (Ludwigk, K). 1859-1861. Neue wirbellose Thiere beobachtet und gesammelt auf einer Reise um die Erde 1853 bis 1857. (*Erster Band. Turbellarien, Rotatorien und Anneliden*, t. I, 1859, 66 p., pl. I à XV ; t. II, 1861, 164 p., pl. XVI à XXXVII. — *Rhabdocœla, Dendrocœla, Nemertinea*, t. I, p. 1-46 ; *Hirudinea, Oligochæta*, t. II, p. 2-14. — *Leipzig*.)

Schmidt (Oscar). 1847. Drei neue Naiden. (*Froriep's Notiz.*, 3e série, t. III, p. 321-323).

1857. Zur Kenntniss der Turbellaria rhabdocœla und einiger anderer Vürmer des Mittelmeeres. Zweiter Beitrag. (*Silz. K. Akad. Wien.* t. XXIII, p. 347-366, 5 pl.).

Schneider (Anton). 1880. Ueber die Auflösung der Eier und Spermatozoen in den Geschlechtsorganen (Nephelis, Aulostomum, Hirudo). (*Zool. Anzeig.*, t. III, p. 19-21).

1883. Ueber die Zähne der Hirudineen. (*Zool. Beitr.*, 1re série, t. I, p. 62).

? 1884. Nephelis scripturata. (*Zool. Beitr.*, I, II, p. 129).

Schultze (Max Sigmund). 1849. Ueber die Fortpflanzung durch Theilung bei Naïs proboscidea. (*Arch. f. Naturgesch.*, XVe ann., 1re partie, p. 293-304).

1851. Beiträge zur Naturgeschichte der Turbellarien. (1re partie, *Greifswald*, 78 pages, 7 pl.).

Schultze (O.). 1883. Beiträge zur Anatomie des Excretions-Apparates (Schleifencanäle) der Hirudineen. (*Arch. Mikr. Anat.*, t. XXII, p. 78-92, pl. I).

Semper (C.). 1863. Reisebericht (Briefliche Mittheilung an A. Kölliker). (*Zeitsch. f. wiss. Zool.*, t. XIII, p. 558-570, pl. XXXVIII et XXXIX).

1876. Die Verwandtschafts beziehungen der gegliederten Thiere. III. Strobilation und Segmentation. Ein Versuch zur Feststellung specieller Homologien zwischen Vertebraten, Anneliden und Arthropoden. (*Arbeit. Inst. Würzburg*, t. III, p. 115-404, pl. V-XV).

1877-1878. Beiträge zur Biologie der Oligochæten. (*Arbeit. Inst. Würzburg*, t. IV, p. 65-112, pl. III et IV).

Senger (N.). 1870. Peloryctes inquilina. (*Bull. Soc. S. Nat. Moscou*, t. XLIII, p. 221-236 (En Russe).

Shore (T.-W.). 1882. On the Structure of the Muscular Tissue of the Leech. (*Nature*, t. XXVI, p. 493-494, *London*).

Silliman (W.-A.). 1881. Sur un nouveau type de Turbellariés. (*Comp. rend. Acad. Sc.*, t. XCIII, p. 1087-1089. — 19 décembre 1881).

Smith (Sidney J.). 1874. Sketch of the invertebrate Fauna of Lake Superior. (*U. S. Com. Fish and Fischeries*, 1872-73, p. 690-707).

Sowerby (James). ? 1804-1806. British miscellany, or coloured figures of new, rare or little known animal subjects, not before ascertained to be inhabitants of the British Isles. — *London*.

Spengel (J.-W.). 1877. Ueber den Bau und die Entwickelung des Balanoglossus. (*Amtl. Ber. Versamm. deutsch. Naturf. u. Aertze. in München vom* 17 *bis* 22 September 1877, p. 176-177).
  1884. Zur Anatomie des Balanoglossus. (*Mitth. Zool. Stat. Neapel*, t. V, p. 494-508, pl. XXX).

Stimpson (W.). 1857. Prodromus descriptionis animalium evertebratorum quæ in Expeditione ad Oceanum Septentrionalem, Johanne Rodgers Duce, a Republicá Federata missa, observavit et descripsit. (*Proc. Acad. Nat. Sc. Philadelphia.* — Pars I. *Turbellaria dendrocœla*, p. 19-31. — Pars II. *Turbellaria nemertinea*, p. 159-165).

Stolc (Antonin). 1885. Dero digitata, O.-F. Muller. Anatomicka à histologicka studie. (*Sitzb. des Königl. böhm. Gesel. des Wissensch. Prag.*, p. 65-95, pl. I et II).
  1885. Vorläufige Bericht über Ilyodrilus coccineus, Vejd. (Ein Beitrag zur Kenntniss der Tubificiden). (*Zool. Anzeig.*, t. VIII, p. 638-643 et 656-662).

T

Tauber (P.). 1879. Annulata Danica. — I. En kritisk Revision af de i Danmark fundne Annulata chætognatha, Gephyræa, Balanoglossi, Discophoreæ, Oligochæta, Gymnocopa og Polychæta. (*Kjobenhaven*, in-8°, 144 p.)

Templeton (Robert). 1881. Observations on Aulastoma heluo. (*Ann. and Mag. of Nat. Hist.* 5° sér. t. VIII, p. 137-139, pl. VIII.)

Timm (R.). 1883. Beobachtungen an Phreoryctes Menkeanus Hoffm. und Nais. Ein Beitrag zur Kenntniss der Fauna Unterfrankens. (*Arbeit. Inst. Würzburg*, t. VI, p. 109-157, pl. X et XI, 1883. — Extr. : *Biol. Centralblatt*, t. III, p. 498-505, 1884.)

Troschel (F.-H.). 1850. Piscicola respirans, n. sp. (*Arch. f. Naturgesch.* 1ᵣₑ part. p. 17-26, pl. II, fig. A-E.)

Tscherniavsky. (Voir Czerniavsky.)

U

Udekem (Jules d'). 1855. Histoire naturelle du Tubifex des ruisseaux. (*Mém. cour. et des Sav. étr. Acad. roy. Belgique*, t. XXVI, 1854–1855, Bruxelles, 38 pag. 4 pl. coloriées. — Présenté le 5 fév. 1853.)

1855. Nouvelle classification des Annélides sétigères abranches. (*Bull. Acad. roy. de Belgique*, t. XXII, p. 533–553, une pl.; figures dans le texte.)

1856. Développement du Lombric terrestre. (*Mém. cour. et des Sav. étr. Acad. roy. Belgique*, t. XXVII, 75 pages, pl. I à III.— (Couronné le 15 décembre 1853, *Bruxelles*, 1855-1856.)

1859. Nouvelle classification des Annélides sétigères abranches. (*Mém. Acad. roy. Belgique*, t. XXXI, 28 pag. — Présenté le 6 mars 1858.

1861. Notice sur les organes génitaux des Æolosoma et des Chæto-gaster. (*Bull. Acad. roy. Belgique,* 2e sér. t. XII, p. 243-250, une pl.)

Uljanin. 1878. Sur le genre Sagitella, N. Wagner. (*Arch. Zool. exper.* t. VII, p. 1 à 32, pl. I-IV.)

V

Vaillant (Léon). 1867. Remarques sur trois espèces d'Hirudinées du Mexique. (*Comp. rend. Soc. Biologie,* année 1866, t. XVIII, p. 89-91.)

1868. Note sur l'anatomie de la Pontobdella verrucata (Leach). (*Comp. rend. Acad. Sc.* t. LXVII, p. 77-79. — 13 juillet 1868.)

1868. Note sur l'anatomie de deux espèces du genre Perichæta et essai de classification des Annélides Lombricines. (*Ann. Sc. nat.* 5e sér. t. X, p. 225-256, pl. X. 1868. — *Mém. Acad. Sc. et Let. Montpellier*, t. VII, p. 143-173, 1867-1871, pl. VI).

1870. Contribution à l'étude anatomique du genre Pontobdelle. (*Ann. Sc. Nat.* 5e série, t. XIII, art. no 5, 71 pag. pl. VIII à X.)

1867-1871. Remarques sur le développement d'une Planariée dendrocœle, le Polycelis lævigatus, Qtr. (*Mém. Acad. Sc. et Let. Montpellier*, t. VII, p. 93-108, pl. IV.)

1871. Sur l'appareil stylifère de quelques Némertiens. (*Bull. Soc. Philom. de Paris,* p. 187. — 22 juillet 1871.)

1872. Contribution à l'étude anatomique des Némertiens. (*Ass. franç.* 1re Session *Bordeaux*, t. I, p. 566-613, pl. XI).

1876-1877. Remarques sur une figure de l'appareil stylifère des Némertiens, donnée dans les planches du voyage en Scandinavie et en Laponie. (*Bull. Soc. Philom. de Paris*, 7e sér. t. I, p. 132. — 9 juin 1877.

1886. Remarques sur le genre Ripistes de Dujardin. (*Bull. Soc. Philom. de Paris*, 7e sér. t. X, p. 157-158. — 12 juin 1886.)

VEJDOWSKY (F.). ? 1874. Discophora and Oligochæta of Bohemia. (*Sitzb. des Königl. Böhm. Gesel. des Wissensch. Prag.* p. 220-224.)

? 1875. Beiträge zur Oligochæten fauna Böhmens. (*Sitzb. des Königl. Böhm. Gesel. des Wissensch. Prag.*, p. 191-201).

1876. Ueber Psammoryctes umbellifer (Tubifex umbellifer, E. R. Lank.) und ihre verwandte Gattungen. (*Zeitsch. f. wiss. Zool.* t. XXVII. p. 137-154, pl. VIII).

1879. Beiträge zur vergleichenden Morphologie der Anneliden. Monographie der Enchytræiden, (In-4°, 62 pag. 14 pl. *Prag.*)

? 1879. Vorläufiger Bericht über Turbellarien der Brunnen von Prag. (*Sitzb. des Königl. Böhm. Gesel. des Wissench. Prag.* p. 501-507).

? 1879. Ueber die Entwickelung des Herzen von *Criodrilus.* (*Sitzb. des Königl. Böhm. Gesel. des Wissensch. Prag*).

1882. Exkrecni apparat Planarii. (*Sitzb. des Königl. Böhm. Gesel. des Wissensch. Prag.* p. 273-280, 1 pl. — D'après le tirage à part.)

? 1882. On the segmental organs of Clepsine and Nephelis. (*Sitzb. Böhm. des Königl. Böhm. Gesel. des Wissensch. Prag.*, p. 410-413).

1882. Thierische Örganismen der Brunnenwässer von Prag. (*Prag.* in-4°, 70 pag. 8 pl.)

1883. Revisio Oligochætorum Bohemiæ. (Tirage à part, 16 pages.)

1884. Exkrecni Soustava Hirudinei. (*Sitzb. des Königl. Böhm. Gesel. des Wissensch. Prag.* p. 35-51, 1 pl. — D'après le tirage à part).

1884. System und Morphologie der Oligochœten. (In-4°, 166 pages, 16 planches, *Prag.*)

1886. Æolosoma variegatum, Vejd. Prispevek ku poznani nejnizsich Annulatuv. (*Sitzb. des Königl. Böhm. Gesel. des Wissensch. Prag.* 1885, p. 275-290, 1 pl. *Prag.*)

VERRILL (A.-E.). 1871. Notice of the Invertebrata dredged in Lake Superior in 1871, by the U. S. Lake Survey, under the direction of Gen. C. B. Comstock, S. I. Smith, naturaliste; by S. I. Smith and A. E. Verrill. (*Amer. Journ. Sc. and Arts*, 3ᶜ sér. t. II, p. 448-452.)

1872. Descriptions of North-American freshwater Leeches. (*Amer. Journ. Sc. and Arts*, 3ᶜ sér. t. III, p. 126-139, 4 fig. dans le texte.)

1873. XVIII. Report upon the Invertebrate animals of Vineyard sound and the adjacent waters with an account of the physical characters of the Region. (*Report on the condition of the Sea Fisheries of the south coast of New England in* 1871 and 1872, p. 295-778.— *Washington.*)

1874. Synopsis of the North-American Freshwater Leeches. (*Rep. U. S. Com. Fish and. Fischeries.* 1872-1873, p. 666-689.— *Washington.*)

VIGNAL. 1882. Sur l'Histologie du système nerveux des Hirudinées. (*Soc. Biol. Comp. rend. hebd.*, 7ᶜ série, t. III, p. 16-20.— 14 janvier 1882).

1883. Recherches histologiques sur les centres nerveux de quelques Invertébrés. (*Arch. Zool. expér.*, 2ᵉ série, t. I, p. 267-412, pl. XV à XVIII, fig. A à M dans le texte. — HIRUDINEA, p. 344-374; OLIGO-CHÆTA, p. 374-408).

VIGUIER (C.). 1879. Anatomie comparée des Hirudinées. Organisation de la Batrachobdelle (Batrachobdella Latasti. C. Vig.). (*Comp. rend. Acad. Sc.*, t. LXXXIX, p. 110-112. — 14 juillet 1879).

1879-1880. Mémoire sur l'organisation de la Batracobdelle (B. Latastii). (*Arch. Zool. expér.*, t. VIII, p. 373-390, pl. XXIX et XXX).

VOGT (C.). 1841. Zur Anatomie der Parasiten. (*Arch. f. Anat. Phys. u wiss. Med.*, p. 33-38, pl. II, fig. 11 à 15).

VOIGT (Walter). 1883. Die Varietäten der Branchiobdella Astaci, Odier. (*Zool. Anzeig.*, t. VI, p. 121-125 et 139-143).

1884. Untersuchungen über die Varietätenbildung bei Branchiobdella varians. (*Arbeit. Inst. Würzburg*, t. VII, p. 41-94, pl. II à IV).

1885. Ueber Ei und Samenbildung bei Branchiobdella. (*Arbeit. Inst. Würzburg*, t. VII, p. 300-368, pl. XVI-XVIII).

W

WAGLER, 1831. Einige Mittheilungen über Thiere Mexicos. (*Isis*, p. 510 à 535).

WAGNER (N.). ? 1872. Nouveau groupe d'Annélides. (*Travaux de la Soc. des Naturalistes de Saint-Pétersbourg*, t. III, p. 344-347. — En Russe).

WELDON (W.-F.-R.). 1887. Preliminary note on a Balanoglossus larva from the Bahamas. (*Proc. Roy. Soc. London*, t. XLII, p. 146-150, 3 fig. — Note complémentaire, p. 473).

WEYENBERGH (H.). ? 1879. Descripciones de nuevos Gusanos. (*Period. Zool. Argent.*, t. III et *Bol. Ac. Arg.*, t. III).

? 1879. Algunes nuevas sanguijuelas o chaucacas de la familia Gnatho-bdellia y Revista de esta familia. (*Period. Zool. Argent.*, t. III et *Bol. Ac. Arg.*, t. III).

WHITMAN (C.-O.). 1878. On the Embryology of *Clepsine*. (*Quat. Journ. Micr. Sc. London*, t. XVIII, p. 215-315, pl. XII-XV).

1882. A new species of Branchiobdella. (*Zool. Anzeig.* t. V, p. 636-637).

1883. A Contribution to the Embryology, Life-History and Classifica-tion of the Dicyemids. (*Mitth. Zool. Stat. Neapel.*, t. IV, p. 1-89, pl. I à V.

1884. The segmental Sense-Organs of the Leech. (*Amer. Naturalist*, t. XVIII, p. 1104-1109, pl. XXXIII. — Octobre 1884).

1885. The external Morphology of the Leech. (*Proc. Amer. Acad. of Arts and Sc.* t. XX, p. 76-87, 1 pl. — Septembre 1884).

1886. The Leeches of Japan. (*Quat. Journ. Micr. Sc. London*, t. XXVI, p. 317-416, pl. XVII à XXI).

WILLEMŒS-SUHM (R. von). 1871. Biologische Beobachtungen über niedere Meeresthiere. (*Zeitsch. f. wiss. Zool.* t. XXI, p. 380-396, pl. XXXI-XXXIII).

1874. On a land-Nemertean found in the Bermudas. (*Ann. and Mag. of Nat. Hist.* 4ᵉ sér. t. XIII, p. 409-411, pl. XVII).

1885. Report on the scientific results of the voyage of H.-M.-S. Challenger during the years 1873-1876. (*Narrative*, t. I, 1ʳᵉ part. p. 195-197, 1 fig. dans le texte).

WILLIAMS (Thomas). 1858. Researches on the Structure and Homology of the Reproductive Organs of the Annelids. (*Phil. Trans. R. S. London*, t. CXLVIII, p. 93-144, pl. VI, VII et VIII).

Z

ZEPPELIN (Max. Graf.). 1883. Ueber den Bau und die Theilungsvorgänge des Ctenodrilus monostylos, sp. n. (*Zool. Anzeig.*, t. VI, p. 44-51. — *Zeitsch. f. wiss. Zool.* t. XXXIX, p. 616-652, Pl. XXXVI et XXXVII).

ZITTEL (Karl A.). 1876-1880. Handbuch der Palæontologie. t. I, Palæozoologie. (t. 1. pars I, *Vermes*, p. 561-570).

TABLE

DE LA SECONDE PARTIE DU TOME TROISIÈME.

———

Annelés. Tome III.   49

Incertæ sedis.

Appendice.

ERRATA

P. 62, ligne 13ᵉ, à partir du bas, au lieu de : 1851 ; lisez : 1861.

P. 62, ligne 12ᵉ, à partir du bas, au lieu de : cinq ans ; lisez : six ans.

P. 322, ligne 4ᵒ, à partir du bas, au lieu de : p. 115 ; lisez : p. 117.

P. 325, ligne 26ᵉ, au lieu de : 1862 ; lisez : 1857.

P. 347, dernière ligne, au lieu de : *Nais umbellifer ;* lisez : *Sænuris (Naidina) umbellifera.*

P. 367, Dans la *liste des espèces à exclure du genre* NAÏS ;
supprimer la 2ᵉ ligne : *N. appendiculata,* Udek. = *Slavina appendiculata,* Udek.

ajouter, entre les 7ᵉ et 8ᵉ lignes :

    N. digitata, Müll. = *Dero digitata,* Müll.
    » *equisetina,* Duj. = *Amphicorina,* sp. ;

entre les 19ᵉ et 20ᵒ lignes :

    N. pusulosa, Will. = ? *Clitellio Benedii,* Udek.

P. 389, ligne 9ᵉ, au lieu de : TUBIFICINEÆ ; lisez : TUBIFICINEA.

P. 402, Dans la *liste des espèces à exclure du genre* TUBIFEX ;
Ligne 2ᵒ, au lieu de : *barbatus ;* lisez : *barbata.*
Ligne 9ᵒ, au lieu de : *Clitellio lineata ;* lisez : *Clitellio lineatus.*
Ligne 12ᵉ, au lieu de : *umbellifera ;* lisez : *umbellifer.*

P. 435, ligne 8ᵉ, à partir du bas, au lieu de : *Chirodrillus ;* lisez : *Chirodrilus.*

P. 442, ligne 7ᵒ, au lieu de : l'*Enchytræus diaphanus,* lisez : le *Chætogaster diaphanus.*

P. 458, ligne 10ᵉ, à partir du bas, au lieu de : ENCHYTRÆIDÆ ; lisez : CHÆTOGASTRIDÆ.

P. 460, ligne 28ᵉ, au lieu de : *Ctenodrilus pardalis,* Clap. ; lisez : *Ctenodrilus serratus,* O. Schm.

P. 503, ligne 18ᵉ, au lieu de : *Leiostomum ;* lisez : *Liostomum.*

P. 514, lignes 2ᵉ et 39ᵉ, au lieu de : *Chthnobdella ;* lisez : *Chthonobdella.*

P. 520, ligne 8e, ajouter à la fin du second paragraphe, à propos du *G. paludosa* : d'après des exemplaires que m'avait remis feu Grube, on l'a rencontré au lac Baïkal.

P. 532, lignes 10e et 15e, au lieu de : *rectangula*; lisez : *rectangulata*.

P. 533, ligne 8e, à partir du bas, au lieu de : *Ichthyobdella* ; lisez : *Pontobdella*.

P. 535, ligne 20e, au lieu de : LUMBRICINA ; lisez : LUMBRICINI.

P. 537, ligne dernière, au lieu de : *carcinophila*; lisez : *carcinophilum*.

P. 539, ligne 2e, à partir du bas, au lieu de : *Gyrocole* ; lisez : *Gyro-cotyle*.

P. 548, ligne 8e, au lieu de : *exolæta;* lisez : *exoleta*.

P. 556, ligne 2o, à partir du bas, au lieu de : SCHIZONEMERTEA ; lisez : SCHIZONEMERTINI.

P. 559, ligne 22e, au lieu de : *Tetrastemma melanocephala;* lisez : *Tetrastemma melanocephalum*.

P. 675, ligne 19e, au lieu de : M. Hammer; lisez : M. Harmer.

P. 675, ligne 21e, au lieu de : *Cephalodiscus dodecacephalus;* lisez : *Cephalodiscus dodecalophus*.

BAR-SUR-SEINE. — IMPRIMERIE SAILLARD.

DIVISION DE L'OUVRAGE
et Noms des Collaborateurs.

Zoologie générale (Supplément à Buffon), par M. H. Geoffroy St-Hilaire, membre de l'Institut, professeur au Muséum.

Cétacés, par M. F. Cuvier, membre de l'Institut, professeur au Muséum.

Reptiles, par M. C. Duméril, membre de l'Institut, professeur à la Faculté de Médecine et au Muséum, et M. Bibron, aide-naturaliste au Muséum, Professeur d'histoire naturelle.

Poissons, par M. Aug. Duméril, professeur à la Faculté de médecine et au Muséum.

Entomologie (Introduction à l'Etude de l'), par M. Th. Lacordaire, professeur à l'Université de Liége.

Insectes Coléoptères, par M. Th. Lacordaire, professeur à l'Université de Liège et M. Chapuis, membre de l'Académie royale de Belgique.

Insectes Orthoptères, par M. Audinet-Serville, membre de la Société Entomologique.

Insectes Hémiptères, par MM. Amyot et Serville, membres de la Société Entomologique.

Insectes Lépidoptères, par MM. Boisduval et Guénée, membres de la Société Entomologique.

Insectes Névroptères, par M. Rambur, membre de la Société Entomologique.

Insectes Hyménoptères, par M. Lepelletier de St-Fargeau, membre de la Société Entomologique, et M. A. Brullé, doyen de la Faculté des Sciences de Dijon.

Insectes Diptères, par M. Macquart, recteur du Muséum de Lille.

Aptères (Arachnides, Scorpions, etc.), par M. Walkenaer, membre de l'Institut, et M. P. Gervais, professeur à la Faculté des Sciences de Paris.

Crustacés, par M. Milne-Edwards, membre de l'Institut, professeur au Muséum.

Mollusques (*En préparation*).

Helminthes, par M. Dujardin, doyen de la Faculté des Sciences de Rennes.

Annelés marins et d'eau douce, par M. De Quatrefages, membre de l'Institut, professeur au Muséum, et M. Léon Vaillant, professeur d'histoire naturelle.

Zoophytes Acalèphes, par M. Lesson, correspondant de l'Institut, pharmacien en chef de la marine, à Rochefort.

Zoophytes Échinodermes, par M. Dujardin, doyen de la Faculté des Sciences de Rennes, et M. Hupé, aide-naturaliste au Muséum.

Zoophytes Coralliaires, par M. Milne-Edwards, membre de l'Institut, professeur au Muséum, et M. J. Haime, aide-naturaliste au Muséum.

Zoophytes Infusoires, par M. Dujardin, doyen de la Faculté des Sciences de Rennes.

Botanique (Introduction à l'Etude de la), par M. De Candolle, professeur d'histoire naturelle à Genève.

Végétaux Phanérogames, par M. Spach, aide-naturaliste au Muséum.

Végétaux Cryptogames (*En préparation*).

Géologie, par M. Huot, membre de plusieurs Sociétés savantes.

Minéralogie, par M. Delafosse, membre de l'Institut, professeur au Muséum et à la Faculté des Sciences de Paris.

Prix du texte (Chaque volume d'environ 500 pages) :

Pour les souscripteurs à toute la collection :	6 fr.
Pour les acquéreurs par parties séparées :	7 fr.

Le prix des volumes imprimés sur papier grand-raisin (*format des planches*) est *double* de celui des volumes imprimés sur papier carré vergé.

Prix des planches :

Chaque livraison d'environ 10 planches noires :	3 fr. 50
— — coloriées :	7 fr.

Les personnes qui veulent souscrire pour toute la Collection peuvent prendre par partie séparée jusqu'à ce qu'elles soient au courant de tout ce qui a paru.

Imprimerie D. Bardin, à Saint-Germain.

www.ingramcontent.com/pod-product-compliance
Lightning Source LLC
LaVergne TN
LVHW050830060726
842527LV00001BA/172